中国水利教育协会
高等学校水利类专业教学指导委员会　共同组织

全国水利行业“十三五”规划教材（普通高等教育）

土力学

主　编　党进谦　李法虎
副主编　兰晓玲　刘艳华　张永玲

中国水利水电出版社
www.waterpub.com.cn
·北京·

内 容 提 要

本教材根据编者多年教学实践经验，结合土力学学科近几年来国内外的发展而编写，系统、深入地阐述了土力学的基本概念、基本理论和基本方法。主要内容包括土的物理性质及工程分类、土的渗透性与渗流、土中应力计算、土的压缩性与变形计算、土的抗剪强度、土压力、土坡稳定分析、地基承载力和土工试验等。各章后附有思考题和计算题。

本教材概念清晰、体系完整、内容精练、重点突出，理论与实践紧密结合，可作为高等院校水利水电工程、农业水利工程、土木工程专业土力学课程的教材或参考书，也可作为岩土工程研究人员和工程技术人员参考用书。

图书在版编目（CIP）数据

土力学 / 党进谦，李法虎主编. -- 北京 : 中国水利水电出版社，2019.5
全国水利行业"十三五"规划教材. 普通高等教育
ISBN 978-7-5170-7705-3

Ⅰ. ①土… Ⅱ. ①党… ②李… Ⅲ. ①土力学—高等学校—教材 Ⅳ. ①TU43

中国版本图书馆CIP数据核字(2019)第092696号

书 名	全国水利行业"十三五"规划教材（普通高等教育） 土力学 TULIXUE
作 者	主 编 党进谦 李法虎 副主编 兰晓玲 刘艳华 张永玲
出版发行	中国水利水电出版社 （北京市海淀区玉渊潭南路1号D座 100038） 网址：www.waterpub.com.cn E-mail：sales@waterpub.com.cn 电话：(010) 68367658（营销中心）
经 售	北京科水图书销售中心（零售） 电话：(010) 88383994、63202643、68545874 全国各地新华书店和相关出版物销售网点
排 版	中国水利水电出版社微机排版中心
印 刷	天津嘉恒印务有限公司
规 格	184mm×260mm 16开本 15.5印张 368千字
版 次	2019年5月第1版 2019年5月第1次印刷
印 数	0001—2000册
定 价	**42.00** 元

编写人员名单

主　编　党进谦（西北农林科技大学）
　　　　　李法虎（中国农业大学）

副主编　兰晓玲（山西农业大学）
　　　　　刘艳华（沈阳农业大学）
　　　　　张永玲（河西学院）

参　编　白彦真（山西农业大学）
　　　　　侯天顺（西北农林科技大学）
　　　　　杨秀娟（西北农林科技大学）
　　　　　肖　让（河西学院）
　　　　　杨晓松（塔里木大学）

前 言

土力学是水利工程、土木工程等相关专业的一门重要的专业基础课，是用基础力学的基本原理和土工试验技术研究土的强度、变形和渗透特性及其规律的一门学科，具有很强的理论性和实践性。

本教材以强化工程实践能力、工程设计能力和工程创新能力为核心，以加强复合型人才的培养为目标。根据作者多年教学实践经验，站在学生的角度、考虑学生的学习认知过程，通过不同的工程案例或示例深入浅出地进行讲解，紧紧抓住学生专业学习的动力点，锻炼和提高学生获取知识的能力。编写过程中，既重视学科基础理论和知识、技能的阐述，也注意介绍学科的新进展，力求深入全面地阐述土力学的基本内容和实质。

本教材编写人员均为各高校一线教师，具有扎实的理论基础、丰富的工程实践经验和教学经验，能够结合本学科的最新研究成果和工程的实际需要进行编写。本教材由西北农林科技大学党进谦、中国农业大学李法虎任主编，党进谦负责全书统稿、修改、定稿。由山西农业大学兰晓玲、沈阳农业大学刘艳华、河西学院张永玲任副主编。具体编写分工为：第 1 章由西北农林科技大学党进谦编写，第 2 章由山西农业大学白彦真编写，第 3 章由山西农业大学兰晓玲编写，第 4 章由河西学院张永玲编写，第 5 章由西北农林科技大学侯天顺编写，第 6 章由沈阳农业大学刘艳华编写，第 7 章由西北农林科技大学杨秀娟编写，第 8 章由中国农业大学李法虎编写，第 9 章由河西学院肖让编写，第 10 章由塔里木大学杨晓松编写。

在编写过程中，本教材参考了已经出版发行的《土力学》《土力学与地基基础》等书籍，在此谨向相关书籍作者表示衷心的感谢！

由于编者水平有限，书中难免存在不妥之处，恳请同行专家和广大读者批评指正。

编者

2018 年 10 月

目录

第1章　绪　　论

【本章导读】 土与各类工程建设的关系十分密切，土力学是研究土的渗透、变形和强度特性及其规律的一门学科。本章介绍土的基本特性、土在工程建设中的作用。通过本章学习应掌握土的三个基本特性和两个基本特点，认识土在工程建设中的作用以及工程建设中遇到的与土有关的典型工程问题，了解土力学学科的特点与研究内容。

1.1　土及其基本特征

万物土中生，土是人类工程经济活动的主要地质环境。裸露地表的各类岩石在风吹、日晒、雨打以及生物作用下破碎成形状不同、大小不一的颗粒，这些颗粒经过重力、水流、冰川、风和地壳运动等作用的剥蚀、搬运，在山区、河谷、平原、湖泊、海洋等不同自然环境下堆积下来，就形成土。把物质组成、物理化学状态基本一致，工程性质相近的一层土称为土层。由若干厚薄不等、性质各异、以特定上下层序组合在一起的土层集合体称为土体。

土是岩石经风化、剥蚀、搬运、沉积而形成的松散颗粒集合体，土中的固体颗粒是岩石风化后的碎屑物质（包括岩石碎块和矿物颗粒），称为土粒。大小不一、形状各异、矿物成分不同的土粒构成土的骨架，土粒之间没有胶结或胶结很弱，远小于土粒本身的强度，与其他材料相比，可认为土是碎散的，在外力作用下土粒之间容易产生相对移动；土粒之间存在大量的孔隙，在土粒相互移动过程中，孔隙体积变化导致土体积增大或缩小，因而土具有压缩性；土粒之间的孔隙被水和空气充填，土是一种由土粒（固相）、土中水（液相）和土中气（气相）组成的三相体系，当土粒之间的孔隙被水充满时为饱和土，当土粒之间的孔隙被气体充满时为干土，饱和土和干土为二相体系，土中水可以通过土中的孔隙流动，因而土具有透水性。可见，土是多孔（即存在孔隙）、多相（即固相颗粒、液相水和气相空气）的碎散体，这是土的基本特征，决定着土的物理性质和工程特性。

1.2　与土有关的工程问题

土与各类工程建设的关系十分密切，在各种不同建设工程中所起的作用不同：一是作为建筑物的地基，在土层上建造房屋、桥梁、涵洞、堤坝等；二是用作建筑材料，修建公路和铁路的路基、土坝、河堤等；三是将土作为建筑物周围的介质或环境，修建地下厂房、人防工程、隧道、地下管廊、输水渠道等。土是由颗粒、水和空气三种物质组成的具有很大孔隙的碎散性材料，在外界环境变化或荷载作用下，土颗粒发生相对移动，引起土体变形或失稳，影响建筑物的正常使用，或导致建筑物破坏。与土有关的典型工程问题如下。

1.2.1　变形问题

在土层上修建建筑物，建筑物下一定范围内土中的应力状态将发生改变，引起土体变形，导致建筑物基础产生均匀或不均匀沉降。若沉降（均匀或不均匀）超过建筑物的容许沉降值，会导致建筑物倾斜、开裂，影响其正常使用。

意大利比萨大教堂钟楼是比萨城的标志性建筑，因倾斜而成为闻名于世的比萨斜塔，是基础不均匀沉降导致建筑物倾斜的典型事例（图 1.1），1590 年伽利略在该塔做自由落体试验，验证了物理学上著名的自由落体定律。比萨斜塔原设计高度 100m 左右，1173 年 9 月 8 日动工，1178 年修建到第 4 层中部，高度约 29m 时，由于地基土层松软和不均匀，导致塔身向东南方倾斜而停工。94 年后复工，经 6 年时间建完第 7 层，高 48m，再次停工，然后于 1360 年复工至 1370 年竣工，全塔共 8 层，高 55m，总重约 145MN，基础底面平均压力约 500kPa。地基持力层为粉砂，下面为粉土和黏土层。塔向南倾斜，南北两端沉降差 1.8m，塔顶偏离中心线 5.27m，倾斜 5.5°，成为危险建筑物。1838 年开始，意大利不断投入巨资对其进行加固，但效果不佳，到 20 世纪 90 年代，已濒于倒塌，1990 年 1 月 7 日停止向游客开放，经过 11 年的修缮，耗资约 2500 万美元，斜塔被扶正 44cm，基本达到了预期的效果。2001 年 12 月 15 日起再次向游人开放。

图 1.1　意大利比萨斜塔

1.2.2　强度问题

建筑物荷载及其他外荷载在土中某一截面上产生的应力超过土的抗剪强度，土体发生破坏，这种破坏引起的事故往往是灾难性的。

1913 年秋完工的加拿大特朗斯康谷仓（Transcona Grain Elevator），由 65 个圆柱形筒仓组成，高 31m，南北向长 59.44m，东西向宽 23.47m，其下为 61cm 厚的钢筋混凝土筏板基础。由于事前不了解基础下埋藏有厚达 16m 的软黏土层，建成后初次储存谷物，基底平均压力（320kPa）便超过了地基的极限承载能力。结果谷仓西侧突然陷入土中 7.32m，东侧则抬高 1.52m，仓身倾斜 27°（图 1.2）。

2001 年 1 月 13 日，萨尔瓦多发生里氏 7.6 级大地震，引起 Santa Tecla 山体滑坡，导致一个居民区的 800 多处房屋被湮没，700 多人遇难（图 1.3）。1972 年 7 月，香港宝城路

图 1.2　特朗斯康谷仓的地基事故

图 1.3　Santa Tecla 山体滑坡

附近山体发生滑坡，数万立方米土体从山坡滑下，顷刻之间宝城大厦被冲毁倒塌，并砸毁相邻一幢住宅大楼一角约五层，死亡 67 人。1963 年 10 月 9 日，意大利瓦依昂（Vaiont）水库库区左岸大滑坡，20s 内有 2.7 亿～3.0 亿 m^3 的滑体滑落，速度达 28m/s，滑体前缘飞越 80m 宽的河谷，继续向左岸爬高 140m，激起涌浪高出原水库水位 250m 以上，不仅对坝体形成巨大推力，而且涌浪翻越坝顶飞向下游，冲毁了坝内和地下厂房内的大部分设施，并造成下游 2400 余人死亡，滑体把坝前 1.8km 长的一段库容完全填满，整个水库因此报废。

1.2.3 渗透问题

土是多相材料组成的混合物，水在土中相互连通的孔隙内流动时，对周围土颗粒产生作用力，导致土体可能产生变形和破坏。

位于美国爱达荷州 Teton 河上的 Teton 大坝，于 1975 年建成（图 1.4），同年 11 月开始蓄水，1976 年 6 月 5 日上午 10：30 左右，下游坝面有水渗出并带出泥土，11：00 左右洞口不断扩大并向坝顶靠近，泥水流量增加，11：30 洞口继续向上扩大，泥水冲蚀了坝基，主洞上方又出现一渗水洞，流出的泥水开始冲击坝趾处的设施，11：50 左右洞口扩大加速，泥水对坝基的冲蚀更加剧烈，11：57 坝顶坍塌，泥水狂泻而下，12：00 坍塌口加宽，Teton 大坝溃坝（图 1.5），造成 14 人死亡，25000 人无家可归。

图 1.4 Teton 大坝

图 1.5 Teton 大坝溃坝现场

1975 年 8 月 8 日凌晨 0：40，河南驻马店地区板桥水库因特大暴雨引发溃坝，东西 150km、南北 75km 范围内顿时一片汪洋，1015 万人受灾，倒塌房屋 524 万间，冲走耕畜 30 万头，京广线冲毁 102km，中断行车 16 天，直接经济损失近百亿元。1998 年我国长江流域发生特大洪水，出现多处险情。据统计，长江堤防发生的 6000 余处险情中，其中有 85%是渗透破坏导致的。

1.3 土力学的学科特点和研究内容

土是由不同的岩石在物理、化学和生物的风化作用下，经过流水、风力、重力、冰川、地壳运动等搬运作用，在不同的自然环境下沉积而形成的自然历史产物，母岩成分、风化和搬运作用性质、沉积环境等与土的物理力学性质密切相关。

（1）土的种类繁多：按搬运作用和沉积环境可分为残积土、坡积土、洪积土、冲积土、湖积土、海积土、风积土和冰积土等；按颗粒组成或塑性指数可分为碎石土、砂土、粉土和黏性土；按土工程性质的特殊性可分为软黏土、黄土、膨胀土、红黏土、多年冻土和季节性冻土、盐渍土、垃圾土和污染土等。

(2) 土的性质复杂：土的性质与其结构、压力、时间、环境（包括与水的相互作用）以及应力路径等因素有关，难以定量描述，一般呈不均匀性和各向异性，是非线性材料，没有唯一的应力应变关系，具有剪胀（缩）性、应变硬（软）化、流变性和特殊强度、变形规律。而且，不同地点土的性质不一样，同一场地不同深度土的性质也不一样，同一场地同一深度的土在不同方向的性质也可能存在很大差异。工程实际中通过有限个点在不同深度的土样的试验结果对土的工程性质进行估计和评价，当土的性质在水平向和竖向变化比较大时，其评价结果必然存在极大的误差和不确定性。

(3) 土的性质易变：土的工程性质受外界温度、湿度、地下水、荷载等的影响而发生显著变化，如外界温度降低导致土中水分冻结而变得坚硬，外界空气湿度增大使土中水分增多而变得软弱，荷载长期作用导致土体积减小而变得密实。

由此可见，土中存在许多不确定性，与其他材料相比，土的力学性质更为复杂，影响因素也更多，不可能通过经典力学严密的理论和精确的计算，准确地解决实际工程中的土力学问题。土力学的理论计算结果是精度较差的大致估计，理论与现实的差距只能通过经验来估计和判断。因此，在处理工程中的土力学问题时，不能单凭数学和力学的方法，必须通过现场试验和室内试验测定土的计算参数。正如 Terzaghi 在 1963 年指出：土力学的理论只有在工程判断的指导下才能被有效使用，除非已经具有这种判断能力，否则不能成功地应用土力学理论。

土力学是应用力学知识和土工试验技术来研究土的渗透特性、变形特性和强度特性及其变化规律的一门学科，其研究内容包括：土的物理性质及工程分类，土的颗粒组成、土的干湿状态、土的密实程度以及土的结构对土性质的影响；土的渗透性与渗流，研究水在土中的流动规律、水流动时对土中应力的影响以及对土体稳定性的破坏；土中应力计算，确定在自重及外部荷载作用下土中应力的大小、分布规律；土的压缩性与变形量计算，研究土的压缩特性、反映土压缩性的指标及测试、在外荷载作用下土产生的压缩变形量以及变形过程的计算等；土的抗剪强度，研究土的抗剪强度规律及其特性、抗剪强度指标的测试和选用、摩尔-库仑强度准则等；土压力理论，研究挡土墙土压力的类型、产生条件、计算方法及分布规律等；土坡稳定性分析，研究土坡稳定性分析的基本方法、适用条件，以及影响土坡稳定的因素；地基承载力，研究地基破坏的基本模式，地基承载力的组成、影响因素及确定方法。

1.4 土力学的发展简介

土力学是人类在长期的生产实践中逐渐发展起来的，既是一门古老的工程技术，又是一门新兴的应用学科。远在几千年前，人类就利用土作为建筑物的地基和建筑材料，如我国都江堰水利工程、万里长城、南北大运河、赵州石拱桥，以及古埃及金字塔、古罗马斗兽场、圣彼得大教堂等，都很好地体现了古代劳动人民在工程实践中积累了丰富的有关土的知识和经验。但当时人类对土的特性的认识还停留在经验积累的感性认识阶段。

18 世纪工业革命的兴起，大规模的城市建设和桥梁、铁路、水利工程的兴建，遇到许多与土有关的力学问题，迫使人们寻求理论解释，随着这些问题的解决，土力学的理论开始逐渐产生和发展。1773 年，库仑（Coulomb）提出了著名的砂土抗剪强度公式和挡土墙土压力的滑动楔体理论，为土力学的发展首开先河；1856 年，达西（Darcy）提出了水在土中渗透的达西定律；1857，朗肯（Rankine）提出了挡土墙土压力计算的另一理论；1885 年布西内斯克（Boussinesq）提出了竖直集中荷载作用下地基中任一点的应力、变形的弹性理论解答；1915 年，彼得森（Petterson）首先提出土坡稳定分析的整体圆弧法，后由费伦纽斯（Fellenius）和泰勒（Taylor）进一步发展；1920 年，普朗特（Prandtl）提出了地基剪切破坏时的滑动面形状和极限承载力公式。这些古典理论对土力学的发展起了极大的推进作用，一直沿用至今。

1925 年，太沙基（Terzaghi）提出了著名的有效应力原理和渗透固结理论，并出版了《土力学》专著，土力学成为一门独立的学科而得到发展。此后，卡萨格兰德（Casagrande）、泰勒（Taylor）、斯肯普顿（Skempton）、伦杜利克（Rendulic）、比奥（Boit）以及许多学者对土的抗剪强度、土的变形和渗透固结、土的剪胀性、土的应力应变关系非线性和破坏机理进行了大量的研究，并逐步将土力学的基本理论应用于解决各种不同条件下的工程问题。

1963 年，罗斯科（Roscoe）发表了著名的剑桥模型，提供了一个可以全面考虑土的压硬性和剪胀性的数学模型，标志着现代土力学的开始。随后，经过岩土工程界几十年的努力，现代土力学已渐趋成熟，并在非线性模型和弹塑性模型的深入研究和大量应用、损伤力学模型的引入与结构性模型的初步研究、非饱和土固结理论的研究、砂土液化理论的研究、剪切带理论及渐进破损问题的研究、土的细观力学研究等方面取得重要进展。

早在 1945 年，黄文熙在中央水利实验处创立了我国第一个土工试验室。20 世纪 50 年代，我国学者陈宗基开始了对土的流变学和黏土结构的研究，黄文熙对土的液化、土的本构理论以及沉降计算方法等进行了开拓性研究，沈珠江在土体本构模型、土体静动力数值分析、非饱和土理论等方面取得了突出的成就。

思 考 题

1.1 土在工程中有哪些作用?

1.2 论述土的基本特性和特点。

1.3 土粒、土、土层、土体有何联系和区别?

1.4 工程中遇到与土有关的工程问题有哪些?

1.5 土力学的研究内容是什么?

1.6 论述土力学与其他固体力学的联系与区别。

1.7 简述土力学学科的发展过程。

第2章 土的物理性质及工程分类

【本章导读】 土是岩石经风化、搬运、沉积或堆积后形成的松散颗粒集合体，是由固相、液相、气相组成的三相体系。本章介绍土的形成和物质组成，土的物理性质和存在状态以及土的工程分类。通过本章学习，应掌握土颗粒的级配曲线、土的三相指标的定义和计算及土体状态的判断方法，熟知黏性土和无黏性土的特点，理解土的压实原理，了解土的形成和工程分类原则。

2.1 土 的 形 成

地壳表层岩石在大气中经物理风化、化学风化和生物风化等长期的风化作用后发生破碎，形成了形状各异、大小不一、成分不同的矿物颗粒，这些颗粒经过水、风、冰川等不同的搬运方式，在各种不同的自然环境中堆积下来形成了松散的堆积体，堆积体间充满了孔隙，孔隙内赋存着液体和气体。这种由各种大小不同的矿物颗粒、液体和气体按各种比例组合成的集合体就是土。

2.1.1 风化作用

风化作用是指岩石长期暴露在自然环境中，在各种自然因素和外力作用下产生裂隙，逐渐发生分解、破碎及矿物成分的变化等现象。风化作用在地表极为常见，几乎无时不有、无处不在。风化作用可分为物理风化、化学风化以及生物风化三种类型。

2.1.1.1 物理风化

物理风化是指岩石中发生的只改变颗粒大小与形状，不改变岩石矿物成分的过程。如温度的昼夜和季节变化、湿度的变化、降水、刮风、冬季水的冻结等因素使岩石产生裂缝，或者在运动过程中因碰撞和摩擦而破碎，使岩石逐渐变成细小的颗粒。

2.1.1.2 化学风化

化学风化是指岩石与水、氧气、二氧化碳等物质长时间接触，产生水化、氧化和碳化等化学变化而改变其矿物的化学成分，形成新矿物的过程。化学风化不但改变了颗粒的大小，而且还改变了岩石的矿物成分，使岩石发生了质的变化。

2.1.1.3 生物风化

生物风化是指动植物及人类活动对岩石产生的破坏作用。例如，植物根系在生长过程中使岩石破碎；人类的开矿爆破活动对周围岩石产生的破坏；植物根系分泌的某些有机酸、动植物死亡后遗体腐烂产物以及微生物作用等，可使岩石成分变化而遭到腐蚀破坏。

这三类风化作用往往是同时存在、互相促进、相互影响的。但是在不同地区，自然条件不同，不同类型的风化作用又有主次之分。

2.1.2 土的沉积

根据岩屑搬运和沉积情况的不同，土从其堆积或沉积的条件来看可以分为两大类：残积土和运积土。

2.1.2.1 残积土

残积土是指岩石经风化、剥蚀后未被搬运而残留在原地的由岩石碎屑组成的土。残积土主要分布在岩石出露的地表，经受强烈风化作用的山区、丘陵地带与剥蚀平原。

2.1.2.2 运积土

运积土是指岩石风化后的产物经重力、风力、水力以及人类活动等搬运离开生成地点后再沉积下来的堆积物。根据搬运的动力不同分为以下不同的类型。

（1）坡积土。坡积土是指高处岩石的风化产物受到雨水、雪水的冲刷或重力的作用，顺着斜坡逐渐向下移动，最终沉积在较平缓山坡上的沉积物。坡积土厚度变化很大，有时上部厚度不足1m，而下部可达几十米。

（2）风积土。由风力较长距离搬运后沉积下来的堆积物称为风积土。我国西北、华北地区的黄土就是典型的风积土。风积土颗粒分选性及磨圆性明显，没有明显层理，同一地区颗粒较均匀。

（3）洪积土。由暴雨或融雪等暂时性洪流冲刷地表，把山区或高地的大量风化碎屑物携带到山谷冲沟出口或山前平原而形成的堆积物称为洪积土。

（4）冲积土。冲积土是河流流水的作用将两岸基岩及其上部覆盖的坡积、洪积物质剥蚀后搬运、沉积在河流平缓地带形成的沉积物。冲积土呈现明显的层理构造，由于搬运距离远，磨圆度和分选性较好，分山区河谷冲积土和平原河谷冲积土两种类型。

（5）海相沉积土。海相沉积土是指由水流挟带到大海沉积的堆积物，其颗粒较细，表层土质松软，工程性质较差。

（6）湖相沉积土。湖相沉积土分为湖滨沉积土和湖心沉积土。湖滨沉积土主要由湖浪冲蚀湖岸，破坏岸壁形成的碎屑沉积而成，以粗颗粒土为主。湖心沉积土是细小颗粒悬浮到达湖心后沉积而形成的，主要是黏土和淤泥，具有高压缩性和低强度。

（7）沼泽沉积土。沼泽沉积土主要由半腐烂的植物残余物积累起来形成的泥炭组成，含水率极高，透水性很小，压缩性大，强度低，不宜作为建筑物地基。

（8）冰川沉积土。在我国的青藏高原、云贵高原、天山、昆仑山、祁连山等高原、高山地区，分布着面积巨大的冰川。这些冰川缓慢向下滑动，其中挟带着残积土、坡积土等。冰川下滑到一定高度，气候变暖，冰川融化后留下的堆积物称为冰川沉积土。

2.2 土的三相组成

土的三相组成是指土是由固体颗粒、水和气三部分组成，是一种三相体系。固体颗粒构成土的骨架，骨架之间存在着大量孔隙，孔隙中填充着水和气。特殊情况下由两相组成，没有气体时是饱和土，没有液体时是干土。三相物质间的比例关系直接影响土的物理力学性质。因此，研究土的工程性质，必须首先研究土的三相组成。

2.2.1　土的固体颗粒

固体颗粒形成土的骨架，是三相体系中的主体，是决定土工程性质的主要成分。土颗粒的大小、形状、矿物成分和级配是决定土性质的重要因素。

2.2.1.1　土的矿物成分

土的固体颗粒包括无机矿物颗粒和有机质，它们是构成土骨架最基本的物质。土的无机矿物成分可分为原生矿物和次生矿物两大类。

原生矿物是岩石经物理风化生成的颗粒，其成分与母岩相同，常见的有石英、长石、云母等。原生矿物颗粒粗大，比表面积（单位体积内颗粒的总面积）小，与水的作用能力弱，物理化学性质较稳定，是构成粗粒土的主要成分。由原生矿物组成的土，密度大，强度高，透水性大，压缩性小，工程性质稳定。

次生矿物是岩石中矿物经化学风化作用后形成的新矿物，性质与母岩完全不同，如三氧化二铝、三氧化二铁、次生二氧化硅及各种黏土矿物。次生矿物颗粒细小，比表面积大，吸附水的能力强，能发生一系列复杂的物理、化学变化，性质不稳定，对土的工程性质有很大影响。

黏土矿物是次生矿物中最主要的一种，是构成黏性土的主要成分，根据微观结构的不同，黏土矿物分为蒙脱石、伊利石和高岭石三类。蒙脱石晶体结构不稳定，水易渗入使晶体劈开，亲水性最强，具有强烈的吸水膨胀、失水收缩的特性；高岭石晶体结构稳定，亲水性最弱，膨胀性和收缩性最小；伊利石的亲水性介于两者之间，接近蒙脱石。

有机质包括土层中的腐殖质及动物、植物残骸。土中如含有较多有机质，则吸水性强，透水性小，固结速度慢，压缩性高，强度低。土中有机质含量的多少对土的物理力学性质有明显的影响，因此在工程中对土的有机质含量提出了一定的限制。

2.2.1.2　土粒粒组

天然土体土粒大小悬殊，大的超过 200mm，小的则不足 0.005mm，土粒的大小称为粒度。土颗粒的大小与土的物理力学性质有密切的关系。例如，粗颗粒土透水性大，无黏性；颗粒细小的黏粒透水性小，具有黏性和可塑性。为了研究方便，把大小、性质相近的土粒合并为一组，称为粒组。划分粒组的分界尺寸称为界限粒径。粒组的划分方法目前各国家甚至一个国家的各部门都有不同的规定，表 2.1 是《土的工程分类标准》（GB/T 50145—2007）规定的划分方法。先将土粒粒组分为巨粒、粗粒和细粒三类，再细分为六个粒组：漂石（块石）、卵石（碎石）、砾粒、砂粒、粉粒和黏粒。

2.2.1.3　土的颗粒级配

天然土很少是单一粒组的土，往往由多个粒组混合而成。土的性质不仅与土颗粒的大小有关，而且还取决于不同粒组的相对含量。因此，要说明土的组成情况，不仅要说明土颗粒的大小，而且要说明各种大小的土颗粒所占的比例。工程上常用土中各粒组的颗粒质量占总土粒质量的百分数来表示土的组成情况，称为土的颗粒级配。

土的颗粒级配是通过土的颗粒分析试验测定的。

对粒径在 0.075～60mm 的土粒，采用筛分法测定。筛分法采用一套不同孔径的标准筛，标准筛孔径由大到小分别为 60mm、40mm、20mm、10mm、5mm、2mm、1mm、

表 2.1 土粒粒组划分（GB/T 50145—2007）

粒组统称	粒组名称		粒径 d/mm	一般特征
巨粒	漂石（块石）		>200	透水性很大，无黏性，无毛细水
	卵石（碎石）		$60<d\leqslant 200$	
粗粒	砾粒	粗	$20<d\leqslant 60$	透水性大，无黏性，毛细水上升高度不超过粒径大小
		中	$5<d\leqslant 20$	
		细	$2<d\leqslant 5$	
	砂粒	粗	$0.5<d\leqslant 2$	易透水，当混入云母等杂质时透水性减小，而压缩性增加；无黏性，遇水不膨胀，干燥时松散；毛细水上升高度不大，随粒径变小而增大
		中	$0.25<d\leqslant 0.5$	
		细	$0.075<d\leqslant 0.25$	
细粒	粉粒		$0.005<d\leqslant 0.075$	透水性小，湿时稍有黏性，遇水膨胀小，干时稍有收缩；毛细水上升高度较大较快，极易出现冻胀现象
	黏粒		$\leqslant 0.005$	透水性很小，湿时有黏性、可塑性，遇水膨胀大，干时收缩显著；毛细水上升高度大，但速度较慢

0.5mm、0.25mm、0.075mm。将风干、分散的代表性土样倒入一套从上到下孔径由粗到细排列的标准筛内摇振，然后分别称出留在各筛上的干土质量，即可求出小于或大于某粒径的土粒质量占总土粒质量的百分数。

对粒径小于 0.075mm 的土粒不能用筛分法，应根据土粒在水中匀速下沉时的速度与粒径关系的斯托克斯（Stokes）定律，用密度计法或移液管法测定颗粒级配，详细试验过程可参见《土工试验方法标准》(GB/T 50123—1999)。

根据颗粒分析试验结果，可以绘制颗粒级配曲线，如图 2.1 所示。曲线的纵坐标表示小于某粒径的土粒质量百分数，横坐标表示粒径的常用对数值，因为土粒粒径相差成千上万倍，所以用对数坐标表示更方便、更清楚。根据颗粒级配曲线的坡度陡缓，可以判断土颗粒的均匀程度。如曲线平缓，表示粒径大小悬殊，颗粒不均匀，级配良好（图 2.1 曲线 B）；如曲线陡峭，则表示粒径差别不大，颗粒均匀，级配不良（图 2.1 曲线 A、C）。

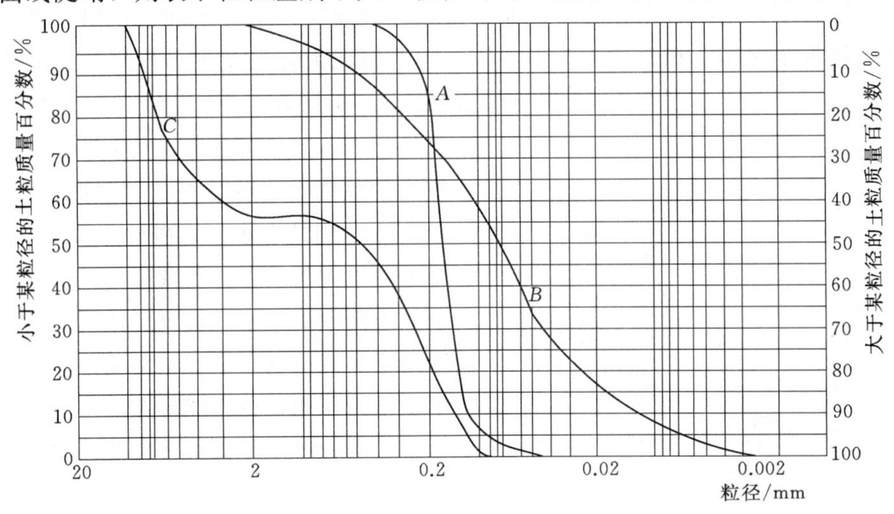

图 2.1 土的颗粒级配曲线

为了定量说明土的级配情况，工程中常用不均匀系数 C_u 和曲率系数 C_c 来反映土颗粒级配的不均匀程度。

$$C_u=\frac{d_{60}}{d_{10}} \tag{2.1}$$

$$C_c=\frac{d_{30}^2}{d_{10}d_{60}} \tag{2.2}$$

式中　d_{60}——小于某粒径的土粒质量占总土粒质量 60%的粒径，称控制粒径；

d_{10}——小于某粒径的土粒质量占总土粒质量 10%的粒径，称有效粒径；

d_{30}——小于某粒径的土粒质量占总土粒质量 30%的粒径。

不均匀系数 C_u 反映不同粒组的分布情况。$C_u<5$ 的土视为匀粒土，级配不良；C_u 越大，粒组分布范围越广，$C_u>5$ 的土视为不均匀，即级配良好。但 C_u 过大，表示可能缺失中间粒径，属不连续级配，故需同时用曲率系数来评价。曲率系数 C_c 描述了级配曲线分布的整体形态，反映了曲线的斜率是否连续，表示是否有某粒组缺失的情况。同时满足 $C_u\geqslant5$ 和 $C_c=1\sim3$，为级配良好；不能同时满足这两个条件时，则级配不良。

级配良好的土，粒径分布范围广，大、中、小颗粒都有一定比例，粗颗粒间的孔隙被细颗粒填充，颗粒级配曲线平缓，作为地基强度高，压缩性低，透水性小，稳定性好，容易获得较大的密实度。

2.2.2　土中水

土中水即土的液相。土中水的含量及性质对土（尤其是黏性土）的工程性质有着明显的影响。

土中水除了一部分以结晶水的形式紧紧吸附于固体颗粒的晶格内部外，存在于土中的液态水按其所呈现的状态和性质及其对土的影响，可分为结合水和自由水两种类型。

2.2.2.1　结合水

结合水是指受土颗粒表面电分子引力作用吸附在土颗粒表面呈薄膜状的水，又分为强结合水和弱结合水两种，如图 2.2 所示。

（1）强结合水。强结合水存在于最靠近土颗粒表面处，水分子和水化离子排列得非常紧密，性质接近于固体，和普通水大不一样，无溶解能力，不受重力作用，不能传递静水压力，冰点为-78℃，温度在 105℃以上才能蒸发，密度为 1.2～2.4g/cm^3。强结合水牢固地结合在土粒表面，不能自由移动，具有较大的黏滞性、弹性及抗剪强度。

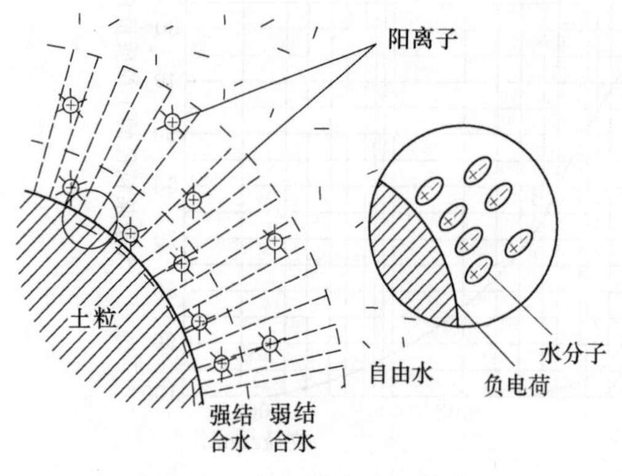

图 2.2　土中结合水示意图

（2）弱结合水。指强结合水以外、电场作用范围以内的水，也称薄膜水。弱结合水也受颗粒表面电荷吸引，但电场作用力随着与颗粒距离增大而减弱。弱结合水是一种黏滞水膜，不受重力作用，也不能传递静水压力。但弱结合水可从较厚水膜或浓度较低处缓慢地迁移到较薄的水膜或浓度较高处。弱结合水的存在是黏性土表现出可塑性的根本原因。

随着与土粒距离的不断增大，电分子引力逐渐减小，弱结合水逐步过渡为自由水，如图 2.2 所示。

2.2.2.2 自由水

土孔隙中存在于土颗粒表面电场影响范围以外的水称为自由水。其性质与普通水一样，能传递静水压力，能自由流动，有溶解能力，冰点为 0℃。自由水按其移动所受作用力的不同又分为重力水和毛细水两类。

（1）重力水。重力水是存在于地下水位以下的透水土层中的水，受重力和压力差的作用在土中流动。重力水对土粒有浮力作用，在重力作用下能在土体孔隙中流动，并对所流经的土颗粒施加动水压力。重力水在孔隙中流动时会给工程带来很多问题，如流沙、管涌、潜蚀等。

（2）毛细水。毛细水是存在于地下水位以上的自由水。毛细水的形成过程可用物理学中的毛细管现象来解释。土体内部间相互贯通的孔隙，可以看作许多形状各异、直径不一、彼此连通的毛细管，在水气交界面处弯液面上产生的表面张力作用下，土中自由水从地下水位通过毛细管逐渐上升，形成一定高度的毛细水。毛细水主要受表面张力的支配，上升高度和速度取决于土的孔隙大小和形状、颗粒尺寸和水的表面张力等，可用经验公式确定。粒径大于 2mm 的颗粒可不考虑毛细现象；极细小的孔隙中，土粒周围有可能被结合水充满，也无毛细现象。

毛细水的上升会给工程带来不利影响，如引起地基或路基的冻害，会使建筑物地下室过分潮湿，会引起土的沼泽化和盐渍化，在工程中要高度重视。

2.2.3 土中气

土颗粒间的孔隙中未被水占据的部分都是气体。土中气体分为自由气体和封闭气体。

2.2.3.1 自由气体

与大气直接连通的气体称为自由气体。这种气体在土体受到外荷作用时易被挤出土体外，对土的工程性质影响不大。

2.2.3.2 封闭气体

封闭气体一般以封闭气泡的形式存在于土中。封闭气泡在土体受到外力作用时可被压缩或溶解于水中，不能逸出；当压力减小时，恢复原状或重新游离出来。使土在外力作用下具有弹性，而且封闭气泡还能阻塞土内渗流通道，降低土的渗透性，对土的工程性质影响较大。

含气体的土称为非饱和土，对非饱和土的工程性质研究已成为土力学一个新的分支。

2.3 土的结构和构造

大量试验资料表明，对同一种土，原状土样和重塑土样的力学性质有很大差别，这说明土的组成成分并不完全决定土的性质，土的结构和构造对土的性质也有很大影响。

2.3.1 土的结构

土的结构是从微观角度描述成土过程中所形成的土颗粒的空间排列及其联结形式，有下列三种基本类型。

2.3.1.1　单粒结构

单粒结构是粗颗粒土在沉积过程中形成的代表性结构，例如碎石土和砂土，因其颗粒较大，土粒间的分子吸引力相对很小，与重力相比可以忽略不计。土粒在自重作用下沉积并达到稳定状态形成单粒结构。单粒结构又分紧密的和疏松的两种，如图 2.3 所示。呈紧密单粒结构的土，土粒排列紧密，在动、静荷载作用下不会产生较大沉降，强度高，压缩性小，是较为良好的天然地基土。呈疏松单粒结构的土，骨架不稳定，受到振动或其他外荷载作用时，土粒易发生移动，会引起土的很大变形，因此，这种土层未经处理一般不宜作为建筑物的地基。

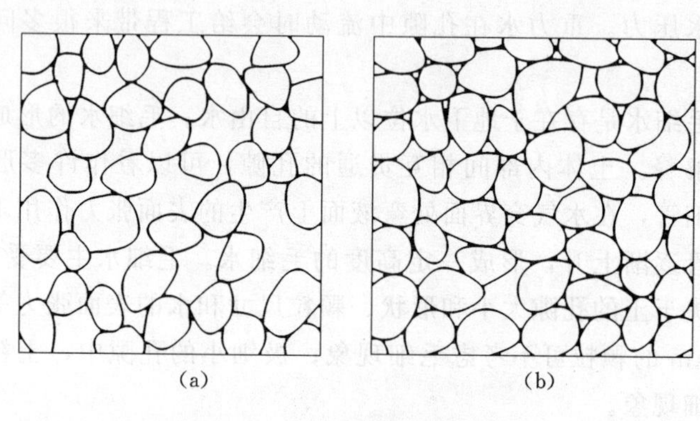

图 2.3　土的单粒结构

(a) 疏松；(b) 紧密

2.3.1.2　蜂窝结构

蜂窝结构是主要由粉粒（0.005～0.075mm）组成的土的结构形式。粒径 0.005～0.075mm 的土粒在水中沉积时，由于土颗粒之间的吸引力大于颗粒本身的重力，在下沉过程中接触到已沉积的土颗粒时，该土颗粒就被吸引住不再下沉，如此形成具有很大孔隙的蜂窝结构，如图 2.4 所示。具有蜂窝结构的土压缩性大，结构不稳定，因此不宜作为天然地基。

2.3.1.3　絮状结构

粒径小于 0.005mm 的黏粒，在水中长期悬浮，不因自重而下沉。黏粒在水中运动时，由于吸着水层薄，一旦相互接触，彼此间很容易吸引并结合在一起，然后成团下沉，形成孔隙很大的絮状结构，如图 2.5 所示。絮状结构的土压缩性大，强度低，灵敏度高，一旦受扰动，则强度降低很多，因而也不宜作为天然地基。

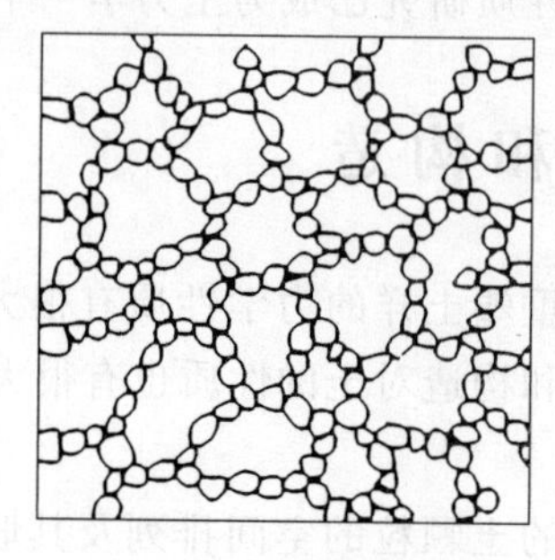

图 2.4　土的蜂窝结构

图 2.5　土的絮状结构

2.3.2 土的构造

土的构造是从宏观角度描述土体中各结构单元之间的赋存关系，如层理、裂隙、大孔隙等。常见的有层理构造和裂隙构造。

2.3.2.1 层理构造

层理构造即土的成层性，是土的构造的最主要特征。它是在土的形成过程中，由于不同阶段沉积的物质成分、颗粒大小或颜色不同，而沿竖向呈现的成层特征。常见的有水平层理构造和带有夹层、尖灭或透镜体等的交错层理构造，如图2.6所示。层理构造使土在垂直层理方向与平行层理方向性质不一，一般平行于层理方向的压缩模量与渗透系数往往大于垂直方向的。

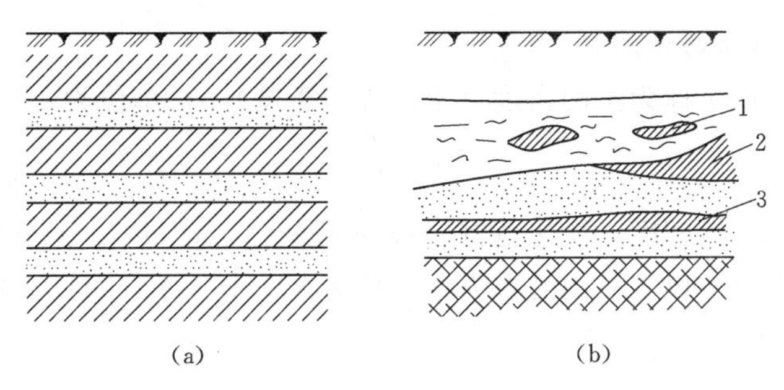

图2.6 层理构造

(a) 水平层理；(b) 交错层理

1—淤泥夹黏土透镜体；2—黏土尖灭；3—砂土夹黏土层

2.3.2.2 裂隙构造

土在自然演化过程中由各种地质作用和其他原因形成的，表现为土体中有很多不连续的小裂隙，如黄土的柱状裂隙。裂隙的存在将破坏土体的整体性，大大降低土体的强度和稳定性，增大透水性，对工程不利。

土体的层理构造和裂隙构造都将造成土体的不均匀性。此外，土中的包裹物（如腐殖物、贝壳、结核体等）以及天然或人为孔洞的存在，也会造成土体的不均匀性。

2.4 土的物理性质指标

一般情况下，土是由固相、液相、气相组成的三相体系，三相中各相的量的绝对值意义不大，而三相间量的比例关系很有意义，可以反映土的物理性质，如软或硬、干或湿、松或密、轻或重，物理性质又决定着力学性质。因此，可用三相的比例关系指标作为评定土的工程性质的定量指标。

自然界中的土，土粒、水、气体三相物质是混杂在一起的。为了分析和说明问题方便，把土粒、水、气体分别集中起来考虑，构成土的三相图，如图2.7所示。在三相图的左边标出土中各相的质量，右边标出各相的体积。图中：V 为土的体积，单位 cm^3；V_a 为土中气体所占的体积，单位 cm^3；V_w 为土中水所占的体积，单位 cm^3；V_s 为土中颗粒所占的体积，单位 cm^3；V_v 为土中孔隙所占的体积，单位 cm^3；m 为土的总重量，单位 g；m_w 为土中水的质量，单位 g；m_s 为土中颗粒的质量，单位 g。

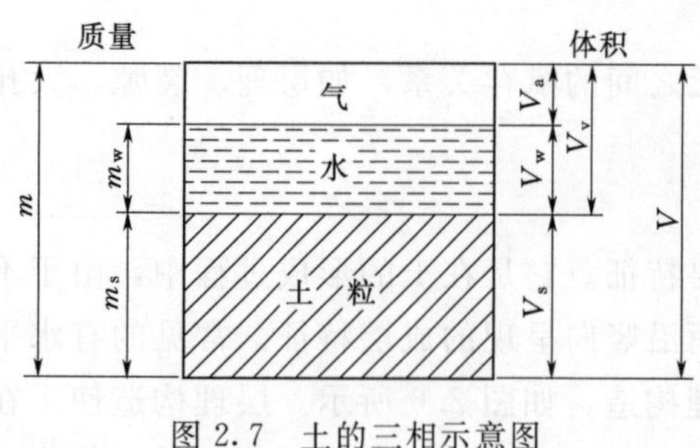

图 2.7　土的三相示意图

一般气体的质量忽略不计。图 2.7 中物理量的关系为：$V=V_v+V_s=V_w+V_a+V_s$，$m=m_s+m_w$。有五个独立量，即 V_s、V_w、V_a、m_w、m_s。一般可近似取 $1cm^3$ 水的质量等于 1g，故在数值上 $V_w=m_w$。

在土的三相比例指标中，一类必须通过实验室试验测定，称为试验指标；另一类可以根据试验指标换算得出，称为换算指标。

2.4.1　试验指标

2.4.1.1　土的密度（土的天然密度）ρ

土体单位体积的质量称为土的密度（土的天然密度）ρ，单位为 g/cm^3，表达式为

$$\rho=\frac{m}{V} \tag{2.3}$$

土的密度（土的天然密度）变化范围一般为 $1.6\sim2.2g/cm^3$。工程中还常用到容重 γ 这一概念。容重是单位体积土受到的重力，单位为 kN/m^3，$\gamma=\rho g$。土的密度试验设备与方法见 10.1.2 节。

2.4.1.2　土的含水率 w

土中水的质量与土粒质量之比称为土的含水率，用百分数表示，表达式为

$$w=\frac{m_w}{m_s}\times100\%=\frac{m-m_s}{m_s}\times100\% \tag{2.4}$$

含水率是表示土干湿程度的一个重要指标，它与土的种类、埋藏条件和自然环境等因素有关。天然土的含水率变化范围很大，含水率越小，土越干；含水率越大，土越湿。一般情况下，同一类土含水率越大，强度越低。土的含水率对黏性土、粉土的性质影响较大，对粉砂、细砂稍有影响，对碎石土等无影响。土的含水率试验设备与方法见 10.1.1 节。

2.4.1.3　土粒相对密度（比重）d_s

土粒的质量与同体积 4℃时纯水的质量之比称为土粒相对密度，无量纲，表达式为

$$d_s=\frac{m_s}{V_s\rho_{w1}}=\frac{\rho_s}{\rho_{w1}} \tag{2.5}$$

式中　ρ_s——土粒的密度，即单位体积土粒的质量，g/cm^3；

ρ_{w1}——4℃时纯水的密度，$\rho_{w1}=1g/cm^3$。

土粒相对密度与土的矿物成分有关，一般无机矿物的相对密度为 2.6～2.8，有机质为 2.4～2.5，泥炭为 1.5～1.8。土粒相对密度变化范围很小，可由试验测定，也可按经验数值选用，常见的土粒相对密度参考值见表 2.2。土粒相对密度试验设备与方法见 10.1.3 节。

表 2.2　土粒相对密度参考值

土的名称	砂土	粉土	黏性土	
			粉质黏土	黏土
土粒相对密度	2.65～2.69	2.70～2.71	2.72～2.73	2.74～2.76

2.4.2 换算指标

土的三个基本试验指标测出后，就可以根据土的三相图换算出土的其他六个指标，这六个指标可分为以下三种。

2.4.2.1 表示土孔隙特征的指标

（1）土的孔隙比 e。土中孔隙体积与土粒体积之比称为土的孔隙比，用小数表示，表达式为

$$e=\frac{V_v}{V_s} \tag{2.6}$$

$e<0.6$ 的土属密实的低压缩性土；$e>1$ 的土是疏松的高压缩性土。

（2）土的孔隙率 n。土中孔隙体积与土总体积之比称为土的孔隙率，用百分数表示，表达式为

$$n=\frac{V_v}{V}\times 100\% \tag{2.7}$$

孔隙比和孔隙率都是用来表示土体密实程度的指标。e 和 n 越大，土越疏松；反之，土越密实。

2.4.2.2 表示土含水程度的指标

土孔隙中水的体积与孔隙体积之比称为土的饱和度，用百分数表示，表达式为

$$S_r=\frac{V_w}{V_v}\times 100\% \tag{2.8}$$

饱和度反映了土孔隙中被水充满的程度。若 $S_r=0$，表明土是完全干燥的；若 $S_r=100\%$，表明土孔隙中充满水，土是完全饱和的，这是一种理想状态，实际中水不可能充满全部孔隙，因为总有一些封闭气泡，水进不去。砂土根据饱和度划分为三种状态：

$S_r\leqslant 50\%$，稍湿

$50\%<S_r\leqslant 80\%$，很湿

$S_r>80\%$，饱和

2.4.2.3 表示土在特定条件下的密度指标

（1）土的干密度 ρ_d。单位体积土中所含固体颗粒的质量称为土的干密度，单位为 g/cm³，表达式为

$$\rho_d=\frac{m_s}{V} \tag{2.9}$$

土的干密度一般为 1.3～1.8g/cm³。土的干密度通常用来作为填方工程中土体压实质量控制的标准。干密度反映了土的密实程度，ρ_d越大，土体越密实，强度越高。

（2）土的饱和密度 ρ_{sat}。土孔隙中充满水时的单位体积质量称为饱和密度，单位为 g/cm³，表达式为

$$\rho_{sat}=\frac{m_s+V_v\rho_w}{V} \tag{2.10}$$

土的饱和密度一般为1.8～2.3g/cm³。

(3) 土的有效密度（浮密度）ρ'。在地下水位以下，单位土体中土粒的质量扣除同体积水的质量后，即为单位土体积中土粒的有效质量，称为土的有效密度，单位为g/cm³，表达式为

$$\rho'=\frac{m_s-V_s\rho_w}{V} \tag{2.11}$$

根据饱和密度和有效密度的表达式，两者有下述关系

$$\rho'=\rho_{sat}-\rho_w$$

由各指标的表达式可见，土的各种密度在数值上有下列关系

$$\rho_{sat}>\rho>\rho_d>\rho'$$

有效密度的取值范围为0.8～1.3g/cm³。

与上述几种土的密度对应的有干容重、饱和容重、有效容重（浮容重）。在数值上，它们等于各自的密度乘以重力加速度，各指标的单位均为kN/m³。

2.4.3　指标的换算

土的物理性质指标共9个，这些指标并不是互相独立的，而是相关联的。其中，三个基本试验指标土的密度（土的天然密度）、土的含水率和土粒相对密度在实验室试验测出后，其他指标通过换算即可得出。

换算时，为了简化计算，令$V_s=1$，则土粒质量$m_s=d_s\rho_w$；由含水率的定义可得水的质量$m_w=wd_s\rho_w$，则土的总质量为$m=m_s+m_w=d_s\rho_w(1+w)$；由土的密度的定义知土的总体积$V=m/\rho=d_s\rho_w(1+w)/\rho$，则土中孔隙的体积$V_v=V-V_s=d_s\rho_w(1+w)/\rho-1$，土中水的体积$V_w=m_w/\rho_w=wd_s$。根据各指标的定义即可得其余指标与试验测定三种指标之间的关系为

土的孔隙比　$$e=\frac{V_v}{V_s}=\frac{d_s(1+w)\rho_w}{\rho}-1$$

土的孔隙率　$$n=\frac{V_v}{V}=1-\frac{\rho}{d_s(1+w)\rho_w}$$

土的饱和度　$$S_r=\frac{V_w}{V_v}=\frac{wd_s\rho}{d_s(1+w)\rho_w-\rho}$$

土的干密度　$$\rho_d=\frac{m_s}{V}=\frac{\rho}{1+w}$$

土的饱和密度　$$\rho_{sat}=\frac{m_s+V_v\rho_w}{V}=\frac{(d_s-1)\rho}{d_s(1+w)}+\rho_w$$

土的有效密度　$$\rho'=\frac{m_s-V_s\rho_w}{V}=\frac{(d_s-1)\rho}{d_s(1+w)}$$

由于这些指标都是量的比例关系，不是量的绝对值，因此，为了简化计算可以假设三相中某相的值为1，例如也可以假设$V=1$进行计算，会得出同样的结果。

一些常用的换算公式见表2.3。

表 2.3 土的三相比例指标换算公式

名称	符号	三相比例表达式	常用换算式	单位	常见的数值范围
含水率	w	$w=\frac{m_w}{m_s}\times100\%$	$w=\frac{S_r e}{d_s}=\frac{\rho}{\rho_d}-1$		
土粒相对密度	d_s	$d_s=\frac{m_s}{V_s\rho_{w1}}$	$d_s=\frac{S_r e}{w}$		黏性土：2.72～2.75 粉土：2.70～2.71 砂土：2.65～2.69
密度	ρ	$\rho=\frac{m}{V}$	$\rho=\rho_d(1+w)$ $\rho=\frac{d_s(1+w)}{(1+e)}\rho_w$	g/cm³	1.6～2.0
干密度	ρ_d	$\rho_d=\frac{m_s}{V}$	$\rho_d=\frac{\rho}{1+w}=\frac{d_s\rho_w}{1+e}$	g/cm³	1.3～1.8
饱和密度	ρ_{sat}	$\rho_{sat}=\frac{m_s+V_v\rho_w}{V}$	$\rho_{sat}=\frac{d_s+e}{1+e}\rho_w$	g/cm³	1.8～2.3
有效密度	ρ'	$\rho'=\frac{m_s-V_s\rho_w}{V}$	$\rho'=\rho_{sat}-\rho_w$ $\rho'=\frac{d_s-1}{1+e}\rho_w$	g/cm³	0.8～1.3
孔隙比	e	$e=\frac{V_v}{V_s}$	$e=\frac{d_s\rho_w}{\rho_d}-1$ $e=\frac{d_s(1+w)\rho_w}{\rho}-1$		黏性土和粉土： 0.40～1.20 砂土：0.3～0.9
孔隙率	n	$n=\frac{V_v}{V}\times100\%$	$n=\frac{e}{1+e}=1-\frac{\rho_d}{d_s\rho_w}$		黏性土和粉土： 30～60 砂土：25～45
饱和度	S_r	$S_r=\frac{V_w}{V_v}\times100\%$	$S_r=\frac{wd_s}{e}=\frac{w\rho_d}{n\rho_w}$		0～100

【例 2.1】 某一原状土样，体积为 50cm³，称得其质量为 100g，烘干后称得质量为 88g，土粒相对密度为 2.68，求试样的天然密度 ρ、含水率 w、干密度 ρ_d、饱和密度 ρ_{sat}、有效密度 ρ'、孔隙比 e、孔隙率 n 及饱和度 S_r。

解： 天然密度
$$\rho=\frac{m}{V}=\frac{100}{50}=2(\text{g/cm}^3)$$

含水率
$$w=\frac{m_w}{m_s}\times100\%=\frac{100-88}{88}\times100\%=13.64\%$$

干密度
$$\rho_d=\frac{\rho}{1+w}=\frac{2}{1+0.1364}=1.76(\text{g/cm}^3)$$

孔隙比
$$e=\frac{d_s(1+w)\rho_w}{\rho}-1=\frac{2.68\times(1+0.1364)}{2}-1=0.52$$

孔隙率
$$n=\frac{e}{1+e}=\frac{0.52}{1+0.52}=34.21\%$$

饱和密度
$$\rho_{sat}=\frac{d_s+e}{1+e}\rho_w=\frac{2.68+0.52}{1+0.52}=2.11(\text{g/cm}^3)$$

有效密度
$$\rho'=\rho_{sat}-\rho_w=2.11-1=1.11(\text{g/cm}^3)$$

饱和度
$$S_r=\frac{wd_s}{e}=\frac{0.1364\times2.68}{0.52}=70.3\%$$

【例 2.2】 某饱和土含水率56%，土粒相对密度2.68，试求土的孔隙比 e 和干密度 ρ_d。

解：由 $S_r=\frac{wd_s}{e}$ 得

孔隙比
$$e=\frac{wd_s}{S_r}=\frac{0.56\times2.68}{1}=1.5$$

干密度
$$\rho_d=\frac{d_s\rho_w}{1+e}=\frac{2.68\times1}{1+1.5}=1.07(g/cm^3)$$

2.5 土的物理状态指标

为了评价土的工程特性，仅靠物理性质指标尚有不足，还需要了解各种类型的土在自然界的存在状态及其判断指标。对于无黏性土的物理状态主要关注其密实度；对于黏性土，物理状态主要关注其可塑性、灵敏度和触变性。

2.5.1 无黏性土的密实度

无黏性土一般指砂（类）土和碎石（类）土，它们都是单粒结构，无黏聚力，所以称为无黏性土。无黏性土最受关注的性质就是其固体颗粒排列的紧密程度，用密实度来表示。密实度是指单位体积中固体颗粒的含量，与其工程性质有着密切关系。土粒多，土就密实，结构稳定，压缩性小，强度大，可作为良好的天然地基；土粒少，土就松散，压缩性大，强度小，属不良地基。

孔隙比 e 可以在一定程度上反映无黏性土的密实度。但由于土的密实度还与土粒的形状、大小和级配有关，孔隙比在某些情况下具有一定的局限性。例如，若两种孔隙比相同的土体级配不同，对应的密实度很可能不同。因此，不能仅仅通过孔隙比判断无黏性土的密实度。

2.5.1.1 砂（类）土的密实度

（1）砂土的相对密实度 D_r。为了克服孔隙比 e 未考虑颗粒级配的缺陷，引入砂土的相对密实度 D_r，表达式为

$$D_r=\frac{e_{max}-e}{e_{max}-e_{min}} \tag{2.12}$$

式中 e——砂土的天然孔隙比；

e_{max}——砂土的最大孔隙比，即最疏松状态的孔隙比，可用漏斗法测定；

e_{min}——砂土的最小孔隙比，即最密实状态的孔隙比，可用振动法测定。

当土粒较均匀时，e_{max} 与 e_{min} 差值较小；当土粒不均匀时，其差值较大。因此，利用砂土的最大、最小孔隙比与所处状态的天然孔隙比 e 进行比较，能综合反映土粒级配、形状等因素。

由式（2.12）可知，当砂土的天然孔隙比 $e=e_{min}$ 时，$D_r=1$，砂土处于最密实状态；当 $e=e_{max}$ 时，$D_r=0$，砂土处于最疏松状态。根据 D_r 的大小可将砂土分成三种密实状态：

$$D_r<0.33，松散$$

$$D_r = 0.33 \sim 0.67，中密$$

$$D_r > 0.67，密实$$

显然，理论上采用D_r作为判断砂土密实度的标准是较为完善的，但在实际应用中仍然有一定的限制。目前，国内虽然有一套测定最大、最小孔隙比的方法，但在实际试验条件下很难测定土的最大和最小孔隙比。在某些天然状态下，土的孔隙比可能大于实验室测定的最大孔隙比，造成计算得到的相对密度值为负的不合理情况。同时，在某些天然状态下，土的孔隙比可能小于实验室测定的最小孔隙比，造成计算得到的相对密度值大于1的不合理情况。此外，获取天然条件下砂土的原状土样有较大的难度，故e的测定结果会有一定的误差。由于以上原因，同种砂土的相对密实度试验结果往往具有很大的离散性，致使相对密实度指标在实际应用中受到限制。

（2）标准贯入试验。由于上述原因，在实际应用中采用标准贯入试验的锤击数N来评价砂土的密实度。标准贯入试验是在现场进行的一种原位测试方法，指的是管状探头动力触探试验。采用质量为63.5kg的击锤，提升到76cm的高度，使其自由下落，打击贯入器，记录贯入器入土30cm深所需的锤击数N。锤击数N的大小综合反映了土的贯入阻力的大小，也就是密实度的大小。由于这种方法避免了在现场难以取得砂土原状土样的问题，因而在实际中被广泛采用。砂土根据标准贯入试验的锤击数N，分为松散、稍密、中密及密实四种密实度，表2.4列出了《建筑地基基础设计规范》（GB 50007—2011）和《公路桥涵地基与基础设计规范》（JTG D63—2007）中按标准贯入试验锤击数N划分的砂土密实度。

表2.4　砂土的密实度

标准贯入试验锤击数N	密实度	标准贯入试验锤击数N	密实度
$N \leqslant 10$	松散	$15 < N \leqslant 30$	中密
$10 < N \leqslant 15$	稍密	$N > 30$	密实

注　当用静力触探探头阻力判定砂土密实度时，可根据当地经验确定。

2.5.1.2　碎石（类）土的密实度

（1）用重型圆锥动力触探试验锤击数$N_{63.5}$评价。根据《建筑地基基础设计规范》（GB 50007—2011），碎石土的密实度可按重型圆锥动力触探试验锤击数$N_{63.5}$划分，见表2.5。

表2.5　碎石土的密实度（GB 50007—2011）

重型圆锥动力触探试验锤击数$N_{63.5}$	密实度	重型圆锥动力触探试验锤击数$N_{63.5}$	密实度
$N_{63.5} \leqslant 5$	松散	$10 < N_{63.5} \leqslant 20$	中密
$5 < N_{63.5} \leqslant 10$	稍密	$N_{63.5} > 20$	密实

注　1. 本表适用于平均粒径小于等于50mm且最大粒径不超过100mm的卵石、碎石、圆砾、角砾。
2. 表内$N_{63.5}$为综合修正后的平均值。

（2）碎石土密实度的野外鉴别。碎石颗粒较粗时很难取得原状土样，也很难把贯入器打入土中，多采用野外鉴别的方法，根据其骨架颗粒含量和排列、可挖性及可钻性等直接鉴别其密实度。碎石土按野外鉴别方法划分为密实、中密、稍密、松散四种，见表2.6。

表 2.6　　碎石土密实度野外鉴别（GB 50007—2011）

密实度	骨架颗粒含量和排列	可挖性	可钻性
密实	骨架颗粒含量大于总重的 70%，呈交错排列，连续接触	锹镐挖掘困难，用撬棍方能松动，井壁一般较稳定	钻进极困难，冲击钻探时，钻杆、吊锤跳动剧烈，孔壁较稳定
中密	骨架颗粒含量等于总重的 60%～70%，呈交错排列，大部分接触	锹镐可挖掘，井壁有掉块现象，从井壁取出大颗粒处，能保持颗粒凹面形状	钻进较困难，冲击钻探时，钻杆、吊锤跳动不剧烈，孔壁有坍塌现象
稍密	骨架颗粒含量等于总重的 55%～60%，排列混乱，大部分不接触	锹可以挖掘，井壁易坍塌，从井壁取出大颗粒后，砂土立即坍落	钻进较容易，冲击钻探时，钻杆稍有跳动，孔壁易坍塌
松散	骨架颗粒含量小于总重的 55%，排列十分混乱，绝大部分不接触	锹易挖掘，井壁极易坍塌	钻进很容易，冲击钻探时，钻杆无跳动，孔壁极易坍塌

2.5.2　黏性土的特性和物理状态指标

黏性土颗粒细小，比表面积大，含水率对黏性土的工程性质有着极大的影响。黏性土根据其含水率的大小可以处于不同的状态。当黏性土含水率很大时，类似液体泥浆，不能保持其形状，极易流动，称其处于流动状态。随着黏性土含水率逐渐减小，泥浆变稠，体积收缩，其流动能力减弱，逐渐进入可塑状态。可塑状态是指具有一定含水率的土体在外力作用下可以塑成任何形状而不发生裂缝，当外力解除后，土仍保持已有变形而不恢复原状。当含水率继续减小时，黏性土将丧失其可塑性，在外力作用下不产生较大的变形而容易碎裂，土进入半固体状态。若使黏性土的含水率进一步减小，它的体积也不再收缩，土就进入了固体状态。由此可见，反映黏性土物理状态指标的不是密实度，而是软硬程度。

2.5.2.1　黏性土的界限含水率及其测定

黏性土由一种状态转到另一种状态的分界含水率，称为界限含水率。瑞典科学家阿特贝（Atterberg）首先进行了这方面的研究，因此，界限含水率又称阿特贝界限。如图 2.8 所示，黏性土的界限含水率有以下三种：

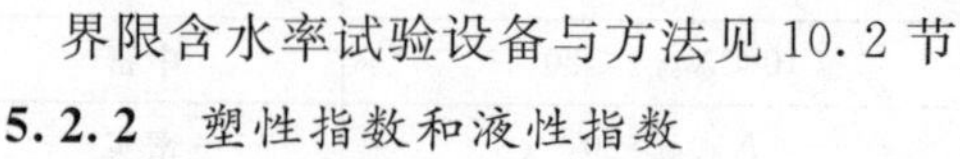

w_s 缩限　w_p 塑限　w_L 液限　含水率

固态　半固态　可塑状态　液动状态

图 2.8　黏性土的物理状态与含水率关系示意图

（1）液限含水率 w_L——土体流动状态与可塑状态的界限含水率，是可塑状态的上限含水率。

（2）塑限含水率 w_p——土体可塑状态与半固态的界限含水率，是可塑状态的下限含水率。

（3）缩限含水率 w_s——土体半固态与固态的界限含水率。

界限含水率试验设备与方法见 10.2 节。

2.5.2.2　塑性指数和液性指数

（1）塑性指数。黏性土的塑性大小可用黏性土处于可塑状态的含水率变化范围来衡量，即黏性土液限与塑限之差去掉百分号，称为塑性指数，用 I_p 表示，即

$$I_p = w_L - w_p \tag{2.13}$$

塑性指数与土的颗粒组成、矿物成分、土中结合水的含量有关。土粒越细，或土中黏粒含量或亲水性矿物含量越高，土处于可塑状态的含水率变化范围就越大，塑性指数就

越大。

因此，塑性指数能综合反映土的矿物成分和颗粒大小的影响，常用作黏性土的分类依据。

（2）液性指数。含水率在一定程度上能说明黏性土的软硬情况，但对于不同的土，即使具有相同的含水率，如果它们的液限、塑限不同，则其所处的状态也就不同。黏性土的状态可用液性指数来判别

$$I_L=\frac{w-w_p}{w_L-w_p} \tag{2.14}$$

式中 I_L——液性指数，以小数表示；

w——土的天然含水率；

其余符号意义同前。

液性指数表征了土的天然含水率与界限含水率之间的相对关系，表达了天然土所处的状态。因此，液性指数可以用来表示黏性土所处的软硬状态。黏性土根据液性指数可划分为坚硬、硬塑、可塑、软塑及流塑五种软硬状态，见表2.7。

表2.7　黏性土的状态（GB 50007—2011）

液性指数	$I_L\leqslant 0$	$0<I_L\leqslant 0.25$	$0.25<I_L\leqslant 0.75$	$0.75<I_L\leqslant 1$	$I_L>1$
状态	坚硬	硬塑	可塑	软塑	流塑

2.5.2.3　黏性土的灵敏度和触变性

（1）灵敏度。天然状态下的黏性土通常具有一定的结构性。土的结构性指的是天然土的结构受到扰动而改变的性质。当受到外界扰动时，如开挖、振动等，土粒间的胶结物质及土粒、离子、水分子组成的平衡体系受到破坏，导致强度降低。土的结构性对其强度的影响用灵敏度来表示。黏性土的原状土无侧限抗压强度与重塑土的无侧限抗压强度之比称为灵敏度 S_t，即

$$S_t=\frac{q_u}{q_u'} \tag{2.15}$$

式中 q_u——原状土的无侧限抗压强度，kPa；

q_u'——重塑土的无侧限抗压强度，kPa。

原状土是指从地层中取出保持原有结构的土，将土的结构彻底破坏后再按原状土的密度和含水率制备成的试样称为重塑土。

灵敏度反映黏性土结构性的强弱。根据灵敏度的数值大小，黏性土可分为三类：

$S_t\leqslant 2$，低灵敏土

$2<S_t\leqslant 4$，中灵敏土

$S_t>4$，高灵敏土

土的灵敏度越高，结构性越强，受扰动后强度降低越明显。因此，在基础工程施工时应特别注意保护基槽，防止对土结构的扰动导致降低地基强度。

（2）触变性。黏性土受到扰动后，结构破坏，强度降低，但静置一段时间后，土的强度又会随时间逐渐部分恢复，这种性质称为土的触变性。这是由于土体中土粒、离子和水分

子体系随时间而逐渐趋于新的平衡状态，形成新的结构。在工程施工中，应充分利用土的触变性。例如，在黏性土中打桩时，桩周土的结构受到破坏，强度降低，使桩容易打入。打桩停止后，土的强度会部分恢复，所以打桩要一气呵成，才能进展顺利并提高工效。

2.6　土的压实

工程建设中经常会遇到填土的情况，如堤坝、路基、场地平整以及基坑开挖后的回填等。填土不同于天然土层，经过挖掘、搬运之后，原状结构被破坏，含水率变化，堆填时必然在土粒之间留下许多大孔隙。所以未经压实的填土强度低，压缩性大而且不均匀。为满足工程要求，必须按一定标准压实增加其密实度，使之具有足够的强度，较小的压缩性和透水性，这就需要了解土的压实特性。

2.6.1　击实试验

击实试验是研究土的压实性能的室内试验方法。击实试验所用的主要设备是击实仪，包括击实筒、击实锤及导筒等，试验设备与方法见 10.7 节。

击实筒用来盛装土样，击实锤用来对土样施以击实功。击实试验时，将某一土样分成至少 5 份，每份加入不同量的水拌和均匀，制备不同含水率的试样，将每个试样分层装入击实筒内，每铺一层后用击实锤按规定的落距锤击一定的次数；然后由击实筒的体积和筒内被击实土的总质量算出被击实土的湿密度 ρ，从被击实的土中取样测定其含水率 w，由式（2.16）算出击实试样的干密度。

$$\rho_d = \frac{\rho}{1+w} \tag{2.16}$$

按上述方法对其他试样逐个进行击实试验，得到 5 个含水率和干密度，以含水率为横坐标，干密度为纵坐标，绘制含水率与干密度的关系曲线，称为击实曲线，如图 2.9 所示。击实曲线具有以下特点：

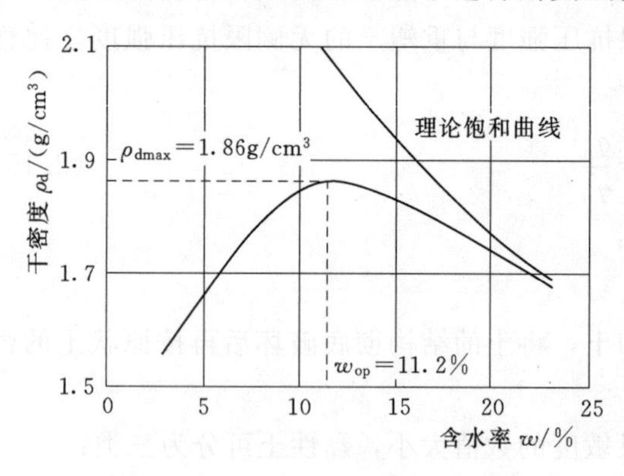

图 2.9　含水率与干密度关系曲线

（1）峰值。击实曲线上有一个峰值，此处的干密度最大，称最大干密度 ρ_{dmax}，与之对应的含水率称为最优含水率 w_{op}。这表明，在一定的击实功作用下，只有当压实土料为最优含水率时压实效果最好，土才能被击实至最大干密度。而土的含水率小于或大于最优含水率时，所得干密度均小于最大干密度。

（2）击实曲线位于理论饱和曲线左侧。因为理论饱和曲线假定土中空气全部被排出，孔隙完全被水占据，而实际上土是不可能被击实到完全饱和状态的。土在最佳击实情况下，其饱和度通常为 80%左右。因为当含水率大于最优含水率后，土孔隙中的气体越来越处于与大气不连通的状态，击实作用已无法将其排出土体之外。

（3）击实曲线的形态。击实曲线在最优含水率两侧左陡右缓，这表明含水率变化对于干密度的影响在较最优含水率偏干时比偏湿时更为明显。

2.6.2 影响击实效果的因素

2.6.2.1 含水率

含水率的大小对击实效果的影响显著。大量工程实践表明，对较湿的土进行碾压或夯实会出现软弹现象，俗称“橡皮土”，不能使土体得到充分压实；对较干的土进行碾压或夯实，也不能使土体得到充分压实；只有当含水率控制在某一适宜值即最优含水率时，土才能得到充分压实，得到土的最大干密度。因此，含水率是影响击实效果的重要因素。工程上常按 $w=w_{op}\pm2\%$ 来选定填土的合适含水率。

2.6.2.2 击实功

图 2.10 表示同一种土在不同击实功下的击实曲线，由图可以看出，在不同的击实功下，土的最优含水率和最大干密度不是常量；击实功增加，土的最大干密度增大，而最优含水率却减小。在同一含水率下，击实效果随击实功增加而增加，但增加的速率是递减的。因此，单靠增加击实功来提高填土的最大干密度有一定限度。当含水率较小时，增加击实功对提高干密度的影响较大；而含水率较大时，收效不大。

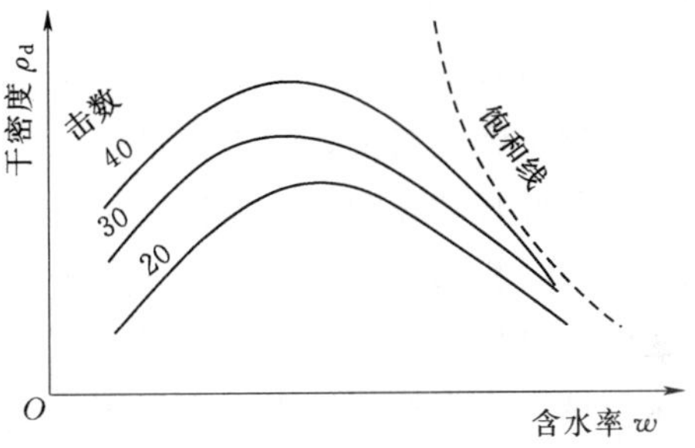

图 2.10 不同击数下的击实曲线

2.6.2.3 土的性质

无黏性土的颗粒粗细、级配对压实效果有很大影响。试验研究表明，含粗粒越多的土其最大干密度越大，而最优含水率越小，即随着粗颗粒的增多，击实曲线形态虽不变但峰值点向左上方移动。土的级配对压实性的影响很大，级配良好的土，压实时细颗粒能填充到粗颗粒形成的孔隙中，可以获得较高的干密度；级配差的土颗粒均匀，压实效果差。

黏性土的压实效果与其中的矿物成分含量有关，土的最优含水率随黏粒含量或塑性指数的增大而提高，而最大干密度则随之减小；添加木质素和铁基材料可改善土的压实效果。

2.6.3 压实特性在填方工程中的应用

工程中压实填土的质量用压实系数 λ_c 来控制。压实系数是现场压实填土的控制干密度 ρ_d 与室内击实试验所得到的最大干密度 ρ_{dmax} 的比值，即

$$\lambda_c=\frac{\rho_d}{\rho_{dmax}} \tag{2.17}$$

压实系数越接近 1，表明填土的压实质量越好。《建筑地基基础设计规范》（GB 50007—2011）针对结构类型和压实填土所处部位给出了 λ_c 的控制值，见表 2.8。

表 2.8 压实填土的质量控制（GB 50007—2011）

结构类型	填土部位	压实系数 λ_c	控制含水率
砌体承重结构和框架结构	在地基主要受力层范围内	≥0.97	$w_{op}\pm2\%$
	在地基主要受力层范围以下	≥0.95	
排架结构	在地基主要受力层范围内	≥0.96	
	在地基主要受力层范围以下	≥0.94	

2.7 土的工程分类

自然界土的成分、结构和性质差异很大，为了进一步研究土的性质，为工程设计和施工提供依据，有必要对土进行科学分类。土的分类就是根据土的主要特征，把工程性质相似的土划分为一类，以便于正确选择对土的研究方法和大致判断土的工程特性。由于各部门对土的性质的着眼点不完全相同，例如有的部门侧重于利用土作为地基，有的部门侧重于利用土作为建筑材料，因此并无完全统一的分类体系和分类方法。本节主要介绍国内常用的《土的工程分类标准》（GB/T 50145—2007）和《建筑地基基础设计规范》（GB 50007—2011）的分类方法。

土从直观上分成两大类：一类是由肉眼可见的松散颗粒堆成，颗粒通过接触点直接接触，这种土颗粒粗大，称为无黏性土。对于这类土，颗粒级配对其工程特性起着决定性的作用，因此颗粒级配是无黏性土工程分类的依据和标准。另一类是由肉眼难以辨别的细微颗粒组成，粒间除重力外还存在分子引力和静电力的作用，使颗粒互相连接，从而使土具有黏性，这种土称为黏性土。对于这类土，由于颗粒与水的作用非常明显，土的工程特性很大程度上由土粒的比表面积和矿物成分决定，而体现土的比表面积和矿物成分的指标主要有液限和塑性指数，因此，液限和塑性指数是黏性土分类的依据和标准。

2.7.1 《土的工程分类标准》(GB/T 50145—2007) 分类法

《土的工程分类标准》（GB/T 50145—2007）对土进行分类时，根据土中不同粒组的相对含量把土分为巨粒类土、粗粒类土和细粒类土。

2.7.1.1 巨粒类土

土中巨粒（$d\geqslant 60\text{mm}$）含量不小于 15%的土为巨粒类土。土中巨粒含量大于 75%时，该土属巨粒土；若土中巨粒含量大于 50%而小于等于 75%，该土属混合巨粒土；若土中巨粒含量大于 15%而小于等于 50%，该土属巨粒混合土。巨粒土、混合巨粒土和巨粒混合土依据其中所含漂石和卵石含量进一步划分，见表 2.9。

表 2.9　巨粒类土的分类

土类	粒组含量		土代号	土名称
巨粒土	巨粒含量>75%	漂石含量大于卵石含量	B	漂石（块石）
		漂石含量不大于卵石含量	Cb	卵石（碎石）
混合巨粒土	50%<巨粒含量≤75%	漂石含量大于卵石含量	BSl	混合土漂石（块石）
		漂石含量不大于卵石含量	CbSl	混合土卵石（碎石）
巨粒混合土	15%<巨粒含量≤50%	漂石含量大于卵石含量	SlB	漂石（块石）混合土
		漂石含量不大于卵石含量	SlCb	卵石（碎石）混合土

土中巨粒组含量不大于 15%时，可扣除巨粒，按粗粒类土或细粒类土的相应规定分类；当巨粒对土的总体性状有影响时，可将巨粒计入砾粒组进行分类。

2.7.1.2 粗粒类土

土中粗粒组（$0.075\text{mm}<d\leqslant 60\text{mm}$）含量大于 50%的土为粗粒类土。粗粒类土分为砾类土和砂类土两类。砾粒组（$2\text{mm}<d\leqslant 60\text{mm}$）含量大于砂粒组（$0.075\text{mm}<d\leqslant$

2mm）含量的土称为砾类土，砾粒组含量不大于砂粒组含量的土称为砂类土。砾类土和砂类土的进一步分类见表 2.10 和表 2.11。

表 2.10 砾类土的分类

土类	粒组含量		土代号	土名称
砾	细粒含量<5%	级配：$C_u \geqslant 5$，$C_c = 1 \sim 3$	GW	级配良好砾
		级配：不能同时满足上述要求	GP	级配不良砾
含细粒土砾	5%≤细粒含量<15%		GF	含细粒土砾
细粒土质砾	15%≤细粒含量<50%	细粒中粉粒含量≤50%	GC	黏土质砾
		细粒中粉粒含量>50%	GM	粉土质砾

表 2.11 砂类土的分类

土类	粒组含量		土代号	土名称
砂	细粒含量<5%	级配：$C_u \geqslant 5$，$C_c = 1 \sim 3$	SW	级配良好砂
		级配：不能同时满足上述要求	SP	级配不良砂
含细粒土砂	5%≤细粒含量<15%		SF	含细粒土砂
细粒土质砂	15%≤细粒含量<50%	细粒中粉粒含量≤50%	SC	黏土质砂
		细粒中粉粒含量>50%	SM	粉土质砂

2.7.1.3 细粒类土

土中细粒组（$d \leqslant 0.075$mm）含量不小于 50% 的土称为细粒类土。细粒类土按塑性图、所含粗粒类别以及有机质含量划分。粗粒组含量不大于 25% 的土称为细粒土；粗粒组含量大于 25% 且不大于 50% 的土称为含粗粒的细粒土。有机质含量小于 10% 且不小于 5% 的土称为有机质土；有机质含量不小于 10% 的土称为有机土。

塑性图是以液限为横坐标、塑性指数为纵坐标的分类图，图中 A 线的方程为 $I_p = 0.73(w_L - 20)$，B 线的方程为 $w_L = 50\%$。细粒类土的名称及定名区域见图 2.11 和表 2.12。

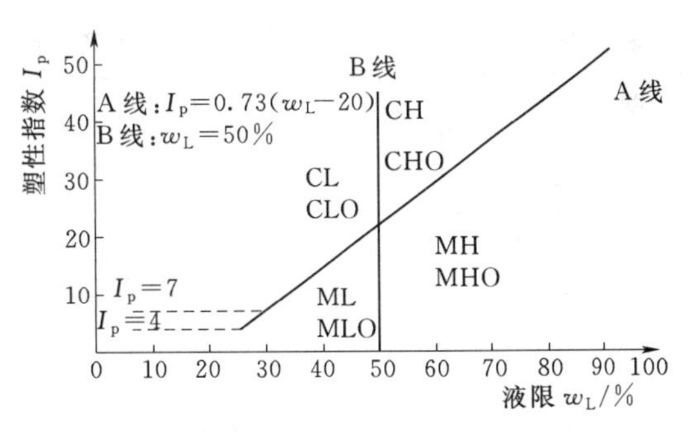

图 2.11 塑性图

2.7.2 《建筑地基基础设计规范》（GB 50007—2011）分类法

《建筑地基基础设计规范》（GB 50007—2011）规定，作为建筑地基的岩土可分为岩

表 2.12 细粒类土的分类（17mm 液限）

土的塑性指数在塑性图中的位置：塑性指数 I_p	土的塑性指数在塑性图中的位置：液限 w_L	土代号	土名称
$I_p \geqslant 0.73(w_L - 20)$ 和 $I_p \geqslant 7$	$w_L \geqslant 50\%$	CH	高液限黏土
	$w_L < 50\%$	CL	低液限黏土
$I_p < 0.73(w_L - 20)$ 和 $I_p < 4$	$w_L \geqslant 50\%$	MH	高液限粉土
	$w_L < 50\%$	ML	低液限粉土

石、碎石土、砂土、粉土、黏性土和人工填土。此外，在不同区域还存在一些特殊土。

2.7.2.1　*岩石*

岩石是指颗粒间牢固联结，呈整体或具有节理裂隙的岩体。岩石的分类如下：

（1）根据坚硬程度，可分为坚硬岩、较硬岩、较软岩、软岩和极软岩五种，分类标准见表 2.13。

表 2.13　　岩石坚硬程度的划分

坚硬程度类别	坚硬岩	较硬岩	较软岩	软岩	极软岩
饱和单轴抗压强度标准 f_{rk}/MPa	$f_{rk}>60$	$30<f_{rk}\leqslant 60$	$15<f_{rk}\leqslant 30$	$5<f_{rk}\leqslant 15$	$f_{rk}\leqslant 5$

（2）根据完整程度，可分为完整、较完整、较破碎、破碎和极破碎五种，分类标准见表 2.14。其中，完整性指数为岩体纵波波速与岩块纵波波速之比的平方。测定波速时选定的岩体、岩块应具有代表性。

表 2.14　　岩体完整程度的划分

完整程度等级	完整	较完整	较破碎	破碎	极破碎
完整性指数	＞0.75	0.75～0.55	0.55～0.35	0.35～0.15	＜0.15

（3）根据风化程度，可分为未风化、微风化、中等风化、强风化和全风化五种。

2.7.2.2　*碎石土*

碎石土是指粒径大于 2mm 的颗粒含量超过全重 50％的土。碎石土是典型的粗颗粒土，根据粒组含量及颗粒形状进一步细分为漂石、块石、卵石、碎石、圆砾和角砾，见表 2.15。

碎石土的压缩性小，强度高，渗透性大，工程性质良好。

表 2.15　　碎石土的分类

土的名称	颗粒形状	粒组含量
漂石	圆形及亚圆形为主	粒径大于 200mm 的颗粒含量超过全重的 50％
块石	棱角形为主	
卵石	圆形及亚圆形为主	粒径大于 20mm 的颗粒含量超过全重的 50％
碎石	棱角形为主	
圆砾	圆形及亚圆形为主	粒径大于 2mm 的颗粒含量超过全重的 50％
角砾	棱角形为主	

注　分类时应根据粒组含量栏从上到下以最先符合者确定。

2.7.2.3　*砂土*

砂土是指粒径大于 2mm 的颗粒含量不超过全重的 50％，粒径大于 0.075mm 的颗粒含量超过全重的 50％的土。根据粒组含量分为砾砂、粗砂、中砂、细砂和粉砂，见表 2.16。

砂土的密实度可按标准贯入锤击数确定，密实度判断标准见表 2.4。

砾砂、粗砂和中砂为良好地基；细砂和粉砂密实状态为良好地基，饱和疏松状态时，在受到地震和其他动荷载作用时，易产生液化，为不良地基。

表 2.16 砂土的分类

土的名称	粒组含量	土的名称	粒组含量
砾砂	粒径大于 2mm 的颗粒含量占全重的 25%～50%	细砂	粒径大于 0.075mm 的颗粒含量超过全重的 85%
粗砂	粒径大于 0.5mm 的颗粒含量超过全重的 50%	粉砂	粒径大于 0.075mm 的颗粒含量超过全重的 50%
中砂	粒径大于 0.25mm 的颗粒含量超过全重的 50%		

注 分类时应根据"粒组含量"栏从上到下以最先符合者确定。

2.7.2.4 粉土

粉土是指粒径大于 0.075mm 的颗粒含量不超过全重的 50%，且塑性指数小于或等于 10 的土。粉土的性质介于砂土与黏性土之间。

密实的粉土是良好地基；饱和稍密的粉土在地震和其他动荷载作用下易产生液化，是不良地基。

2.7.2.5 黏性土

黏性土是指塑性指数大于 10 的土。黏性土根据塑性指数可分为黏土和粉质黏土两类，见表 2.17，其中塑性指数由相应于 76g 圆锥体沉入土样中深度为 10mm 时测定的液限计算而得。

表 2.17 黏性土的分类

塑性指数 I_p	土名称	塑性指数 I_p	土名称
$I_p>17$	黏土	$10<I_p\leqslant 17$	粉质黏土

黏性土的状态按表 2.7 分为坚硬、硬塑、可塑、软塑和流塑。

土的沉积年代对土的工程性质影响很大，不同沉积年代的黏性土，其物理性质指标相同时，工程性质可能相差很大。黏性土按沉积年代分为老黏性土、一般黏性土和新近沉积黏性土。

（1）老黏性土沉积年代久，指第四纪晚更新世（Q_3）及其以前沉积的黏性土。是一种沉积年代久，工程性质较好的黏性土。一般具有较高的强度和较低的压缩性。

（2）一般黏性土指第四纪全新世（Q_4）沉积的黏性土，其分布面积最广，工程中遇到的最多，工程性质变化很大。

（3）新近沉积黏性土是指文化期以来新近沉积的黏性土。这类土形成历史短，一般都是欠固结土，强度低，压缩性大。

黏性土的性质不是绝对的，有些地区的老黏性土承载力不一定高于一般黏性土，而有些新近沉积黏性土工程性能也不一定很差，应该根据当地经验确定。

黏性土的工程性质与其软硬状态有密切关系。硬塑状态黏性土的承载力高，压缩性小，为优良地基；流塑状态黏性土非常软弱，为不良地基。

2.7.2.6 人工填土

人工填土是由于人类活动堆积而形成的土。由于其物质成分杂乱，均匀性较差，通常工程性质不良。根据其组成和成因，人工填土分为素填土、压实填土、杂填土和冲填土。

（1）素填土为由碎石土、砂土、粉土、黏性土等组成的填土。

（2）压实填土指经过人工压实或夯实的素填土。

(3) 杂填土为含有建筑垃圾、工业废料和生活垃圾等杂物的填土。

(4) 冲填土指由水力冲填泥砂形成的填土。

人工填土还可按堆填时间分为老填土和新填土。堆填时间超过 10 年的黏性填土或超过 5 年的粉性填土称为老填土，否则称为新填土。

2.7.2.7　特殊土

除了上述六大类土外，自然界中还分布着许多特殊土，这些土有的具有一定的地理分布区域，有的具有特殊成分、状态和结构特征，与上述六大类土不同，需要区别对待。以这些特殊土作为建筑地基时应注意其特殊的性质，采取必要的措施，以防止发生工程事故。特殊土主要包括以下几种：

(1) 软土。软土是指沿海的滨海相、三角洲相、河谷相，内陆的河流相、湖泊相、沼泽相等主要由细颗粒组成的土，这类土的工程特征为含水率高、孔隙比大（一般大于 1）、抗剪强度低、透水性差，压缩性高、结构性明显、流变性显著，包括淤泥、淤泥质土、泥炭、泥炭质土等。

淤泥和淤泥质土是工程建设中经常遇到的软土，是在静水或缓慢的流水环境中沉积，并经生物化学作用而形成。天然含水率大于液限、天然孔隙比大于或等于 1.5 的黏性土称为淤泥；天然含水率大于液限，而天然孔隙比小于 1.5 但大于 1.0 的黏性土或粉土称为淤泥质土；有机质含量大于 60%的土为泥炭；有机质含量大于或等于 10%且小于或等于 60%的土为泥炭质土。

(2) 红黏土和次生红黏土。红黏土是由出露在地表的碳酸盐岩系经红土化作用形成的棕红、褐黄等色的高塑性黏土。其液限大于 50%，一般具有表面收缩、上硬下软、裂隙发育等特征。经再搬运后仍保留红黏土基本特征，且液限大于 45%的称为次生红黏土。红黏土形成和分布于湿热的热带、亚热带地区，在我国主要分布在北纬 33°以南地区，以贵州、云南、广西等省（自治区）最为广泛和典型。

(3) 膨胀土。膨胀土是指土中黏粒成分主要为亲水性矿物，同时具有显著的吸水膨胀和失水收缩特性的黏性土。膨胀土通常情况下强度较高，压缩性低，很容易被误认为是良好的地基。膨胀土在地球上分布很广，在我国的分布也很广，主要在黄河流域以南地区，湖北、河南、广西、云南等 20 多个省（自治区）均有膨胀土。这类土对建筑物的危害主要是由其较大和较反复的胀缩变形而引起地基的不均匀沉降。

(4) 湿陷性黄土。湿陷性黄土是指在一定压力下受水浸湿，土结构迅速破坏并发生显著附加下沉的黄土，主要为属于晚更新世（Q_3）的马兰黄土和属于全新世（Q_4）中各种成因的次生黄土。这类土为形成年代较晚的新黄土，土质均匀或较为均匀，结构疏松，大孔发育。湿陷性黄土又分为自重湿陷性黄土和非自重湿陷性黄土两种。在上覆土的自重应力下受水浸湿发生湿陷的黄土称为自重湿陷性黄土；在大于上覆土的自重应力下受水浸湿发生湿陷的黄土称为非自重湿陷性黄土。湿陷性黄土主要分布在黄河中游地区。

(5) 冻土。冻土可分为季节性冻土和多年冻土两类。冬季结冰夏季融化的土称为季节性冻土；冻结状态持续三年以上的土称为多年冻土。我国多年冻土主要分布在纬度较高和海拔较高的地区。

以上各类特殊土中的许多类土，都根据工程建设的实践经验编制了专门的或地方性的规范或规程。

思　考　题

2.1　土的物理性质指标有哪些？其中哪几个必须直接测定？用什么方法测定？

2.2　土孔隙中水的含量改变时，哪些三相指标不受影响？

2.3　砂土的密实度如何判别？孔隙比和相对密实度这两个指标作为砂土密实度的评价指标各有何优缺点？

2.4　含水率可表示土中水的多少，为什么还要引入液性指数来评价黏性土的软硬程度？什么是土的灵敏度和触变性？在工程中有何应用？

2.5　以下指标中，哪些对黏性土有意义？哪些对无黏性土有意义？①颗粒级配；②相对密实度；③塑性指数；④液性指数；⑤灵敏度。

2.6　毛细水对工程有何影响？

2.7　影响土冻胀的主要因素有哪些？

2.8　影响土击实效果的主要因素有哪些？

计　算　题

2.1　某土样天然密度为 $1.68g/cm^3$，含水率为 20%，土粒相对密度为 2.7。试求该土样其余六个物理性质指标。

2.2　某土样体积为 $50cm^3$，湿土样质量为 92.93g，烘干后质量为 75g，土粒相对密度为 2.7。试求该土的天然密度、干密度、饱和密度、有效密度、含水率、孔隙比、孔隙率及饱和度。

2.3　有 A、B 两土样，物理性质指标见表 2.18，试回答下列问题，并说明原因。

（1）哪个土样的黏粒含量大？

（2）哪个土样的天然密度大？

（3）哪个土样的干密度大？

（4）哪个土样的孔隙比大？

表 2.18　　土样物理性质指标

土样	w_L/%	w_p/%	w/%	d_s	S_r/%
甲	31	13	39	2.71	100
乙	16	5.8	28	2.69	100

2.4　某土样，含水率为 25%，干密度为 $1.60g/cm^3$，土粒相对密度为 2.7，液限为 29.1%，塑限为 17.3%，试求该土样的孔隙比、孔隙率、饱和度、塑性指数及液性指数。

2.5　某黏性土试样，含水率为 30%，液限为 45%，塑限为 28%，计算该土的塑性指数和液性指数，并确定该土的名称及状态。

2.6　某干砂试样的容重为 $16.9kN/m^3$，土粒相对密度为 2.70，置于雨中，若砂样体积不变，饱和度增至40%时，此砂在雨中的含水率为多少？

2.7　某黏性土的含水率 $w=36.4\%$，液限 $w_L=48\%$，塑限 $w_p=35.4\%$。

(1) 计算该土的塑性指数及液性指数。

(2) 确定该土的名称及状态。

第3章 土的渗透性与渗流

【本章导读】 土孔隙中的重力水在水力梯度作用下发生流动，可以造成蓄水建筑物的渗漏或引起土体稳定性的破坏。本章介绍土的渗透性及达西定律、土的渗透系数、二维渗流与流网、渗透变形、饱和土的有效应力原理。通过本章学习，应掌握达西定律的基本理论、渗透系数的概念和室内测定方法、渗透稳定性的判断、饱和土的有效应力原理；理解渗透破坏的类型和防治措施。

3.1 渗流引起的工程问题

由于土中存在大量孔隙，当土体中两点存在能量差时，土中水就在土体孔隙中从能量高的点向能量低的点流动。土中水在重力作用下穿过土中孔隙流动的现象称为水的渗流。土具有被水透过的性质称为土的渗透性。土的渗透性是土的主要力学特性之一，会产生一系列与强度、变形有关的问题。土的渗透性与工程实践密切相关，特别是对基坑、堤坝、路基、闸基等工程有重大影响，如建筑物基坑开挖时的流砂和管涌，土坝和闸基的渗漏等。

水的渗流会引起两类工程问题：一是渗漏问题；二是渗透稳定问题。前者是因渗透而引起的水量损失，如无论用什么土筑坝总会有一定渗透水量的损失。渗漏问题可能影响闸坝蓄水、渠道输水等工程的经济效益。后者是由于水的存在或运动而引起土体内部应力状态发生变化，产生一系列与强度、变形有关的问题，从而改变土体的稳定条件，使土体产生局部渗透变形破坏，严重时还会酿成破坏事故。如渗透水流将土体的细颗粒冲出、带走，局部土体产生移动，以及土体变形而引起的问题，这类问题常称为渗透变形问题，主要表现为流砂和管涌；由于渗流作用，水压力发生变化，导致整个土体发生滑动、坍塌或建筑物失稳，主要表现为岸坡滑动、挡土墙等构筑物的整体失稳。

此外，土渗透性的强弱，对土体的固结、强度及施工都有非常重要的影响。例如，桥梁墩台、高层建筑基坑开挖排水时，需要了解土的渗透性，以配置排水设备；在河滩上修筑渗水路堤时，需要考虑路堤填料的渗透性；在计算饱和黏土上建筑物的沉降和时间的关系时，也需要掌握土的渗透性。

因此，对水的渗流规律和土的渗透性及其与工程的关系进行研究具有重要的意义。

3.2 土的渗透性与达西定律

土的渗透性与计算基坑涌水量、水库与渠道的渗流量、评价土体的渗透变形、分析饱和黏性土在荷载作用下地基变形与时间的关系等方面密切相关。

3.2.1　地下水的运动方式

3.2.1.1　按流线形态分

（1）层流。在地下水渗流过程中，水中质点形成的流线互相平行，上、下、左、右互不相交，经过空间某处的流速均匀、平稳，具有上述特征的运动方式称为层流。

（2）紊流。在地下水渗流过程中，水中质点形成的流线相交，呈曲折、混杂、不规则的运动，存在跌水和漩涡，这种运动方式称为紊流。

3.2.1.2　按空间上的分布状况分

（1）一维流动。一维流动即单向流动，如等厚承压含水层中地下水只能沿一个方向流动。饱和软黏土地层施加大面积竖向荷载，迫使地层中的水由地面排出，也是一维流动。

（2）二维流动。地下水的流动和两个方向有关。例如，当河流流向平行于山体走向时，山体中的含水层对河水的补给属于二维流动；在存在地上河的地区（黄河下游），堤内河水对堤外地下水的补给也属于二维流动。

（3）三维流动。水的流动沿三个坐标轴的方向都有分速度时称为三维流动。如打井时打穿了承压含水层的顶板，在不完整井的情况下水流属于三维流动；在完整井的情况下水流属于二维流动。

3.2.2　达西定律

法国学者达西（1856）对砂土进行了研究，得出了层流状态下土中水的渗透规律，即达西定律。其内容为：在层流状态的渗流中，水的渗透速度 v 与水力梯度 i 成正比。如图3.1所示，土中水从 a 点向 b 点流动，它们的水头分别为 H_1 和 H_2，水流渗径长度为 L，则有渗透速度

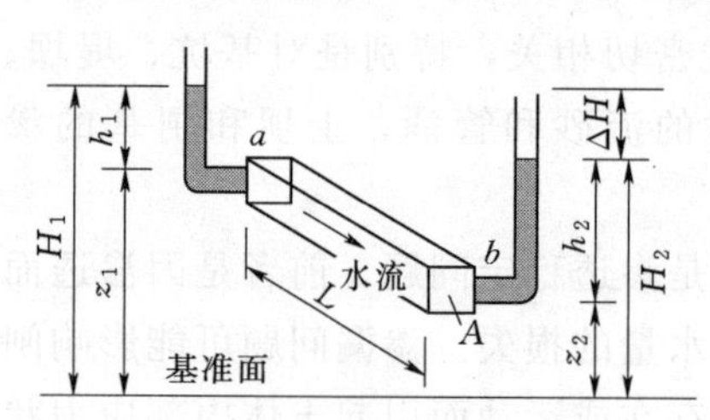

图3.1　渗透装置示意图

$$v=k\frac{H_1-H_2}{L}=k\frac{\Delta H}{L}=ki \tag{3.1}$$

或单位时间内流过与水流方向垂直的截面积 A 的渗流量为

$$q=vA=kiA \tag{3.2}$$

式中　q——单位渗流量，cm^3/s；

v——渗透速度，cm/s；

k——渗透系数，cm/s；

i——水力梯度，是沿渗流方向单位距离的水头损失，无因次。

需要注意，由式（3.1）求出的渗透速度是一个假想的平均渗透速度，因为它假定水在土中的渗透是通过整个土体截面来进行的，其中包括了土颗粒骨架所占的面积。实际上，渗透水流只通过土体中的孔隙。由于土的孔隙形状和大小很复杂，要计算实际的透水面积很困难，因此取全断面积来计算假想平均流速。实际平均流速要比由式（3.1）所求得的假想平均流速大。目前，在渗流计算中广泛采用的流速是假想平均流速，下面所述的渗透速度均指这种流速。

3.2.3 达西定律的适用范围

式（3.1）描述的是砂土的渗透速度与水力梯度呈线性关系，如图 3.2（a）所示。

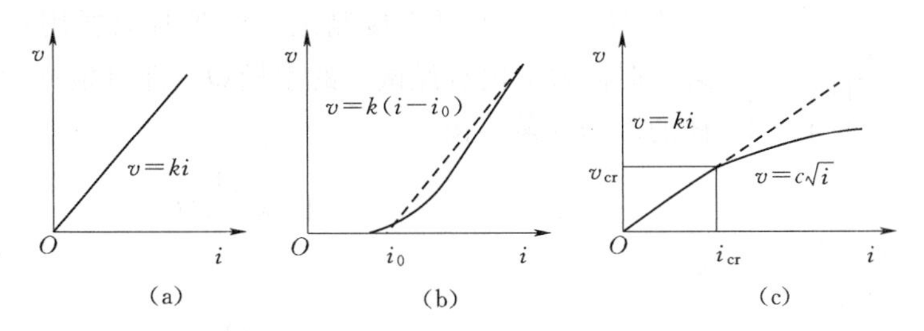

图 3.2 土的渗透速度与水力梯度的关系

（a）砂土；（b）密实黏土；（c）砾石、卵石

进一步试验证明，对密实的黏土，由于结合水具有较大的黏滞阻力，因此，只有当水力梯度达到一定数值，克服了结合水的黏滞阻力后，才能发生渗透。开始发生渗透时的水力梯度称为黏性土的起始水力梯度。大量试验资料表明，黏性土不但存在起始水力梯度，而且当水力梯度超过起始水力梯度后，渗透速度与水力梯度的规律呈非线性关系，如图 3.2（b）中的实线所示。为了使用方便，常用图中的虚直线来描述密实黏土的渗透速度与水力梯度的关系，此时达西定律的表达式修正为

$$v=k(i-i_0) \tag{3.3}$$

在粗粒土（砾石、卵石等）中，只有在水力梯度较小时，渗透速度与水力梯度才呈线性关系，当渗透速度超过临界流速 v_{cr} 时，水在土中的流动即进入紊流状态，渗透速度与水力梯度呈非线性关系，达西定律不能适用，如图 3.2（c）所示。

3.3 土的渗透系数

由式（3.1）知，渗透系数 k 是单位水力梯度时的渗透速度 v，是衡量土的透水性能强弱的一个重要力学指标，常用它来计算堤坝和地基的渗流量，分析堤防和基坑开挖边坡逸出点的渗透稳定，以及作为透水强弱的标准和选择坝体填筑土料的依据。渗透系数只能通过试验测定，其准确性直接影响渗流计算结果的正确性和渗流控制方案的合理性。渗透系数的测定可以分为室内试验和现场试验两大类。室内试验简单易做，但由于取样时不可避免的扰动，一般很难获得具有代表性的原状土样，砂土等粗粒土更难取得原状土样，而且有时少量的土样很难代表现场复杂的情况，故所得渗透系数往往不能很好地反映现场土的实际渗透性质。现场试验比室内试验所得数据准确可靠，故重要工程需要进行现场试验。

3.3.1 室内试验

室内试验按照适用土类和仪器类型分为常水头试验和变水头试验，一般应取 3～4 个试样进行平行试验，以平均值作为试样在该孔隙比下的渗透系数。

3.3.1.1 常水头渗透试验

常水头渗透试验适用于粗粒土（GB/T 50123—1999《土工试验方法标准》），其试验

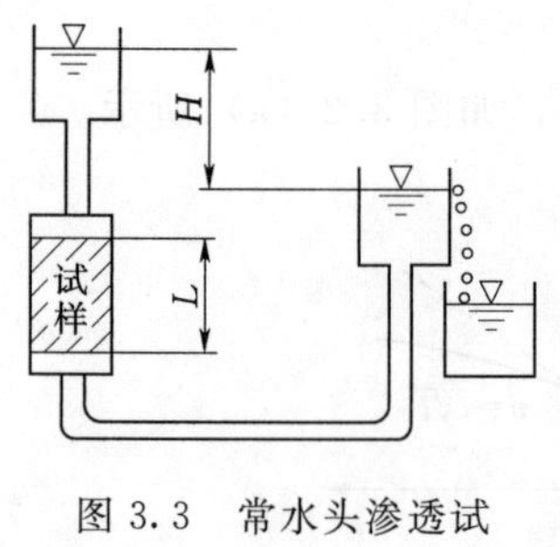

图3.3 常水头渗透试验示意图

过程如图3.3所示，在整个试验过程中，水头始终保持不变。试样的厚度即为渗流长度L，试样截面积为A，试验时的水头差为H，这三者可直接测定。试验时只要用量筒和秒表测出某一时间段t内流经试样的水量Q，即可根据达西定律求得土样的渗透系数。由

$$Q=k\frac{H}{L}At$$

得

$$k=\frac{QL}{HAt} \tag{3.4}$$

3.3.1.2 变水头渗透试验

变水头渗透试验适用于细粒土［《土工试验方法标准》(GB/T 50123—1999)］。细粒土由于渗透系数很小，流经试样的水量很少，难以准确测量，采用变水头法。变水头法在整个试验过程中水头是随时间变化的，其试验如图3.4所示。细玻璃管的内截面积为a，试验过程中任一时刻t作用于土样的水头差为H，经过时间$\mathrm{d}t$后细玻璃管中水位下落$\mathrm{d}H$，则$\mathrm{d}t$时间内流经试样的水量$\mathrm{d}Q$为

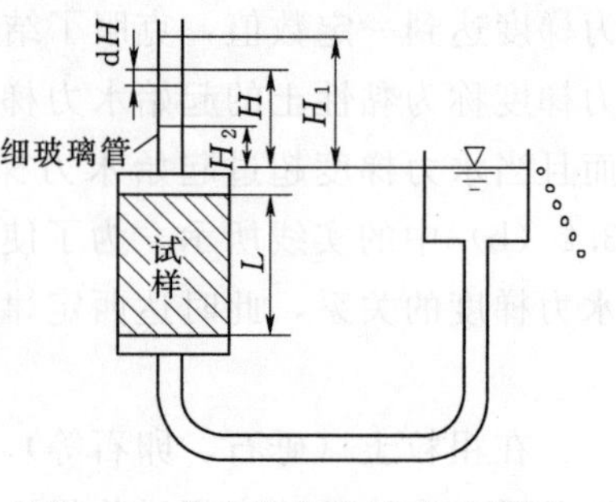

图3.4 变水头渗透试验示意图

$$\mathrm{d}Q=-a\mathrm{d}H$$

式中的负号表示水量Q随水头H的降低而增加。

根据达西定律，$\mathrm{d}t$时间内流经试样的水量$\mathrm{d}Q$为

$$\mathrm{d}Q=k\frac{H}{L}A\mathrm{d}t$$

由以上两式有

$$\mathrm{d}t=-\frac{aL\mathrm{d}H}{kAH}$$

等式两边积分，有

$$\int_{t_1}^{t_2}\mathrm{d}t=-\int_{h_1}^{h_2}\frac{aL\mathrm{d}H}{kAH}$$

得

$$k=\frac{aL}{A(t_2-t_1)}\ln\frac{H_1}{H_2}$$

如用常用对数表示为

$$k=2.3\frac{aL}{A(t_2-t_1)}\lg\frac{H_1}{H_2} \tag{3.5}$$

式(3.5)中，a、L、A为已知，试验时只要测出t_1和t_2时刻对应的水头H_1和H_2就可求出渗透系数。

3.3.2 现场试验

室内试验具有设备简单、费用较低等优点，但由于取土样时难免产生扰动，以及对所

取土样尺寸的限制，使其难以完全代表原状土体的真实情况。因此，对于比较重要的工程，有必要进行现场试验。现场试验方法多种多样，在此介绍抽水试验确定 k 值的方法。

现场抽水试验如图 3.5 所示，在现场打一口试验井，贯穿需要测定 k 值的土层，然后以不变的速率在井中连续抽水，引起井周围的地下水位逐渐下降，形成一个以井轴线为轴心的漏斗状地下水面。在距井轴线 r_1、r_2 处设置两个观测孔，当单位时间从抽水井中抽出的水量稳定，并且抽水井及观测井中的水位稳定之后，根据单位时间的抽水量 q 和抽水井及观测井的水位，可以按照达西定律求出土层的渗透系数 k。

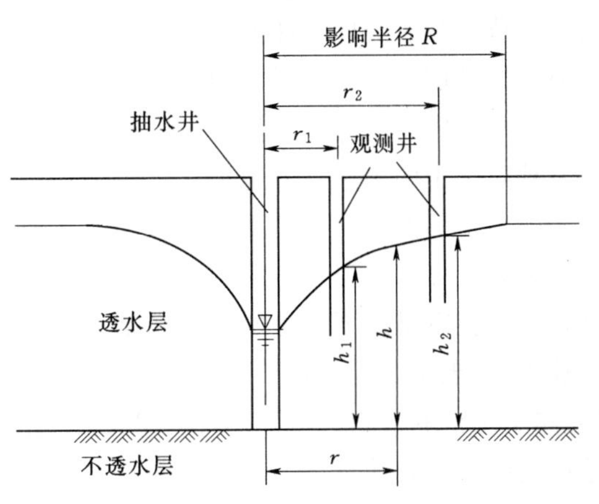

图 3.5 现场抽水试验示意图

距井轴线为 r 的过水断面处，其水头高度为 h，则过水断面积 $A=2\pi rh$；假设该过水断面上水力梯度为常数，近视地取为 $i\approx dh/dr$，根据达西定律有

$$q=k\frac{dh}{dr}(2\pi rh)\quad 或\quad \frac{dr}{r}=\frac{2\pi k}{q}h\,dh$$

对上式积分（r 从 r_1 到 r_2 时，h 则从 h_1 到 h_2），可得

$$q\int_{r1}^{r2}\frac{dr}{r}=2\pi k\int_{h1}^{h2}h\,dh$$

$$k=\frac{q\ln(r_2/r_1)}{\pi(h_2^2-h_1^2)}$$

如用常用对数表示为

$$k=\frac{2.3q}{\pi(h_2^2-h_1^2)}\lg\frac{r_2}{r_1}\tag{3.6}$$

式中 h_1、h_2——据抽水井距离为 r_1、r_2 的观测井的地下水位。

对于中小型工程，可参照有关经验数据，表 3.1 给出了一些常见土的渗透系数。

表 3.1 土的渗透系数参考值

土类	渗透系数 k/(cm/s)	土类	渗透系数 k/(cm/s)	土类	渗透系数 k/(cm/s)
卵石	$1\times10^{-1}\sim6\times10^{-1}$	中砂	$6\times10^{-3}\sim2\times10^{-2}$	粉土	$1\times10^{-4}\sim6\times10^{-4}$
圆砾	$6\times10^{-2}\sim1\times10^{-1}$	细砂	$1\times10^{-3}\sim6\times10^{-3}$	粉质黏土	$6\times10^{-6}\sim1\times10^{-4}$
粗砂	$2\times10^{-2}\sim6\times10^{-2}$	粉砂	$6\times10^{-4}\sim1\times10^{-3}$	黏土	$<6\times10^{-6}$

3.3.3 影响渗透系数的主要因素

（1）土粒的粒径与级配。颗粒大小与级配是对土的渗透性影响较大的因素，颗粒越粗、大小越均匀，k 值越大。

（2）矿物成分。对于黏性土，矿物成分对渗透系数 k 也有很大影响。例如当黏土中含有可交换的钠离子增多时，其渗透性将降低。土中有机质和胶体颗粒的存在也会对土的渗透系数产生影响。

(3) 土的孔隙比。同一种土，孔隙比越大，则土中过水断面越大，渗透系数也就越大。渗透系数与孔隙比之间的关系是非线性的，与土的性质有关。

(4) 土的结构和构造。天然土层通常不是各向同性的，因此不同方向土的渗透性也不同。如黄土具有竖向大孔隙，所以竖向渗透系数要比水平向大得多。在黏性土中，如果夹有薄的粉砂层，它在水平方向的渗透系数要比竖向大得多。

(5) 土中封闭气体含量。土中封闭气体会减小甚至堵塞渗流通道，因此土中封闭气体含量越高，土的渗透系数越小。

(6) 水的温度。土的渗透系数与水的动力黏滞度有关，动力黏滞度越大，流速越小，而动力黏滞度随水温发生明显变化。水温越高，动力黏滞度越小，渗透系数就越大。因此，在实验室温度下测得的渗透系数 k_T 值应进行温度修正，使其成为标准温度下的渗透系数值。《土工试验规程》(SL 237—1999)、《土工试验方法标准》(GB/T 50123—1999)、《公路土工试验规程》(JTG E40—2007) 均采用 20℃为标准温度。在标准温度 20℃下的渗透系数应按下式计算

$$k_{20}=\frac{\eta_T}{\eta_{20}}k_T \tag{3.7}$$

式中　k_{20}、k_T——20℃和 T℃时的渗透系数，cm/s；

η_{20}、η_T——水温为 20℃和 T℃时的黏滞系数，10^{-6} kPa·s。

3.3.4　成层土的等效渗透系数

土是在漫长的地质年代中形成的，因此天然形成的土往往由渗透性不同的土层所组成。假定土层的分界面水平，在厚度 H 内有 m 个土层，各层土的厚度分别为 H_1、H_2、…、H_m，渗透系数分别为 k_1、k_2、…、k_m，可求出整个土层与层面平行和垂直的等效渗透系数，作为进行渗流计算的依据。

3.3.4.1　*与层面平行的渗流*

在渗流场中截取渗径长度为 L 的一段与层面平行的渗流区域，通过整个土层的总渗透流量 q_x 应等于各分层渗透流量 q_{ix} 之和，即

$$q_x=q_{1x}+q_{2x}+\cdots+q_{mx}=\sum_{i=1}^{m}q_{ix} \tag{3.8}$$

根据达西定律，总的单位渗流量又可表示为

$$q_x=k_x iH \tag{3.9}$$

式中　k_x——土层与层面平行的等效渗透系数，cm/s；

i——土层内平均水力梯度，$i=\Delta h/L$。

对于这种条件下的渗流，通过各土层相同距离的水头损失均相同，等于土层内平均水力梯度，于是任一土层内的单位渗水量为

$$q_{ix}=k_{ix} iH_i \tag{3.10}$$

将式 (3.9) 和式 (3.10) 分别代到式 (3.8) 的两边，得到整个土层与层面平行的等效渗透系数为

$$k_x=\frac{1}{H}\sum_{i=1}^{m}k_iH_i \tag{3.11}$$

3.3.4.2 与层面垂直的渗流

根据水流连续定理，通过整个土层的总渗流量 q_y 应等于通过各分层渗透流量 q_{iy}，即

$$q_y = q_{1y} = q_{2y} = \cdots = q_{my} \tag{3.12}$$

依据达西定律，式（3.12）可写为

$$k_y iA = k_1 i_1 A = k_2 i_2 A = \cdots = k_m i_m A \tag{3.13}$$

式中 k_y——与层面垂直的整个土层的等效渗透系数，cm/s；

A——渗流断面的面积，cm^2。

渗流通过整个土层的总水头损失等于通过各土层水头损失的总和，即

$$Hi = H_1 i_1 + H_2 i_2 + \cdots + H_m i_m \tag{3.14}$$

将式（3.14）代入式（3.13），得

$$k_y \frac{1}{H}(H_1 i_1 + H_2 i_i + \cdots + H_m i_m) = k_1 i_1 = k_2 i_2 = \cdots \tag{3.15}$$

化简得到与层面垂直的整个土层等效渗透系数为

$$k_y = \frac{H}{\dfrac{H_i}{k_1} + \dfrac{H_2}{k_2} + \cdots + \dfrac{H_m}{k_m}} = \frac{H}{\sum\limits_{i=1}^{m}\left(\dfrac{H_i}{k_i}\right)} \tag{3.16}$$

由式（3.11）和式（3.16）可知，对于成层土，如果各土层的厚度大致相近，而渗透性却悬殊时，与层面平行的等效渗透系数 k_x 将取决于最透水土层的厚度和渗透性，并可近似地表示为

$$k_x = \frac{k'H'}{H} \tag{3.17}$$

式中 k'、H'——最透水土层的渗透系数和厚度。

而与层面垂直的等效渗透系数 k_y 将取决于最不透水土层的厚度和渗透性，并可近似地表示为

$$k_y = \frac{k''H}{H''} \tag{3.18}$$

式中 k''、H''——最不透水土层的渗透系数和厚度。

因此，成层土与层面平行的等效渗透系数 k_x 总是大于与层面垂直的等效渗透系数 k_y。

3.4 二维渗流与流网

达西定律所描述的渗流是简单边界条件下的一维渗流，但在路（坝）基、闸基、土坡等工程中，渗流多数是边界条件较为复杂的二维或三维渗流。这时可认为每个方向都符合达西定律，先建立微分方程，然后根据边界条件求解。

3.4.1 二维渗流方程

当土体中形成稳定渗流场时，渗流场中水头及流速等渗流要素仅是位置的函数，而与时间无关。建立如图 3.6 所示的稳定渗流场平面坐标，任取一微单元体，其厚度为 $dy = 1$，面积为 $dxdz$，沿 x 方向和 z 方向的渗流速度分别 v_x 和 v_z。单位时间内流入微单元体

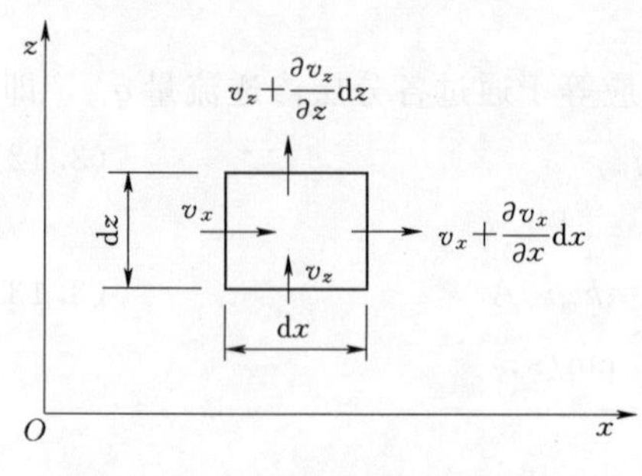

图3.6　二维渗流的连续条件

的水量 dq_e 为

$$dq_e=v_x dz+v_z dx$$

单位时间内流出微单元体的水量 dq_o 为

$$dq_o=\left(v_x+\frac{\partial v_x}{\partial x}dx\right)dz+\left(v_z+\frac{\partial v_z}{\partial z}dz\right)dx$$

根据水流连续原理，单位时间内流入和流出微单元体的水量应相等，即

$$dq_e=dq_o$$

得

$$\frac{\partial v_x}{\partial x}+\frac{\partial v_z}{\partial z}=0 \tag{3.19}$$

根据达西定律有

$$v_x=k_x i_x=k_x\frac{\partial h}{\partial x}\quad v_z=k_z i_z=k_z\frac{\partial h}{\partial z}$$

代入式（3.19），即可得出

$$k_x\frac{\partial^2 h}{\partial x^2}+k_z\frac{\partial^2 h}{\partial z^2}=0 \tag{3.20}$$

式（3.20）是二维稳定渗流的基本方程。

对于各向同性的均质土，$k_x=k_z$，式（3.20）变为

$$\frac{\partial^2 h}{\partial x^2}+\frac{\partial^2 h}{\partial z^2}=0 \tag{3.21}$$

式（3.21）为拉普拉斯方程，是各向同性均质土中二维稳定渗流的基本方程。

利用边界条件对式（3.20）和式（3.21）进行求解后，就可计算渗流速度、流量等。

3.4.2　流网

渗流场内任一点的水头是其坐标的函数，而一旦渗流场中各点的水头求出，其他参数就可以通过计算得出。因此，作为求解渗流问题的第一步，就是先确定渗流场内各点的水头，即求解上述拉普拉斯方程。求解拉普拉斯方程的方法有四种：解析法、数值法、电拟法和图解法。其中图解法简便快速，且能用于边界轮廓较复杂的情况，精度也能满足工程要求，在工程中得到广泛应用。图解法是通过绘制流网近似求得上述拉普拉斯方程的解。

3.4.2.1　流网的特征

在稳定渗流场中，表示水流动的路线称为流线，其上任一点的切线方向就是流速矢量的方向，渗流场中势能或水头的等值线称为等势线。流线和等势线构成的网格称为流网。图3.7为板桩支护的基坑流网示意图，图中实线为流线，虚线为等势线，相邻流线间的渗流区域称为流槽。

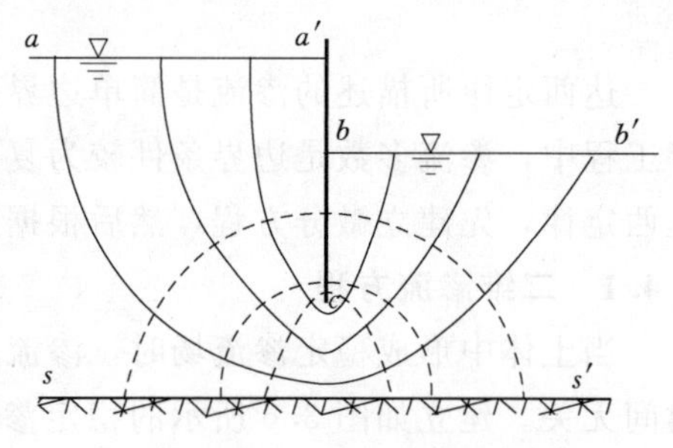

图3.7　流网绘制示意图

对于各向同性的均匀土体，流网具有下列特征：

（1）流线与等势线正交。

（2）流网中各等势线间的差值相等，各流线间的差值也相等，各个网格的长宽比为常数。

（3）任意两相邻等势线之间的水头损失相等。

（4）各流槽的渗流量相等。

（5）流网中等势线越密的部位水力梯度越大，流线越密的部位流速越大。

3.4.2.2 流网的绘制

结合图 3.7，说明绘制流网的方法与步骤。

（1）按一定比例绘出结构物和土层的剖面图。

（2）确定渗流区的边界条件，如透水面、不透水面数量及位置。图 3.7 中不透水面为 ss'平面和 $a'cb$ 曲面（均为流线），aa'为基坑外侧的进水表面，bb'为基坑内侧的出水表面（均为等势线）。

（3）试绘流线，流线应与进水面、出水面正交，与不透水面接近平行。

（4）绘制等势线，根据流线与等势线正交、流线与等势线构成的网格长宽比为常数的要求，按一定比例绘制等势线，注意各网格尽量近似为曲线正方形。

（5）反复修改和调整，直至满足流网基本特征。

3.4.2.3 流网的应用

绘出流网后，可以直观地获得所研究对象的渗流特性，可定量求得渗流场中各点的水头损失、孔隙水压力、水力梯度、渗流速度和渗流量等。

（1）水头损失。由流网的性质可知，任意相邻等势线之间的势能差值相等，即水头损失相同，故相邻两条等势线之间的水头损失为

$$\Delta h=\frac{\Delta H}{N}=\frac{\Delta H}{n-1} \tag{3.22}$$

式中 ΔH——渗流总水头差；

N——等势线间隔数，$N=n-1$；

n——等势线数。

（2）孔隙水压力。渗流场中某一点的孔隙水压力 u 等于该点测压管中的水柱高度 h_u 乘以水的容重，即

$$u=\gamma_w h_u \tag{3.23}$$

同一等势线上各点具有相同的势能（或水头），但孔隙水压力不相同。

（3）水力梯度。流网中任意网格的水力梯度为

$$i=\frac{\Delta h}{\Delta L} \tag{3.24}$$

式中 ΔL——所计算网格处流线的平均长度。

式（3.24）表明流网中网格越密的地方水力梯度越大。

（4）渗透速度。根据达西定律求得渗透速度 $v=ki$，方向为沿流线的切线方向。

（5）渗流量。流网中任意两流线间的单位渗流量为

$$\Delta q=v\Delta A=ki\Delta s=k\frac{\Delta s}{\Delta l}\frac{\Delta H}{N} \tag{3.25}$$

式中 Δl——计算网格的长度；

Δs——计算网格的宽度。

若假设 $\Delta l=\Delta s$，则

$$\Delta q=k\Delta h=k\frac{\Delta H}{N} \tag{3.26}$$

总单位渗流量为

$$q=\sum\Delta q=Mk\Delta h=k\Delta H\frac{M}{N} \tag{3.27}$$

式中 M——流网的流槽数，数值上等于流线数减1。

计算出总单位渗流量后，总流量便可求得。

3.5 渗透力与渗透变形

3.5.1 渗透力

水在土中渗流时，受到土粒的阻力，同时土粒就会受到一个大小相等的水流的作用力，这个作用力对土粒有推动、摩擦、拖曳作用。单位体积土中的土颗粒所受到的渗透水流作用力称为渗透力，也称动水压力。

图3.8中的容器内装有厚度为 L 的试样，容器的底部用一根软管与储水器相连，储水器可以提升或降低，调节试样两端的水头差。当储水器与容器的水面保持平齐，则无渗流发生。若储水器逐级提升，则由于水头差作用，容器内的渗透水流将自下而上渗透，渗透水流的速度也越来越快。当储水器提升到一定高度时，可以看到试样中土粒向上浮动，甚至出现砂沸，或局部土体上浮或隆起的现象。这种现象的发生，说明水在土体孔隙中流动时，会对土粒产生推动、拖曳作用，渗透水流施加于单位体积土骨架的作用力称为渗透力，它的方向与水渗流的方向一致。

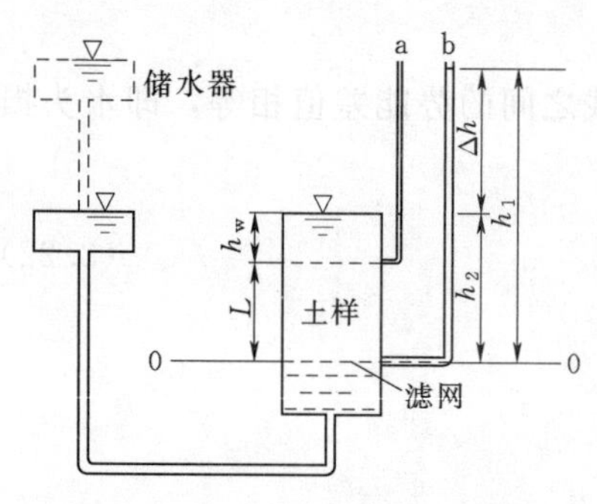

图3.8 渗透变形原理试验装置

图3.8中，试样的截面积为 A，渗流进口与出口两测压管的水位差为 Δh，表明水流从进口面流进经过试样到达出口面时，必须损失一定的能量，所损失的能量一部分转化为水流流动的动能，另一部分用于克服整个土体内土粒对水流的阻力。由于水在土中的渗透速度极小，水流流动的动能忽略不计，则有

$$F=\gamma_w\Delta hA$$

式中 F——土粒对水流的阻力。

单位体积内土粒对水流的阻力 f 为

$$f=\frac{F}{AL}=\frac{\gamma_w\Delta hA}{AL}=i\gamma_w$$

由于渗透力与单位土体内水流所受的阻力大小相等、方向相反，则渗透力 j 为

$$j=i\gamma_w \tag{3.28}$$

式中 j——渗透力，kN/m^3；

γ_w——水的容重，kN/m^3；

i——水力梯度。

由式（3.28）知，渗透力是渗透水流对土体施加的体积力，其单位与 γ_w 相同，为 kN/m^3，大小与水力梯度成正比，方向与渗流方向一致。

3.5.2 渗透变形（渗透破坏）

渗透变形是指水在土中渗透时土体在渗透力的作用下发生的变形或破坏。根据土体的破坏特征，渗透变形可分为流砂（流土）和管涌两种形式。

3.5.2.1 流砂（流土）

由于渗透力方向与水流方向一致，因此当渗透水流自上而下运动时，渗透力方向与土体重力方向一致，这样土粒压得更紧，对工程有利。当渗透水流自下而上运动时，渗透力方向与土体重力方向相反，将减少土粒间的压力。当渗透力 j 大于或等于土的有效容重 γ' 时，土粒间的压力被抵消，土粒处于悬浮状态而失去稳定，土粒随水流动，这种现象称为流砂或流土。

$j=\gamma'$时的水力梯度称为临界水力梯度 i_{cr}，此时有

$$\gamma_w i_{cr}=\gamma'=\gamma_{sat}-\gamma_w$$

$$i_{cr}=\frac{\gamma_{sat}}{\gamma_w}-1 \tag{3.29}$$

式中 γ_{sat}——土的饱和容重，kN/m^3；

γ_w——水的容重，kN/m^3。

流砂多发生在细砂、粉砂和粉土等土层中，在这些土层中，在自下而上的渗流逸出处，如果出现 $i\geqslant i_{cr}$这一水力条件，流砂就会发生。在工程设计中，为保证建筑物的安全，需将临界水力梯度除以安全系数作为工程设计的允许水力梯度 $[i]$，安全系数的取值一般为 2～2.5。设计时，实际水力梯度要控制在允许水力梯度 $[i]$ 内。

流砂现象发生在土体表面渗流逸出处，不发生在土体内部。流砂具有突发性，发生时一定范围内的土体会突然被抬起或被冲毁，大量土粒流失，土结构破坏，强度降低，造成地基破坏，土坡整体滑动，严重时还会使邻近建筑物倒塌。

在地下水位以下开挖基坑时应特别注意，若地基土为易出现流砂的土，应避免表面直接排水。

工程上主要从控制和改变水力条件来预防流砂的发生，具体措施如下：

（1）采取井点降水法降低地下水位以减小或消除水头差。

（2）在上游做混凝土防渗墙、设置钢板桩等垂直防渗帷幕以增长渗流路径。

（3）在渗流出口处地表用透水材料覆盖压重以平衡渗透力。

（4）在下游挖减压沟或打减压井以降低作用在黏性土层底面的渗透压力。

（5）采用土层加固或冻结法施工等。

3.5.2.2 管涌

水在土中渗流时，土中的细颗粒在渗透力作用下通过粗颗粒的孔隙被水流带走，随着

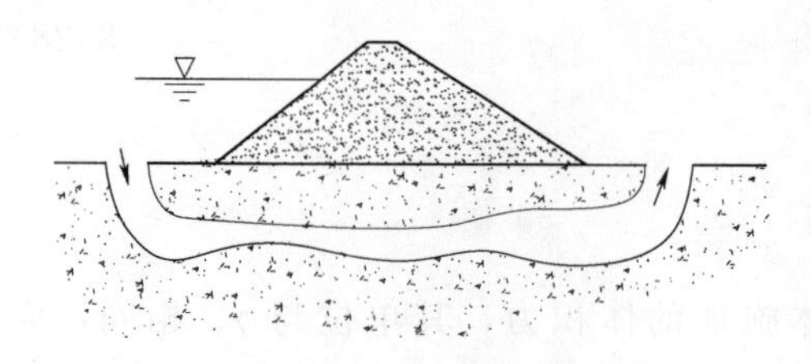

图 3.9　通过坝基的管涌

细颗粒不断被带走，土的孔隙不断扩大，渗透速度不断增大，较粗的颗粒也被水流逐渐带走，最终导致土体内形成贯通的渗流通道，造成土体塌陷，这种现象称为管涌。图 3.9 所示为通过坝基的管涌。

管涌可发生在土体表面渗流逸出处，也可发生在土体内部。管涌有一个发展过程，具有渐进性。

发生管涌必须具备两个条件：①几何条件（内因），粗颗粒构成的孔隙直径必须大于细颗粒的直径，不均匀系数 $C_u>10$ 的土才会发生管涌；②水力条件（外因），存在能够带动细颗粒在孔隙间移动的渗透力。发生管涌的临界水力梯度的计算方法至今还不成熟，尚无公认的计算公式，一般都是通过试验确定。

工程中主要从以下两方面来预防管涌的发生。

（1）改变土粒的几何条件。在渗流逸出部位铺设反滤层是防止管涌破坏的有效措施。反滤层一般是 1～3 层级配较为均匀的砂砾石层，随着土工合成材料的发展，用土工布、土工网、土工格栅等材料做反滤层是一种行之有效的方法。反滤层的作用是不让土中细颗粒带出，同时具有较大的透水性，使渗流可以畅通。

（2）改变水力条件。降低土层内部和渗流逸出口处水力梯度，如上游做防渗铺盖或打板桩等。

3.6　饱和土的有效应力原理

土是由固、液、气三相物质构成的碎散颗粒材料，土的体积变化和强度大小是否由土体所受的全部应力决定？太沙基提出的土力学中非常重要的有效应力原理回答了该问题。

3.6.1　有效应力原理

如图 3.10 所示，在土中某点取一水平截面，其面积为 A，截面上作用的应力为 σ，它是由其上面的土体的重力、静水压力及外荷载 p 的作用所产生的应力，称为总应力。由于土中任取的截面积 A 包括土粒和孔隙面积在内，则 σ 应由土粒及孔隙中的水、气共同承担。由土粒承担的应力称为有效应力，由孔隙内的水、气承担的应力称为孔隙应力（也称孔隙压力）。沿 $a-a$ 截面取一隔离体，在 $a-a$ 截面上，土粒接触面间作用的法向应力为 σ_s，各土粒间接触面积之和为 A_s，孔隙内水所承担的压力为 u_w，其相应的面积为 A_w，气体所承担的压力为 u_a，其相应的面积为 A_a。

根据静力平衡条件

$$\sigma A=\sigma_s A_s+u_w A_w+u_a A_a$$

饱和土是由土粒和孔隙水组成的，上式中的 u_a、A_a 均为零，此式可写成

$$\sigma A=\sigma_s A_s+u_w A_w=\sigma_s A_s+u_w(A-A_s)$$

进一步得

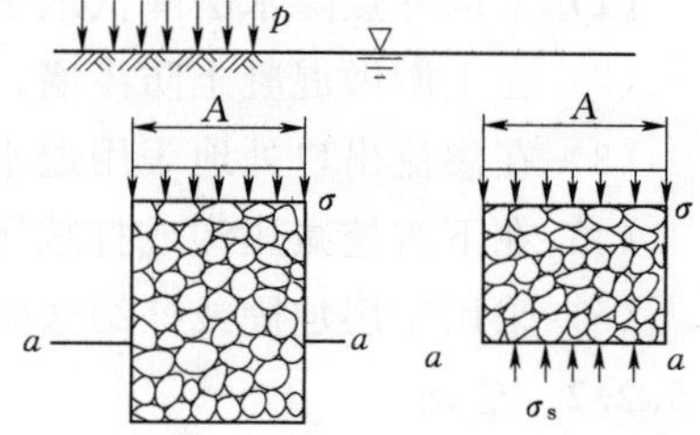

图 3.10　有效应力图

$$\sigma=\frac{\sigma_s A_s}{A}+u_w\left(1-\frac{A_s}{A}\right)$$

毕肖普（Bishap）和伊尔定（Eldin）（1950）根据粒状土的试验结果认为 A_s/A 一般小于0.03。故上式中第二项内的 A_s/A 可略去不计，但第一项中因为土粒间的接触应力 σ_s 很大，故此项不能略去。因此，上式可写为

$$\sigma=\frac{\sigma_s A_s}{A}+u_w \tag{3.30}$$

式（3.30）中第一项实质上是土粒间的接触应力在截面积 A 上的平均应力，称为有效应力，一般用 σ' 表示，并把 u_w 表示成 u。式变为

$$\sigma=\sigma'+u \tag{3.31}$$

或

$$\sigma'=\sigma-u \tag{3.32}$$

式（3.31）、式（3.32）就是太沙基（1925）提出的饱和土的有效应力原理，是土力学中一个很重要的原理，它的提出表明土与其他连续固体材料在应力-应变关系上有重大区别，是使土力学成为一门独立学科的重要标志。

土中任意点的孔隙水压力对各个方向作用相等，均衡地作用于每个土粒周围，它不能使土粒产生位移，导致孔隙体积变化。土粒间的有效应力会引起土粒位移，使孔隙体积改变，土体发生压缩变形。因此，土的变形和强度是由有效应力而不是总应力决定的。可见，分析有效应力是分析地基的应力和变形的科学方法。土的有效应力 σ' 无法直接量测，但孔隙水压力 u 可通过孔隙水压力计进行量测。当已知土中某点的总应力 σ，并测得该点的孔隙水压力 u，即可求出该点的有效应力 σ'。有效应力原理适用于饱和土，对非饱和土尚待进一步研究。

3.6.2 静水条件下的有效应力

如图 3.11 所示，地面以上水深为 h_1，地面以下深度为 h_2，作用在 A 点的竖向总应力为

$$\sigma=\gamma_w h_1+\gamma_{sat} h_2$$

A 点测压管水位高为 h_A，于是

$$u=\gamma_w h_A=\gamma_w(h_1+h_2)$$

根据式（3.32），可得 A 点的有效应力为

$$\sigma'=\sigma-u=\gamma' h_2$$

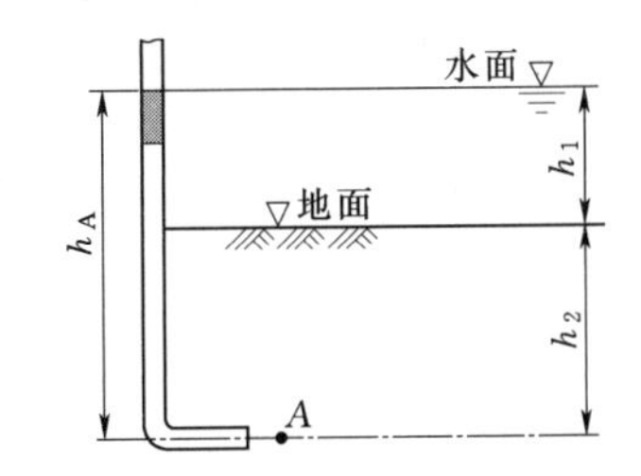

图 3.11 有效应力原理示意图

由此可见，当地面以上水深 h_1 变化时，可以引起土体中总应力 σ 和孔隙水压力 u 的变化，但有效应力 σ' 不会随 h_1 的升降而变化，即 σ' 与 h_1 无关，亦即 h_1 的变化不会引起土体的压缩。

3.6.3 渗流条件下的有效应力

当土中有水渗流时，土中水将对土粒作用有动水压力，这必然影响土中有效应力的分布。现通过图 3.12 所示的三种情况，说明土中水渗流时对有效应力及孔隙水压力分布的影响。

图3.12（a）中水静止不动，也即土中a、b两点的水头相等；图3.12（b）中表示a、b两点有水头差h，水自上向下渗流；图3.12（c）中表示土中a、b两点的水头差也为h，但水自下向上渗流。现按上述三种情况计算土中的总应力σ、孔隙水压力u及有效应力σ'值，列于表3.2，并绘出分布图，如图3.12所示。

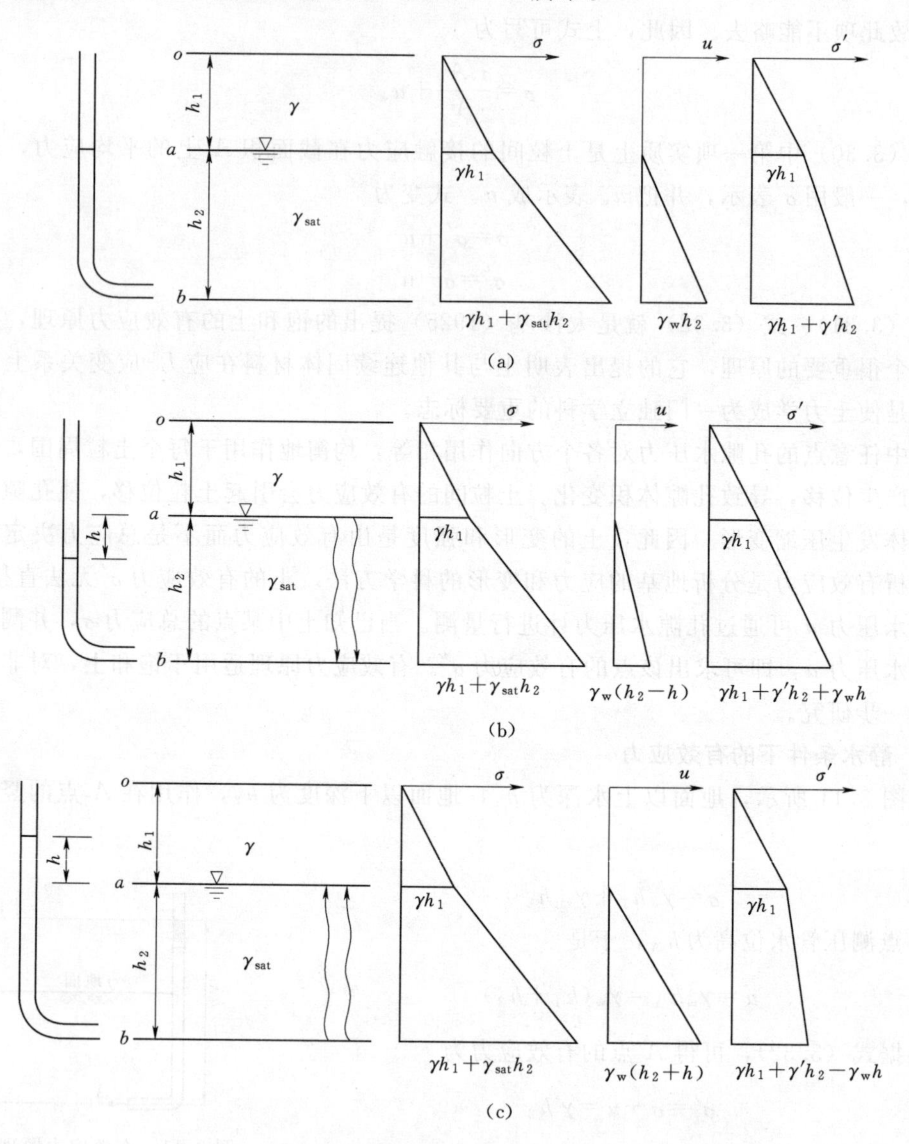

图3.12　渗流时的总应力、孔隙水压力及有效应力分布

（a）水静止时；（b）水自上向下渗流；（c）水自下向上渗流

从表3.2和图3.12可见，三种不同情况水渗流时土中的总应力σ的分布是相同的，土中水的渗流不影响总应力值。水渗流时土中将产生动水压力，致使土中有效应力与孔隙水压力发生变化。当土中水自上向下渗流时，动水压力方向与土的重力方向一致，于是有效应力增加，而孔隙水压力相应减小。反之，土中水自下向上渗流时，则会导致土中有效应力减小，孔隙水压力相应增加。

表 3.2　土中水渗流时总应力 σ，孔隙水压力 u 及有效应力 σ' 的计算

渗流情况	计算点	总应力 σ	孔隙水压力 u	有效应力 σ'
如图 3.12（a）所示水静止时	a	γh_1	0	γh_1
	b	$\gamma h_1+\gamma_{sat}h_2$	$\gamma_w h_2$	$\gamma h_1+(\gamma_{sat}-\gamma_w)h_2$
如图 3.12（b）所示水自上向下渗流	a	γh_1	0	γh_1
	b	$\gamma h_1+\gamma_{sat}h_2$	$\gamma_w(h_2-h)$	$\gamma h_1+(\gamma_{sat}-\gamma_w)h_2+\gamma_w h$
如图 3.12（c）所示水自下向上渗流	a	γh_1	0	γh_1
	b	$\gamma h_1+\gamma_{sat}h_2$	$\gamma_w(h_2+h)$	$\gamma h_1+(\gamma_{sat}-\gamma_w)h_2-\gamma_w h$

思　考　题

3.1　达西定律的内容及其适用条件是什么？

3.2　达西定律中的流速是什么流速？它与真实流速之间有什么关系？

3.3　影响土渗透系数的主要因素有哪些？

3.4　什么是渗透力？其大小和方向如何确定？

3.5　工程中常见的渗透破坏形式有哪些？应如何防治？

3.6　什么是流网？它的特征和主要用途是什么？

3.7　太沙基有效应力原理的内容是什么？

计　算　题

3.1　某土体的土粒相对密度为 2.69，孔隙比为 1.42，求该土体的临界水力梯度。

3.2　常水头法测定土的渗透系数时，$H=30$cm，$L=25$cm，土样的断面积 $A=100$cm^2，渗透系数 $k=2.5\times10^{-2}$cm/s，求 10s 内土的渗流量。

3.3　进行变水头渗透试验时，若土样的断面积为 40cm^2，厚度为 6cm，测压管的内径为 1cm，经过 400s 后测压管中的水位从 150cm 下降到 138cm，求该土的渗透系数 k。

3.4　某土的孔隙率为 36%，土粒相对密度为 2.65，发生流砂时，该土的临界水力梯度为多大？

第4章　土中应力计算

【本章导读】 土中应力的大小及其分布是土力学最基本的课题之一。在对建筑物地基进行变形（沉降）、承载力与稳定性分析之前，首先需要掌握建筑物修建前后土中应力分布及变化情况。本章介绍土中自重应力和附加应力计算。通过本章学习，应掌握土中自重应力的计算、基底压力的简化计算以及土中竖向附加应力的计算，理解自重应力和附加应力的分布规律。

4.1　土中应力计算的工程意义

土体在自身重力、建筑物荷载、交通荷载或其他因素（如地下水渗流、地震等）的作用下，均可产生土中应力。建筑物的荷载通过基础传给地基，导致土中原来的应力状态发生变化，从而引起土体或地基的变形，使土工构筑物（如路堤、土坝等）或建筑物（如房屋、桥梁、涵洞等）发生沉降、倾斜甚至倒塌。当土体或地基的变形过大时，会影响土工构筑物或建筑物的正常使用。土中应力过大时又会导致土体失稳，造成建筑物破坏。因此，在研究土的变形、强度及稳定性时，都必须掌握土中原有的应力状态及其变化。

土中应力按其起因可分为自重应力和附加应力两种。土中某点的自重应力和附加应力之和为土体受外荷作用后的总和应力。土中自重应力是指土体受到自身重力作用而存在的应力，又分为两种情况：一种是成土年代长久，土体在自重作用下已经完成压缩变形，这种自重应力不再产生土体或地基的变形；另一种是成土年代不久，例如新近沉积土（第四纪全新世近期沉积的土）、近期人工填土（包括路堤、土坝、人工地基换土垫层等），土体在自身重力作用下尚未完成压缩变形，因而仍将产生土体或地基的变形。此外，地下水的升降会引起土中自重应力大小的变化，从而产生土体压缩、膨胀或湿陷等变形。土中附加应力是指土体受外荷载（包括建筑物荷载、交通荷载、堤坝荷载等）以及地下水渗流、地震等作用下附加产生的应力增量，它是产生地基变形的主要原因，也是导致地基土强度破坏和失稳的重要原因。土中自重应力和附加应力产生的原因不同，因而两者的计算方法不同，分布规律及对工程的影响也不同。

土中应力按土骨架和土中孔隙的分担作用可分为有效应力和孔隙应力（习惯上称之为孔隙压力）两种。土中某点的有效应力与孔隙压力之和称为总应力。土中有效应力是指土粒所传递的粒间应力，它是控制土的体积（变形）和强度两者变化的土中应力。土中孔隙应力是指土中水和土中气所传递的应力，土中水传递孔隙水应力，即孔隙水压力；土中气传递孔隙气应力，即孔隙气压力。在计算土体或地基的变形及土的抗剪强度时，都必须应用土中某点的有效应力。有关土的有效应力原理及其应用见第3章。

土中应力计算通常采用弹性力学方法求解，即假定地基是均匀、连续、各向同性的半无限空间线性变形体。这样的假定与土的实际情况不尽相符，实际地基土体往往是层状、非均质、各向异性的弹塑性材料。但经验表明，在应力不大的情况下，用弹性理论计算的结果与实际较为接近，且计算方法较为简单，故常采用。

4.2　土中自重应力计算

4.2.1　均质土中自重应力

计算土中自重应力时，假定天然土体在水平方向及地面以下都是无限的，即地基土为半无限空间线性变形体。对于地面水平的均质土，地面以下任何一个深度处沿竖直向自重应力都是无限均匀分布的，地基土在任意竖直面和水平面均无剪应力存在。因此，在自重作用下，地基土只产生竖向变形，无侧向位移和剪切变形。

为计算地面以下 z 深度处的自重应力，现取截面积为单位1的土柱（图4.1）为隔离体进行受力分析。设土的天然容重为 γ，则土柱的自重为 γz，因土柱的侧面无剪应力，因此在天然地面下任意深度 z 处水平面 $a-a$ 上任一点的竖向自重应力 σ_{cz} 为

$$\sigma_{cz}=\gamma z \tag{4.1}$$

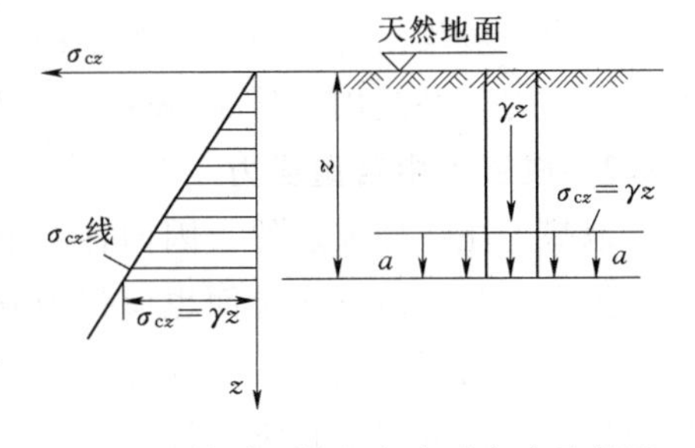

图4.1　均质土的竖向自重应力示意图

由式（4.1）可知，σ_{cz} 沿水平面均匀分布，且随深度 z 按直线规律分布。

地基土中除有作用于水平面的竖向自重应力 σ_{cz} 外，还有作用于竖直面的侧向（水平向）自重应力 σ_{cx} 和 σ_{cy}。由于 σ_{cz} 沿任意水平面均匀地无限分布，所以地基土在自重作用下只能产生竖向变形，而不能有侧向变形和剪切变形。

侧限条件下，$\varepsilon_x=\varepsilon_y=0$，由广义胡克定律

$$\varepsilon_x=\frac{\sigma_x}{E_0}-\frac{\mu(\sigma_y+\sigma_z)}{E_0}=\varepsilon_y=0 \tag{4.2}$$

经整理后得

$$\sigma_{cx}=\sigma_{cy}=\frac{\mu}{1-\mu}=K_0\sigma_{cz} \tag{4.3}$$

式中　K_0——土的侧压力系数（也称静止土压力系数）；

　　μ——土的泊松比。

土中任一点的侧向自重应力与竖向自重应力成正比。K_0 和 μ 依土的种类、状态不同而异，K_0 经验值见表4.1。

在进行自重应力计算时，地下水位以下，由于水对土体有浮力作用，水下部分土柱体自重必须扣除所受浮力，应采用土的浮容重 γ' 代替天然容重 γ。

表4.1 K_0 经验值

土的种类和状态		K_0
碎石土		0.18～0.33
砂土		0.33～0.43
粉土		0.43
粉质黏土	坚硬状态	0.33
	可塑状态	0.43
	软塑及流塑状态	0.53
黏土	坚硬状态	0.33
	可塑状态	0.53
	软塑及流塑状态	0.72

必须指出，只有通过土粒接触点传递的粒间应力，才能使土粒彼此挤紧，产生土体的体积变形，而且粒间应力又是影响土体强度的一个重要因素，所以粒间应力又称为有效应力。若成土年代长久，土体在自重应力作用下已经完成压缩变形，所以土中竖向和侧向的自重应力一般均指有效应力。为了简化方便，将常用的竖向有效应力 σ_{cz} 简称为自重应力或自重压力，并改用符号 σ_c 表示。

4.2.2 成层土中自重应力

地基土往往是成层的，因而各层土具有不同的容重。如果地下水位于同一层土中，计算自重应力时，地下水位面也应作为分层的界面。若天然地面下任意深度 z 范围内各层土的厚度自上而下分别为 h_1、h_2、h_3、…，相应的容重为 γ_1、γ_2、γ_3、…，则 z 深度处的竖向自重应力可按下式进行计算

$$\sigma_c=\gamma_1 h_1+\gamma_2 h_2+\cdots+\gamma_n h_n=\sum_{i=1}^{n}\gamma_i h_i \tag{4.4}$$

式中 σ_c——天然地面下任意深度 z 处的竖向自重应力，kPa；

n——从天然地面起到深度 z 处的土层数；

γ_i——第 i 层土的天然容重，对地下水位以下的土层取有效容重，kN/m³；

h_i——第 i 层土的厚度，m。

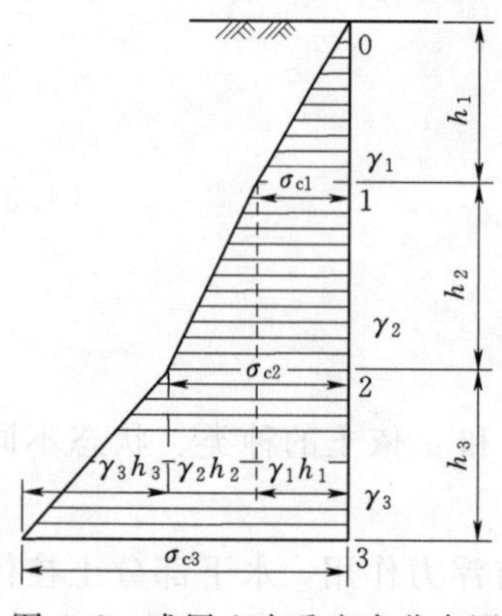

图4.2 成层土自重应力分布图

按式（4.4）计算出各土层界面处的自重应力后，即得到成层土的自重应力分布图（图4.2）。成层土的自重应力沿深度呈折线分布，转折点位于 γ 值发生变化的土层界面处。

在地下水位以下，如埋藏有不透水层（例如岩石或只含结合水的坚硬黏土层），不透水层顶面的自重应力值及层面以下的自重应力应按上覆土层的水土总重计算。

4.2.3 地下水升降及填土对土中自重应力的影响

对于形成年代已久的天然土层，在自重应力作用下的变形早已稳定。但当地下水位发生下降或土层为新近沉积

或地面有大面积人工填土时，土中的自重应力会增大（图 4.3），这时应考虑土体在自重应力增量作用下的变形。

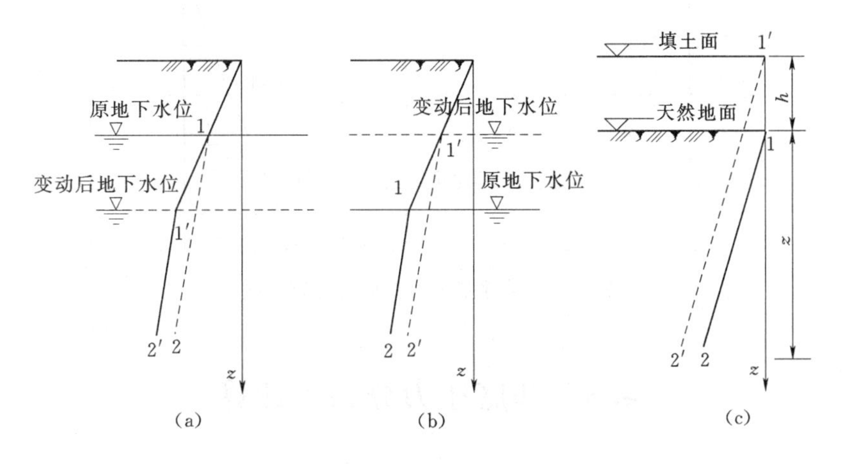

图 4.3 由于填土或地下水位升降引起自重应力变化

(a) 地下水位下降；(b) 地下水位上升；(c) 填土

(虚线—变化后的自重应力；实线—变化前的自重应力)

地下水位升降会引起地基土中自重应力的变化（图 4.3）。引起地下水位下降的原因主要是城市过量开采地下水及基坑开挖降水，其直接后果是导致地面下沉。因地下水位下降后，新增加的自重应力将使土体本身产生压缩变形，这部分土体自重应力的影响深度很大，造成的地面沉降往往是很可观的。图 4.3（a）所示为地下水位下降的情况，如在沿海或其他软土地区，常因大量抽取地下水，导致地下水位长期大幅度下降，使地基中地下水位以下的有效自重应力增加而造成地面大面积沉降、塌陷等严重问题。另外在进行基坑开挖时，如降水过深、时间过长，则会引起坑外地表下沉，从而导致邻近建筑物开裂、倾斜。

地下水位上升也会带来一些不良影响。图 4.3（b）所示为地下水位长期上升的情况，如在人工抬高蓄水水位地区（如筑坝蓄水）或工业废水大量渗入地下的地区，水位上升会引起地基承载力的降低和湿陷性土的塌陷现象，若土层具有湿陷性质，必须引起足够注意；在基础工程完工之前，如基坑降水工作停止而使地下水位回升，则可能导致基坑边坡塌陷，或使新浇筑的强度尚低的基础底板断裂；一些轻型地下结构（如水池等）可能因水位上升而上浮，带来新的问题。

【例 4.1】 某工程地基土的物理性质指标如图 4.4 所示，试绘制自重应力分布图。

解： $\sigma_{cz1}=\sigma_{c1}=\gamma_1 h_1=16.5\times 4.0=66(\text{kPa})$

$$\sigma_{cz2}=\sigma_{c2}=\gamma_1 h_1+\gamma_2 h_2=66+18.5\times 3.0=121.5(\text{kPa})$$

$$\sigma_{cz3}=\sigma_{c3}=\gamma_1 h_1+\gamma_2 h_2+\gamma_3' h_3=121.5+(20-10)\times 2.0=141.5(\text{kPa})$$

绘制的自重应力分布图如图 4.4 所示。

深度 /m	土层厚度 h/m	土的重度 $\gamma/(kN/m^3)$	土的自重应力分布曲线
4.0	4.0	16.5	66kPa
7.0	3.0	18.5	地下水位 121.5kPa
9.0	2.0	20.0	141.5kPa

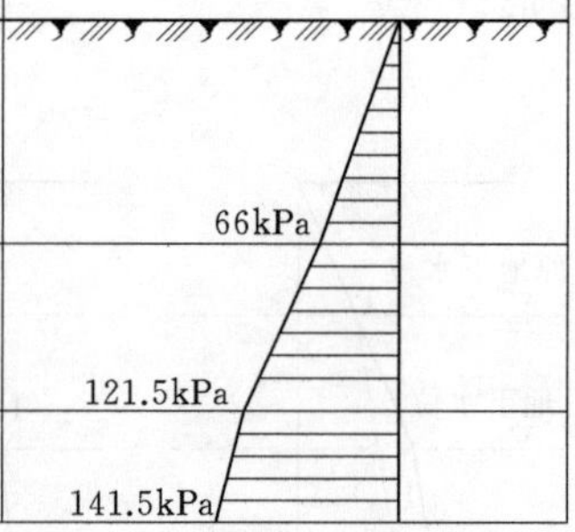

图 4.4　某地基的自重应力分布曲线

4.3　基底压力分布及计算

建筑物的荷载通过基础传给地基，在基础与地基之间产生接触压力，即基础底面处单位面积土体所受到的压力，简称基底压力（基底反力）。它既是基础作用于地基的基底压力，同时又是地基反作用于基础的基底反力。在计算地基中的附加应力和变形以及设计基础结构时，应首先研究基底压力的大小与分布情况。

要准确确定基底压力的大小和分布是一个十分复杂的问题。首先基础与地基不是同一种材料和一个整体，两者的刚度相差很大，变形不能协调。此外，与荷载的大小、性质和分布情况、基础的刚度及平面形状、基础的埋置深度以及地基土的性质等众多因素有关。

基础的刚度常以其能否适应地基的变形能力来衡量。如果基础能够适应地基的变形，则认为该基础的刚度小，常称为柔性基础；如果基础不能适应地基的变形，则认为该基础的刚度很大，常称为刚性基础；水工建筑物基础常介于上述两者之间，称为弹性基础。

4.3.1　基底压力的分布规律

试验研究指出，对于能够适应地基变形的柔性基础（如土堤、土坝、路基及薄板基础等），由于其基础刚度很小，好比放在地上的柔软薄膜，在垂直荷载作用下没有抵抗弯曲变形的能力，基础随着地基一起变形。因此，柔性基础的基底压力分布与其上荷载分布情况一样。特别是当中心受压时，基底接触压力为均匀分布，如图 4.5（a）所示；当荷载为梯形分布时，则基底压力也为梯形分布，如图 4.5（b）所示。

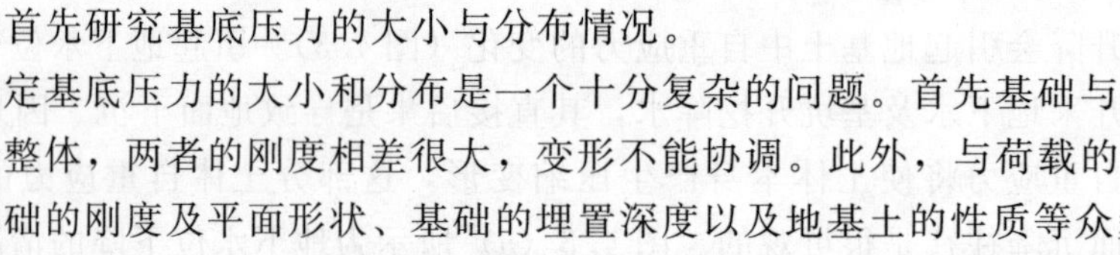

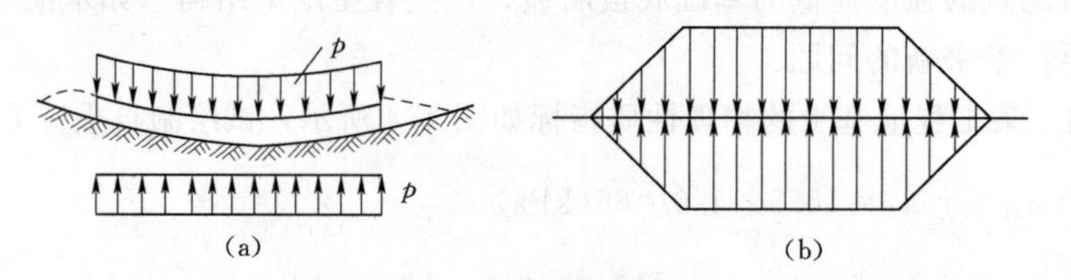

图 4.5　柔性基础底面处接触压力分布图

（a）中心荷载作用下；（b）梯形分布荷载作用下

刚性基础（如块式整体基础、桥墩、桥台等）本身的刚度远远超过地基的刚度，不能适应地基的变形，其基底压力分布将随着上部荷载的大小、基础的埋置深度和土的性质而异。由于地基与基础的变形必须协调一致，故在中心荷载作用下地基表面各点的竖向变形值相同，由此决定了基底接触压力的分布是不均匀的。理论和实践证明，对于黏性土地基上的条形刚性基础，当中心受压时，由于黏性土具有黏聚力，基础边缘处能承受一定的压力，因此在荷载较小时，刚性基础下的基底压力边缘大而中间小，呈马鞍形分布；随着上部荷载增大，位于基础边缘部分的土中将产生塑性变形区，边缘压力不再增大，而中间部分压力可继续增加，压力图形逐渐转变为抛物线形；当荷载接近地基的破坏荷载时，压力图形由抛物线形转变为中部突出的钟形，如图 4.6 所示。

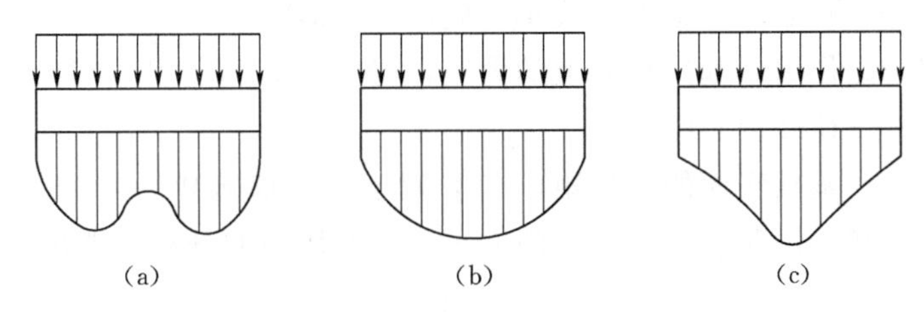

图 4.6　中心荷载作用下刚性基础底面接触压力分布图
(a) 马鞍形分布；(b) 抛物线形分布；(c) 钟形分布

4.3.2　基底压力的简化计算

在工程实际中，当基础尺寸较小（如柱下单独基础、墙下条形基础等）时，基底压力可近似按直线分布，采用材料力学公式进行简化计算。

4.3.2.1　竖向中心荷载作用下的基底压力

中心荷载作用下的基础，荷载的合力通过基础形心，基底压力为均匀分布，如图 4.7 所示。此时单位面积上的压力 p 按下式计算

$$p=\frac{F+G}{A} \tag{4.5a}$$

$$G=\gamma_G A d \tag{4.5b}$$

式中　F——作用在基础顶面的竖向力，kN；

G——基础及其上回填土的总重，kN；

γ_G——基础及其上回填土的平均容重，一般取 $\gamma_G=20\text{kN/m}^3$，地下水位以下扣除浮力；

d——基础埋深，必须从室外设计地面或室内外平均设计地面算起，m；

A——基底面积，m^2，对于矩形基础 $A=lb$。

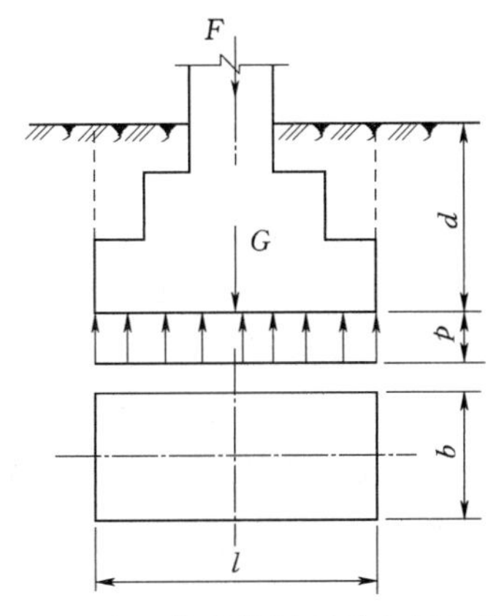

图 4.7　中心荷载作用下基底压力分布

对于荷载沿长度方向均匀分布的条形基础，则沿长度方向取 1m 进行基底压力 p 的计算，此时式 (4.5a) 中的 A 取 b，而 F 和 G 则为单位长度基础内的相应值 (kN/m)。

4.3.2.2 竖向偏心荷载作用下的基底压力

常见的偏心荷载作用于矩形基底的一个主轴上（称单向偏心），设计时通常将基础长边方向定为偏心方向，此时，两短边边缘最大基底压力 $p_{\max}$ 与最小基底压力 $p_{\min}$ 设计值可按材料力学短柱偏心受压公式计算

$$\left.\begin{aligned}p_{\max}&=\frac{F+G}{A}+\frac{M}{W}=\frac{F+G}{A}\left(1+\frac{6e}{l}\right)\\p_{\min}&=\frac{F+G}{A}-\frac{M}{W}=\frac{F+G}{A}\left(1-\frac{6e}{l}\right)\end{aligned}\right\}\tag{4.6}$$

式中 $p_{\max}$、$p_{\min}$——基底边缘最大、最小基底压力，kPa；

M——作用于基础形心上的力矩，kN·m，$M=(F+G)e$；

e——荷载偏心距，m；

W——基础底面的抵抗矩，m^3，对于矩形基础 $W=bl^2/6$。

由式（4.6）可知，按荷载偏心距 e 的大小，基底压力的分布可能出现三种情形：

（1）当 $e<l/6$ 时，$p_{\max}>0$，$p_{\min}>0$，基底压力呈梯形分布，如图4.8（a）所示。

（2）当 $e=l/6$ 时，$p_{\max}>0$，$p_{\min}=0$，基底压力呈三角形分布，如图4.8（b）所示。

（3）当 $e>l/6$，$p_{\max}>0$，$p_{\min}<0$，如图4.8（c）中虚线所示，即产生拉应力；实际上由于基底与地基之间不能承受拉应力，在 $p_{\min}<0$ 的情况下，基底与地基局部脱开，基底压力将重新分布。根据偏心荷载与基底反力的平衡条件，荷载合力 $F+G$ 应通过三角形反力分布图的形心，由此基底边缘最大地基反力由下式求出

$$\frac{3a}{2}p_{\max}b=F+G$$

化简得

$$p_{\max}=\frac{2(F+G)}{3ab}\tag{4.7}$$

其中 $$a=\frac{l}{2}-e$$

式中 a——偏心荷载合力作用点至 $p_{\max}$ 作用边缘的距离，m。

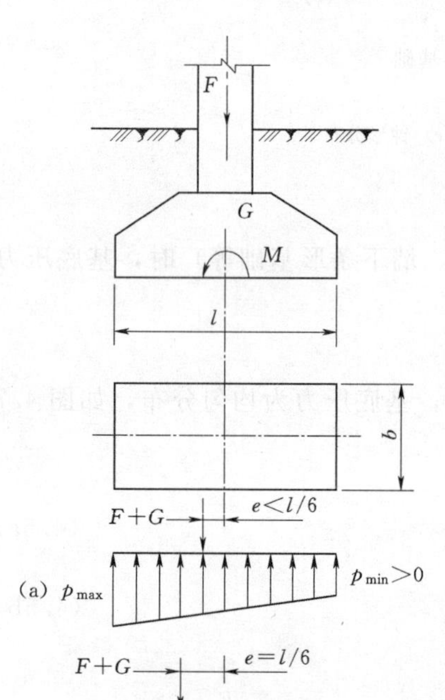

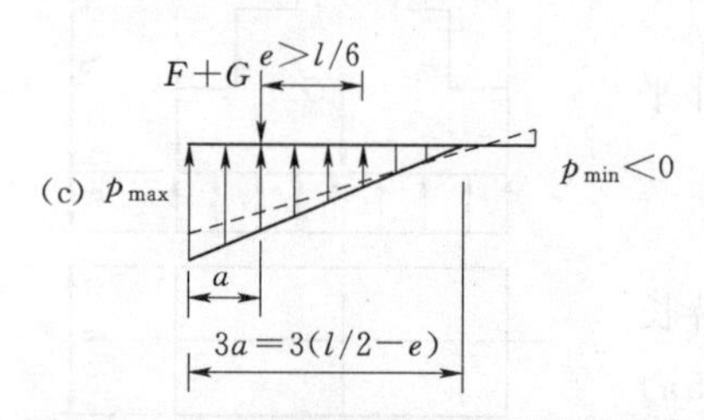

图4.8 偏心荷载作用下基底压力分布
（a）梯形分布（$e<l/6$）；（b）三角形分布（$e=l/6$）；（c）三角形分布（$e>l/6$）

一般在工程上不但不允许基底出现拉应力，而且也不希望出现 $p_{\min}=0$ 的情况。因此，在设计基础的尺寸时，应使合力偏心距控制在 $e<l/6$ 的范围内，以保证安全。

在双向偏心荷载作用下，基底面下任意点处的基底压力可按下式计算

$$p_{(x,y)}=\frac{F+G}{bl}+\frac{M_x}{I_x}y+\frac{M_y}{I_y}x \tag{4.8}$$

式中 M_x、M_y——合力对 x、y 轴的力矩，kN·m；

I_x、I_y——基础底面对 x、y 轴的惯性矩，m^4。

4.3.2.3 倾斜荷载作用下的基底压力

对于承受水压力和土压力等的水工建筑物的基础，常常受到倾斜荷载的作用，如图4.9所示。倾斜荷载除了要引起竖向基底压力 p_v 外，还会引起水平向应力 p_h。计算时，可将倾斜荷载 F 分解为竖向荷载 F_v 和水平荷载 F_h。由 F_v 引起的竖向基底压力按式(4.6)、式(4.8)进行计算。由 F_h引起的水平基底应力 p_h一般假定为均匀分布于整个基础底面，对于矩形基础

$$p_h=\frac{F_h}{A}=\frac{F_h}{bl} \tag{4.9a}$$

对于条形基础，取 $l=1$m，则

$$p_h=\frac{F_h}{b} \tag{4.9b}$$

4.3.3 基底附加压力的计算

在建造建筑物之前，土体中早已存在自重应力。一般天然土层形成年代已久，在本身自重应力作用下的变形早已稳定。若基础砌筑在地表面上，则全部基底压力就是新增加于地基表面的附加压力；实际工程中，一般基础都埋置在天然地面以下一定深度处，该处原有的自重应力由于开挖基坑而卸除。因此，从建筑物建造后的基底压力中扣除基底标高处原有土的自重应力后，才是基底平面处新增加的压力，即基底附加压(应)力，如图4.10所示。它将在地基中引起附加应力，使地基产生变形。基底平均附加压力 p_0 可按下式计算

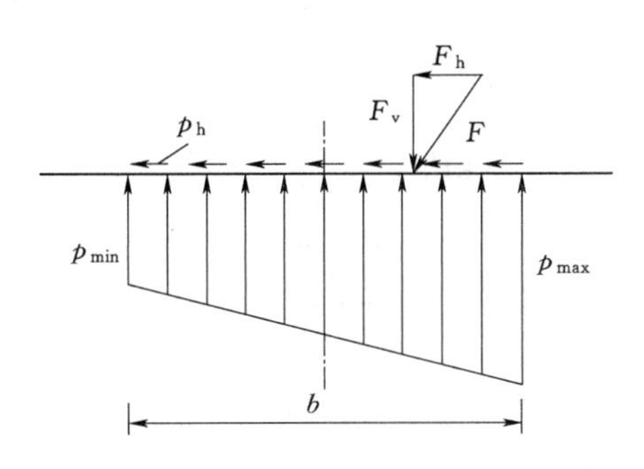

图4.9 倾斜荷载作用下基底压力分布

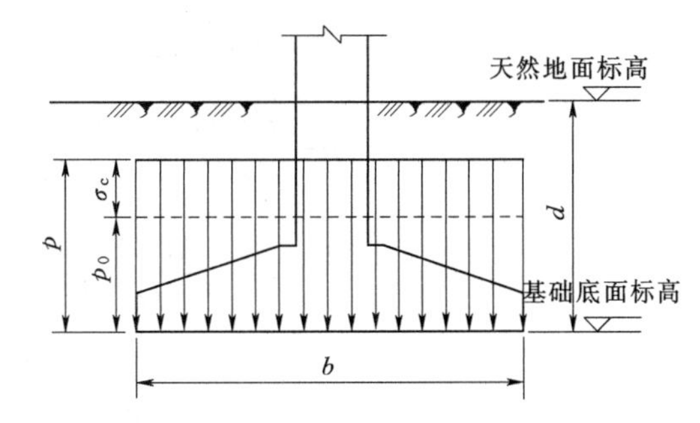

图4.10 基底平均附加压力

$$p_0=p-\sigma_c=p-\gamma_0 d \tag{4.10}$$

式中 p_0——基底附加压力，kPa；

p——基底平均压力，kPa，按式(4.5a)计算；

σ_c——基底处土的自重应力，kPa；

γ_0——基底标高以上天然土层的加权平均容重，kN/m³，其中地下水位以下取有效容重；

d——基础埋深，从天然地面算起，对于新近填土场地，则应从原天然地面算起，m。

有了基底附加压力，即可把它作为作用在弹性半空间表面上的局部荷载，由此根据弹性公式计算地基中的附加应力。应当指出，由于基底附加压力一般作用于地表下一定深度（指浅基础的埋深）处，因此假设它作用在半空间表面上，而运用弹性力学解答所得的结果只是近似的。但对于一般浅基础，这种假设所造成的误差可以忽略不计。

必须指出，当基坑的平面尺寸和深度较大时，坑底回弹是明显的，且基坑中点的回弹大于边缘点。在沉降计算中，为了适当考虑这种坑底的回弹和再压缩而增加的沉降，改取 $p_0=p-(0\sim1)\sigma_c$。

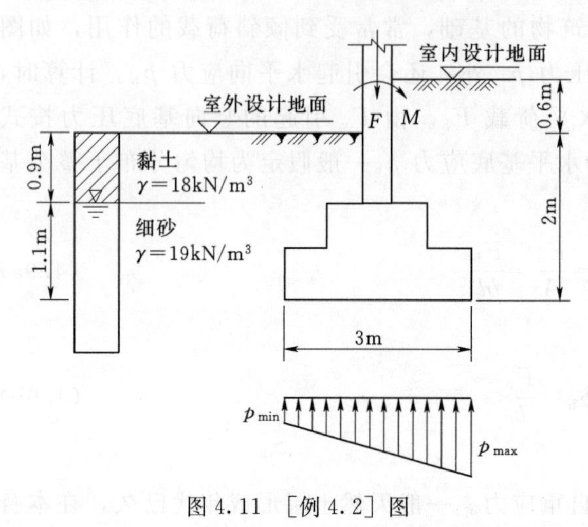

图 4.11 ［例 4.2］图

【例 4.2】 图 4.11 所示的柱下单独基础底面尺寸为 3m×2m，柱传给基础的竖向力 $F=1000$kN，弯矩 $M=180$kN·m，试按图中所给资料计算 p、p_{max}、p_{min}、p_0，并画出基底压力的分布图。

解：

$$d=\frac{1}{2}\times(2+2.6)=2.3(\text{m})$$

地下水位以上基础及其回填土厚度为

$$\frac{1}{2}\times[0.9+(2.6-1.1)]=1.2(\text{m})$$

地下水位以下基础及其回填土厚度为 1.1m。

$$G=3\times2\times(1.2\times20+1.1\times10)=210(\text{kN})$$

$$p=\frac{F+G}{A}=\frac{1000+210}{3\times2}=201.7(\text{kPa})$$

$$e=\frac{M}{F+G}=\frac{180}{1210}=0.149(\text{m})$$

$$\frac{l}{6}=0.5(\text{m})$$

$$e<\frac{l}{6}$$

$$p_{max}=p\left(1+\frac{6e}{l}\right)=201.7\times\left(1+\frac{6\times0.149}{3}\right)=261.8(\text{kPa})$$

$$p_{min}=p\left(1-\frac{6e}{l}\right)=201.7\times\left(1-\frac{6\times0.149}{3}\right)=141.6(\text{kPa})$$

$$p_0=p-\sigma_c=201.7-[18\times0.9+(19-10)\times1.1]=175.6(\text{kPa})$$

4.4 空间问题土中附加应力计算

在建筑物荷载作用下，地基中必然产生应力和变形。把由建筑物等荷载在土体中引起的附加于原有自重应力之上的应力称为附加应力。计算地基附加应力时，一般假定地基土是各向同性的、均质的线性变形体，而且在深度和水平方向上都是无限延伸的，直接采用弹性力学中关于弹性半空间的理论解答。地基附加应力计算分为空间问题和平面问题两类。本节先介绍属于空间问题的竖向集中力、矩形荷载和圆形荷载作用下的解答，下一节将介绍属于平面应变问题的线荷载和条形荷载作用下的解答。

4.4.1 竖向集中力作用时的地基附加应力

4.4.1.1 布西内斯克解

弹性半空间表面作用有一个竖向集中力时，半空间（相当于地基）内任意点 $M(x, y, z)$ 的应力和位移的弹性力学解是由法国的布西内斯克（1885 年）提出的。如图 4.12 所示，M 点的 6 个应力分量和 3 个位移分量由弹性理论求得的表达式如下

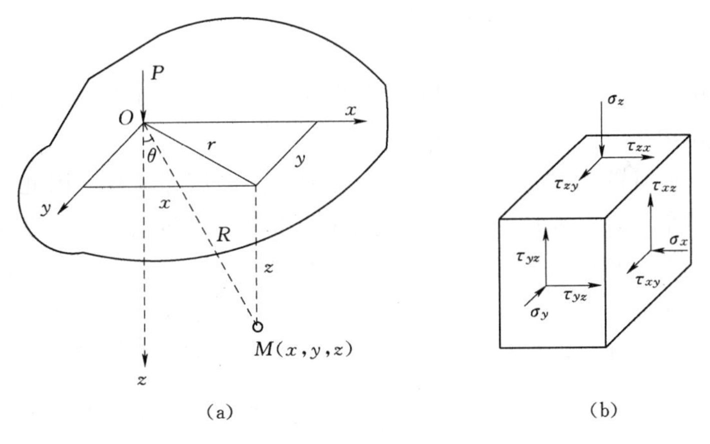

图 4.12 弹性半无限体在竖向集中力作用下的附加应力

(a) 半无限体内 $M(x, y, z)$；(b) M 点的微小体积元素

$$\sigma_z=\frac{3P}{2\pi}\frac{z^3}{R^5} \tag{4.11a}$$

$$\sigma_y=\frac{3P}{2\pi}\left\{\frac{y^2z}{R^5}+\frac{1-2\mu}{3}\left[\frac{1}{R(R+z)}-\frac{(2R+z)y^2}{(R+z)^2R^3}-\frac{z}{R^3}\right]\right\} \tag{4.11b}$$

$$\sigma_x=\frac{3P}{2\pi}\left\{\frac{x^2z}{R^5}+\frac{1-2\mu}{3}\left[\frac{1}{R(R+z)}-\frac{(2R+z)x^2}{(R+z)^2R^3}-\frac{z}{R^3}\right]\right\} \tag{4.11c}$$

$$\tau_{xy}=\tau_{yx}=-\frac{3P}{2\pi}\left[\frac{xyz}{R^5}-\frac{1-2\mu}{3}\frac{(2R+z)xy}{(R+z)^2R^3}\right] \tag{4.12a}$$

$$\tau_{zy}=\tau_{yz}=\frac{3P}{2\pi}\frac{yz^2}{R^5} \tag{4.12b}$$

$$\tau_{zx}=\tau_{xz}=\frac{3P}{2\pi}\frac{xz^2}{R^5} \tag{4.12c}$$

$$u=\frac{P(1+\mu)}{2\pi E}\left[\frac{xz}{R^3}-(1-2\mu)\frac{x}{R(R+z)}\right] \tag{4.13a}$$

$$v=\frac{P(1+\mu)}{2\pi E}\left[\frac{yz}{R^3}-(1-2\mu)\frac{y}{R(R+z)}\right] \tag{4.13b}$$

$$w=\frac{P(1+\mu)}{2\pi E}\left[\frac{z^2}{R^3}+2(1-\mu)\frac{1}{R}\right] \tag{4.13c}$$

式中 σ_x、σ_y、σ_z——平行于 x、y、z 坐标轴的正应力，kPa；

$\tau_{yx}(\tau_{xy})$、$\tau_{zx}(\tau_{xz})$、$\tau_{yz}(\tau_{zy})$——$x-y$ 平面、$x-z$ 平面、$y-z$ 平面上的剪应力，kPa；

u、v、w——M 点沿坐标轴 x、y、z 方向的位移，m；

P——作用于坐标原点 O 的竖向集中力，kN；

R——M 点至坐标原点 O 的距离，m；

r——M 点与集中力作用点的水平距离，m；

θ——R 线与 z 坐标轴的夹角，(°)；

E——弹性模量（或土力学中专用的土的变形模量，以 E_0 代之），kPa；

μ——泊松比。

在上述公式中，若 $R=0$，则各式所得结果均为无限大，因此，所选择计算点不应过于接近集中力的作用点。

建筑物作用于地基的荷载，总是分布在一定面积上的局部荷载，因此理论上的集中力实际是没有的。但是，根据弹性力学的叠加原理利用布西内斯克解，可以通过等代荷载法求得任意分布的、不规则荷载面形状的地基中的附加应力，或进行积分直接求解各种局部荷载下的地基附加应力。

以上 6 个应力分量和 3 个位移分量的公式中，工程实践中竖向附加应力 σ_z 和竖向位移 w 最为常用，以后有关地基附加应力的计算主要是针对 σ_z 而言的。

4.4.1.2 等代荷载法

如果地基中某点 M 与局部荷载的距离比荷载面尺寸大很多，就可以用一个集中力 P 代替局部荷载，称为等代荷载法。为计算方便，将 $R=\sqrt{r^2+z^2}$ 代入式（4.11a），得

$$\sigma_z=\frac{3P}{2\pi}\frac{z^3}{(r^2+z^2)^{5/2}}=\frac{3}{2\pi}\frac{1}{[(r/z)^2+1]^{5/2}}\frac{P}{z^2} \tag{4.14}$$

令

$$\alpha=\frac{3}{2\pi}\frac{1}{[(r/z)^2+1]^{5/2}}$$

则上式改写为

$$\sigma_z=\alpha\frac{P}{z^2} \tag{4.15}$$

式中 α——集中力作用下的地基竖向附加应力系数，无因次，是 r/z 的函数，由表 4.2 查得。

若干个竖向集中力 P_i（$i=1, 2, \cdots, n$）作用在地基表面上（图 4.13），可按等代荷载法，即按叠加原理，则地面下 z 深度处某点 M 地基附加应力 σ_z 应为各集中力单独作用时在 M 点所引起的地基附加应力之总和，即

表 4.2　　集中力作用下的竖向附加应力系数 α

r/z	α	r/z	α	r/z	α	r/z	α	r/z	α
0.00	0.4775	0.50	0.2733	1.00	0.0844	1.50	0.0251	2.00	0.0085
0.05	0.4745	0.55	0.2466	1.05	0.0744	1.55	0.0224	2.20	0.0058
0.10	0.4657	0.60	0.2214	1.10	0.0658	1.60	0.0200	2.40	0.0040
0.15	0.4516	0.65	0.1978	1.15	0.0581	1.65	0.0179	2.60	0.0029
0.20	0.4329	0.70	0.1762	1.20	0.0513	1.70	0.0160	2.80	0.0021
0.25	0.4103	0.75	0.1565	1.25	0.0454	1.75	0.0144	3.00	0.0015
0.30	0.3849	0.80	0.1386	1.30	0.0402	1.80	0.0129	3.50	0.0007
0.35	0.3577	0.85	0.1226	1.35	0.0357	1.85	0.0116	4.00	0.0004
0.40	0.3294	0.90	0.1083	1.40	0.0317	1.90	0.0105	4.50	0.0002
0.45	0.3011	0.95	0.0956	1.45	0.0282	1.95	0.0095	5.00	0.0001

$$\sigma_z = \sum_{i=1}^{n} \alpha_i \frac{P_i}{z^2} = \frac{1}{z^2} \sum_{i=1}^{n} \alpha_i P_i \tag{4.16}$$

式中　α_i——第 i 个集中应力系数，在计算中 r_i 是第 i 个集中荷载作用点到 M 点的水平距离。

当局部荷载的平面形状或分布情况不规则时，可将荷载面（或基础底面）分成若干个形状规则（如矩形）的单元面积（图 4.14），每个单元面积上的分布荷载近似地以作用在单元面积形心上的集中力来代替，这样就可以利用式（4.14）计算地基中某点 M 的地基附加应力。由于集中力作用点附近的 σ_z 为无限大，所以等代荷载法不适用于靠近荷载面的计算点。它的计算精确度取决于单元面积的大小。一般当矩形单元面积的长边小于面积形心到计算点的距离的 1/2、1/3 或 1/4 时，算得的地基附加应力的误差分别不大于 6%、3%或 2%。

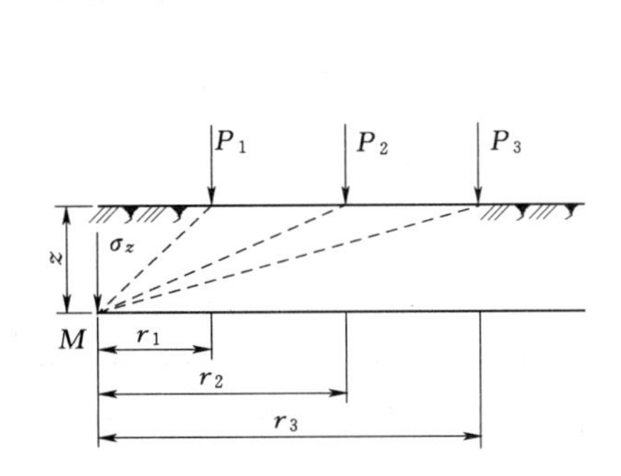

图 4.13　多个集中力作用下的附加应力

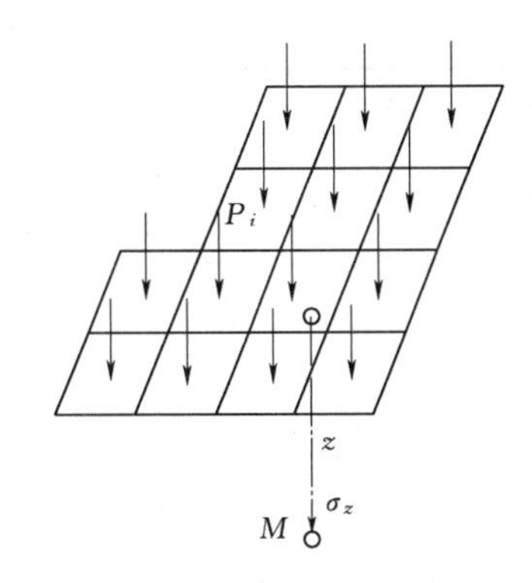

图 4.14　等代荷载法

【例 4.3】　在地基表面作用有一集中荷载 $P=200\text{kN}$，试求：

（1）在地基中 $z=2\text{m}$ 的水平面上，水平距离 $r=0$、1m、2m、3m 和 4m 处各点的附加应力 σ_z 的值，并绘制分布图。

（2）在地基中 $r=0$ 的竖直线上距地基表面 $z=0$、1m、2m、3m、4m 处各点的附加应力σ_z的值，并绘制分布图。

（3）距P的作用点$r=1\text{m}$处竖直线上距地基表面$z=0$、1m、2m、3m、4m处各点的附加应力σ_z的值，并绘制分布图。

解：（1）地基中$z=2\text{m}$的水平面上各点的σ_z的计算过程列于表4.3，σ_z分布如图4.15（a）所示。

（2）地基中$r=0$的竖直线上各点的σ_z的计算过程见表4.4，σ_z分布如图4.15（b）所示。

（3）地基中$r=1\text{m}$处竖直线上各点的σ_z的计算过程见表4.5，σ_z分布绘于图4.15（c）。

表4.3　**$z=2\text{m}$水平面上σ_z**

z/m	r/m	r/z	α	σ_z/kPa
2	0	0	0.4775	23.9
2	1	0.5	0.2733	13.7
2	2	1	0.0844	4.2
2	3	1.5	0.0251	1.3
2	4	2	0.0085	0.4

表4.4　**$r=0$的竖直线上σ_z**

z/m	r/m	r/z	α	σ_z/kPa
0	0	0	0.4775	∞
1	0	0	0.4775	95.5
2	0	0	0.4775	23.9
3	0	0	0.4775	10.6
4	0	0	0.4775	6

表4.5　**$r=1\text{m}$处竖直线上σ_z**

z/m	r/m	r/z	α	σ_z/kPa
0	1	∞	0	0
1	1	1	0.0844	16.9
2	1	0.5	0.2733	13.7
3	1	0.33	0.3686	8.2
4	1	0.25	0.4103	5.1

由［例4.3］的计算结果可知：竖向集中力作用下，在P的作用线上（$r=0$），当$z=0$时，$\sigma_z\to\infty$，随着深度z的增加，σ_z逐渐减小；在$r>0$的竖直线上，$z=0$时，$\sigma_z=0$，随着z的增加，σ_z从零逐渐增大，至某深度后又随着z的增加逐渐减小；在同一深度的水平面上，σ_z在集中力作用线上最大，并随着r的增加而逐渐减小，随着深度z的增加，这一分布趋势保持不变，但σ_z随r增加而降低的速率变缓。由此可见，集中力P在地基中引起的附加应力σ_z在地基中向深部和四周无限传播，在传播过程中应力强度逐渐降低，此即应力扩散的概念。

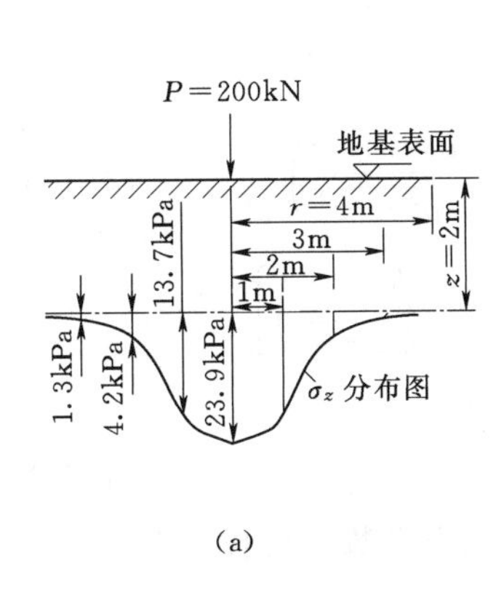

(a)

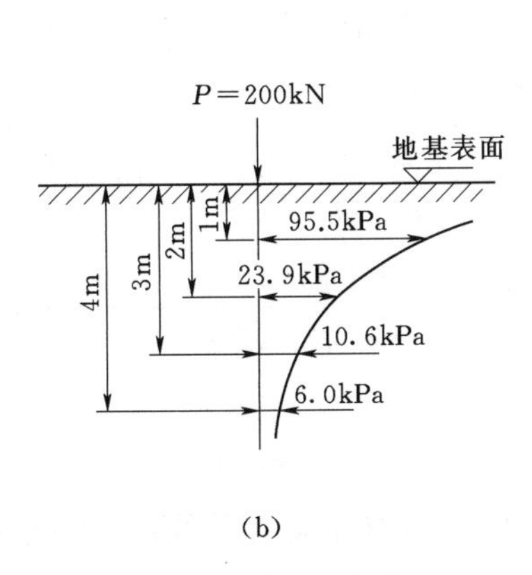

(b)

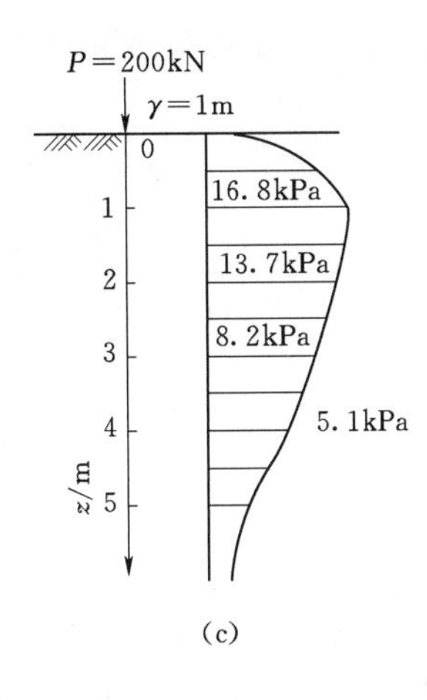

(c)

图 4.15 ［例 4.3］图

(a) $z=2\text{m}$ 水平面上 σ_z 分布图；(b) $\gamma=0$ 竖直线上 σ_z 分布图；(c) $\gamma=1\text{m}$ 竖直线上 σ_z 分布图

4.4.2　水平向集中荷载作用时的地基附加应力

当地面作用有水平向集中力时（图 4.16），在地基内任一点 $M(x、y、z)$ 处引起的附加应力 σ_z 由西罗提（Cerruti）推导得出

$$\sigma_z=\frac{3F}{2\pi}\frac{xz^2}{R^5} \tag{4.17}$$

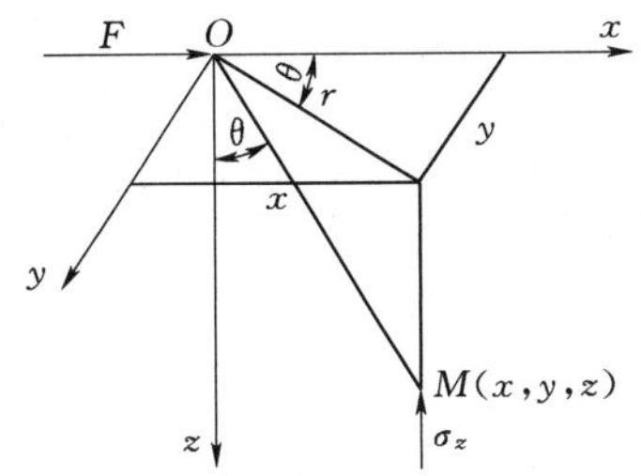

图 4.16　弹性半无限体在水平向集中力作用下的附加应力计算图

它是经典弹性理论中另一个基本课题的解答。实际上，只有当基底与地基表面之间有足够的传力条件（如摩擦力或黏聚力），并且将地基土视为连续弹性体时，地基表面水平荷载才能在地基中引起附加应力。

4.4.3　矩形荷载作用时的地基附加应力

工程实践中，作用在地基上的荷载很少有集中力的形式，往往是通过基础分布在一定的面积上。本节以弹性理论的基本假设为前提，利用前述两个基本课题的公式，根据实际的荷载条件与边界条件，通过叠加原理或积分的方法求解得到各种荷载作用时土中附加应力计算公式。

4.4.3.1　均布矩形荷载作用下的附加应力计算

设矩形荷载面的长边宽度和短边宽度分别为 l 和 b，作用于弹性半空间表面的竖向均布荷载为 p（或基底平均附加压力 p_0）。先以积分法求得矩形荷载面角点下任意深度 z 处的附加应力，然后运用角点法求得矩形荷载下任意点的附加应力。以矩形荷载面角点为坐标原点 O（图 4.17），在荷载面内坐标为（x、y）处取一微单元面积 $\mathrm{d}x\mathrm{d}y$，并将其上的均布荷载以集中力 $p\mathrm{d}x\mathrm{d}y$ 来代替，则在角点 O 下任意深度 z 处 M 点处由该集中力引起的竖向地基附加应力 $\mathrm{d}\sigma_z$，按式（4.11a）为

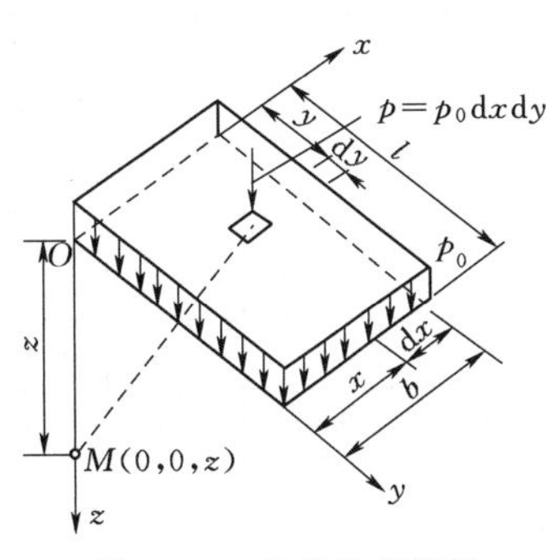

图 4.17　垂直均布荷载

$$\mathrm{d}\sigma_z=\frac{3}{2\pi}\frac{p_0z^3}{(x^2+y^2+z^2)^{5/2}}\mathrm{d}x\mathrm{d}y \tag{4.18}$$

将它对整个矩形荷载面 A 进行积分，则

$$\sigma_z = \iint_A \mathrm{d}\sigma_z = \int_0^l \int_0^b \frac{3p_0 z^3}{2\pi} \frac{\mathrm{d}x\mathrm{d}y}{(\sqrt{x^2+y^2+z^2})^5}$$

$$= \frac{p_0}{2\pi}\left[\frac{lbz(l^2+b^2+2z^2)}{(l^2+z^2)(b^2+z^2)\sqrt{l^2+b^2+z^2}} + \arctan\left(\frac{lb}{z\sqrt{l^2+b^2+z^2}}\right)\right] \tag{4.19}$$

令

$$\alpha_c = \frac{1}{2\pi}\left[\frac{lbz(l^2+b^2+2z^2)}{(l^2+z^2)(b^2+z^2)\sqrt{l^2+b^2+z^2}} + \arctan\left(\frac{lb}{\sqrt{l^2+b^2+z^2}}\right)\right]$$

则

$$\sigma_z = \alpha_c p_0 \tag{4.20}$$

α_c 为均布矩形荷载角点下的竖向附加应力系数，简称角点应力系数，可按 l/b 及 z/b 值由表 4.6 查得（注意 b 为荷载面的短边宽度）。

表 4.6　矩形面积受垂直均布荷载作用时角点下竖向附加应力系数 α_c

z/b \ l/b	1.0	1.2	1.4	1.6	1.8	2.0	3.0	4.0	5.0	6.0	10.0	条形
0.0	0.250	0.250	0.250	0.250	0.250	0.250	0.250	0.250	0.250	0.250	0.250	0.250
0.2	0.249	0.249	0.249	0.249	0.249	0.249	0.249	0.249	0.249	0.249	0.249	0.249
0.4	0.240	0.242	0.243	0.243	0.244	0.244	0.244	0.244	0.244	0.244	0.244	0.244
0.6	0.223	0.228	0.230	0.232	0.232	0.233	0.234	0.234	0.234	0.234	0.234	0.234
0.8	0.200	0.207	0.212	0.215	0.216	0.218	0.220	0.220	0.220	0.220	0.220	0.220
1.0	0.175	0.185	0.191	0.195	0.198	0.200	0.203	0.204	0.204	0.204	0.205	0.205
1.2	0.152	0.163	0.171	0.176	0.179	0.182	0.187	0.188	0.189	0.189	0.189	0.189
1.4	0.131	0.142	0.151	0.157	0.161	0.164	0.171	0.173	0.174	0.074	0.174	0.174
1.6	0.112	0.124	0.133	0.140	0.145	0.148	0.157	0.159	0.160	0.160	0.160	0.160
1.8	0.097	0.108	0.007	0.124	0.129	0.133	0.143	0.146	0.147	0.148	0.148	0.148
2.0	0.084	0.095	0.103	0.110	0.116	0.120	0.131	0.135	0.136	0.137	0.137	0.137
2.2	0.073	0.083	0.092	0.098	0.104	0.108	0.121	0.125	0.126	0.127	0.128	0.128
2.4	0.064	0.073	0.081	0.088	0.093	0.068	0.111	0.116	0.008	0.118	0.119	0.119
2.6	0.057	0.065	0.072	0.079	0.084	0.089	0.102	0.107	0.110	0.111	0.112	0.112
2.8	0.050	0.058	0.065	0.071	0.076	0.080	0.094	0.100	0.102	0.104	0.105	0.105
3.0	0.045	0.052	0.058	0.064	0.069	0.073	0.087	0.093	0.096	0.097	0.099	0.099
3.2	0.040	0.047	0.053	0.058	0.063	0.067	0.081	0.087	0.090	0.092	0.093	0.094
3.4	0.036	0.042	0.048	0.053	0.057	0.061	0.075	0.081	0.085	0.086	0.088	0.089
3.6	0.033	0.038	0.043	0.048	0.052	0.056	0.069	0.076	0.080	0.082	0.084	0.084
3.8	0.030	0.035	0.040	0.044	0.048	0.052	0.065	0.072	0.075	0.077	0.080	0.08
4.0	0.027	0.032	0.036	0.040	0.044	0.048	0.060	0.067	0.071	0.073	0.076	0.076
4.2	0.025	0.029	0.033	0.037	0.041	0.044	0.056	0.063	0.067	0.070	0.072	0.073
4.4	0.023	0.027	0.031	0.034	0.038	0.041	0.053	0.060	0.064	0.066	0.069	0.070

续表

z/b \ l/b	1.0	1.2	1.4	1.6	1.8	2.0	3.0	4.0	5.0	6.0	10.0	条形
4.6	0.021	0.025	0.028	0.032	0.035	0.038	0.049	0.056	0.061	0.063	0.066	0.067
4.8	0.019	0.023	0.026	0.029	0.032	0.035	0.046	0.053	0.058	0.060	0.064	0.064
5.0	0.018	0.021	0.024	0.027	0.030	0.033	0.043	0.050	0.055	0.057	0.061	0.062
6.0	0.013	0.015	0.017	0.020	0.022	0.024	0.033	0.039	0.043	0.046	0.051	0.052
7.0	0.009	0.011	0.013	0.015	0.016	0.018	0.025	0.031	0.035	0.038	0.043	0.045
8.0	0.007	0.009	0.010	0.011	0.013	0.014	0.020	0.025	0.028	0.031	0.037	0.036
9.0	0.006	0.007	0.008	0.009	0.010	0.011	0.016	0.020	0.024	0.026	0.032	0.035
10.0	0.005	0.006	0.007	0.007	0.008	0.009	0.013	0.017	0.020	0.022	0.028	0.032
12.0	0.003	0.004	0.005	0.005	0.006	0.006	0.009	0.012	0.014	0.017	0.022	0.026
14.0	0.002	0.003	0.004	0.004	0.004	0.005	0.007	0.009	0.011	0.013	0.018	0.023
16.0	0.002	0.002	0.003	0.003	0.003	0.004	0.005	0.007	0.009	0.010	0.014	0.02
18.0	0.001	0.002	0.002	0.002	0.003	0.003	0.004	0.006	0.007	0.008	0.012	0.018
20.0	0.001	0.001	0.002	0.002	0.002	0.002	0.004	0.005	0.006	0.007	0.010	0.016
25.0	0.001	0.001	0.001	0.001	0.001	0.002	0.002	0.003	0.004	0.004	0.007	0.013
30.0	0.001	0.001	0.001	0.001	0.001	0.001	0.002	0.002	0.003	0.003	0.005	0.011
35.0	0.000	0.000	0.001	0.001	0.001	0.001	0.001	0.002	0.002	0.002	0.004	0.009
40.0	0.000	0.000	0.000	0.000	0.001	0.001	0.001	0.001	0.001	0.002	0.003	0.008

实际计算中，常会遇到计算点不位于荷载面角点之下的情况，这时可以通过 M 点作辅助线把荷载面分成若干个矩形面积，而计算点 M 则正好位于这些矩形面积的公共角点之下，这样就可以利用式（4.20）计算每个矩形角点下同一深度 z 处的附加应力 σ_z，并求其代数和，即用应力的叠加原理来求解，这种方法称为角点法。

下面分四种情况（图 4.18），计算点在图中 M 点以下任意深度 z 处说明角点法的具体应用。

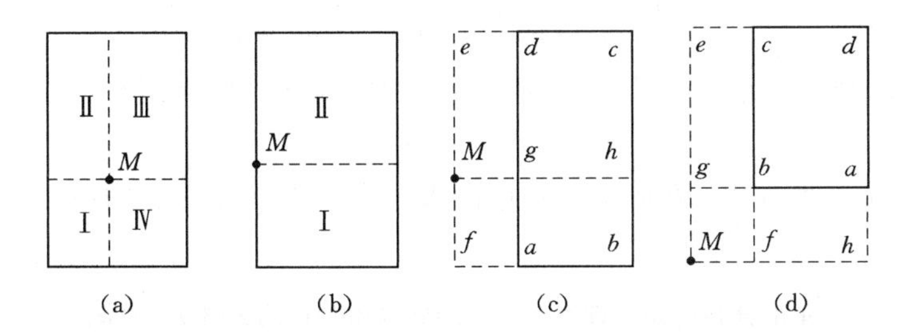

图 4.18 以角点法计算均布矩形荷载下的地基附加应力

(a) 计算点 M 在荷载面内；(b) 计算点 M 在荷载面边缘；(c) 计算点 M 在荷载面边缘外侧；(d) 计算点 M 在荷载面角点外侧

(1) M 点在荷载面内［图 4.18 (a)］。

$$\sigma_z = (\alpha_{c\mathrm{I}} + \alpha_{c\mathrm{II}} + \alpha_{c\mathrm{III}} + \alpha_{c\mathrm{IV}}) p_0$$

如果 M 点位于荷载面中心，则 $\alpha_{c\mathrm{I}}=\alpha_{c\mathrm{II}}=\alpha_{c\mathrm{III}}=\alpha_{c\mathrm{IV}}$，得 $\sigma_z=4\alpha_{c\mathrm{I}}p_0$，此即利用角点法求得的均布矩形荷载面中心点下地基附加应力 σ_z 的解。

(2) M 点在荷载面边缘［图 4.18 (b)］。

$$\sigma_z=(\alpha_{c\mathrm{I}}+\alpha_{c\mathrm{II}})p_0$$

(3) M 点在荷载面边缘外侧［图 4.18 (c)］。此时荷载面 $abcd$ 可看成是由Ⅰ($Mfbh$) 与Ⅱ($Mfag$) 之差和Ⅲ($Mech$) 与Ⅳ($Medg$) 之差合成的，则

$$\sigma_z=(\alpha_{c\mathrm{I}}-\alpha_{c\mathrm{II}}+\alpha_{c\mathrm{III}}-\alpha_{c\mathrm{IV}})p_0$$

(4) M 点在荷载面角点外侧［图 4.18 (d)］。此时荷载面 $abcd$ 可看成是由Ⅰ($Mhde$) 中扣除Ⅱ($Mgah$) 和Ⅲ($Mfce$) 再加上Ⅳ($Mfbg$) 而合成的，则

$$\sigma_z=(\alpha_{c\mathrm{I}}-\alpha_{c\mathrm{II}}-\alpha_{c\mathrm{III}}+\alpha_{c\mathrm{IV}})p_0$$

应用角点法时要注意三点：①要使计算点 M 位于所划分的每一个矩形的公共角点；②所划分的矩形面积总和应等于原有的受荷面积；③查表时，所有分块矩形都是长边为 l，短边为 b。

4.4.3.2　三角形分布矩形荷载作用下的附加应力计算

设弹性半空间表面作用的竖向荷载沿矩形面积一边 b 方向上呈三角形分布（沿另一边 l 的荷载分布不变），荷载的最大值为 p_t，取荷载零值边的角点 1 为坐标原点（图 4.19），则将荷载面内某点（x、y）处所取微单元面积 $\mathrm{d}x\mathrm{d}y$ 上的分布荷载以集中力 $\frac{x}{b}p_t\mathrm{d}x\mathrm{d}y$ 代替。角点 1 下深度 z 处的 M 点由该集中力引起的附加应力 σ_z 用式 (4.11a) 以积分法可求得

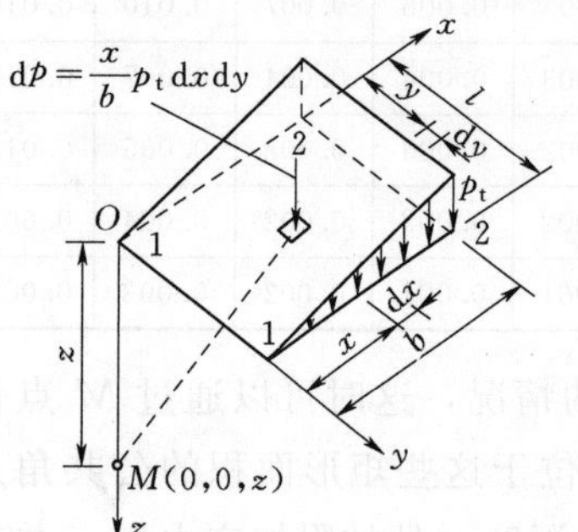

图 4.19　三角形分布矩形荷载

$$\sigma_z=\iint_A \mathrm{d}\sigma_z=\iint_A \frac{3}{2\pi}\frac{p_t x z^3}{b(x^2+y^2+z^2)^{5/2}}\mathrm{d}x\mathrm{d}y$$

积分后得

$$\sigma_z=\alpha_{t1}p_t \tag{4.21}$$

其中

$$\alpha_{t1}=\frac{mn}{2\pi}\left(\frac{1}{\sqrt{m^2+n^2}}-\frac{n^2}{(1+n^2)\sqrt{m^2+n^2+1}}\right)$$

同理，还可求得荷载最大值边的角点 2 下任意深度 z 处竖向附加应力 σ_z 为

$$\sigma_z=\alpha_{t2}p_t \tag{4.22}$$

α_{t1} 和 α_{t2} 均为 $m=l/b$ 和 $n=z/b$ 的函数，可由表 4.7 查得（注意 b 为沿三角形分布荷载方向的边长）。

表 4.7　三角形分布的矩形荷载角点下的竖向附加应力系数 α_{t1} 和 α_{t2}

$n=z/b$ \ 附加应力系数 \ $m=l/b$	0.2		0.4		0.6		0.8		1.0	
	点 1(α_{t1})	点 2(α_{t2})	点 1(α_{t1})	点 2(α_{t2})	点 1(α_{t1})	点 2(α_{t2})	点 1(α_{t1})	点 2(α_{t2})	点 1(α_{t1})	点 2(α_{t2})
0.0	0.0000	0.2500	0.0000	0.2500	0.0000	0.2500	0.0000	0.2500	0.0000	0.2500
0.2	0.0223	0.1821	0.0280	0.2115	0.0296	0.2165	0.0301	0.2178	0.0304	0.2182

续表

$n=z/b$ \ 附加应力系数 \ $m=l/b$	0.2		0.4		0.6		0.8		1.0	
	点 1(α_{t1})	点 2(α_{t2})	点 1(α_{t1})	点 2(α_{t2})	点 1(α_{t1})	点 2(α_{t2})	点 1(α_{t1})	点 2(α_{t2})	点 1(α_{t1})	点 2(α_{t2})
0.4	0.0269	0.1094	0.0420	0.1604	0.0487	0.1781	0.0517	0.1844	0.0531	0.1870
0.6	0.0259	0.0700	0.0448	0.1165	0.0560	0.1405	0.0621	0.1520	0.0654	0.1575
0.8	0.0232	0.0480	0.0421	0.0856	0.0553	0.1093	0.0637	0.1232	0.0688	0.1311
1.0	0.0201	0.0346	0.0375	0.0638	0.0580	0.0852	0.0602	0.0996	0.0666	0.1086
1.2	0.0171	0.0260	0.0324	0.0491	0.0450	0.0673	0.0546	0.0807	0.0615	0.0901
1.4	0.0145	0.0202	0.0278	0.0386	0.0392	0.0540	0.0483	0.0661	0.0554	0.0751
1.6	0.0123	0.0160	0.0238	0.0310	0.0339	0.0440	0.0424	0.0547	0.0492	0.0628
1.8	0.0105	0.0130	0.0204	0.0254	0.0294	0.0363	0.0371	0.0457	0.0435	0.0534
2.0	0.0090	0.0108	0.0176	0.0211	0.0255	0.0304	0.0324	0.0387	0.0384	0.0456
2.5	0.0063	0.0072	0.0125	0.0140	0.0183	0.0205	0.0236	0.0265	0.0284	0.0313
3.0	0.0046	0.0051	0.0092	0.0100	0.0135	0.0148	0.0176	0.0192	0.0214	0.0233
5.0	0.0018	0.0019	0.0036	0.0038	0.0054	0.0056	0.0071	0.0074	0.0088	0.0091
7.0	0.0009	0.0010	0.0019	0.0019	0.0028	0.0029	0.0038	0.0038	0.0047	0.0047
10.0	0.0005	0.0004	0.0009	0.0010	0.0014	0.0014	0.0019	0.0019	0.0023	0.0024

$n=z/b$ \ 附加应力系数 \ $m=l/b$	1.2		1.4		1.6		1.8		2.0	
	点 1(α_{t1})	点 2(α_{t2})	点 1(α_{t1})	点 2(α_{t2})	点 1(α_{t1})	点 2(α_{t2})	点 1(α_{t1})	点 2(α_{t2})	点 1(α_{t1})	点 2(α_{t2})
0.0	0.0000	0.2500	0.0000	0.2500	0.0000	0.2500	0.0000	0.2500	0.0000	0.2500
0.2	0.0305	0.2148	0.0305	0.2185	0.0306	0.2185	0.0306	0.2185	0.0306	0.2185
0.4	0.0539	0.1881	0.0543	0.1886	0.0545	0.1889	0.0546	0.1891	0.0547	0.1892
0.6	0.0673	0.1602	0.0684	0.1616	0.0690	0.1625	0.0694	0.1630	0.0696	0.1633
0.8	0.0720	0.1355	0.0739	0.1381	0.0751	0.1396	0.0759	0.1405	0.0764	0.1412
1.0	0.0708	0.1143	0.0735	0.1176	0.0753	0.1202	0.0766	0.1215	0.0774	0.1225
1.2	0.0664	0.0962	0.0698	0.1007	0.0721	0.1037	0.0738	0.1055	0.0749	0.1069
1.4	0.0606	0.0817	0.0644	0.0864	0.0672	0.0897	0.0692	0.0921	0.0707	0.0937
1.6	0.0545	0.0696	0.0586	0.0743	0.0616	0.0780	0.0639	0.0806	0.0656	0.0826
1.8	0.0487	0.0596	0.0528	0.0644	0.0560	0.0681	0.0585	0.0709	0.0604	0.0730
2.0	0.0434	0.0513	0.0474	0.0560	0.0507	0.0596	0.0533	0.0625	0.0533	0.0649
2.5	0.0326	0.0365	0.0362	0.0405	0.0393	0.0440	0.0419	0.0469	0.0440	0.0491
3.0	0.0249	0.0270	0.0280	0.0303	0.0307	0.0333	0.0331	0.0359	0.0352	0.0380
5.0	0.0104	0.0108	0.0120	0.0123	0.0135	0.0139	0.0148	0.0154	0.1610	0.0167
7.0	0.0056	0.0056	0.0034	0.0066	0.0073	0.0074	0.0081	0.0083	0.0089	0.0091
10.0	0.0028	0.0028	0.0033	0.0032	0.0037	0.0037	0.0041	0.0042	0.0046	0.0046

续表

$n=z/b$ \ 附加应力系数 \ $m=l/b$	3.0		4.0		6.0		8.0		10.0	
	点1(α_{t1})	点2(α_{t2})	点1(α_{t1})	点2(α_{t2})	点1(α_{t1})	点2(α_{t2})	点1(α_{t1})	点2(α_{t2})	点1(α_{t1})	点2(α_{t2})
0.0	0.0000	0.2500	0.0000	0.2500	0.0000	0.2500	0.0000	0.2500	0.0000	0.2500
0.2	0.0306	0.2186	0.0306	0.2186	0.0306	0.2186	0.0306	0.2186	0.0306	0.2186
0.4	0.0548	0.1894	0.0549	0.1894	0.0549	0.1894	0.0549	0.1894	0.0549	0.1894
0.6	0.0701	0.1638	0.0702	0.1639	0.0702	0.1640	0.0702	0.1640	0.0702	0.1640
0.8	0.0773	0.1423	0.0776	0.1424	0.0776	0.1426	0.0776	0.1426	0.0776	0.1426
1.0	0.0790	0.1244	0.0794	0.1248	0.0795	0.1250	0.0796	0.1250	0.0796	0.1250
1.2	0.0774	0.1096	0.0779	0.1103	0.0782	0.1105	0.0783	0.1105	0.0783	0.1105
1.4	0.0739	0.0973	0.0748	0.0982	0.0752	0.0986	0.0752	0.0987	0.0753	0.0987
1.6	0.0697	0.0870	0.0708	0.0882	0.0714	0.0887	0.0715	0.0888	0.0715	0.0889
1.8	0.0652	0.0782	0.0666	0.0797	0.0673	0.0805	0.0675	0.0806	0.0675	0.0808
2.0	0.0607	0.0707	0.0624	0.0726	0.0634	0.0734	0.0636	0.0736	0.0636	0.0738
2.5	0.0504	0.0559	0.0529	0.0585	0.0543	0.0601	0.0547	0.0604	0.0548	0.0605
3.0	0.0419	0.0451	0.0449	0.0482	0.0469	0.0504	0.0474	0.0509	0.0476	0.0511
5.0	0.0214	0.0221	0.0248	0.0256	0.0283	0.0290	0.0296	0.0303	0.0301	0.0309
7.0	0.0124	0.0126	0.0152	0.0154	0.0186	0.0190	0.0204	0.0207	0.0212	0.0216
10.0	0.0066	0.0066	0.0084	0.0083	0.0111	0.0111	0.0128	0.0130	0.0139	0.0141

应用上述均布和三角形分布矩形荷载角点下的地基附加应力系数 α_c、α_{t1}、α_{t2}，即可用角点法求算梯形分布或三角形分布时地基中任意点的竖向附加应力 σ_z 值，亦可求算均布、三角形或梯形分布的条形荷载面时（$m\geqslant10$）的地基附加应力 σ_z 值。若计算点正好位于荷载面 b 边方向中点（l 边方向可任意）之下，则不论是梯形分布还是三角形分布的荷载，均可以中点处的荷载值按均布荷载情况计算。

4.4.3.3 矩形面积上作用水平均布荷载时的附加应力计算

如图4.20所示，当矩形荷载面承受水平均布荷载时，则对式（4.17）积分，求得矩形荷载面的左角点 A 和右角点 C 下的两个附加应力。计算表明，在角点 A 下的 σ_z 为负值（向上拉力），而角点 C 下的 σ_z 为正值（向下压力）。所以

$$\sigma_z=\pm\alpha_h p_h \tag{4.23}$$

$$\alpha_h=\frac{m}{2\pi}\left[\frac{1}{\sqrt{m^2+n^2}}-\frac{n^2}{(1+n^2)\sqrt{1+m^2+n^2}}\right]$$

式中 p_h——均布水平荷载，kPa；

α_h——应力分布系数，无因次，为 $m=l/b$ 和 $n=z/b$ 的函数，可从表4.8查得；

b——平行于水平荷载方向的边长，m；

l——垂直于水平荷载方向的边长，m。

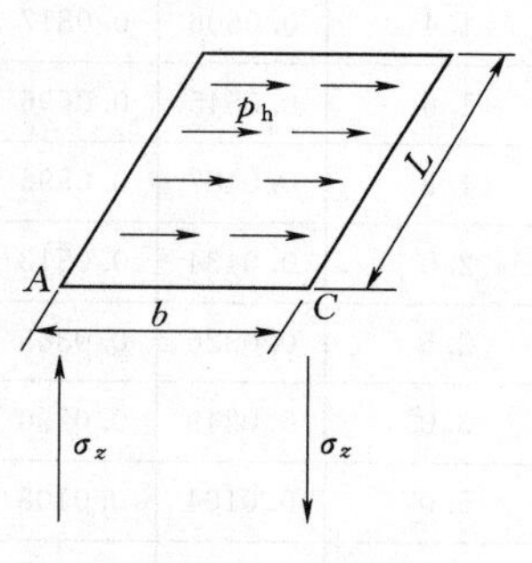

图4.20 矩形基底水平均布荷载

计算表明，在平行于水平荷载方向 b 边的中点下面任意深

度由水平荷载引起的附加应力 $\sigma_z=0$。求矩形荷载面以内或以外任一点之下的附加应力，也可利用叠加原理综合角点法进行。

表 4.8 矩形面积上作用水平均布荷载下的附加应力系数 α_h

$n=z/b$ \ $m=l/b$	0.2	0.4	0.6	1.0	1.4	3.0	6.0	10.0
0.0	0.1592	0.1592	0.1592	0.1592	0.1592	0.1592	0.1592	0.1592
0.2	0.1114	0.1401	0.1479	0.1518	0.1526	0.1530	0.1530	0.1530
0.4	0.0672	0.1049	0.1217	0.1328	0.1356	0.1371	0.1372	0.1372
0.6	0.0432	0.0746	0.0933	0.1091	0.1139	0.1168	0.1170	0.1170
0.8	0.0290	0.0527	0.0691	0.0861	0.0924	0.0967	0.0970	0.0970
1.0	0.0201	0.0375	0.0508	0.0666	0.0735	0.0790	0.0795	0.0795
1.2	0.0142	0.0270	0.0375	0.0512	0.0582	0.0645	0.0652	0.0652
1.4	0.0103	0.0199	0.0280	0.0395	0.0460	0.0528	0.0537	0.0538
1.6	0.0077	0.0149	0.0212	0.0308	0.0366	0.0436	0.0446	0.0447
1.8	0.0058	0.0113	0.0168	0.0242	0.0293	0.0362	0.0374	0.0374
2.0	0.0045	0.0088	0.0127	0.0192	0.0237	0.0303	0.0317	0.0318
3.0	0.0015	0.0031	0.0045	0.0071	0.0093	0.0140	0.0156	0.0219
5.0	0.0004	0.0007	0.0011	0.0018	0.0024	0.0043	0.0057	0.0060
7.0	0.0001	0.0003	0.0004	0.0007	0.0009	0.0018	0.0027	0.0030
10.0	0.00005	0.0001	0.0001	0.0002	0.0003	0.0007	0.0011	0.0014

4.4.3.4 均布圆形荷载作用下的附加应力计算

设圆形荷载面的半径为 r_0，作用于弹性半空间表面的竖向均布荷载为 p_0，如以圆形荷载面的中心点为坐标原点 O（图 4.21），并在荷载面积上取微面积 $dA=rd\theta dr$，以集中力 p_0dA 代替微面积上的分布荷载，则可运用式（4.11a）以积分法求得均布圆形荷载中点下任意深度 z 处 M 点的 σ_z 为

$$\sigma_z=\iint_A d\sigma_z=\frac{3p_0z^3}{2\pi}\int_0^{2\pi}\int_0^{r_0}\frac{rd\theta dr}{(r^2+z^2)^{5/2}}$$

$$=p_0\left[1-\frac{z^3}{(r_0^2+z^2)^{3/2}}\right]$$

$$=p_0\left[1-\frac{1}{(1+r_0^2/z^2)^{3/2}}\right]=\alpha_0p_0 \quad (4.24)$$

式中 α_0——均布圆形荷载面中心点下的附加应力系数，它是 z/r_0 的函数，可由表 4.9 查得。

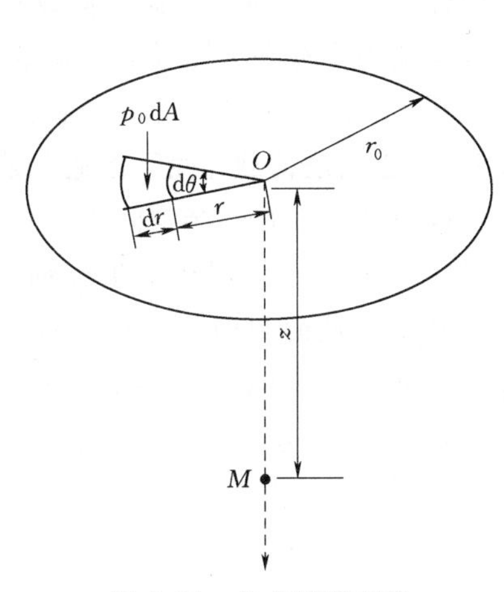

图 4.21 均布圆形荷载

同理，可得竖向均布圆形荷载圆周边下的附加应力为

$$\sigma_z=\alpha_rp_0 \quad (4.25)$$

式中　α_r——均布圆形荷载圆周边下的附加应力系数，它也是 z/r_0 的函数，可由表 4.9 查得。

表 4.9　　均布圆形荷载中心点及圆周边下的附加应力系数 α_0 和 α_r

z/r_0	α_0	α_r	z/r_0	α_0	α_r	z/r_0	α_0	α_r
0.0	1.000	0.500	1.6	0.390	0.243	3.2	0.130	0.108
0.1	0.999	0.494	1.7	0.360	0.230	3.3	0.124	0.103
0.2	0.992	0.467	1.8	0.332	0.218	3.4	0.117	0.098
0.3	0.976	0.451	1.9	0.307	0.207	3.5	0.111	0.094
0.4	0.949	0.435	2.0	0.285	0.196	3.6	0.106	0.090
0.5	0.911	0.417	2.1	0.264	0.186	3.7	0.101	0.086
0.6	0.864	0.400	2.2	0.245	0.176	3.8	0.096	0.083
0.7	0.811	0.383	2.3	0.229	0.167	3.9	0.091	0.079
0.8	0.756	0.366	2.4	0.210	0.159	4.0	0.087	0.076
0.9	0.701	0.349	2.5	0.200	0.151	4.2	0.079	0.070
1.0	0.647	0.332	2.6	0.187	0.144	4.4	0.073	0.065
1.1	0.595	0.316	2.7	0.175	0.137	4.6	0.067	0.060
1.2	0.547	0.300	2.8	0.165	0.130	4.8	0.062	0.056
1.3	0.502	0.285	2.9	0.155	0.124	5.0	0.057	0.052
1.4	0.461	0.270	3.0	0.146	0.118	6.0	0.040	0.038
1.5	0.424	0.256	3.1	0.138	0.113	10.0	0.015	0.014

4.5　平面问题土中附加应力计算

设在弹性半空间表面上作用有无限长的条形荷载，且荷载沿宽度可任何形式分布，但沿长度方向的分布规律是相同的，则此时地基中任一点 M 处产生的应力，只与该点的平面坐标（x、z）有关，而与荷载长度方向的 y 轴坐标无关，此即平面应变问题。尽管在工程实践中不存在无限长分布荷载，但一般常把墙基、挡土墙基础、路基、坝基以及长宽比 $l/b \geqslant 10$ 的条形基础等的基底压力视为条形荷载，按平面问题求解。

4.5.1　竖向线荷载作用下的附加应力

线荷载是在弹性半空间表面上作用有无限长的条形荷载。如图 4.22（a）所示，设一个竖向线荷载 $\overline{p}$ 作用在 y 坐标轴上，则沿 y 轴某微分段 $\mathrm{d}y$ 上的分布荷载以集中力 $\mathrm{d}p=\overline{p}\mathrm{d}y$ 代替，从而利用式（4.11a）可求得地基中任意点 M 处由 $\mathrm{d}p$ 引起的附加应力 $\mathrm{d}\sigma_z$。此时，设 M 点位于与 y 轴垂直的 xOz 平面内，直线 $OM=R_1=\sqrt{x^2+z^2}$ 与 z 轴的夹角为 β，则 $\sin\beta=x/R_1$，$\cos\beta=z/R_1$，于是通过积分即可求得 M 点的 σ_z，即

$$\sigma_z=\frac{2\overline{p}z^3}{\pi R_1^4}=\frac{2\overline{p}}{\pi R_1}\cos^3\beta \tag{4.26}$$

同理，按弹性力学方法可求出

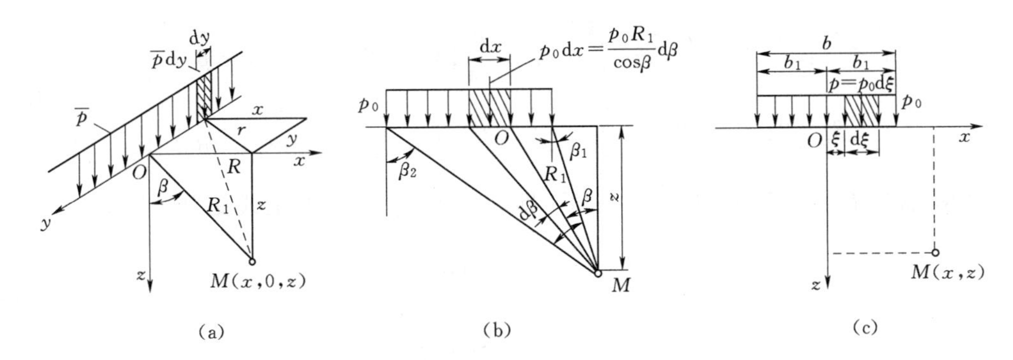

图 4.22 地基附加应力的平面问题

(a) 线荷载作用；(b) 均布条形荷载作用（极坐标）；(c) 均布条形荷载作用（直角坐标）

$$\sigma_x=\frac{2\overline{p}x^2z}{\pi R_1^4}=\frac{2\overline{p}}{\pi R_1}\cos\beta\sin^2\beta \tag{4.27}$$

$$\tau_{xz}=\tau_{zx}=\frac{2\overline{p}xz^2}{\pi R_1^4}=\frac{2\overline{p}}{\pi R_1}\cos^2\beta\sin\beta \tag{4.28}$$

式（4.26）～式（4.28）就是著名的费拉曼（Flamant）解。

由于线荷载沿 y 轴均匀分布而且无限延伸，因此与 y 轴垂直的任何平面上的应力状态都完全相同。这种情况就属于弹性力学中的平面应变问题，此时

$$\tau_{xy}=\tau_{yx}=\tau_{yz}=\tau_{zy}=0 \tag{4.29}$$

$$\sigma_y=\mu(\sigma_x+\sigma_z) \tag{4.30}$$

因此，在平面问题中需要计算的应力分量只有 σ_z、σ_x 和 τ_{xz} 三个。

4.5.2 竖向均布条形荷载作用时的附加应力

均布条形荷载是指荷载沿基础宽度方向和长度方向都是均匀分布，如图 4.22（b）、（c）所示。一般认为条形荷载的长度方向为无限长，沿 x 轴取一宽为 dx、长度为无限长的微分段，作用于其上的荷载以线荷载 $\overline{p}$ 代替，并引入 OM 线与 z 轴线的夹角 β，得

$$\overline{p}=p_0 dx=\frac{p_0R_1}{\cos\beta}d\beta$$

因此可以利用式（4.26）求得地基任意点 M 处的附加应力用极坐标表示如下

$$\sigma_z=\int_{\beta_1}^{\beta_2}d\sigma_z=\int_{\beta_1}^{\beta_2}\frac{2p_0}{\pi}\cos^2\beta d\beta=\frac{p_0}{\pi}[\sin\beta_2\cos\beta_2-\sin\beta_1\cos\beta_1+(\beta_2-\beta_1)] \tag{4.31}$$

同理，得

$$\sigma_z=\frac{p_0}{\pi}[-\sin(\beta_2-\beta_1)\cos(\beta_2+\beta_1)+(\beta_2-\beta_1)] \tag{4.32}$$

$$\tau_{xz}=\tau_{zx}=\frac{p_0}{\pi}(\sin^2\beta_2-\sin^2\beta_1) \tag{4.33}$$

上述各式中当 M 点位于荷载分布宽度两端点竖直线之间时，β_1 取负值。

将式（4.31）～式（4.33）代入下列材料力学公式，可以求得 M 点的大主应力 σ_1 与小主应力 σ_3

$$\left.\begin{aligned}\sigma_1=\frac{\sigma_z+\sigma_x}{2}+\sqrt{\left(\frac{\sigma_z-\sigma_x}{2}\right)^2+\tau_{zx}^2}=\frac{p_0}{\pi}[(\beta_2-\beta_1)+\sin(\beta_2-\beta_1)]\\ \sigma_3=\frac{\sigma_z+\sigma_x}{2}-\sqrt{\left(\frac{\sigma_z-\sigma_x}{2}\right)^2+\tau_{zx}^2}=\frac{p_0}{\pi}[(\beta_2-\beta_1)-\sin(\beta_2-\beta_1)]\end{aligned}\right\}\tag{4.34}$$

设 β_0 为 M 点与条形荷载两端连线的夹角，即 $\beta_0=\beta_2-\beta_1$，于是上式变为

$$\left.\begin{aligned}\sigma_1=\frac{p_0}{\pi}(\beta_0+\sin\beta_0)\\ \sigma_3=\frac{p_0}{\pi}(\beta_0-\sin\beta_0)\end{aligned}\right\}\tag{4.35}$$

σ_1 的作用方向与 β_0 角的平分线一致。

β_0、β_1、β_2 在上述各式中若单独出现则以弧度为单位，其余以（°）为单位。

为了计算方便，现改用直角坐标表示，取条形荷载的中心点为坐标原点，如图 4.22（c）所示，则 $M(x、z)$ 点的三个附加应力分量如下

$$\sigma_z=\frac{p_0}{\pi}\left[\arctan\frac{1-2n}{2m}+\arctan\frac{1+2n}{2m}+\frac{4m(4n^2-4m^2-1)}{(4n^2+4m^2-1)^2+16m^2}\right]=\alpha_{sz}p_0\tag{4.36}$$

$$\sigma_x=\frac{p_0}{\pi}\left[\arctan\frac{1-2n}{2m}+\arctan\frac{1+2n}{2m}-\frac{4m(4n^2-4m^2-1)}{(4n^2+4m^2-1)^2+16m^2}\right]=\alpha_{sx}p_0\tag{4.37}$$

$$\tau_{xz}=\tau_{zx}=\frac{p_0}{\pi}\frac{32m^2n}{(4n^2+4m^2-1)^2+16m^2}=\alpha_{sxz}p_0\tag{4.38}$$

式中 α_{sz}、α_{sx}、α_{sxz}——垂直均布条形荷载下相应的三个附加应力系数，都是 $n=z/b$ 和 $m=x/b$ 的函数，可由表 4.10 查得。

表 4.10 垂直均布条形荷载下的附加应力系数 α_{sz}、α_{sx}、α_{sxz}

$m=x/b$	0.00			0.25			0.5			1.00			1.50			2.00		
附加应力系数 / $n=z/b$	α_{sz}	α_{sx}	α_{sxz}	α_{sz}	α_{sx}	α_{sxz}	α_{sz}	α_{sx}	α_{sxz}	α_{sz}	α_{sx}	α_{sxz}	α_{sz}	α_{sx}	α_{sxz}	α_{sz}	α_{sx}	α_{sxz}
0.00	1.00	1.00	0	1.00	1.00	0	0.50	0.50	0.32	0	0	0	0	0	0	0	0	0
0.25	0.96	0.45	0	0.90	0.39	0.13	0.50	0.35	0.30	0.02	0.17	0.05	0	0.07	0.01	0	0.04	0
0.50	0.82	0.18	0	0.74	0.19	0.16	0.48	0.23	0.26	0.08	0.21	0.13	0.02	0.12	0.04	0	0.07	0.02
0.75	0.67	0.08	0	0.61	0.10	0.13	0.45	0.14	0.20	0.15	0.22	0.16	0.04	0.14	0.07	0.02	0.10	0.04
1.00	0.55	0.04	0	0.51	0.05	0.10	0.41	0.09	0.16	0.19	0.15	0.16	0.07	0.14	0.10	0.03	0.13	0.05
1.25	0.46	0.02	0	0.44	0.03	0.07	0.37	0.06	0.12	0.20	0.11	0.14	0.10	0.12	0.10	0.04	0.11	0.07
1.50	0.40	0.01	0	0.38	0.02	0.06	0.33	0.04	0.10	0.21	0.08	0.13	0.11	0.10	0.10	0.06	0.10	0.07
1.75	0.35	—	0	0.34	0.01	0.04	0.30	0.03	0.08	0.21	0.06	0.11	0.13	0.09	0.10	0.07	0.09	0.08
2.00	0.31	—	0	0.31	—	0.03	0.28	0.02	0.06	0.20	0.05	0.10	0.14	0.07	0.10	0.08	0.08	0.08
3.00	0.21	—	0	0.21	—	0.02	0.20	0.01	0.03	0.17	0.02	0.06	0.13	0.03	0.07	0.10	0.04	0.07
4.00	0.16	—	0	0.16	—	0.01	0.15	—	0.02	0.14	0.01	0.03	0.12	0.02	0.05	0.10	0.03	0.05
5.00	0.13	—	0	0.13	—	—	0.12	—	—	0.12	—	—	0.11	—	—	0.09	—	—
6.00	0.11	—	0	0.10	—	—	0.10	—	—	0.10	—	—	0.10	—	—	—	—	—

4.5.3　三角形分布条形荷载作用时的附加应力

三角形分布的条形荷载，相当于挡土墙基础受偏心荷载的情况，设荷载分布如图 4.23 所示，其最大值为 p_t，计算土中 $M(x、z)$ 点的竖向附加应力 σ_z 时，可按式（4.26）在宽度范围 b 内积分，得

$$\sigma_z=\frac{2z^3p_t}{\pi b}\int_0^b\frac{\xi\mathrm{d}\xi}{[(x-\xi)^2+z^2]^2}=\frac{p_t}{\pi}\left[n\left(\arctan\frac{n}{m}-\arctan\frac{n-1}{m}\right)-\frac{m(n-1)}{(n-1)^2+m^2}\right]=\alpha_t^z p_t \tag{4.39}$$

式中　α_t^z——应力系数，它是 $n=z/b$、$m=x/b$ 的函数，可由表 4.11 查得。

表 4.11　　三角形分布条形荷载下竖向附加应力系数 α_t^z 值

$m=x/b$ ＼ $n=z/b$	−1.50	−1.00	−0.50	0.00	0.25	0.50	0.75	1.00	1.50	2.00	2.50
0.00	0.000	0.000	0.000	0.000	0.250	0.500	0.750	0.500	0.000	0.000	0.000
0.25	0.000	0.000	0.001	0.075	0.256	0.480	0.643	0.424	0.017	0.003	0.000
0.50	0.002	0.003	0.023	0.127	0.263	0.410	0.477	0.353	0.056	0.017	0.003
0.75	0.006	0.016	0.042	0.153	0.248	0.335	0.361	0.293	0.108	0.024	0.009
1.00	0.014	0.025	0.061	0.159	0.223	0.275	0.279	0.241	0.129	0.045	0.013
1.50	0.020	0.048	0.096	0.145	0.178	0.200	0.202	0.185	0.124	0.062	0.041
2.00	0.033	0.061	0.092	0.127	0.146	0.155	0.163	0.153	0.108	0.069	0.050
3.00	0.050	0.064	0.080	0.096	0.103	0.104	0.108	0.104	0.090	0.071	0.050
4.00	0.051	0.060	0.067	0.075	0.078	0.085	0.082	0.075	0.073	0.060	0.049
5.00	0.047	0.052	0.057	0.059	0.062	0.063	0.063	0.065	0.061	0.051	0.047
6.00	0.041	0.041	0.050	0.051	0.052	0.053	0.053	0.053	0.050	0.050	0.045

4.5.4　条形基础受水平均布荷载作用下的附加应力

如图 4.24 所示，条形面积受水平均布荷载作用时，地基中任意点 M 处竖向附加应力 σ_z 可按下式计算

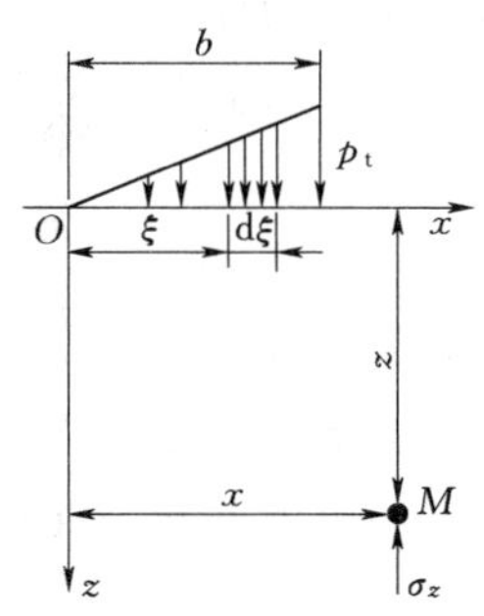

图 4.23　条形基础作用三角形荷载

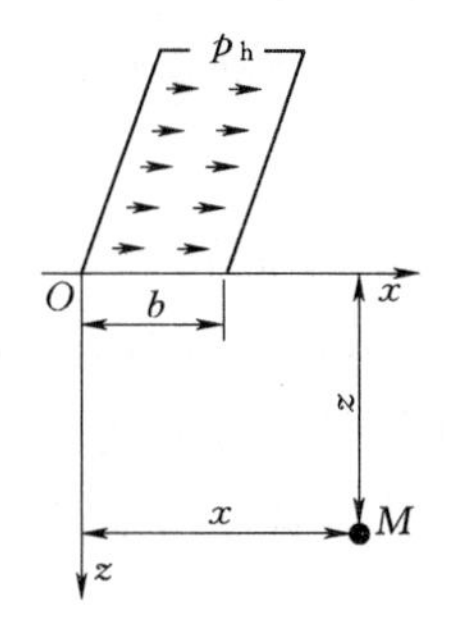

图 4.24　条形基础作用水平均布荷载

$$\sigma_z=\frac{p_h}{\pi}\left[\frac{n^2}{(m-1)^2+n^2}-\frac{n^2}{m^2+n^2}\right]=\alpha_h^t p_h \tag{4.40}$$

式中　α_h^t——条形面积水平均布荷载下的附加应力系数，是 $n=z/b$、$m=x/b$ 的函数，可由表 4.12 查得。

表4.12　　条形基底受水平均布荷载作用时的应力系数 α_h^t

$m=x/b$ \ $n=z/b$	0.01	0.1	0.2	0.4	0.6	0.8	1	1.2	1.4	2
0.00	−0.318	−0.315	−0.306	−0.274	−0.234	−0.194	−0.159	−0.131	−0.108	−0.064
0.25	−0.001	−0.039	−0.103	−0.159	−0.147	0.121	−0.096	−0.078	−0.061	−0.034
0.50	0.000	0.000	0.000	0.000	0.000	0.000	0.000	0.000	0.000	0.000
0.75	0.001	0.039	0.103	0.159	0.147	0.121	0.096	0.078	0.061	0.034
1.00	0.318	0.315	0.306	0.274	0.234	0.194	0.159	0.131	0.108	0.064
1.25	0.001	0.042	0.116	0.199	0.212	0.197	0.175	0.153	0.132	0.085
1.50	0.001	0.110	0.038	0.103	0.144	0.158	0.157	0.147	0.133	0.096
−0.25	−0.001	−0.042	−0.116	−0.199	−0.212	−0.197	−0.175	−0.153	−0.132	−0.085

4.6　土中附加应力的一些其他问题

前面介绍的地基附加应力计算都是把地基土看作均质的、各向同性的线性变形体，考虑荷载为柔性荷载，并采用弹性力学公式计算地基中的附加应力。但实际上并非如此，工程上经常遇到的是非均质的和各向异性的地基。如地基中土的变形模量常随深度增加而增大，有的地基具有较明显的薄交互层状构造，有的则是由不同压缩性土层组成的成层地基等。对于这样一些问题的考虑是比较复杂的。由于地基的非均质性和各向异性，地基中竖向附加应力 σ_z 的分布会产生应力集中现象或应力扩散现象，这些较为复杂情况的应力计算，目前尚未得到完全的解答。对此类问题只做概念性介绍，具体计算方法请参阅其他相关书籍。

4.6.1　大面积均布荷载地基附加应力计算

实际工程中常会遇到大面积分布荷载的情况，如钢铁厂的原料堆场、大面积填土造地等。这种分布荷载和前述的矩形面积分布荷载和条形面积分布荷载等局部面积分布荷载产生的附加应力是不同的。

如图4.25所示，不同荷载面积对土中附加应力分布的影响是不同的。其中图4.25(a)和(b)分别表示基底附加应力都等于 p_0，基础宽度不同，$2b_1=b_2$，从图中可见，在基底下相同深度处的附加应力随着基础宽度增大而增大。基础宽度越大，附加应力沿深度衰减越慢。当条形荷载宽度增加到无穷大时，地基中附加应力分布与深度无关，上下附加应力相等，呈矩形分布，如图4.25(c)所示。

4.6.2　成层土地基对附加应力分布的影响

前述土中附加应力计算是考虑柔性荷载和均质各向同性的连续的弹性土体，因此土中附加应力计算与土的性质无关，这显然是可行的。但是在实际工程中，地基往往由软硬不一的多层土层所组成。土的变形特性在竖直方向差异不大，属于双层地基的应力分布问题，目前尚未得到非常满意的理论解结果。但从一些简单情况的解答中可以发现，由两种压缩性不同的土层构成的双层地基的应力分布与各向同性地基相比较，对竖向应力 σ_z 的影响有两种情况：一种是坚硬土层上覆盖着不厚的可压缩土层；另一种是软弱土层上有一层压缩性较低的硬壳层（图 4.26）。

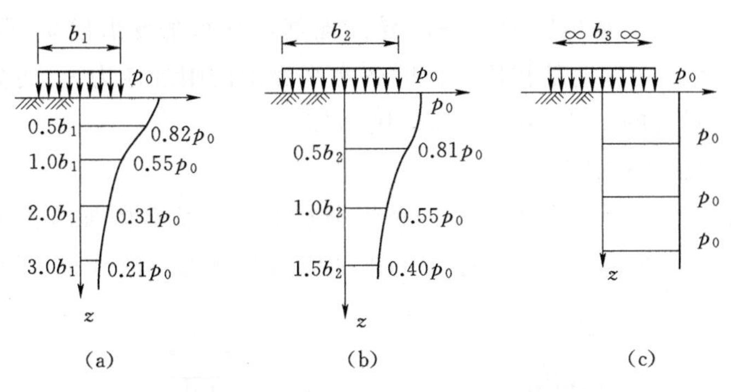

图 4.25 均布荷载面积对土中附加应力分布的影响

(a) 宽度为 b_1 的条形荷载；(b) 宽度为 $b_2=2b_1$ 的条形荷载；(c) 大面积荷载

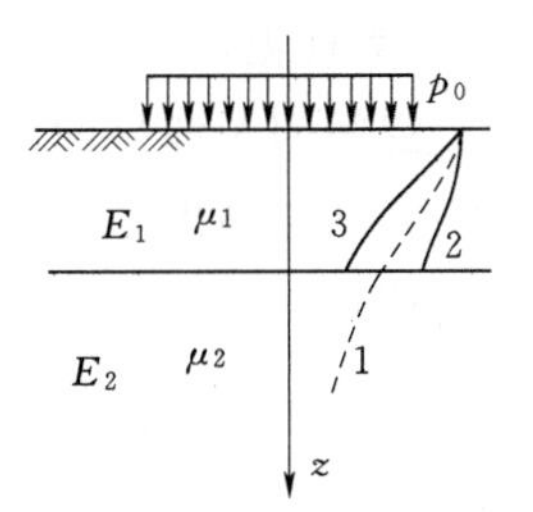

图 4.26 双层地基竖向应力的比较

当上层土的压缩性比下层土的压缩性高时，即 $E_1<E_2$ 时，则土中附加应力分布将发生应力集中现象，如图 4.26 中曲线 2 所示。两土层分界面上的应力如图 4.27（a）所示。当上层土的压缩性比下层土的压缩性低时，即 $E_1>E_2$，则土中附加应力将发生应力扩散现象，如图 4.26 中曲线 3 所示，分界面上的应力如图 4.27（b）所示。图 4.26 中曲线 1（虚线）为均质地基中的附加应力分布。

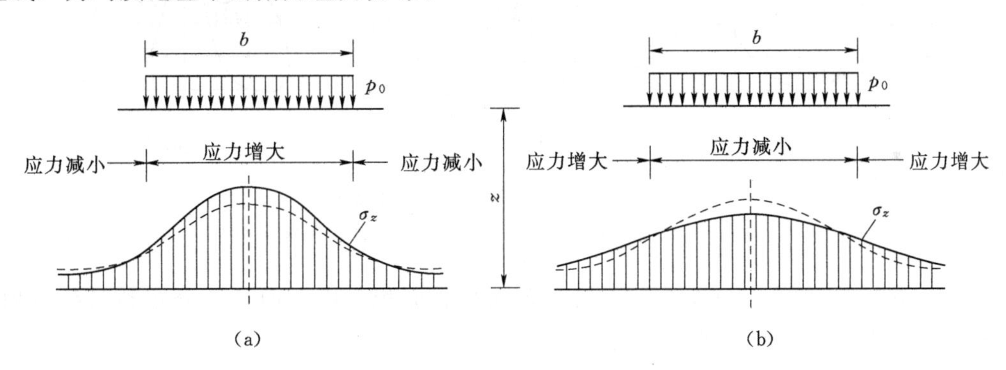

图 4.27 双层地基界面上地基附加应力的分布

(a) 发生应力集中；(b) 发生应力扩散

（虚线表示均质地基中水平面上的附加应力分布）

当可压缩土层的厚度小于或等于荷载面积宽度的一半时，荷载面积下的 σ_z 几乎不扩散，此时可认为荷载面中心点下的 σ_z 不随深度变化（图 4.28）。

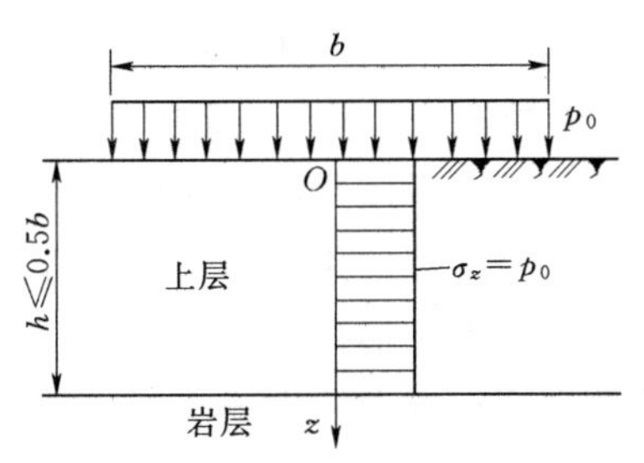

图 4.28 可压缩土层厚度 $h\leqslant 0.5b$ 时的 σ_z 分布

应力集中和应力扩散现象主要与上下两层土的模量比 E_1/E_2 有关，而土的泊松比变化不大，所以其影响可忽略。

双层地基中应力集中和应力扩散的概念十分重要，

特别是在软土地区，表面有一层硬壳层，由于应力扩散作用，可以减少地基的沉降，故在设计中基础应尽量浅埋，并在施工中采取保护措施，以免浅层土的结构遭受破坏。

4.6.3 薄层交互层地基

天然沉积形成的水平薄层交互层地基是典型的各向异性地基，其水平变形模量 E_{0h} 常大于竖向变形模量 E_{0v}。与均质各向同性地基相比，此时各水平面上的附加应力 σ_z 的分布将出现扩散现象，即荷载中心线附近的 σ_z 减小，而远处则增加。

4.6.4 空间问题和平面问题附加应力的比较

图 4.29 绘制出了均布荷载为 p_0，基础宽度相等的条形荷载和方形荷载附加应力的等值线比较图。结合［例 4.3］的计算结果可知，地基中的附加应力具有如下的分布规律：

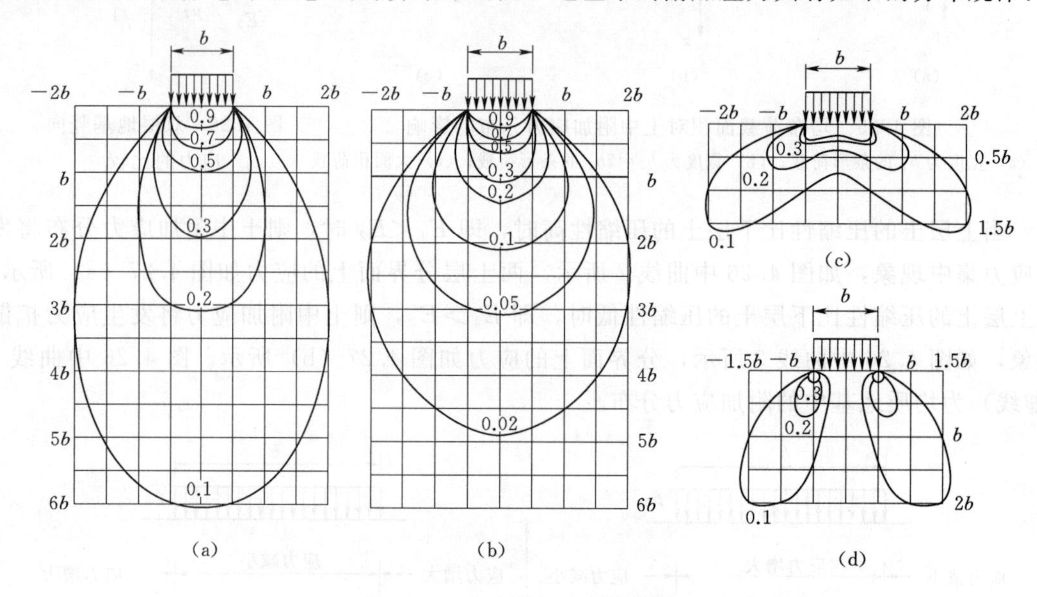

图 4.29 地基附加应力等值线

(a) 等 σ_z 线（条形荷载）；(b) 等 σ_z 线（方形荷载）；(c) 等 σ_x 线（条形荷载）；(d) 等 τ_{xz} 线（条形荷载）

(1) σ_z 的分布范围相当大，它不仅分布在荷载面积之内，而且还分布到荷载面积以外，这就是所谓的附加应力扩散现象。

(2) 在离基础底面（地基表面）不同深度 z 处各个水平面上，以基底中心点下轴线处的 σ_z 为最大，离开中心轴线越远的点 σ_z 越小。

(3) 在荷载分布范围内任意点沿竖直线上的 σ_z 值，随着深度增加逐渐减小。

(4) 方形荷载所引起的 σ_z，其影响深度要比条形荷载小得多。如方形荷载中心点下 $z=2b$ 处 $\sigma_z \approx 0.1p_0$，而在条形荷载下的 $\sigma_z=0.1p_0$ 等值线则大约在中心点下 $z=6b$ 处通过。可见，平面问题的附加应力影响范围比空间问题大得多。若用平面问题来代替空间问题，不但计算简化，而且从工程角度来说，平面问题的计算结果是偏安全的。

(5) 由条形荷载下的 σ_x 和 τ_{xz} 的等值线可见，σ_x 的影响范围较浅，所以基础下地基土的侧向变形主要发生于浅层；而 τ_{xz} 的最大值出现于荷载边缘，所以位于基础边缘下的土体很容易因剪应力超过土的强度而破坏。从而解释了不同荷载下，刚性基础底面上地基反力分布形状变化的原因。

思　考　题

4.1　何谓自重应力与附加应力？其分布规律和计算方法有何不同？

4.2　图示并阐述地下水位升高和降低对土中自重应力的影响，并举例说明其对工程有何影响。

4.3　说明在偏心荷载作用下基底压力分布规律。

4.4　以矩形面积和条形面积上垂直均布荷载作用为例，说明地基中附加应力分布规律。

计　算　题

4.1　已知地基土的容重为 16.4kN/m^3，静止土压力系数为 0.5。求在深度 4m 处的竖向及侧向自重应力。

4.2　某场地自上而下土层分布为：黏土厚度 3m，$\gamma=19.3$kN/m^3；中砂厚度 10m，$\gamma=18.5$kN/m^3，$\gamma_{sat}=20$kN/m^3，地下水位在地表下 5m 深处。试求地表下 7m 深处土的竖向自重应力。

4.3　某场地第一层为杂填土，厚 1m，$\gamma=16$kN/m^3；第二层为粉质黏土，厚 5m，$\gamma=19$kN/m^3，$\gamma'=10$kN/m^3；地下水位在地表下 2m 深处。试求地表下 4m 深处土的竖向自重应力、竖向总应力。

4.4　某柱下方形基础边长为 2m，埋深为 1.5m，柱传给基础的竖向力为 800kN，地下水位在地表下 0.5m 处（即地下水埋深为 0.5m），试求基底压力。

4.5　某基础底面尺寸为 20m×10m，其上作用有 24000kN 竖向荷载，计算：

（1）若为轴心荷载，求基底压力。

（2）若合力偏心距 $e_y=0$，$e_x=0.5$m，如图 4.30 所示，再求基底压力。

（3）若偏心距 $e_x\geqslant1.8$m，基底压力又为多少？

4.6　地基表面作用 1000kN 的集中荷载时，试求离荷载作用线上（图 4.31）$z=8.0$m 的 M_1 点和离荷载作用点水平距离等于 4.0m，深度等于 8.0m 的 M_2 点的竖直附加应力。

4.7　有一均布荷载 $p=100$kPa，荷载面积为 2m×1m，如图 4.32 所示。求荷载面上角点 A、边点 E、中心点 O 以及荷载面外 F 点和 G 点各点下 $z=1.0$m 深度处的竖向附加应力。

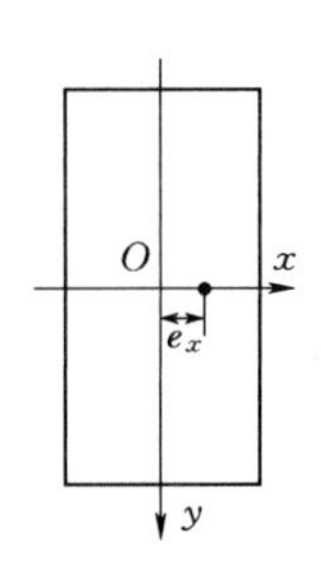

图 4.30　习题 4.5 图

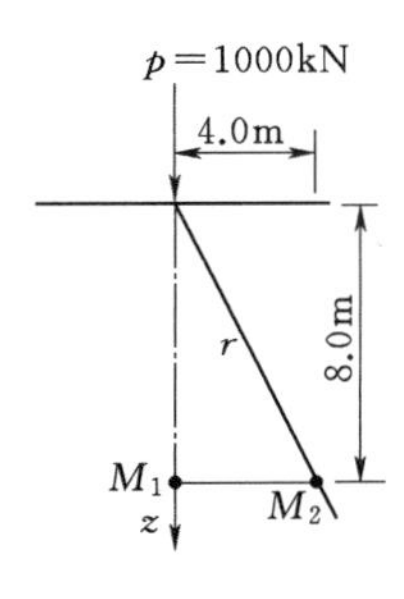

图 4.31　习题 4.6 图

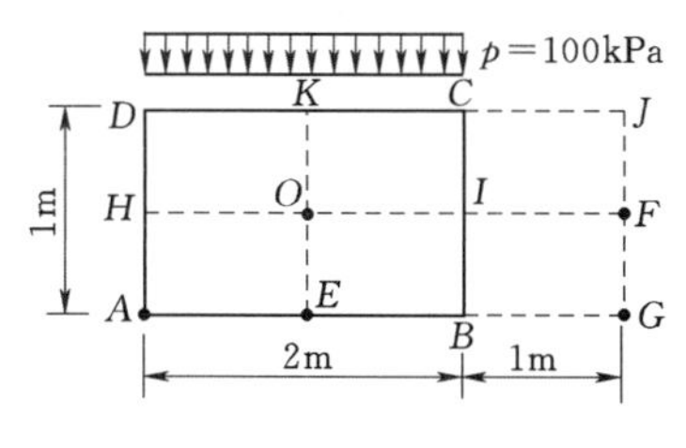

图 4.32　习题 4.7 图

4.8 某方形基础底面 $b=2\mathrm{m}$，埋深 $d=1\mathrm{m}$，基础底面以上土的容重为 $20\mathrm{kN/m^3}$，如图4.33所示。作用在基础上的竖向荷载（包括基础及其上填土）为600kN，力矩 $M=100\mathrm{kN\cdot m}$，试计算基础最大压力边角下深度 $z=2.0\mathrm{m}$ 处的附加应力。

4.9 有一填土路基，其断面尺寸如图4.34所示。设路基填土的平均容重为 $21\mathrm{kN/m^3}$，试问：在路基填土压力下，在地面以下2.5m、路基中线右侧2m的 A 点处的垂直荷载应力 σ_z 是多少？

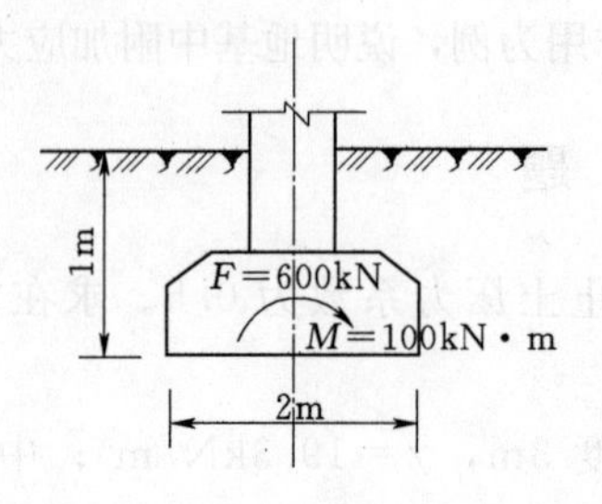

图4.33 习题4.8图

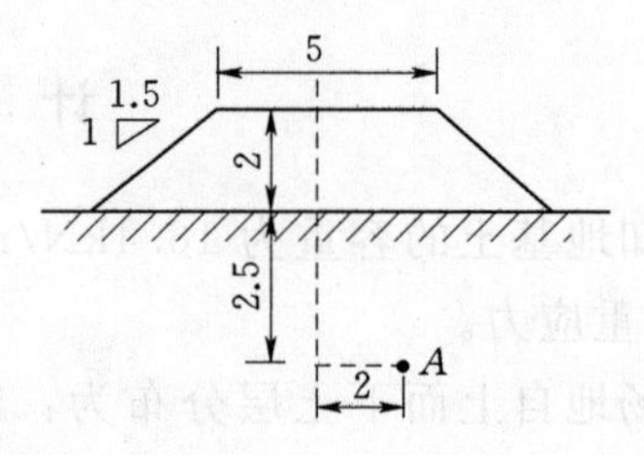

图4.34 习题4.9图（单位：m）

第5章 土的压缩性与变形计算

【本章导读】 土是松散的三相体系。地基土在建筑物自重以及所受荷载作用下受到压缩，土颗粒相对移动，土中的水分和气体被压缩或挤出，引起土体变形，建筑物发生沉降。本章介绍土的压缩性及压缩性指标，土主固结变形量及变形过程的计算方法。通过本章的学习，应掌握土的压缩性及其指标、土主固结变形量的计算方法、饱和土的一维渗透固结理论，理解应力历史对黏性土压缩性的影响，考虑应力历史的土主固结变形量计算。

5.1 土体变形的工程危害

建造在地面上的任何建筑物都会在地基中产生附加应力，而土是多孔的松散介质，在附加应力作用下地基土的体积将减小。而且地下水位的下降、水的渗流及施工影响都会引起地面下沉。随着地基土的体积减小或地面下沉，其上建筑物的基础也会向下沉降。建筑物基础的沉降一般分为均匀沉降和不均匀沉降。较小的均匀沉降一般对建筑物危害较小；但当均匀沉降过大，超过建筑物容许的沉降值，就会降低其使用价值；沉降量进一步增大，甚至会造成地基失稳和建筑物的破坏。不均匀沉降对建筑物的危害极大，较大的不均匀沉降引起建筑物倾斜、墙体开裂，甚至造成建筑物基础断裂或倒塌等工程事故屡屡发生。地面下沉导致地面高程损失、市政设施和构筑物破坏，威胁轨道交通运行安全。因此，为了保证建筑物的安全和正常使用，必须预先对建筑物地基可能产生的沉降量、沉降差、倾斜和局部倾斜进行估算。如果这些计算值在建筑物规定的允许范围之内，那么建筑物的安全和正常使用一般是有保证的。否则，必须采取相应的工程措施或修改设计方案，以确保建筑物的安全和正常使用。

土的压缩性是指土在压力作用下体积缩小的特性，土在压力作用下体积缩小的现象称为土的压缩。土的压缩通常由三部分组成：①固体颗粒被压缩；②土中水及封闭气体被压缩；③土中水和气体从孔隙中被挤出。固体颗粒和水的压缩量是微不足道的，大量试验资料表明，在一般工程压力（100～600kPa）下，土中固体颗粒和土中水的压缩量不足土总压缩量的1/400，可以忽略不计。而封闭气体的压缩，只有在土的饱和度很高时才能发生，此时土中含气量很低，它的压缩量在土总压缩量中所占的比重也很小，除了某些情况需要考虑封闭气体的压缩，一般也可忽略不计。对土而言，其压缩量主要是由于土中水和气体从孔隙中被挤出，土粒相互移动，重新排列，靠拢挤密，从而土孔隙体积减小，土体压缩。因此，土的体积变化量等于土孔隙体积的变化量。

土在压力作用下，压缩变形量随时间增长的过程称为土的固结。由于孔隙水和气体的向外排出要有一个时间过程，因此土的固结需要经过一段时间才能完成。对饱和土而言，孔隙中被水充满，土体的压缩主要是由于孔隙中的水被挤出引起孔隙体积减小，压缩过程与排水过程一致，含水率逐渐减小。饱和砂土的孔隙较大，透水性强，在压力作用下孔隙中的水很快被排出，压缩很快完成。但砂土的孔隙总体积较小，其压缩量也小。饱和黏性土的孔隙较小，数量较多，透水性弱，在压力作用下孔隙中的水不易很快被排出，土的压缩通常需要比较长的时间，但其总压缩量较大。

非饱和土的压缩在压力作用下比较复杂，首先是气体外溢，随着空气的排出，由于孔隙中的水分尚未充满全部孔隙，故含水率基本保持不变，饱和度逐渐增大。当土的饱和度达到一定时，少量的空气将以气泡的形式存在于土中，此时土体的压缩量与饱和土基本一致。

5.2 土的压缩性

5.2.1 压缩试验和压缩曲线

5.2.1.1 压缩试验

研究土的压缩性大小及其特征的室内试验称为固结试验，亦称侧限压缩试验，通过试验可得到土的孔隙比与所受压力的关系曲线。固结试验所用的固结仪由压力室（图 5.1）、加压设备和量测设备组成。

压缩试验时，采用环刀从原状土样中切取保持天然结构，厚度为 2cm、面积为 $30cm^2$ 或 $50cm^2$ 的圆柱形试样，将试样连同环刀置入压力室内，其上下面各置一块透水石，透水石和试样之间放置滤纸，以便土中水排出。试验时通过加压系统和加压上盖向试样施加压力（不少于 4 级荷载），在环刀及刚性护环的限制下，试样只能产生竖向压缩，不能产生侧向变形，即整个试验过程中试样的横截面积不会发生变化。在每级压力作用下，均使试样达到压缩稳定，并通过百分表测读土样产生的竖向变形，据此计算出相应的孔隙比，绘制压缩曲线，确定压缩性指标。

5.2.1.2 压缩曲线

设试样的初始高度为 H_0，在第 i 级荷载下变形稳定后的高度为 H_i，则可确定试样的竖向压缩量为 $\Delta H_i = H_0 - H_i$，如图 5.2 所示。根据土的孔隙比定义，假设土粒体积 $V_s =1$，设试样在受压前的初始孔隙比为 e_0，受压变形稳定后的孔隙比为 e_i，则根据试样受压前后土粒体积 V_s 不变和横截面积 A 不变可得出

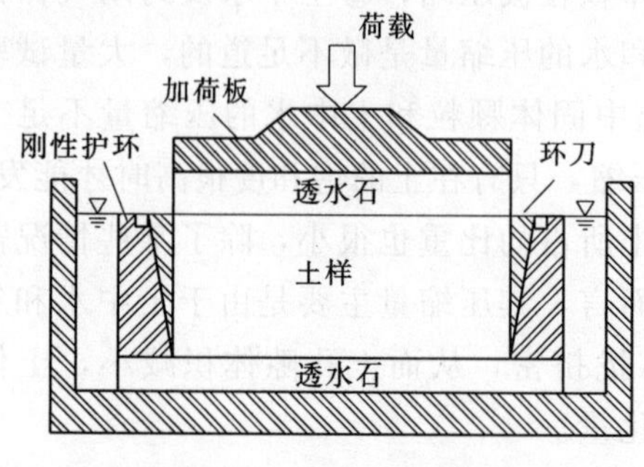

图 5.1　压力室示意图

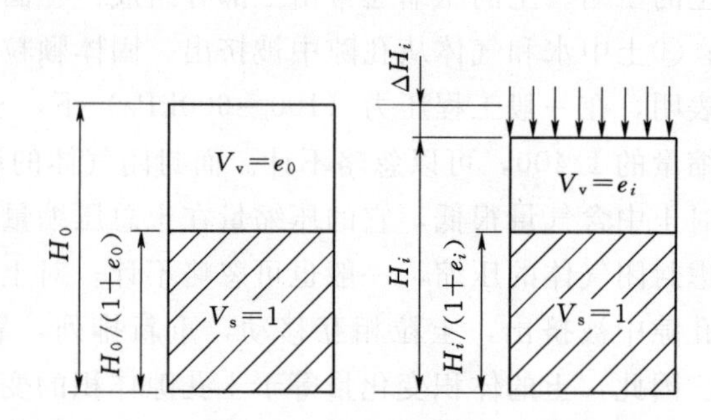

图 5.2　侧限条件下试样孔隙比变化示意图

$$\frac{1+e_0}{H_0}=\frac{1+e_i}{H_i} \tag{5.1}$$

整理得

$$e_i=e_0-\frac{\Delta H_i}{H_0}(1+e_0) \tag{5.2}$$

其中

$$e_0=\frac{(1+w_0)d_s\rho_w}{\rho_0}-1 \tag{5.3}$$

式中 d_s——土粒相对密度；

ρ_w——水的密度，g/cm^3；

w_0——土样的初始含水率，以小数计；

ρ_0——土样的初始密度，g/cm^3。

根据式（5.2）即可得到各级压力 p 作用下试样变形稳定后的孔隙比 e，从而可绘出试样压缩试验的 $e-p$ 曲线。若横坐标 p 用对数坐标表示，纵坐标仍用普通坐标表示，则可绘出压缩试验的 $e-\lg p$ 曲线，如图 5.3 所示。

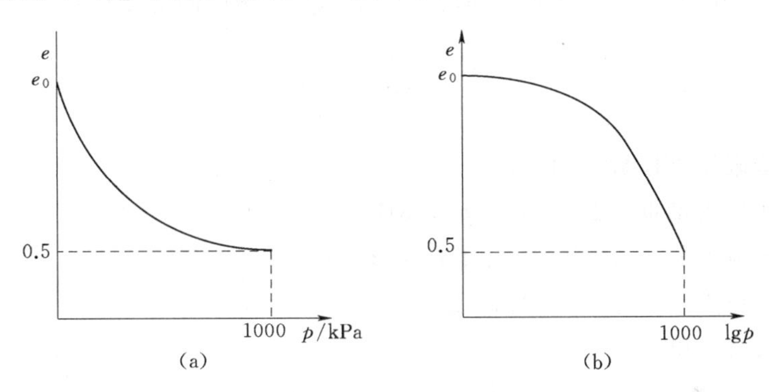

图 5.3 土的压缩曲线
（a）$e-p$ 曲线；（b）$e-\lg p$ 曲线

5.2.2 压缩性指标

由压缩试验确定的压缩曲线可获得评价土体压缩性的重要指标，统称为压缩性指标。

5.2.2.1 压缩系数

压缩性不同的土，其 $e-p$ 曲线的形状是不一样的。曲线越陡，说明在相同的压力增量作用下，土的孔隙比减少的越显著，因而土的压缩性越高。所以 $e-p$ 曲线上任一点的切线斜率 a 就表示了相应于压力 p 作用下土的压缩性，称 a 为土的压缩系数，即

$$a=-\frac{\mathrm{d}e}{\mathrm{d}p} \tag{5.4}$$

如图 5.4 所示的压缩曲线中，当压力由 p_1 增至 p_2，相应的孔隙比由 e_1 减小到 e_2，则与应力增量 $\Delta p=p_2-p_1$ 对应的孔隙比变化为 $\Delta e=e_2-e_1$。此时，土的压缩性可用图 5.4 中割线 M_1M_2 的斜率表示，即

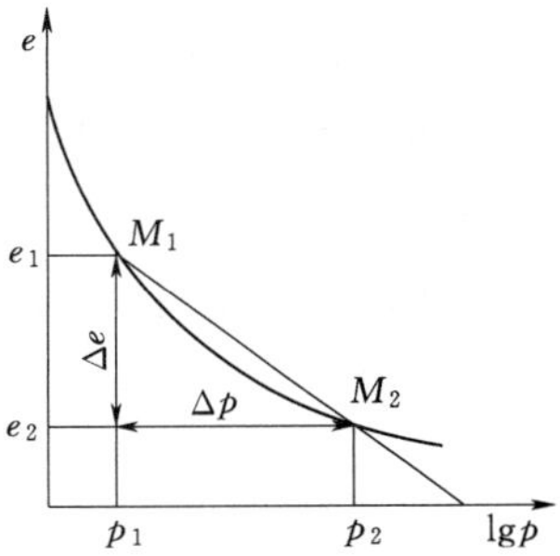

图 5.4 土的侧限压缩曲线

$$a=\frac{e_1-e_2}{p_2-p_1}=\frac{-\Delta e}{\Delta p} \tag{5.5}$$

为了便于应用和比较，通常采用压力间隔由 $p_1=100\text{kPa}$ 增加到 $p_2=200\text{kPa}$ 时所得的压缩系数 a_{1-2} 来评定土的压缩性。《建筑地基基础设计规范》（GB 50007—2011）按照 a_{1-2} 的大小将地基土的压缩性分为以下三类：

$a_{1-2}<0.1\text{MPa}^{-1}$，低压缩性土

$0.1\text{MPa}^{-1}\leqslant a_{1-2}<0.5\text{MPa}^{-1}$，中压缩性土

$a_{1-2}\geqslant 0.5\text{MPa}^{-1}$，高压缩性土

在工程实际中，p_1 相当于地基土所受到的自重应力，p_2 相当于地基土所受到的自重应力与建筑物荷载在地基中产生的应力之和。因此，p_2-p_1 即为地基土所受到的附加应力。

5.2.2.2　压缩模量

除了采用压缩系数作为土的压缩性指标外，工程上还常用压缩模量作为土的压缩性指标。压缩模量指土在侧限条件下的竖向应力增量 Δp 与相应的应变增量 $\Delta\varepsilon$ 之比值，即

$$E_s=\frac{\Delta p}{\Delta\varepsilon}=\frac{\Delta p}{\dfrac{\Delta H}{H_1}} \tag{5.6}$$

式中　E_s——侧限压缩模量，MPa；

Δp——压应力增量，$\Delta p=p_2-p_1$，MPa；

ΔH——压应力从 p_1 增至 p_2 土样的变形量；

H_1——压应力 p_1 作用下土样高度。

根据侧限压缩试验可知

$$\frac{\Delta H}{H_1}=\frac{e_1-e_2}{1+e_1}=\frac{\Delta e}{1+e_1}$$

可得

$$E_s=\frac{\Delta p}{\dfrac{\Delta H}{H_1}}=\frac{\Delta p}{\dfrac{\Delta e}{1+e_1}}=\frac{1+e_1}{a} \tag{5.7}$$

式中　E_s——土的压缩模量，MPa；

a——土的压缩系数，MPa^{-1}；

e_1——相应于 p_1 作用下压缩稳定后的孔隙比。

压缩模量 E_s 也是土的一个重要的压缩性指标，与压缩系数 a 成反比。E_s 越大，a 越小，土的压缩性越低。与压缩系数 a 一样，压缩模量 E_s 也不是常量，它随着压力的大小而变化。因此，通常采用压力间隔由 $p_1=100\text{kPa}$ 增加到 $p_2=200\text{kPa}$ 时所得的压缩模量 E_{s1-2} 来评定土的压缩性，即

$E_{s1-2}\leqslant 4\text{MPa}$，高压缩性土

$4\text{MPa}<E_{s1-2}\leqslant 15\text{MPa}$，中压缩性土

$E_{s1-2}>15\text{MPa}$，低压缩性土

【例 5.1】　某工程需要土样的压缩性质，进行室内常规压缩试验，得到土体在压应力

为 100kPa 和 200kPa 时对应的孔隙比分别为 0.826 和 0.817，求该土样的压缩系数 $a_{1\text{-}2}$ 和相应的侧限压缩模量 $E_{s1\text{-}2}$，并评价其压缩性。

解：

$$a_{1\text{-}2}=\frac{e_1-e_2}{p_2-p_1}=\frac{\Delta e}{\Delta p}=\frac{0.826-0.817}{0.2-0.1}=0.09(\text{MPa}^{-1})$$

$$E_{s1\text{-}2}=\frac{1+e_1}{a_{1-2}}=\frac{1+0.826}{0.09}=20.3(\text{MPa})$$

因为 $a_{1\text{-}2}=0.09\text{MPa}^{-1}$（$<0.1\text{MPa}^{-1}$），$E_{s1\text{-}2}=20.3\text{MPa}$（$>15\text{MPa}$），所以此土属于低压缩性土。

【例 5.2】 对某饱和土样进行室内压缩试验，试样的原始高度 $H_0=20\text{mm}$，初始含水率 $w=26.4\%$，初始密度 $\rho_0=0.94\text{g/cm}^3$，土粒相对密度为 2.71。当压应力分别为 $p_1=100\text{kPa}$，$p_2=200\text{kPa}$ 时，达到压缩稳定后的试样的变形量分别为 0.756mm 和 1.428mm。计算试样的初始孔隙比 e_0 及 p_1 和 p_2 相对应的孔隙比 e_1 和 e_2；求该试样在 100～200kPa 压力下的压缩系数 $a_{1\text{-}2}$ 和压缩模量 $E_{s1\text{-}2}$，并判断该土的压缩性。

解：

$$e_0=\frac{(1+w_0)d_s\rho_\omega}{\rho_0}-1=\frac{(1+0.264)\times2.71\times1.00}{0.94}-1=2.644$$

$$e_1=e_0-\frac{\Delta H_1}{H_0}(1+e_0)=2.644-\frac{0.756}{20}\times(1+2.644)=2.506$$

$$e_2=e_0-\frac{\Delta H_2}{H_0}(1+e_0)=2.644-\frac{1.428}{20}\times(1+2.644)=2.384$$

$$a_{1\text{-}2}=\frac{e_1-e_2}{p_2-p_1}=\frac{\Delta e}{\Delta p}=\frac{2.506-2.384}{0.2-0.1}=1.22(\text{MPa}^{-1})$$

$$E_{s1\text{-}2}=\frac{1+e_1}{a}=\frac{1+2.506}{1.22}=2.874(\text{MPa})$$

因为 $a_{1\text{-}2}=1.22\text{MPa}^{-1}$（$>0.5\text{MPa}^{-1}$），$E_{s1\text{-}2}=2.874\text{MPa}$（$<4\text{MPa}$），所以此土属于高压缩性土。

5.2.2.3 压缩指数

压缩试验结果用 $e-\lg p$ 曲线表示时，曲线的初始段坡度较小，在某一压力附近，曲线曲率明显变化，曲线向下弯曲，超过这一压力后曲线接近直线。将 $e-\lg p$ 曲线直线段的斜率 C_c 称为土的压缩指数，即

$$C_c=\frac{e_1-e_2}{\lg p_2-\lg p_1}=\frac{-\Delta e}{\lg(p_2/p_1)} \tag{5.8}$$

式（5.8）表明，压缩指数 C_c 是一个无量纲的数，且由于压缩指数 C_c 表示 $e-\lg p$ 曲线直线段的斜率，所以它是个常数，不随压力变化而变化，用起来较为方便，国内外广泛采用 $e-\lg p$ 曲线来分析应力历史对土的压缩性的影响。C_c 值越大，土的压缩性越高，一般分类如下

$C_c<0.2$，低压缩性土

$0.2\leqslant C_c<0.4$，中压缩性土

$C_c\geqslant0.4$，高压缩性土

5.2.2.4 体积压缩系数

土的体积压缩系数是由 $e-p$ 曲线求得的另一个压缩性指标，其定义为土体在侧限条件下竖向（体积）应变与竖向附加压应力之比（MPa^{-1}），即土的压缩模量的倒数，亦称单向体积压缩系数

$$m_V=\frac{1}{E_s}=\frac{a}{1+e_1} \tag{5.9}$$

与压缩系数和压缩指数一样，体积压缩系数越大，土的压缩性越高。

5.2.2.5 变形模量

土的压缩性指标除了由室内压缩试验测定外，还可以通过现场荷载试验确定。变形模量 E_0 是土在无侧限条件下由现场静载荷试验确定的，表示土在侧向变形条件下竖向应力与竖向总应变之比。其物理意义与材料力学中的杨氏弹性模量相同，只是土的总应变中既有弹性应变又有部分不可恢复的塑性应变，因此称为变形模量。

从理论上可以得到压缩模量与变形模量之间的换算关系，现场荷载试验确定的变形模量 E_0 与室内侧限压缩试验确定的压缩模量 E_s 之间的关系可以通过理论公式推求。在三向应力状态下，由广义胡克定律可得相应的应变

$$\varepsilon_x=\frac{\sigma_x}{E_0}-\frac{\mu}{E_0}(\sigma_y+\sigma_z) \tag{5.10a}$$

$$\varepsilon_y=\frac{\sigma_y}{E_0}-\frac{\mu}{E_0}(\sigma_z+\sigma_x) \tag{5.10b}$$

$$\varepsilon_z=\frac{\sigma_z}{E_0}-\frac{\mu}{E_0}(\sigma_x+\sigma_y) \tag{5.10c}$$

在侧限压缩试验条件下，$\varepsilon_x=\varepsilon_y=0$，由式（5.10a）和式（5.10b）可得

$$\sigma_x=\sigma_y=\frac{\mu}{1-\mu}\sigma_z=K_0\sigma_z \tag{5.10d}$$

其中

$$K_0=\frac{\mu}{1-\mu}$$

式中　K_0——土的侧压力系数，可通过试验确定，常见土类的 K_0 值见表 4.1。

根据压缩模量的定义 $E_s=\frac{\sigma_z}{\varepsilon_z}$，得

$$\varepsilon_z=\frac{\sigma_z}{E_s} \tag{5.10e}$$

由式（5.10c）和式（5.10e）得

$$E_0=(1-2K_0\mu)E_s=\left(1-\frac{2\mu^2}{1-\mu}\right)E_s$$

令 $\beta=1-\frac{2\mu^2}{1-\mu}$，即得

$$E_0=\beta E_s \tag{5.11}$$

由于土的泊松比变化范围一般为 0～0.5，所以 $\beta\leqslant 1.0$，即 $E_0\leqslant E_s$。然而，由于土的变形性质不能完全由线弹性常数来概括，对结构性强而压缩性小的硬土，E_0 可能是 E_s 的

数倍；而对软黏土，E_0 和 E_s 则比较接近。

5.3 应力历史对土压缩性的影响

5.3.1 土的回弹与再压缩

在室内固结试验中，如果对试样加压到某一级压力下不再继续加压，而是逐级卸载，则可以观察到土体的回弹，通过测定各级压力下试样回弹稳定后的孔隙比，即可绘制相应的回弹曲线。如图5.5所示，通过逐级加载得到试样压缩曲线 ab，至 b 点开始逐级卸载，此时土体将沿 bed 曲线回弹，卸载至 d 点后再针对此试样逐级加荷，可测得在各级压力下再压缩稳定后的孔隙比，从而绘制再压缩曲线 db'，至 b'点后再继续加压，再压缩曲线与压缩曲线重合，$b'c$ 段呈现为 ab 段的延续。

从土体的回弹与再压缩曲线可以看出：

(1) 由于试样已在逐级荷载作用下产生了压缩变形，所以卸载完成后试样不能恢复到初始孔隙比，卸载回弹曲线不与原压缩曲线重合，说明土样的压缩变形由弹性变形和塑性变形两部分组成，且以塑性变形为主。

(2) 土的再压缩曲线与原压缩曲线相比斜率明显减小，说明土体经过压缩后的卸载再压缩性降低。

通过室内加载、卸载、再加载压缩试验，可得到循环试验过程中施加的压力与该压力下压缩（回弹）稳定后的孔隙比，在 $e-\lg p$ 坐标中绘制加载、卸载、再加载循环试验的压缩曲线，如图5.6中曲线 bed 为回弹曲线，曲线 db'为再压缩曲线，由图5.6知，回弹曲线与再压缩曲线不能重合，形成一滞回环。该滞回环割线的斜率，即图5.6中线段 de 的斜率称为回弹指数或再压缩指数 C_e，通常回弹指数 C_e远小于压缩指数 C_c，一般黏性土的 $C_e \approx (0.1 \sim 0.2)C_c$。

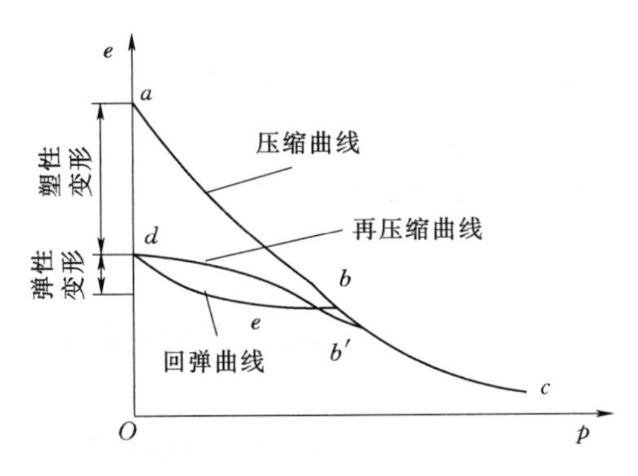

图5.5 $e-p$ 坐标中回弹与再压缩曲线

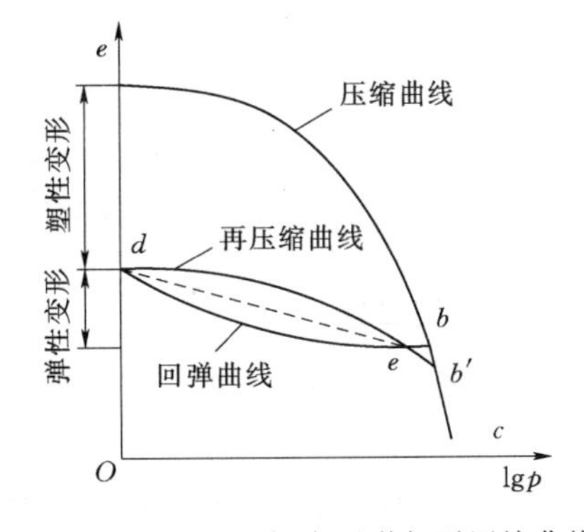

图5.6 $e-\lg p$ 坐标中回弹与再压缩曲线

5.3.2 黏性土的固结状态

目前，工程上所谓应力历史是指土层在地质历史发展过程中所形成的先期应力状态以及这个应力状态对土层强度与变形的影响。

土层在历史上所承受过的最大固结压力（指有效应力）称为先期固结压力，用 p_c 表示。根据先期固结压力与目前自重应力的相对关系，将土层的天然固结状态划分为三种：

正常固结、超固结和欠固结。用超固结比 OCR 作为判断土层天然固结状态的定量指标

$$OCR=\frac{p_c}{p_0} \tag{5.12}$$

式中 p_0——土层自重应力，kPa。

5.3.2.1 正常固结状态

正常固结黏性土指土层历史上经受的最大固结压力，等于目前现有覆盖土的自重应力，并已达到固结完成。之后土层厚度无大变化，也没有受过其他荷载的继续作用，该土层的先期固结压力与目前自重应力相等，即 $OCR=1$，如图5.7（a）所示。大多数建筑场地土层属于正常固结状态的土。

5.3.2.2 超固结状态

超固结黏性土指土层历史上曾经受过的固结压力大于目前现有的覆盖土的自重应力，即 $OCR>1$，如图5.7（b）所示。该土层历史最高地面较高，并且已经固结稳定，其先期固结压力 p_c 较大，后因为各种原因（如水流冲刷、冰川作用及人类活动）搬运走相当厚的沉积物，将历史最高地面降至目前地面，上覆压力由先期固结压力 p_c 减小至目前的自重应力 p_0。

5.3.2.3 欠固结状态

欠固结黏性土指土层在目前的自重应力作用下固结没有完成，还在继续固结中，土层实际固结压力小于土层自重应力，即 $OCR<1$。通常新近沉积的黏性土或人工填土属于欠固结状态的土，将来固结完成后的地面低于目前的地面，如图5.7（c）所示。

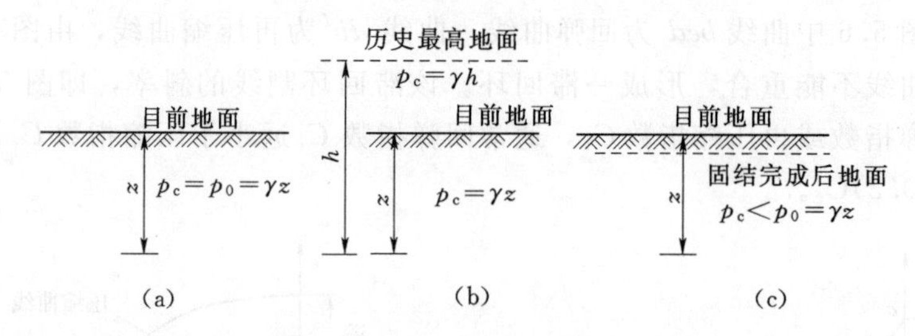

图5.7 天然土层的三种固结状态

（a）正常固结；（b）超固结；（c）欠固结

5.3.3 室内压缩曲线的特征

大量的试验结果表明，在 $e-\lg p$ 坐标中，室内压缩、回弹和再压缩曲线具有如下特征：

（1）室内压缩曲线开始平缓，随着压力的增大而明显向下弯曲，继而近乎直线向下延伸。

（2）无论试样的扰动程度如何，当压力较大时，它们的压缩曲线都近乎直线，且大致交于一点，此点的纵坐标约为 $0.42e_0$，e_0 为试样的初始孔隙比。

（3）扰动越剧烈，压缩曲线的位置越低，曲率也就越不明显。

（4）卸载点在再压缩曲线曲率最大点的右下侧。

通过室内压缩试验获得压缩曲线时，必须经过取样、制样等过程，取样时土样应力释

放是无法避免的，因此室内压缩曲线的前半段实质上是一条再压缩曲线。而取样和制样的扰动又导致室内压缩曲线的直线段偏离现场压缩曲线，试样扰动越剧烈，偏离也越大。

5.3.4 先期固结压力的确定

为了判断地基土的固结状态、推求现场原始压缩曲线，需要确定土的先期固结压力 p_c。目前常用的方法是卡萨格兰德（Cassagrande）经验图解法，其作图方法和步骤如下：

（1）在 $e-\lg p$ 坐标系中绘制试样的压缩曲线，如图 5.8 所示。

（2）在压缩曲线上找出曲率半径最小的一点 A，过 A 点作水平线 $A1$ 和切线 $A2$。作 $\angle 1A2$ 的角平分线 $A3$。

（3）将压缩曲线的直线段向上延长与角平分线 $A3$ 相交于 B 点。B 点所对应的应力即为先期固结压力 p_c。

应注意的是，采用这种方法确定 p_c 对所取土的质量和试验的准确性及 $e-\lg p$ 曲线的绘图比例等都有较高要求，否则可能很难找到 A 点。

另外，先期固结压力的确定还应结合场地条件、地貌形成历史等加以综合判断。

5.3.5 室内压缩曲线的推求

由于在采样过程及试验时制样等过程中不可避免地造成人为扰动的影响，以及土样取出地面后应力的释放，室内压缩试验得到的压缩曲线不能很好地代表地基中原始土层受建筑物荷载后的压缩特性。因此，必须对室内侧限压缩试验得到的曲线进行修正，得到符合现场土实际压缩特性的原位压缩曲线。

5.3.5.1 正常固结土现场压缩曲线

如图 5.9 所示，假定取样过程中试样不发生体积变化，试样的初始孔隙比 e_0 就是原位孔隙比，则根据 e_0 和 p_c 值，在 $e-\lg p$ 坐标中定出 b 点，此即现场压缩的起点。然后在纵坐标上 $0.42e_0$ 点（试验证明这是不受土体扰动影响的点）处作一水平线交室内压缩曲线于 c 点，直线 bc 即为现场压缩曲线，曲线的斜率为现场压缩指数。

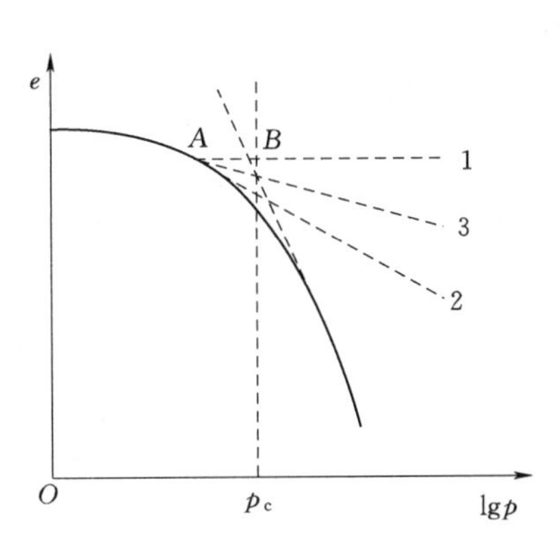

图 5.8 先期固结压力的确定

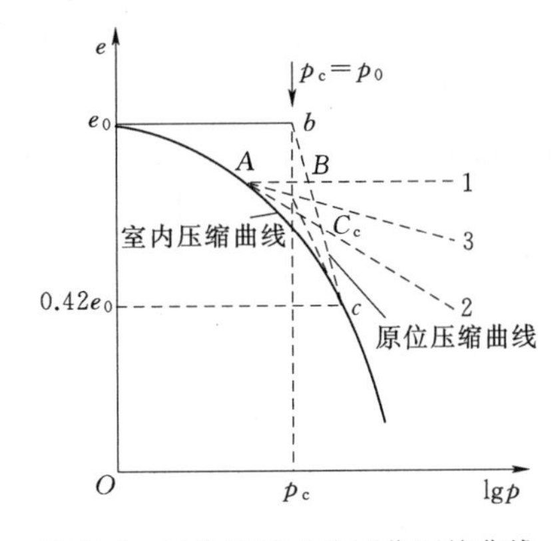

图 5.9 正常固结土的原位压缩曲线

5.3.5.2 超固结土现场压缩曲线

由于超固结土由先期固结压力 p_c 减至现有有效应力 p_0 以前在原位经历了回弹，因此，当超固结土后来受到外荷载引起的附加应力 Δp 时，它将开始沿着现场再压缩曲线压缩。为了推求这条现场压缩曲线，绘制 $e-\lg p$ 曲线，待压缩曲线出现急剧转折后，立即

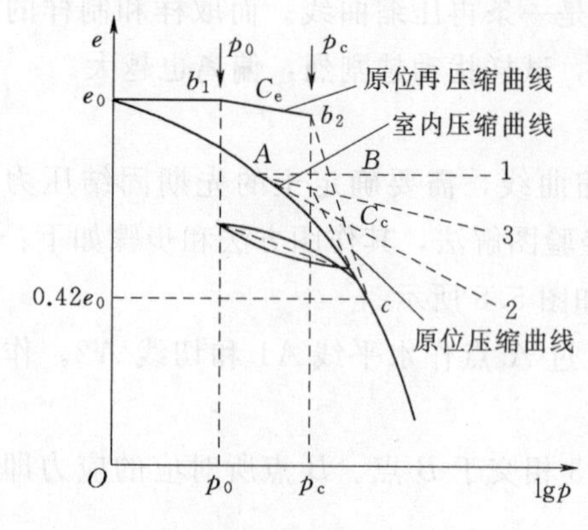

图 5.10　超固结土的原位压缩曲线

逐级卸荷至 p_0，回弹稳定后再逐级加荷，可求得回弹曲线、再压缩曲线。如图 5.10 所示，以纵、横坐标分别为初始孔隙比 e_0 和现场自重应力 p_0 作 b_1 点，然后过 b_1 点作一斜率等于室内回弹曲线与再压缩曲线平均斜率的直线交 p_c 于 b_2 点（即 b_2 点横坐标为 p_c），b_1b_2 即为原位再压缩曲线，曲线的斜率为原位回弹指数 C_e。然后从室内压缩曲线上找到 $0.42e_0$ 的 c 点，连接 b_2c 所得直线即为原位压缩曲线，曲线的斜率为原位压缩指数。

5.3.5.3　欠固结土现场压缩曲线

欠固结土由于在自重作用下的压缩尚未稳定，可按正常固结土的方法求得现场压缩曲线。

5.4　地基最终变形量计算

对于无黏性土地基，由于变形相对较小，变形完成得快，随建筑物荷载的增加随即完成变形。所以，通常工程中仅针对黏性土进行地基最终变形量验算。

5.4.1　无侧向变形条件下的压缩量计算公式

目前工程上广泛采用的计算基础沉降的分层总和法都是以无侧向变形条件下土的压缩量（单向压缩）公式为基础的。其基本假定为：

(1) 土的压缩完全是由于孔隙体积减小导致骨架变形的结果，而土粒本身的压缩可忽略不计。

(2) 土体仅产生竖向压缩，无侧向变形。

(3) 在土层厚度范围内，压力是均匀分布的。

在压缩试验中，试样在压力 p_0 作用下压缩已经稳定时的高度为 H，土粒的体积为 V_s，相应的孔隙比为 e_0，则孔隙体积 $V_{v1}=e_0V_s$，试样总体积 $V_1=(1+e_0)V_s$。如在试样上将压力增加到 $p_1=p_0+\Delta p$，试样压缩稳定时的高度为 H_1，孔隙比为 e_1，孔隙体积为 $V_{v2}=e_1V_s$，总体体积 $V_2=(1+e_1)V_s$，则在压力增量 Δp 作用下试样的压缩变形量 $s=H-H_1$。

由于侧限条件下试样压缩时不发生侧向变形，土粒自身的变形可忽略不计，故压缩前后试样的横截面积与土粒的体积不变，即

$$\frac{AH}{1+e_0}=\frac{AH_1}{1+e_1}=\frac{A(H-s)}{1+e_1}$$

整理得侧限条件下的压缩变形量计算公式为

$$s=\frac{e_0-e_1}{1+e_0}H \tag{5.13}$$

将式 (5.5) 代入式 (5.13)，可得到用压缩系数表示的压缩变形量计算公式

$$s=\frac{a}{1+e_0}\Delta pH \tag{5.14}$$

或用体积压缩系数表示的压缩变形量计算公式

$$s=m_{v}\Delta pH \tag{5.15}$$

或用压缩模量表示的压缩变形量计算公式

$$s=\frac{\Delta p}{E_{s}}H \tag{5.16}$$

5.4.2 单向分层总和法计算地基最终变形量

5.4.2.1 基本原理

分层总和法是将地基土分为若干水平土层，各土层厚度分别为 h_1、h_2、h_3、…，利用式（5.13）～式（5.16）计算每层土的压缩变形量 s_1、s_2、s_3、…。然后进行累加，即为地基的最终变形量 s。

5.4.2.2 几点假设

为了应用上述地基中的附加应力公式和室内侧限压缩试验指标，特做下列假设：

（1）地基土是均匀、等向的半无限空间弹性体。在建筑物荷载作用下，土中的应力与应变呈直线关系。因此，可应用弹性理论的方法计算地基中的附加应力。

（2）地基最终变形量计算的部位按基础中心点 O 下土柱所受附加应力进行计算。计算基础倾斜时，要以倾斜方向基础两端点下的附加应力进行计算。

（3）地基土的变形条件为侧限条件，只有竖向压缩变形，无侧向变形。因而在沉降计算中，可应用室内测定的侧限压缩试验指标。

（4）沉降计算的深度，理论上应计算至无限深，工程上因附加应力扩散随深度增加而减小，计算至某一深度（即受压层）即可。

5.4.2.3 计算步骤

（1）绘制计算简图，按比例绘制地基土层和基础剖面图，如图 5.11 所示。

（2）沉降计算分层。为了使地基沉降计算比较精确，分层须考虑以下因素：①每层厚度 $h_i \leqslant 0.4b$；②地质剖面图中，不同的土层因压缩性不同应为分层面；地下水位应为分层面；基础底面附近附加应力数值大且曲线变化大，分层厚度应小些，使各计算分层的附加应力分布曲线可以直线代替计算，误差不大。

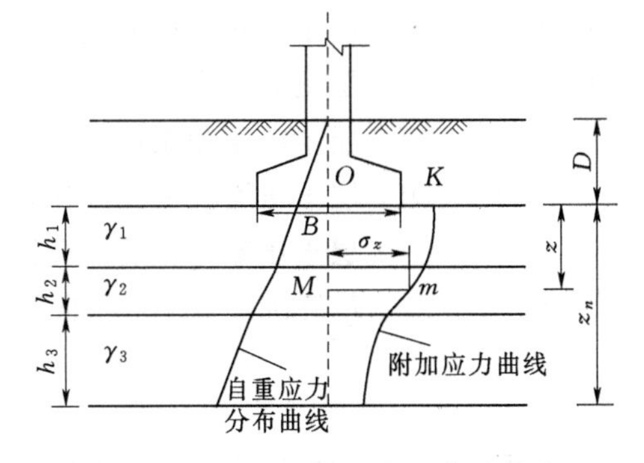

图 5.11 分层总和法地基沉降计算简图

（3）计算地基土的自重应力，并绘制自重应力分布曲线，土自重应力应从原地面起算，如图 5.11 所示。

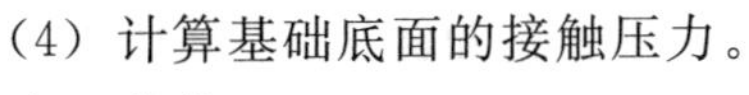

（4）计算基础底面的接触压力。

中心荷载

$$p=\frac{N+G}{A} \tag{5.17a}$$

偏心荷载

$$\begin{cases} p_{\max}=\dfrac{N+G}{A}\left(1+\dfrac{6e}{B}\right) \\ p_{\min}=\dfrac{N+G}{A}\left(1-\dfrac{6e}{B}\right) \end{cases} \tag{5.17b}$$

（5）计算基底附加应力。

$$p_0=p-\gamma_d \tag{5.18}$$

式中　p——基础底面的接触压力，kPa；

γ_d——基础埋置深度 d 处的自重应力，kPa。

（6）计算地基中的附加应力，并绘出附加应力分布曲线，附加应力应从基础底面起算，如图 5.11 所示。

（7）确定地基受压层厚度。

一般土　$\sigma_z=0.2\sigma_{cz}$

软土　$\sigma_z=0.1\sigma_{cz}$

式中　σ_z——基础底面中心点 O 下深度 z 处的附加应力，kPa；

σ_{cz}——基础底面中心点 O 下深度 z 处的自重应力，kPa。

（8）计算各土层的压缩量 s_i，由以下公式计算

$$s=\frac{\sigma_{zi}}{E_{si}}h_i \tag{5.19}$$

$$s=\frac{a}{1+e_{1i}}\sigma_{zi}h_i \tag{5.20}$$

$$s=\left(\frac{e_1-e_2}{1+e_1}\right)_i h_i \tag{5.21}$$

式中　σ_{zi}——第 i 层土的平均附加应力，kPa；

E_{si}——第 i 层土的侧限压缩模量，MPa；

h_i——第 i 层土的厚度，m；

a——第 i 层土的压缩系数，MPa^{-1}；

e_1——第 i 层土压缩前的孔隙比；

e_2——第 i 层土压缩终止后的孔隙比。

（9）计算地基最终沉降量 s。将地基受压层 z_n 范围内各土层压缩量相加，可得

$$s=s_1+s_2+s_3+\cdots+s_n=\sum_{i=1}^{n}s_i \tag{5.22}$$

【例 5.3】 某建筑工程柱基为矩形基础，放置在均质黏性土上，基底面为矩形，$l=8\mathrm{m}$，$b=4\mathrm{m}$。基础埋深 $d=1.5\mathrm{m}$，其上作用中心荷载 $P=6400\mathrm{kN}$（已包括基础和填土的自重）。土的天然容重 $\gamma=20\mathrm{kN/m^3}$，地下水位距基底 3.0m，土的饱和容重 $\gamma_{sat}=21\mathrm{kN/m^3}$。土的压缩曲线如图 5.12 所示，试用单向分层总和法计算柱基中心点的地基变形量。

解：（1）绘制柱基剖面图与地基土的剖面图，如图 5.13 所示。

（2）沉降计算分层。考虑到各土层为均质土层，分层厚度 $h_i\leqslant0.4b=1.6\mathrm{m}$，且地下水位在基底以下 3.0m，所以各分层厚度取 1.5m。

（3）计算地基各分层面的竖向自重应力并在图 5.13 上绘制分布曲线。

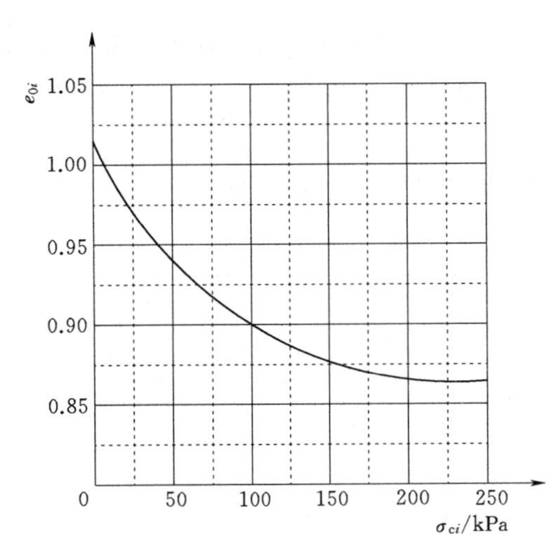

图 5.12 地基土的压缩曲线

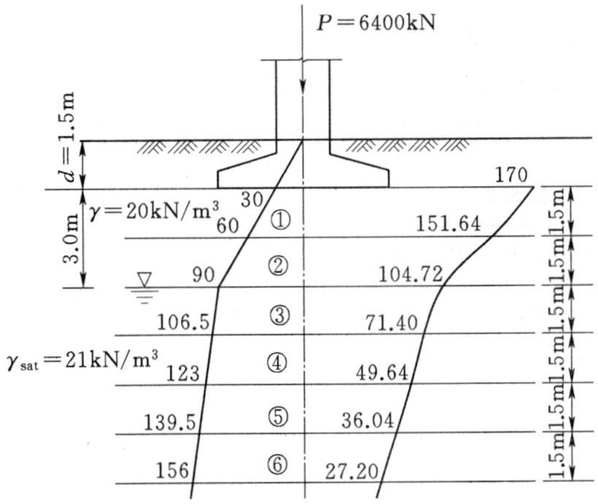

图 5.13 地基应力分布图（单位：kPa）

$$\sigma_{c0}=\gamma d=20\times1.5=30(\text{kPa})$$

$$\sigma_{c1}=\sigma_{c0}+\gamma h_1=30+20\times1.5=60(\text{kPa})$$

$$\sigma_{c2}=\sigma_{c1}+\gamma h_2=60+20\times1.5=90(\text{kPa})$$

$$\sigma_{c3}=\sigma_{c2}+\gamma' h_3=90+(21-10)\times1.5=106.5(\text{kPa})$$

$$\sigma_{c4}=\sigma_{c3}+\gamma' h_4=106.5+(21-10)\times1.5=123(\text{kPa})$$

$$\sigma_{c5}=\sigma_{c4}+\gamma' h_5=123+(21-10)\times1.5=139.5(\text{kPa})$$

$$\sigma_{c6}=\sigma_{c5}+\gamma' h_6=139.5+(21-10)\times1.5=156(\text{kPa})$$

（4）由 $l/b=8/4=2<10$ 可知，此问题属于空间问题，且为中心荷载，所以基础底面接触应力 p 为

$$p=\frac{P}{lb}=\frac{6400}{8\times4}=200(\text{kPa})$$

（5）基底附加应力为

$$p_0=p-\gamma d=200-20\times1.5=170(\text{kPa})$$

（6）计算地基中的附加应力 σ_z。因属空间问题，采用角点法求解。通过中心点将基底划分为 4 块面积相等的小矩形，计算长度 $l_1=4\text{m}$，计算宽度 $b_1=2\text{m}$。附加应力 $\sigma_z=4K_c p_0$，计算结果见表 5.1。

表 5.1 附加应力计算表

深度 z/m	z/b_1	l_1/b_1	K_c	$\sigma_z=4K_c p_0$/kPa
0	0	2	0.250	170.00
1.5	0.75	2	0.223	151.64
3.0	1.50	2	0.154	104.72
4.5	2.25	2	0.105	71.40
6.0	3.00	2	0.073	49.64
7.5	3.75	2	0.053	36.04
9	4.50	2	0.040	27.20

(7) 确定地基受压层厚度 z_n。由图 5.13 中自重应力与附加应力分布曲线可知，在第 5 层土下部 $\sigma_z/\sigma_{cz}=36.04/139.5=0.258>0.2$，在第 6 层土下部 $\sigma_z/\sigma_{cz}=27.2/156=0.174<0.2$，所以受压层深度 $z_n=9\text{m}$。

(8) 地基变形量计算，利用式 (5.21) 计算各分层的变形量，结果见表 5.2。

表 5.2　地基沉降计算

土层编号	土层厚度 /mm	平均自重应力 σ_{czi}/kPa	平均附加应力 σ_{zi}/kPa	$\sigma_{z0}+\sigma_{czi}$ /kPa	初始孔隙比 e_{1i}	压缩稳定后的孔隙比 e_{2i}	$\left(\frac{e_1-e_2}{1+e_1}\right)_i$	s_i /mm
1	1500	45.0	160.82	205.82	0.950	0.870	0.041	61.5
2	1500	75.0	128.18	203.18	0.920	0.871	0.026	39
3	1500	98.3	88.06	186.36	0.904	0.873	0.016	24
4	1500	114.8	60.52	175.32	0.893	0.875	0.010	15
5	1500	131.3	42.84	174.14	0.885	0.876	0.005	7.5
6	1500	147.8	31.62	179.42	0.880	0.874	0.003	4.5

(9) 柱基中点沉降量为

$$s=\sum_{i=1}^{n}s_i=61.5+39+24+15+7.5+4.5=151.5(\text{mm})$$

5.4.3 《建筑地基基础设计规范》(GB 50007—2011) 推荐的沉降计算方法

通过对大量建筑物沉降的观测，并与理论计算值相对比，结果发现，利用单向分层总和法计算的地基沉降值与实测值偏差较大。探究其原因：一方面，由于单向分层总和法在理论上的假定条件为在竖向附加应力作用下，土体只有竖向压缩变形，而无侧向变形，这对于有限尺寸基础荷载作用情况并不符合实际；另一方面，由于取土的代表性不够，取原状土的技术以及室内压缩试验的准确度等问题均导致了计算值与实测值之间的差异。为了使计算值与实际值相符合，并简化单向分层总和法的计算工作。《建筑地基基础设计规范》(GB 50007—2011) 引入平均附加应力系数和沉降计算经验系数，对分层总和法的计算结果进行修正，并对沉降计算深度进行重新规定，推导出了另一种形式的单向压缩分层总和法最终变形量计算公式，简称规范法。

5.4.3.1 基本原理

由式 (5.19) 得第 i 层土的变形量为

$$s_i=\frac{\sigma_{zi}}{E_{si}}h_i$$

式中 $\sigma_{zi}h_i$——第 i 层土的附加应力面积，用 $S_{aa'bb'}$ 表示，如图 5.14 所示。

$$S_{aa'bb'}=S_{okb'b}-S_{okaa'}$$

$$S_{okb'b}=\int_0^{z_i}\sigma_z\,\mathrm{d}z=\sigma_i z_i$$

$$S_{oka'a}=\int_0^{z_{i-1}}\sigma_z\,\mathrm{d}z=\sigma_{i-1}z_{i-1}$$

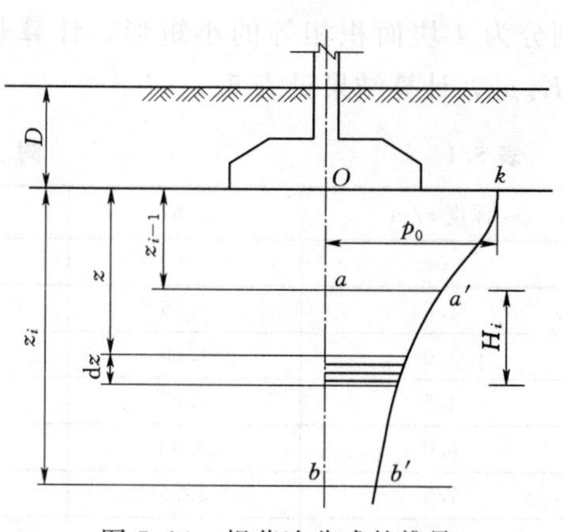

图 5.14 规范法公式的推导

故第 i 层土的变形量为

$$s_i'=\frac{\sigma_i z_i-\sigma_{i-1}z_{i-1}}{E_{si}}$$

式中 σ_i——z_i 深度范围内平均附加应力，kPa；

σ_{i-1}——z_{i-1}深度范围内平均附加应力，kPa。

将平均附加应力除以基底附加压力 p_0，便可得到平均附加应力系数

$$\overline{\alpha}_i=\frac{\sigma_i}{p_0} \quad 和 \quad \overline{\alpha}_{i-1}=\frac{\sigma_{i-1}}{p_0}$$

那么，第 i 层土的变形量为

$$s_i'=\frac{1}{E_{si}}(p_0\overline{\alpha}_i z_i-p_0\overline{\alpha}_{i-1}z_{i-1})=\frac{p_0}{E_{si}}(\overline{\alpha}_i z_i-\overline{\alpha}_{i-1}z_{i-1})$$

地基总沉降量 s'为

$$s'=\sum_{i=1}^{n}s_i'=\sum_{i=1}^{n}\frac{p_0}{E_{si}}(\overline{\alpha}_i z_i-\overline{\alpha}_{i-1}z_{i-1}) \tag{5.23}$$

5.4.3.2 规范法推荐公式

由式（5.23）乘以沉降计算经验系数 ψ_s，即为规范法推荐的沉降计算公式

$$s=\psi_s s'=\psi_s\sum_{i=1}^{n}\frac{p_0}{E_{si}}(\overline{\alpha}_i z_i-\overline{\alpha}_{i-1}z_{i-1}) \tag{5.24}$$

式中 s——地基最终沉降量，mm；

ψ_s——沉降计算经验系数，应根据同类地区已有房屋和构筑物实测最终沉降量与计算沉降量对比确定，一般采用表 5.3 中的数值；

n——地基压缩层（受压层）范围内所划分的土层数；

p_0——基础底面处的附加应力，kPa；

E_{si}——基础底面下，第 i 层土的压缩模量，MPa；

z_i、z_{i-1}——基础底面至第 i 层和第 $i-1$ 层底面的距离，m；

$\overline{\alpha}_i$、$\overline{\alpha}_{i-1}$——基础底面计算点至第 i 层和第 $i-1$ 层底面范围内平均附加应力系数，可由表 5.4 查得。

表 5.3　沉降计算经验系 ψ_s

p_0/kPa	E_s/MPa				
	2.5	4.0	7.0	15.0	20.0
$p_0 \geqslant f_k$	1.4	1.3	1.0	0.4	0.2
$p_0 \leqslant 0.75f_k$	1.1	1.0	0.7	0.4	0.2

表 5.3 中，f_k 为地基承载力标准值；E_s 为沉降计算深度范围内压缩模量的当量值，按式（5.25）计算

$$E_s=\frac{\sum A_i}{\sum\frac{A_i}{E_{si}}}=\frac{\sum p_0(z_i\overline{\alpha}_i-z_{i-1}\overline{\alpha}_{i-1})}{\sum\frac{p_0(z_i\overline{\alpha}_i-z_{i-1}\overline{\alpha}_{i-1})}{E_{si}}} \tag{5.25}$$

式中 A_i——第 i 层平均附加应力系数沿土层厚度的积分值。

表5.4 均布矩形荷载作用下角点的平均附加应力系数

z/b	l/b												
	1.0	1.2	1.4	1.6	1.8	2.0	2.4	2.8	3.2	3.6	4.0	5.0	10.0
0.0	0.2500	0.2500	0.2500	0.2500	0.2500	0.2500	0.2500	0.2500	0.2500	0.2500	0.2500	0.2500	0.2500
0.2	0.2496	0.2497	0.2497	0.2498	0.2498	0.2498	0.2498	0.2498	0.2498	0.2498	0.2498	0.2498	0.2498
0.4	0.2474	0.2479	0.2481	0.2483	0.2483	0.2484	0.2485	0.2485	0.2485	0.2485	0.2485	0.2485	0.2485
0.6	0.2423	0.2437	0.2444	0.2448	0.2451	0.2452	0.2454	0.2455	0.2455	0.2455	0.2455	0.2455	0.2456
0.8	0.2346	0.2372	0.2387	0.2395	0.2400	0.2403	0.2407	0.2408	0.2409	0.2409	0.2410	0.2410	0.2410
1.0	0.2252	0.2291	0.2313	0.2326	0.2335	0.2340	0.2346	0.2349	0.2351	0.2352	0.2352	0.2353	0.2353
1.2	0.2149	0.2199	0.2229	0.2248	0.2260	0.2268	0.2278	0.2282	0.2285	0.2286	0.2287	0.2288	0.2289
1.4	0.2043	0.2102	0.2140	0.2164	0.2180	0.2191	0.2204	0.2211	0.2215	0.2217	0.2218	0.2220	0.2221
1.6	0.1939	0.2006	0.2049	0.2079	0.2099	0.2113	0.2130	0.2138	0.2143	0.2146	0.2148	0.2150	0.2152
1.8	0.1840	0.1912	0.1960	0.1994	0.2018	0.2034	0.2055	0.2066	0.2073	0.2077	0.2079	0.2082	0.2084
2.0	0.1746	0.1822	0.1875	0.1912	0.1938	0.1958	0.1982	0.1996	0.2004	0.2009	0.2012	0.2015	0.2018
2.2	0.1659	0.1737	0.1793	0.1833	0.1862	0.1883	0.1911	0.1927	0.1937	0.1943	0.1947	0.1952	0.1955
2.4	0.1578	0.1657	0.1715	0.1757	0.1789	0.1812	0.1843	0.1862	0.1873	0.1880	0.1885	0.1890	0.1895
2.6	0.1503	0.1583	0.1642	0.1686	0.1719	0.1745	0.1779	0.1799	0.1812	0.1820	0.1825	0.1832	0.1838
2.8	0.1433	0.1514	0.1574	0.1619	0.1654	0.1680	0.1717	0.1739	0.1753	0.1763	0.1769	0.1777	0.1784
3.0	0.1369	0.1449	0.1510	0.1556	0.1592	0.1619	0.1658	0.1682	0.1698	0.1708	0.1715	0.1725	0.1733
3.2	0.1310	0.1390	0.1450	0.1497	0.1533	0.1562	0.1602	0.1628	0.1645	0.1657	0.1664	0.1675	0.1685
3.4	0.1256	0.1334	0.1394	0.1441	0.1478	0.1508	0.1550	0.1577	0.1595	0.1607	0.1616	0.1628	0.1639
3.6	0.1205	0.1282	0.1342	0.1389	0.1427	0.1456	0.1500	0.1528	0.1548	0.1561	0.1570	0.1583	0.1595
3.8	0.1158	0.1234	0.1293	0.1340	0.1378	0.1408	0.1452	0.1482	0.1502	0.1516	0.1526	0.1541	0.1554
4.0	0.1114	0.1189	0.1248	0.1294	0.1332	0.1362	0.1408	0.1438	0.1459	0.1474	0.1485	0.1500	0.1516
4.2	0.1073	0.1147	0.1205	0.1251	0.1289	0.1319	0.1365	0.1396	0.1418	0.1434	0.1445	0.1462	0.1479
4.4	0.1035	0.1107	0.1164	0.1210	0.1248	0.1279	0.1325	0.1357	0.1379	0.1396	0.1407	0.1425	0.1444
4.6	0.1000	0.1070	0.1127	0.1172	0.1209	0.1240	0.1287	0.1319	0.1342	0.1359	0.1371	0.1390	0.1410
4.8	0.0967	0.1036	0.1091	0.1136	0.1173	0.1204	0.1250	0.1283	0.1307	0.1324	0.1337	0.1357	0.1379
5.0	0.0935	0.1003	0.1057	0.1102	0.1139	0.1169	0.1216	0.1249	0.1273	0.1291	0.1304	0.1325	0.1348
5.2	0.0906	0.0972	0.1026	0.1070	0.1106	0.1136	0.1183	0.1217	0.1241	0.1259	0.1273	0.1295	0.1320
5.4	0.0878	0.0943	0.0996	0.1039	0.1075	0.1105	0.1152	0.1186	0.1211	0.1229	0.1243	0.1265	0.1292
5.6	0.0852	0.0916	0.0968	0.1010	0.1046	0.1076	0.1122	0.1156	0.1181	0.1200	0.1215	0.1238	0.1266
5.8	0.0828	0.0890	0.0941	0.0983	0.1018	0.1047	0.1094	0.1128	0.1153	0.1172	0.1187	0.1211	0.1240
6.0	0.0805	0.0866	0.0916	0.0957	0.0991	0.1021	0.1067	0.1101	0.1126	0.1146	0.1161	0.1185	0.1216
6.2	0.0783	0.0842	0.0891	0.0932	0.0966	0.0995	0.1041	0.1075	0.1101	0.1120	0.1136	0.1161	0.1193
6.4	0.0762	0.0820	0.0869	0.0909	0.0942	0.0971	0.1016	0.1050	0.1076	0.1096	0.1111	0.1137	0.1171
6.6	0.0742	0.0799	0.0847	0.0886	0.0919	0.0948	0.0993	0.1027	0.1053	0.1073	0.1088	0.1114	0.1149
6.8	0.0723	0.0779	0.0826	0.0865	0.0898	0.0926	0.0970	0.1004	0.1030	0.1050	0.1066	0.1092	0.1127

续表

z/b	l/b												
	1.0	1.2	1.4	1.6	1.8	2.0	2.4	2.8	3.2	3.6	4.0	5.0	10.0
7.0	0.0705	0.0761	0.0806	0.0844	0.0877	0.0904	0.0949	0.0982	0.1008	0.1028	0.1044	0.1071	0.1109
7.2	0.0688	0.0742	0.0787	0.0825	0.0857	0.0884	0.0928	0.0962	0.0987	0.1008	0.1023	0.1051	0.1090
7.4	0.0672	0.0725	0.0769	0.0806	0.0838	0.0864	0.0908	0.0942	0.0967	0.0988	0.1004	0.1031	0.1071
7.6	0.0656	0.0709	0.0752	0.0789	0.0820	0.0846	0.0889	0.0922	0.0948	0.0968	0.0984	0.1021	0.1054
7.8	0.0642	0.0693	0.0736	0.0771	0.0802	0.0828	0.0871	0.0904	0.0929	0.0950	0.0966	0.0994	0.1036
8.0	0.0627	0.0678	0.0720	0.0755	0.0785	0.0811	0.0853	0.0886	0.0912	0.0932	0.0948	0.0976	0.1020
8.2	0.0614	0.0663	0.0705	0.0739	0.0769	0.0795	0.0837	0.0869	0.0894	0.0914	0.0931	0.0959	0.1004
8.4	0.0601	0.0649	0.0690	0.0724	0.0754	0.0779	0.0820	0.0852	0.0878	0.0898	0.0914	0.0943	0.0988
8.6	0.0588	0.0636	0.0676	0.0710	0.0739	0.0764	0.0805	0.0836	0.0862	0.0882	0.0898	0.0927	0.0973
8.8	0.0576	0.0623	0.0663	0.0696	0.0724	0.0749	0.0790	0.0821	0.0846	0.0866	0.0882	0.0912	0.0959
9.2	0.0554	0.0599	0.0637	0.0670	0.0697	0.0721	0.0761	0.0792	0.0817	0.0837	0.0853	0.0882	0.0931
9.6	0.0553	0.0577	0.0614	0.0645	0.0672	0.0696	0.0734	0.0765	0.0789	0.0809	0.0825	0.0855	0.0905
10.0	0.0514	0.0556	0.0592	0.0622	0.0649	0.0672	0.0710	0.0739	0.0763	0.0783	0.0799	0.0829	0.0880
10.4	0.0496	0.0537	0.0572	0.0601	0.0627	0.0649	0.0686	0.0716	0.0739	0.0759	0.0775	0.0804	0.0857
10.8	0.0479	0.0519	0.0553	0.0581	0.0606	0.0628	0.0664	0.0693	0.0717	0.0736	0.0751	0.0781	0.0834
11.2	0.0463	0.0502	0.0535	0.0563	0.0587	0.0609	0.0644	0.0672	0.0695	0.0714	0.0730	0.0759	0.0813
11.6	0.0448	0.0486	0.0518	0.0545	0.0569	0.0590	0.0625	0.0652	0.0675	0.0694	0.0709	0.0738	0.0793
12.0	0.0435	0.0471	0.0502	0.0529	0.0552	0.0573	0.0606	0.0634	0.0656	0.0674	0.0690	0.0719	0.0774
12.8	0.0409	0.0444	0.0474	0.0499	0.0521	0.0541	0.0573	0.0599	0.0621	0.0639	0.0654	0.0682	0.0739
13.6	0.0387	0.0420	0.0448	0.0472	0.0493	0.0512	0.0543	0.0568	0.0589	0.0607	0.0621	0.0649	0.0707
14.4	0.0367	0.0398	0.0425	0.0448	0.0468	0.0486	0.0516	0.0540	0.0561	0.0577	0.0592	0.0619	0.0677
15.2	0.0349	0.0379	0.0404	0.0426	0.0446	0.0463	0.0492	0.0515	0.0535	0.0551	0.0565	0.0592	0.0650
16.0	0.0332	0.0361	0.0385	0.0407	0.0425	0.0442	0.0469	0.0492	0.0511	0.0527	0.0540	0.0567	0.0625
18.0	0.0297	0.0323	0.0345	0.0364	0.0381	0.0396	0.0422	0.0442	0.0460	0.0475	0.0487	0.0512	0.0570
20.0	0.0269	0.0292	0.0312	0.0330	0.0345	0.0359	0.0383	0.0402	0.0418	0.0432	0.0444	0.0468	0.0524

5.4.3.3 沉降计算深度的确定

存在相邻荷载影响的情况下，应满足

$$\Delta s'_n \leqslant 0.025 \sum_{i=1}^{n} \Delta s'_i \tag{5.26}$$

式中 $\Delta s'_n$——在深度 z_n 处，向上取计算厚度为 Δz 的计算变形量，mm，Δz 可由表 5.5 查得；

$\Delta s'_i$——在深度范围 z_n 内，第 i 层土的计算变形量，mm。

对于无相邻荷载的独立基础，可按下列简化的经验公式确定计算深度

$$z_n = b(2.5 - 0.4\ln b) \tag{5.27}$$

式中 b——基础宽度，m。

在计算深度范围内存在基岩时，z_n 可取至基岩表面；当存在较厚的坚硬黏土层（孔

隙比小于 0.5，压缩模量大于 50MPa）或存在较厚的密实砂卵石层（压缩模量大于 80MPa）时，z_n 可取至该层土表面。

表 5.5　　**Δz　取　值**

b/m	≤2	2<b≤4	4<b≤8	8<b≤15	15<b≤30	>30
Δz/m	0.3	0.6	0.8	1.0	1.2	1.5

【例 5.4】 某建筑工程柱基为矩形基础，放置在均质黏性土上，基底面为矩形，$l=8$m，$b=4$m。基础埋深 $d=1.5$m，其上作用中心荷载 $P=6400$kN（已包括基础和填土的自重）。土的天然容重 $\gamma=20\text{kN/m}^3$，地下水位距基底 3.0m，土的饱和容重 $\gamma_{sat}=21\text{kN/m}^3$。地基土的压缩曲线如图 5.12 所示，试用《建筑地基基础设计规范》（GB 50007—2011）推荐的沉降计算方法求柱基中心点的沉降量。

解：（1）基底附加压力。

$$p_0=\frac{F}{lb}-\gamma d=\frac{6400}{8\times 4}-20\times 1.5=170(\text{kPa})$$

（2）自重应力 σ_{cz}、附加应力 σ_z 计算见表 5.6，应力分布如图 5.15 所示。

表 5.6　　**附加应力计算表**

深度 z/m	σ_{cz}/kPa	z/b	l_i/b_1	K_c	$\sigma_z=4K_cp_0$/kPa
0	30	0	2	0.250	170.00
1.5	60	0.75	2	0.223	151.64
3.0	90	1.50	2	0.154	104.72
4.5	106.5	2.25	2	0.105	71.40
6.0	123	3.00	2	0.073	49.64
7.5	139.5	3.75	2	0.053	36.04
7.8	142.8	3.90	2	0.050	34.00

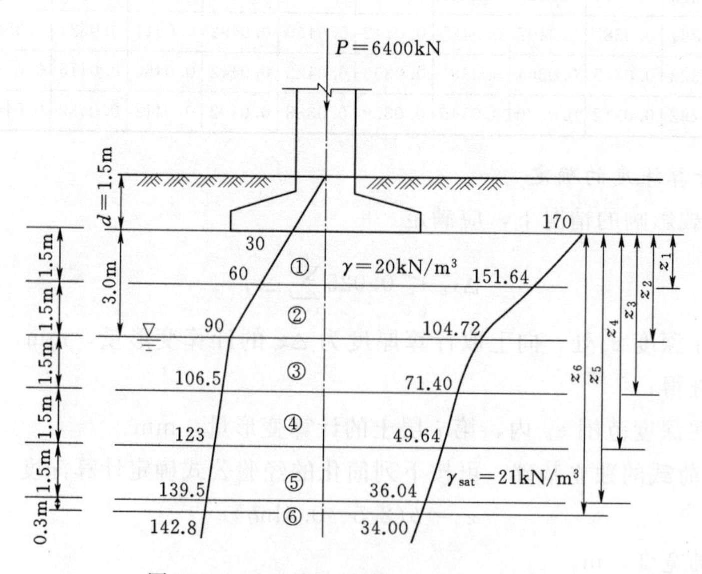

图 5.15　地基应力分布图（单位：kPa）

(3) 各土层变形量计算见表5.7。

表5.7 地基沉降计算

土层编号	土层厚度 /mm	平均自重应力 σ_{czi}/kPa	平均附加应力 σ_{zi}/kPa	$\sigma_{z0}+\sigma_{czi}$ /kPa	初始孔隙比 e_{1i}	压缩稳定后的孔隙比 e_{2i}	$\left(\frac{e_1-e_2}{1+e_1}\right)_i$	s_i /mm
1	1500	45.0	160.82	205.82	0.950	0.870	0.041	61.5
2	1500	75.0	128.18	203.18	0.920	0.871	0.026	39
3	1500	98.3	88.06	186.36	0.904	0.873	0.016	24
4	1500	114.8	60.52	175.32	0.893	0.875	0.010	15
5	1500	131.3	42.84	174.14	0.885	0.876	0.005	7.5
6	300	141.2	35.02	176.22	0.883	0.874	0.005	1.5

(4) 该基础为无相邻荷载的独立基础，计算深度按式(5.27)确定。

$$z_n=b(2.5-0.4\ln b)=4\times(2.5-0.4\ln 4)=7.8(\mathrm{m})$$

(5) 确定各层的压缩模量 E_{si}，由式(5.13)、式(5.16)得压缩模量计算公式为

$$E_{si}=\frac{1+e_{1i}}{e_{1i}-e_{2i}}(p_{2i}-p_{1i})$$

各土层的压缩模量计算结果见表5.8。

(6) 确定附加应力系数。根据计算尺寸，查表5.4得到平均附加应力系数 α_i，结果见表5.8。

表5.8 地基沉降计算

z_i /m	l_i/b_1	z_i/b_1	α_i	$\alpha_i z_i$ /m	$\alpha_i z_i-\alpha_{i-1}z_{i-1}$ /m	E_{si} /kPa	$\Delta s_i'$ /mm	s' /mm
0	2	0	0.2500	0				
1.5	2	0.75	0.2425	0.364	0.364	3920	63.1	
3.0	2	1.50	0.2163	0.649	0.285	5020	38.6	
4.5	2	2.25	0.1860	0.837	0.188	4931	25.9	
6.0	2	3.00	0.1619	0.971	0.134	6365	14.3	
7.5	2	3.75	0.1426	1.070	0.099	8973	7.5	
7.8	2	3.90	0.1391	1.085	0.015	7327	1.4	150.8

(7) 列表计算各层沉降量 $\Delta s_i'$，结果见表5.8。

(8) 确定沉降修正系数 ψ_s。

$$E_s=\frac{\sum A_i}{\sum\frac{A_i}{E_{si}}}=\frac{\sum p_0(z_i\bar{\alpha}_i-z_{i-1}\bar{\alpha}_{i-1})}{\sum\frac{p_0(z_i\bar{\alpha}_i-z_{i-1}\bar{\alpha}_{i-1})}{E_{si}}}$$

$$=\frac{p_0(0.364+0.285+0.188+0.134+0.099+0.015)}{p_0\left(\frac{0.364}{3.920}+\frac{0.285}{5.020}+\frac{0.188}{4.931}+\frac{0.134}{6.365}+\frac{0.099}{8.973}+\frac{0.015}{7.327}\right)}=4.89(\mathrm{MPa})$$

由于 $E_s=4.89\mathrm{MPa}$，$f_{ak}=p_0$，查表得 $\psi_s=1.21$。

(9) 柱基中心点最终沉降量为

$$s=\psi_s s'=1.21\times150.8=182.5(\text{mm})$$

5.4.4 考虑应力历史的地基沉降量计算

由于土层所经历的应力历史不同，其压缩性是不相同的。所以对于一般黏性土、粉土、软土和饱和黄土，可利用室内压缩试验绘制 $e-\lg p$ 曲线，按超固结比确定土的固结状态，然后绘制现场压缩曲线，以确定压缩指数 C_c 与回弹指数 C_e，并用单向分层总和法计算地基变形量。

5.4.4.1 正常固结土沉降计算

由第 i 层土的室内压缩曲线推得的现场压缩曲线如图 5.16 所示。

当第 i 层土在平均固结应力（即附加应力）Δp_i 的作用下达到完全固结时，其孔隙比的改变量应为

$$\Delta e_i=-C_{ci}[\lg(p_{0i}+\Delta p_i)-\lg p_{0i}]=-C_{ci}\lg\frac{p_{0i}+\Delta p_i}{p_{0i}}$$

于是，基础的沉降量为各分层土的沉降量之和，即

$$s=\sum_{i=1}^{n}\frac{h_i}{1+e_{0i}}C_{ci}\lg\frac{p_{0i}+\Delta p_i}{p_{0i}} \tag{5.28}$$

5.4.4.2 超固结土沉降计算

对于超固结土的基础沉降计算，各分层土层在平均附加应力 Δp_i 作用下达到完全固结时，其孔隙比变化有两种情况，对应的沉降量计算有两种方法：

(1) 当各分层的平均固结应力 $\Delta p_i\geqslant p_c-p_0$ 时，第 i 分层在 Δp_i 的作用下，孔隙比将先沿着现场再压缩曲线 $b'b$ 减小 $\Delta e'_i$，然后沿着现场压缩曲线 bc 减小 $\Delta e''_i$，如图 5.17 所示。其中

$$\Delta e'_i=-C_{ei}(\lg p_{ci}-\lg p_{0i})=-C_{ei}\lg\frac{p_{ci}}{p_{0i}}$$

$$\Delta e''_i=-C_{ci}\lg\frac{p_{0i}+\Delta p_i}{p_{ci}}$$

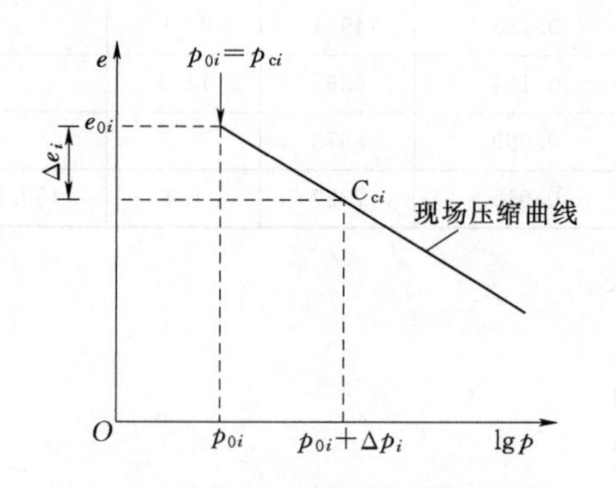

图 5.16 正常固结土的现场压缩曲线

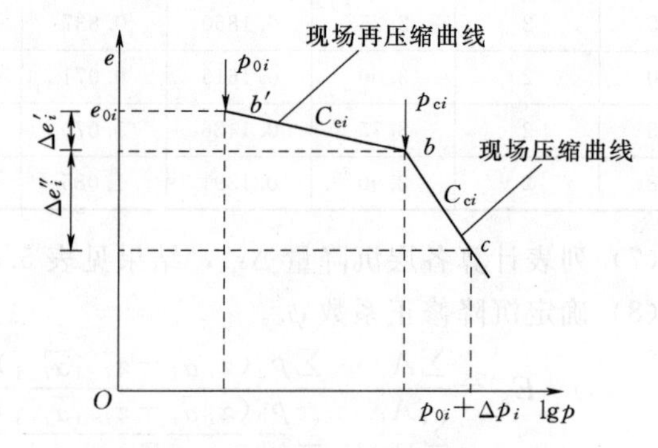

图 5.17 超固结土的现场压缩曲线

于是孔隙比的总改变量为

$$\Delta e_i=\Delta e'_i+\Delta e''_i=-\left[C_{ei}\lg\frac{p_{ci}}{p_{0i}}+C_{ci}\left(\frac{p_{0i}+\Delta p_i}{p_{ci}}\right)\right]$$

第 i 分层的压缩变形量为

$$s_i=\frac{h_i}{1+e_{0i}}\left(C_{ei}\lg\frac{p_{ci}}{p_{0i}}+C_{ci}\lg\frac{p_{0i}+\Delta p_i}{p_{ci}}\right)$$

式中 s_i——第 i 分层的压缩量，mm；

h_i——第 i 层土分层厚度，mm；

e_{0i}——第 i 层初始孔隙比；

C_{ci}——第 i 层土压缩指数；

C_{ei}——第 i 层土回弹指数；

p_{0i}——第 i 层土的平均自重应力，kPa；

p_{ci}——第 i 层土的先期固结应力，kPa。

于是，基础的沉降量为各分层压缩量之和，即

$$s=\sum_{i=1}^{n}\frac{h_i}{1+e_{0i}}\left(C_{ei}\lg\frac{p_{ci}}{p_{0i}}+C_{ci}\lg\frac{p_{0i}+\Delta p_i}{p_{ci}}\right) \tag{5.29}$$

(2) 当各分层的平均固结应力 $\Delta p_i<p_c-p_0$ 时，第 i 分层在 Δp_i 作用下，孔隙比的改变只沿着再压缩曲线 $b'b$ 发生，其值为

$$\Delta e_i=-C_{ei}[\lg(p_{0i}+\Delta p_i)-\lg p_{0i}]=-C_{ei}\lg\frac{p_{0i}+\Delta p_i}{p_{0i}}$$

第 i 层土的压缩量应为

$$s_i=\frac{h_i}{1+e_{0i}}C_{ei}\lg\frac{p_{0i}+\Delta p_i}{p_{0i}}$$

$$s=\sum_{i=1}^{n}\frac{h_i}{1+e_{0i}}C_{ei}\lg\frac{p_{0i}+\Delta p_i}{p_{0i}} \tag{5.30}$$

(3) 地基压缩层范围内有上述两种情况的土层，则其总变形量为上述两部分之和。

5.4.4.3 欠固结土沉降计算

对于欠固结土，沉降不仅仅由地基中附加应力所引起，还有原自重应力作用下没有完成的自重固结而产生的沉降，因此，欠固结土的沉降应等于土自重应力作用下继续产生的变形和附加应力引起的变形之和，如图 5.18 所示。

$$\Delta e_i=\Delta e_i'+\Delta e_i''=-C_{ci}\lg\frac{p_{0i}+\Delta p_i}{p_{ci}}$$

于是，地基的变形量为各分层土的变形量之和，即

$$s=\sum_{i=1}^{n}\frac{h_i}{1+e_{0i}}C_{ci}\lg\frac{p_{0i}+\Delta p_i}{p_{ci}} \tag{5.31}$$

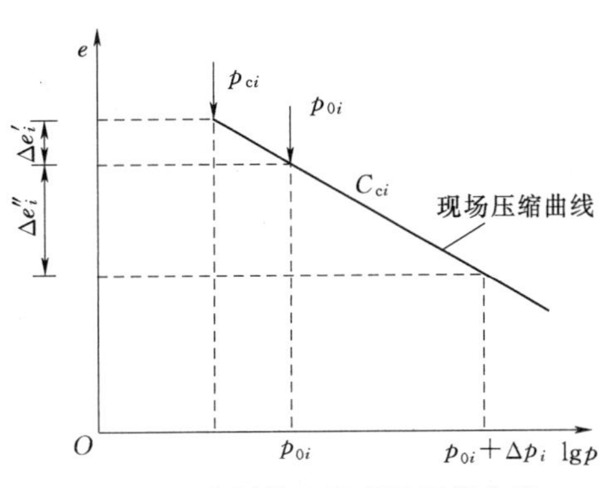

图 5.18 欠固结土的现场压缩曲线

5.4.5 按黏性土沉降机理计算沉降

5.4.5.1 地基沉降的组成

根据对黏性土地基在局部（基础）荷载作用下实际变形特征的观察和分析，黏性土地基上基础的沉降量 s 可以认为是由机理不同的瞬时沉降、固结沉降、次固结沉降三部分组成，如图 5.19 所示。亦即

$$s=s_d+s_c+s_s \tag{5.32}$$

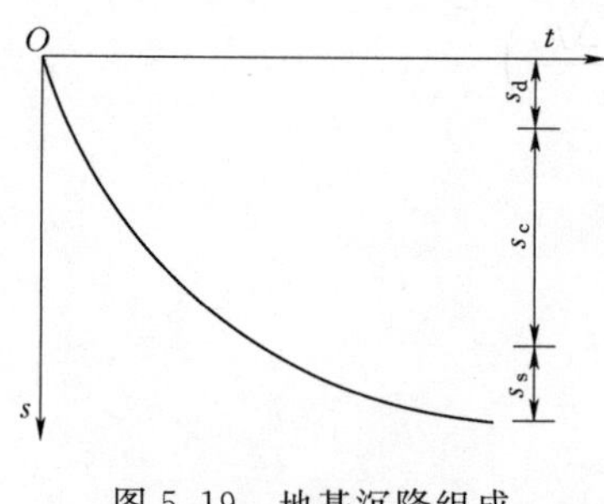

图 5.19　地基沉降组成

式中　s_d——瞬时沉降（初始沉降）；

s_c——固结沉降（主固结沉降）；

s_s——次固结沉降（蠕变沉降）。

瞬时沉降是指加荷后地基立即发生的沉降。对于饱和软黏土，土体受压瞬间孔隙水和体积来不及变化，地基中产生的剪应变引起土体侧向变形而发生沉降。其沉降量大小与基础的形状、尺寸及附加应力大小等因素有关。

固结沉降是指地基土在荷载的作用下，随着超孔隙水压力逐渐消散，有效应力增加，致使土体体积压缩而引起的固结沉降。通常这部分沉降是基础沉降的主要组成部分。

次固结沉降是指在外荷载作用下，经历很长的时间，在土体中的超孔隙水压力已完全消散，有效应力不变的情况下，由于土的固体骨架长时间缓慢蠕变所产生的变形。这部分沉降，一般土的数值很小，但对含有机质的厚层软黏土或对沉降要求严格的工程，均不可忽视。

5.4.5.2　地基的瞬时沉降计算

瞬时沉降没有体积变形，可认为是弹性变形，可近似地按弹性力学公式计算

$$s_d=\frac{\omega(1-\mu^2)}{E}p_0 b \tag{5.33}$$

式中　μ——土的泊松比，假定土的体积不可压缩，取 0.50；

E——地基土的变形模量，采用三轴压缩试验初始切线模量 E_i 或现场实际荷载下再加荷模量 E_t；

ω——沉降系数，可由表 5.9 查得。

表 5.9　沉降系数 ω 值

受荷面积	l/b	中点	矩形角点圆形周边	平均值	刚性基础
圆形	—	1.00	0.64	0.85	0.79
正方形	1.00	1.12	0.56	0.95	0.88
矩形	1.5	1.36	0.68	1.15	1.085
	2.0	1.52	0.76	1.30	1.22
	3.0	1.78	0.85	1.52	1.44
	4.0	1.96	0.98	1.70	1.61
	6.0	2.23	1.12	1.96	—
	8.0	2.42	1.21	2.12	—
	10.0	2.53	1.27	2.25	2.12
	30.0	3.23	1.62	2.88	—
	50.0	3.54	1.77	3.22	—
	100.0	4.00	2.00	3.70	—

注　平均值指柔性基础范围内各点瞬时沉降系数的平均值。

5.4.5.3 地基的固结沉降计算

一般用分层总和法计算的固结沉降采用的是一维课题（侧限条件）的假设，实际情况应是无侧限的二维和三维课题。但严格按二维或三维课题考虑，就会使计算和压缩性指标的确定复杂得多。为了不使计算过于复杂而又能较好地反映实际情况，斯肯普顿（Skempton）和贝伦（Birrum）建议根据有侧向变形条件下产生的超静孔隙水压力计算固结沉降 s_c。

当饱和黏性土中某点处于 $\Delta\sigma_1$ 与 $\Delta\sigma_3$ 三向应力状态时，其初始孔隙水压力增量 Δu 为

$$\Delta u=\Delta\sigma_3+A(\Delta\sigma_1-\Delta\sigma_3)$$

式中 A——孔隙水压力系数。

此时大主应力方向的有效应力为

$$\Delta\sigma'_{1(t=0)}=\Delta\sigma_1-\Delta u$$

固结终了时，超静孔隙水压力全部转化为有效应力，即 $\Delta u=0$，则

$$\Delta\sigma'_{1(t\to\infty)}=\Delta\sigma_1$$

或
$$\Delta\sigma_1=\Delta\sigma'_{1(t\to\infty)}-\Delta\sigma'_{1(t=0)}=\Delta\sigma_1-(\Delta\sigma_1-\Delta u)=\Delta u$$

均布荷载面积作用下地基垂直方向的应力 σ_z 就是大主应力（$\Delta\sigma_z=\Delta\sigma_1$），因而固结过程中 $\Delta\sigma_z$ 的有效应力增量为

$$\Delta\sigma'_z=\Delta u=\Delta\sigma_3+A(\Delta\sigma_1-\Delta\sigma_3) \tag{5.34}$$

经变换得

$$\Delta\sigma'_z=\Delta\sigma_1\left(\frac{\Delta\sigma_3}{\Delta\sigma_1}+A-A\,\frac{\Delta\sigma_3}{\Delta\sigma_1}\right)=\Delta\sigma_1\left[A+\frac{\Delta\sigma_3}{\Delta\sigma_1}(1-A)\right]$$

将 $\Delta\sigma'_z$ 代入分层总和法计算公式中，得

$$s_c=\sum_{i=1}^{n}\frac{\Delta\sigma_{zi}}{E_{si}}H_i=\sum_{i=1}^{n}\frac{\Delta\sigma_1}{E_{si}}\left[A+\frac{\Delta\sigma_3}{\Delta\sigma_1}(1-A)\right] \tag{5.35}$$

分层总和法计算的沉降量为 s，s_c 与 s 之间的比例系数假定为 α_u，则

$$s_c=\alpha_u s$$

即
$$\alpha_u=\frac{s_c}{s}=\frac{\sum\limits_{i=1}^{n}\frac{\Delta\sigma_1}{E_{si}}\left[A+\frac{\Delta\sigma_3}{\Delta\sigma_1}(1-A)\right]}{\sum\limits_{i=1}^{n}\frac{\Delta\sigma_1}{E_{si}}H_i} \tag{5.36}$$

假设 E_s 与 A 是常数，则

$$\alpha_u=A+(1-A)\frac{\sum\limits_{i=1}^{n}\Delta\sigma_3 H_i}{\sum\limits_{i=1}^{n}\Delta\sigma_1 H_i} \tag{5.37}$$

孔隙水压力系数 A 与土的性质有关，则 α_u 也与土的性质密切相关。α_u 还与基础形状、土层厚度 H 与基础宽度 b 之比有关，α_u 值可根据式（5.37）计算求得。由 A 值算出的 α_u 值一般为 0.2～1.2，这与规范法推荐的沉降修正系数 ψ_s 值（0.2～1.4）接近。

5.4.5.4 地基的次固结沉降计算

由于次固结沉降要用流变学理论或其他的力学模型进行计算，相对比较复杂，不易测

定。因此，目前在生产中主要使用半经验方法估算。

5.5 饱和土的单向固结理论

上一节的地基变形计算为地基的最终变形量，是指建筑荷载在地基中产生附加应力，地基受压层中的孔隙体积发生压缩，经过缓慢的渗流固结过程后达到稳定的变形量。工程实际过程中有时还需了解建筑物在施工期间和使用期间的地基变形量，描述整个地基变形的过程，即变形量随时间的变化关系，以便合理规划施工顺序，加快施工进度，提高施工质量。

对于饱和土体的变形，就是土体中孔隙水压力逐渐消散的过程，与此同时，土体的有效应力也在增长，两者是一个“此消彼长”的关系。土体孔隙中充满水，在荷载作用下，土粒间的孔隙水部分排出，土体更加密实，发生土体压缩变形，最终表现为土体的变形。孔隙水压力随着时间推移转化为有效应力，时间的长短取决于土体中孔隙水的排出速率、土层排水的距离、土粒粒径与孔隙的大小、荷载大小和压缩系数等因素。

建筑物在施工期间所完成的沉降，通常随地基土质的不同而不同，例如：碎石土和砂土因压缩性小、渗透性大，施工期间地基沉降已全部或基本完成；低压缩黏性土，施工期间一般可完成最终沉降量的50%～80%；中压缩黏性土，施工期间一般可完成最终沉降量的20%～50%；高压缩黏性土，施工期间一般可完成最终沉降量的5%～20%。

根据有效应力原理，对饱和状态、厚层淤泥黏性土地基，由于孔隙小、压缩性大，地基沉降往往需要几十年时间才能达到稳定。在研究土体的稳定性时，还需要了解土体中孔隙水压力值，尤其是超静孔隙水压力。这两个问题需依赖土体渗透固结理论方能得以解决。接下来详细讲解固结理论用于研究不同时间孔隙水压力是如何转化为有效应力的。通过求解，可以得出不同时间土体中不同深度孔隙水压力或有效应力值的大小，从而计算出不同时间的土体变形。

5.5.1 太沙基渗流固结力学模型

5.5.1.1 饱和土体渗流固结过程

（1）土体孔隙中自由水逐渐排出。

（2）土体孔隙体积逐渐缩小。

（3）由孔隙水承担的压力逐渐转移到土骨架来承受，成为有效应力。

上述三个方面为饱和土体固结作用，渗流固结是排水、压缩和压力转移三者同时进行的一个过程。

5.5.1.2 渗流固结力学模型

为了详细解析饱和土渗流固结过程，借助多层弹簧活塞渗压力学模型说明，如图5.20所示。渗压模型由三层组成，在模型的圆筒中装满水，每一层安置一个带细孔的活塞，以随时观察不同深度点的孔隙水压力和渗流固结过程。每层活塞与筒底之间安装弹簧，以此模拟饱和土层，相当于地基表面受无限均布荷载的情况。弹簧可视为土的骨架，模型中的水相当于土体孔隙中的自由水。由试验可见：

（1）活塞顶面骤然施加压力 p 的一瞬间，圆筒中的水尚未从活塞的细孔排出时，压力

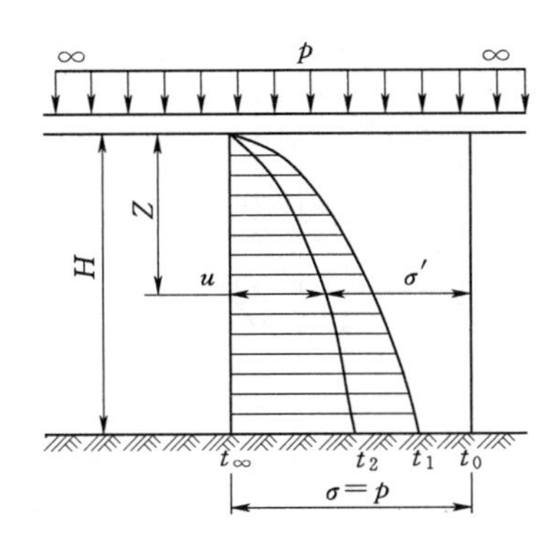

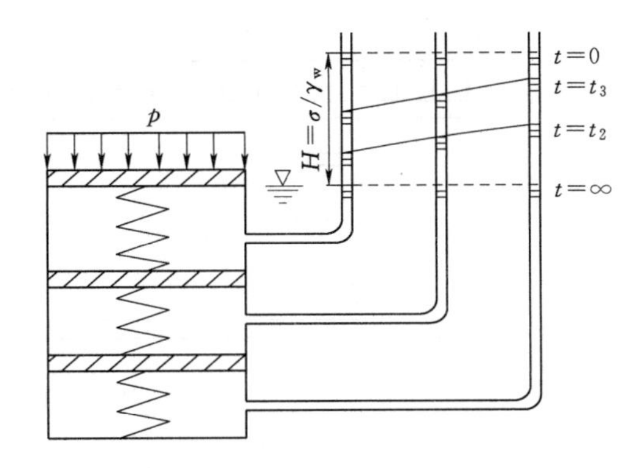

图 5.20 土层固结与多层渗压模型

p 完全由水承担，弹簧没有变形和受力，即 $u_1=u_2=u_3=p$，$\sigma'=0$。

（2）经过时间 t 后，因水压力增大，筒中水不断从活塞底部通过细孔向活塞顶面流出。上层的水渗径短，容易渗出，超静孔隙水压力下降较快，下层则降得比较慢。模型中活塞下降，迫使弹簧因压缩而受力。

因此，在 $0<t<\infty$ 时，有效应力 σ' 逐渐增大，超静孔隙水压力 u 逐渐减小，$u+\sigma'=p$。

（3）当时间趋于无穷大时，超静孔隙水压力 $u\to 0$，筒中的水停止外流，外力 p 完全作用在弹簧上，测压管中的水位又恢复到与静水位平齐。这时有效应力 $\sigma'=p$，而超静孔隙水压力 $u=0$，土体渗流固结完成。

由此可见，饱和土体的渗流固结就是土中的超静孔隙水压力 u 消散、逐渐转移为有效应力的过程。

5.5.2 单向渗透固结理论

单向固结是指土中的孔隙水只沿竖直一个方向渗流，同时土体也只沿竖直一个方向压缩。在土的水平方向无渗流、无位移。此种条件相当于荷载分布的面积很广，靠近地表的薄层黏性土的渗流固结情况。因为这一理论计算十分简便，目前建筑工程中应用很广。

5.5.2.1 基本假设

单向固结理论亦称一维固结理论，此理论提出以下几点假设：

（1）土层是均质的、完全饱和的。

（2）土粒和水是不可压缩的。

（3）水的渗出和土层的压缩只沿一个方向发生。

（4）水的渗流符合达西定律，且渗透系数 k 保持不变。

（5）孔隙比的变化与有效应力的变化成正比，即 $-\mathrm{d}e/\mathrm{d}\sigma'=a$，且压缩系数 a 保持不变。

（6）外荷载一次瞬时施加。

5.5.2.2 单向渗透固结微分方程

饱和黏性土层厚度为 $2H$，土层上下两面为透水层。作用于土层顶面的竖直荷载无限均匀分布，如图 5.21 所示。在任意深度 z 处，取一微单元体进行分析。

令固体体积为 1。在单位时间内，此单元体内挤出的水量 Δq，等于单元体孔隙体积的

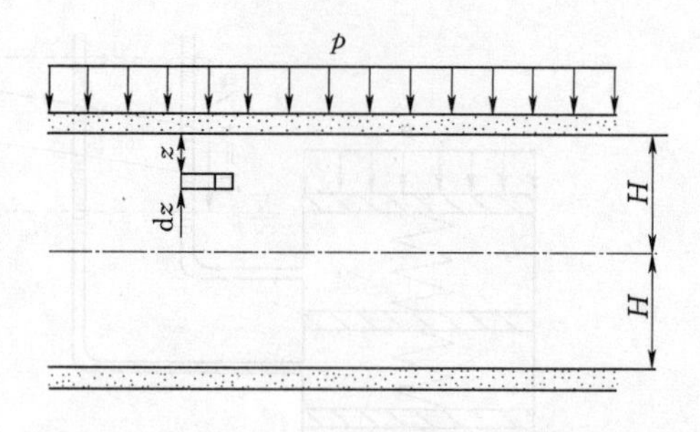

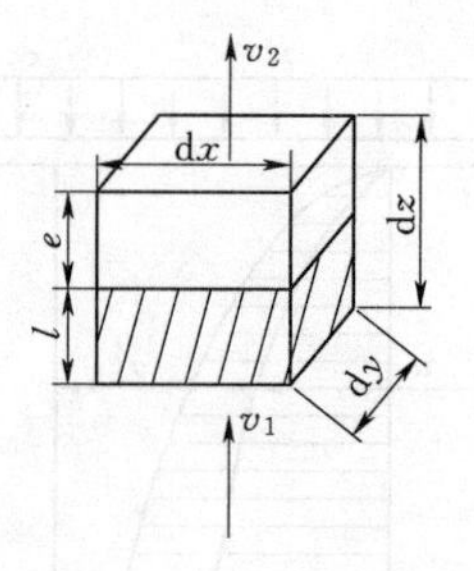

图 5.21　一维渗透固结过程

压缩量 ΔV。设单元体底面渗流速度为 v_1，顶面流速为 $v_2=v+\frac{\partial u}{\partial z}\mathrm{d}z$，则

$$\Delta q=\left[\left(v+\frac{\partial v}{\partial z}\mathrm{d}z\right)-v\right]\mathrm{d}x\,\mathrm{d}y\,\mathrm{d}t=\frac{\partial v}{\partial z}\mathrm{d}x\,\mathrm{d}y\,\mathrm{d}z\,\mathrm{d}t \tag{5.38}$$

根据达西定律

$$v=ki=k\frac{\partial h}{\partial z}$$

式中　h——孔隙水压力的水头。

$u=\gamma_w h$，即 $h=\frac{u}{\gamma_w}$，因此

$$v=k\frac{\partial h}{\partial z}=\frac{k}{\gamma_w}\frac{\partial u}{\partial z}$$

$$\frac{\partial v}{\partial z}=\frac{k}{\gamma_w}\frac{\partial^2 u}{\partial z^2}$$

将上式代入式（5.38），得

$$\Delta q=\frac{k}{\gamma_w}\frac{\partial^2 u}{\partial z^2}\mathrm{d}x\,\mathrm{d}y\,\mathrm{d}z\,\mathrm{d}t \tag{5.39}$$

孔隙体积的压缩量

$$\Delta V=\mathrm{d}V_v=\mathrm{d}(nV)=\mathrm{d}\left(\frac{e}{1+e_1}\mathrm{d}x\,\mathrm{d}y\,\mathrm{d}z\right)=\frac{\mathrm{d}e}{1+e_1}\mathrm{d}x\,\mathrm{d}y\,\mathrm{d}z \tag{5.40}$$

因

$$\frac{\mathrm{d}e}{\mathrm{d}\sigma'}=-a,\ \mathrm{d}e=-a\,\mathrm{d}\sigma'=-a\,\mathrm{d}(\sigma-u)=a\,\mathrm{d}u=a\frac{\partial u}{\partial t}\mathrm{d}t$$

将上式代入式（5.40），得

$$\Delta V=\frac{a}{1+e_1}\frac{\partial u}{\partial t}\mathrm{d}x\,\mathrm{d}y\,\mathrm{d}z\,\mathrm{d}t \tag{5.41}$$

对饱和土体，$\mathrm{d}t$ 时间内 $\Delta q=\Delta V$，则

$$\frac{k}{\gamma_w}\frac{\partial^2 u}{\partial z^2}\mathrm{d}x\,\mathrm{d}y\,\mathrm{d}z\,\mathrm{d}t=\frac{a}{1+e_1}\frac{\partial u}{\partial t}\mathrm{d}x\,\mathrm{d}y\,\mathrm{d}z\,\mathrm{d}t$$

化简得

$$\frac{\partial u}{\partial t}=\left(\frac{k}{\gamma_w}\frac{1+e_1}{a}\right)\frac{\partial^2 u}{\partial z^2}$$

令
$$C_v=\frac{k}{\gamma_w}\frac{1+e_1}{a} \tag{5.42}$$

则
$$\frac{\partial u}{\partial t}=C_v\frac{\partial^2 u}{\partial z^2} \tag{5.43}$$

式中 C_v——土的固结系数，m^2/a 或 cm^2/a；

e_1——渗流固结前的孔隙比；

a——土的压缩系数，kPa^{-1}；

k——土的渗透系数，cm/s。

式（5.43）为一维渗流固结微分方程，反映土中超静孔隙水压力 u 随时间 t 与深度 z 的关系，在一定的初始和边界条件下，该方程有解析解，可求得任意时刻、任意深度的孔隙水压力值。

5.5.2.3 单向渗透固结微分方程解

一维渗流固结微分方程可根据不同的初始条件和边界条件求得其特解。对于图 5.21 情况：

（1）当 $t=0$ 和 $0\leqslant z\leqslant 2H$ 时，$u=u_0=p$。

（2）当 $0<t\leqslant\infty$ 和 $z=0$ 时，$u=0$。

（3）当 $0<t\leqslant\infty$ 和 $z=2H$ 时，$u=0$。

应用傅里叶级数，可求得式（5.43）的解如下

$$u=\frac{4p}{\pi}\sum_{m=1}^{\infty}\frac{1}{m}\sin\frac{mz\pi}{2H}e^{-m^2\frac{\pi^2}{4}T_v} \tag{5.44}$$

$$T_v=\frac{C_v}{H^2}t \tag{5.45}$$

式中 m——奇数正整数，即 1，3，5，…；

e——自然对数的底；

H——土层最大排水距离，如为双水面排水，H 为土层厚度的一半，单面排水 H 为土层总厚度，m；

T_v——时间因子。

5.5.2.4 固结度

理论上，可根据式（5.44）求出土层中任意时刻超静孔隙水压力及相应的有效应力的大小和分布，再利用压缩量的基本公式算出任意时刻的基础沉降量 s_t，但这样求解很烦琐，下面将引入固结度的概念使问题得以简化。

固结度是指地基在某一固结应力作用下，经历任一时间 t 后土体发生固结和超静孔隙水压力消散的程度。对于任一深度 z 处土层经时间 t 后的固结度，可按下式计算

$$U=\frac{u_0-u}{u_0}=1-\frac{u}{u_0} \tag{5.46}$$

式中 u_0——初始超静孔隙水压力，其大小等于该点的固结应力；

u——t 时刻的超静孔隙水压力。

对具体工程而言，某一点的固结度对于解决工程实际问题并不重要，为此更有意义的

是土层的平均固结度。对于如图 5.21 所示的单向固结、双面排水、固结应力为均匀分布的情况，土层的平均固结度为

$$U=\frac{\int_0^H u_0\mathrm{d}z-\int_0^H u\mathrm{d}z}{\int_0^H u_0\mathrm{d}z}=1-\frac{\int_0^H u\mathrm{d}z}{\int_0^H u_0\mathrm{d}z}=1-\frac{\int_0^H u\mathrm{d}z}{pH} \tag{5.47}$$

将式（5.44）代入式（5.47），积分化简后得

$$U=1-\frac{8}{\pi^2}\left[\mathrm{e}^{-\left(\frac{\pi^2}{4}\right)T_v}+\frac{1}{9}\mathrm{e}^{-9\left(\frac{\pi^2}{4}\right)T_v}+\cdots\right]$$

或

$$U=1-\frac{8}{\pi^2}\sum_{m=1}^{\infty}\frac{1}{m}\sin\frac{mz\pi}{2H}\mathrm{e}^{-m^2\left(\frac{\pi^2}{4}\right)T_v} \tag{5.48}$$

从上式可以看出，土层的平均固结度是时间因子 T_v 的单值函数，它与所加固结应力的大小无关，但与土层中固结应力的分布有关。对于单面排水、各种直线型固结应力分布下的土层平均固结度与时间因数的关系，从理论上同样可以求得。为了使用方便，已将各种固结应力分布情况下土层的平均固结度与时间因子之间的关系绘成曲线或制成表格，见表 5.10，表格中的参数 α 可表示为

$$\alpha=\frac{\text{排水面附加应力}}{\text{不排水面附加应力}}=\frac{\sigma_1}{\sigma_2} \tag{5.49}$$

表 5.10　单面排水不同条件下 U_t－T_v 关系表

土层边界应力比 α \ 固结度 U_t	0.0	0.1	0.2	0.3	0.4	0.5	0.6	0.7	0.8	0.9	1.0
0.0	0.000	0.049	0.100	0.154	0.217	0.290	0.380	0.500	0.660	0.950	∞
0.2	0.000	0.027	0.073	0.126	0.186	0.260	0.350	0.460	0.630	0.920	∞
0.4	0.000	0.016	0.056	0.106	0.164	0.240	0.330	0.440	0.600	0.900	∞
0.6	0.000	0.012	0.042	0.092	0.148	0.220	0.310	0.420	0.580	0.880	∞
0.8	0.000	0.010	0.036	0.079	0.134	0.200	0.290	0.410	0.570	0.860	∞
1.0	0.000	0.008	0.031	0.071	0.126	0.200	0.290	0.400	0.570	0.850	∞
1.5	0.000	0.008	0.024	0.058	0.107	0.170	0.260	0.380	0.540	0.830	∞
2.0	0.000	0.006	0.019	0.050	0.095	0.160	0.240	0.360	0.520	0.810	∞
3.0	0.000	0.005	0.016	0.041	0.082	0.140	0.220	0.340	0.500	0.790	∞
4.0	0.000	0.004	0.014	0.040	0.080	0.130	0.210	0.330	0.490	0.780	∞
5.0	0.000	0.004	0.013	0.034	0.069	0.120	0.200	0.320	0.480	0.770	∞
7.0	0.000	0.003	0.012	0.030	0.065	0.120	0.190	0.310	0.470	0.760	∞
10.0	0.000	0.003	0.011	0.028	0.060	0.110	0.180	0.300	0.460	0.750	∞
20.0	0.000	0.003	0.010	0.026	0.060	0.110	0.170	0.290	0.450	0.740	∞
∞	0.000	0.002	0.009	0.024	0.048	0.090	0.160	0.230	0.440	0.730	∞

对于单向固结，土层的平均固结度也可以表示为

$$U_t=\frac{s_t}{s} \tag{5.50}$$

式中 s_t——经时间 t 后的基础沉降量；

s——基础最终沉降量。

5.5.3 沉降与时间的关系计算

根据土层中固结应力的分布和排水条件，并利用土层平均固结度与时间因子的关系，可根据式（5.50）计算地基变形与时间的关系，计算步骤如下：

（1）计算地基最终变形量 s。按分层总和法或《建筑地基基础设计规范》(GB 50007—2011）法进行计算。

（2）计算附加应力比值 α。由地基附加应力计算，应用式（5.49）可得 α 值。

（3）假定一系列地基平均固结度 U_t，如 $U_t=10\%$、20%、40%、60%、80%、90%。

（4）计算时间因子 T_v。由假定的每一个平均固结度 U_t 与 α 值，应用表 5.10，采用插值法查出时间因子 T_v。

（5）计算时间 t。由地基土的性质指标和土层最远排水距离，由式（5.45）计算地基固结度达到 U_t 时需要的时间 t。

（6）计算时间 t 的沉降量 s。由式（5.50）可得：$s_t=U_t s$。

（7）绘制 s_t-t 关系曲线。以计算的 s_t 为纵坐标，时间 t 为横坐标，绘制 s_t-t 关系曲线，则可求任意时间的变形量 s_t。

上述地基变形与时间关系的计算都是指单向排水情况。如果土层上下两面均可排水，则不论土层中固结应力的分布如何，土层的平均固结度均按固结应力为均匀分布的情况（即 $\alpha=1$）进行计算，但时间因子中的排水距离应取土层厚度的一半。

【例 5.5】 已知某工程地基为饱和黏土层，厚度为 8.0m，顶部为薄砂层，底部为不透水的基岩，如图 5.22 所示。基础中点 O 下的附加应力在基底处为 240kPa，基岩顶面处为 160kPa。黏土地基的孔隙比 $e_1=0.88$、$e_2=0.83$，渗透系数 $k=0.6\times10^{-8}$cm/s。求地基变形量与时间的关系。

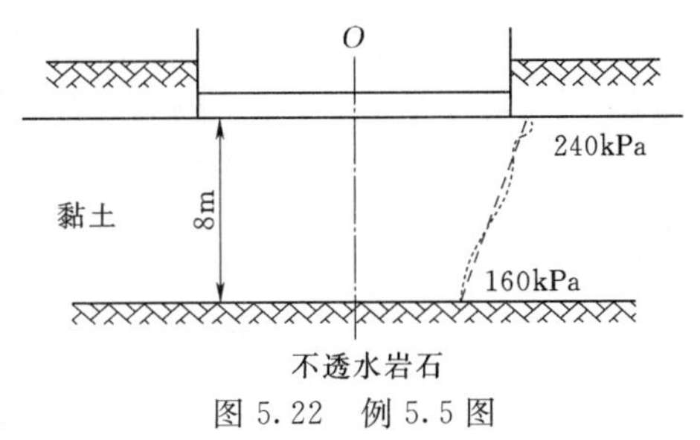

图 5.22 例 5.5 图

解：（1）地基沉降量估算。

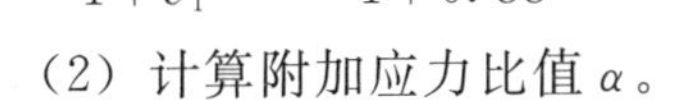

$$s=\frac{e_1-e_2}{1+e_1}h=\frac{0.88-0.83}{1+0.88}\times800=21.3(\text{cm})$$

（2）计算附加应力比值 α。

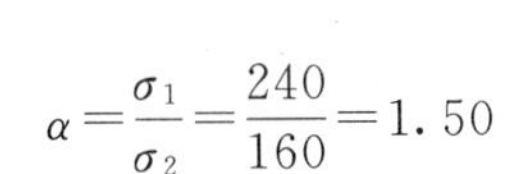

$$\alpha=\frac{\sigma_1}{\sigma_2}=\frac{240}{160}=1.50$$

（3）假定地基平均固结度 $U_t=25\%$、50%、75%、90%。

（4）计算时间因子 T_v。根据附加应力比值和固结度，查表 5.11 可得各固结度对应的时间因子 $T_v=0.041$、0.170、0.460、0.830。

（5）计算相应的时间 t。

地基土的平均压缩系数

$$a=\frac{\Delta e}{\Delta\sigma}=\frac{e_1-e_2}{\frac{0.24+0.16}{2}}=\frac{0.88-0.83}{0.20}=\frac{0.05}{0.20}=0.25(\text{MPa}^{-1})$$

渗透系数换算

$$k=0.6\times10^{-8}\times3.15\times10^{7}=0.19(\text{cm/a})$$

固结系数

$$C_{\text{v}}=\frac{k(1+e_{\text{m}})}{0.1a\gamma_{\text{w}}}=\frac{0.19\times(1+0.88)}{0.1\times0.25\times0.001}=14288(\text{cm}^2/\text{a})$$

（式中引入了量纲换算系数 0.1）

时间因子

$$T_{\text{v}}=\frac{C_{\text{v}}t}{H^2}=\frac{14288t}{800^2}$$

故

$$t=\frac{640000}{14288}T_{\text{v}}=44.8T_{\text{v}}$$

地基变形量与时间的关系见表 5.11。

表 5.11　　　　［例 5.5］附表

固结度 U_t/%	系数 α	时间因子 T_v	时间 t/a	沉降量 s_t/cm
25	1.5	0.041	1.84	5.32
50	1.5	0.170	7.62	10.64
75	1.5	0.460	20.61	15.96
90	1.5	0.830	37.18	19.17

【例 5.6】 有一黏土层，厚度为 10m，位于不透水的坚硬岩层上，由于基底上作用有竖直均布荷载，在土层中引起的固结应力的大小和分布如图 5.23 所示。若土层的初始孔隙比 $e_1=0.6$，压缩系数 $a=3.0\times10^{-4}\text{kPa}^{-1}$，渗透系数 $k=1.0\text{cm/a}$，试问：

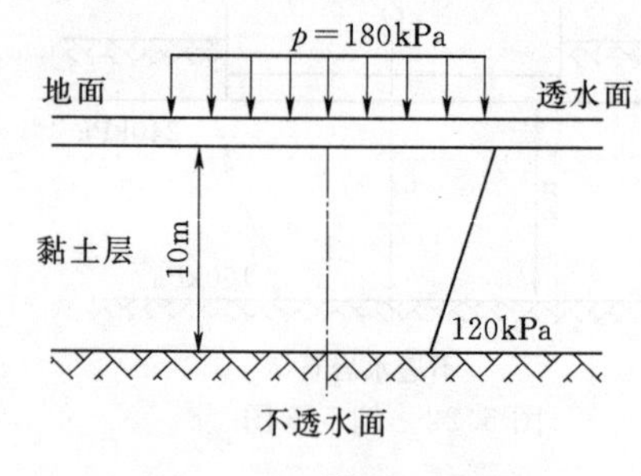

图 5.23　［例 5.6］图

（1）加荷一年后，基础中心点的沉降为多少？

（2）基础沉降量达到 20cm 需要多长时间？

解：（1）该土层的平均固结应力为

$$p_z=\frac{180+120}{2}=150(\text{kPa})$$

则基础的最终沉降量为

$$s=\frac{a_{\text{v}}}{1+e_1}p_zH=\frac{3.0\times10^{-4}}{1+0.6}\times150\times1000=28.125(\text{m})$$

该土层的固结系数为

$$C_{\text{v}}=\frac{k(1+e_1)}{a\gamma_{\text{w}}}=\frac{1.0\times(1+0.6)}{3.0\times10^{-4}\times0.098}=5.44\times10^4(\text{cm}^2/\text{a})$$

时间因子为

$$T_{\text{v}}=\frac{C_{\text{v}}t}{H^2}=\frac{5.44\times10^4\times1}{1000^2}=0.0544$$

土层的固结应力为梯形分布，其参数为

$$\alpha=\frac{\sigma_1}{\sigma_2}=\frac{180}{120}=1.5$$

由 T_v 及 α 值从表 5.11 中查得土层的平均固结度为 0.289，则加荷一年后的沉降量为

$$s_t=U_s=0.289\times28.125=8.128(\text{cm})$$

（2）已知基础的 s_t=20cm，最终变形量 s=28.125cm。则土层的平均固结度为

$$U=\frac{s_t}{s}=\frac{20}{28.125}=0.71$$

由 U 和 α 值，查表 5.11 可得，土层的时间因子为 0.396，则沉降达到 20cm 所需的时间为

$$t=\frac{T_vH^2}{C_v}=\frac{0.396\times1000^2}{5.44\times10^4}=7.28(\text{a})$$

实践表明：对于饱和黏性土，用单向固结理论计算的固结过程，接近土样在侧限压缩试验中的固结过程，但与实测的沉降与时间关系出入较大，这是由多种复杂因素影响所致。如实际土层的复杂性和土的物理力学性质指标在固结过程中发生变化等因素都有影响。只有当基底面积很大，压缩土层厚度小于基础宽度的 1/2 时，才接近于单向固结条件。

此外，工程中还会遇到二维、三维固结问题，非饱和土的固结问题以及饱和密实黏土的固结问题等，对这些问题应进行专业研究，此处不再引述。

思　考　题

5.1　地基土的变形有何特性？土的变形与其他建筑材料如钢材的变形有何差别？

5.2　何谓土的压缩系数？一种土的压缩系数是否为定值？为什么？如何判别土的压缩性？压缩系数的量纲是什么？

5.3　工程中采用的土的压缩性指标有哪几个？这些指标各用什么方法确定？各指标之间有什么关系？

5.4　压缩曲线有哪两种表示方法？何谓回弹曲线、再压缩曲线？

5.5　何谓超固结土与欠固结土？这两种土与正常固结土有何区别？

5.6　分层总和法计算地基最终沉降量的原理是什么？为何计算土层的厚度要规定 $h\leqslant0.4b$？评价分层总和法沉降计算的优缺点。

5.7　何谓土的压缩、土的固结？两者有何区别？

5.8　饱和土固结过程中，孔隙水压力和有效应力如何变化？

5.9　何谓有效应力原理？有效应力与孔隙水压力的物理概念是什么？在固结过程中，两者是怎样变化的？压缩曲线横坐标表示何种应力？为什么？

5.10　什么是固结度、平均固结度？两者有何区别和联系？

5.11　研究地基沉降与时间的关系有何实用价值？何谓固结度 U_t？U_t 与时间因子 T_v 有何关系？α 值代表什么？计算中的时间 t 与渗透系数 k 的量纲是什么？

计　算　题

5.1　侧限压缩试验试样初始厚度为 2.0cm，当垂直压力由 100kPa 增加到 200kPa，

变形稳定后土样厚度由1.99cm变为1.97cm，试验结束后卸去全部荷载，厚度变为1.98cm。试验全过程试样都处于饱和状态。试验结束后取出土样测得土样含水率 $w=27.8\%$，土粒相对密度为2.7。试计算土样的初始孔隙比和压缩系数 a_{1-2}。

5.2　已知某土样直径为12cm，高3cm，初始孔隙比为1.35，室内压缩试验中 $p_1=100\text{kPa}$ 时，孔隙比为1.25，施加 $p_2=200\text{kPa}$ 时，孔隙比为1.20，求压缩系数 a_{1-2} 与压缩模量 E_{s1-2}，并判断该土样的压缩性。

5.3　某黏土原状试样的压缩试验结果见表5.12。

（1）试确定前期固结压力 p_c。

（2）试求压缩指数 C_c。

（3）已知土层自重应力为293kPa，试判断该土层的固结状态。

表5.12　　　　习　题　5.3　表

压力/kPa	0	17.28	34.6	86.6	173.2	346.4	693.8	1385.6
孔隙比	1.06	1.029	1.024	1.007	0.989	0.953	0.913	0.835
压力/kPa	2771.2	5542.4	11084.6	8771.2	6928.0	1782.0	34.6	
孔隙比	0.725	0.617	0.501	0.538	0.577	0.624	0.665	

5.4　某工程采用箱形基础，基础底面尺寸为10.0m×10.0m。基础高度等于基础埋深，为6.0m，基础顶面与地面齐平。地下水位埋深2.0m。地基为粉土，$\gamma_{sat}=20\text{kN/m}^3$，$E_s=5\text{MPa}$。基础顶面中心集中荷载 $N=8000\text{kN}$，基础自重 $G=3600\text{kN}$。试估算该基础的沉降量。

5.5　已知一矩形基础底面尺寸为5.6m×4.0m，基础埋深 $d=2.0\text{m}$。上部结构总荷重 $p=6600\text{kN}$，基础及其上填土平均容重 $\gamma_m=20\text{kN/m}^3$。地基土表层为人工填土，$\gamma_1=17.5\text{kN/m}^3$，厚6.0m；第二层为黏土，$\gamma_2=16.0\text{kN/m}^3$，$e_1=1.0$，$a=0.6\text{MPa}^{-1}$，厚1.6m；第三层为卵石，$E_s=25\text{MPa}$，厚5.6m。求黏土层的沉降量。

5.6　某柱基础底面为正方形，边长 $l=b=2.0\text{m}$，基础埋置深度 $d=1.2\text{m}$。上部结构传至基础顶面荷载 $F=40\text{kN}$。地基为黏土，地下水位埋深2.4m。地下水位以上，土的天然容重 $\gamma=17.6\text{kN/m}^3$，孔隙比 $e_1=0.666$，压缩系数 $a=0.35\text{MPa}^{-1}$。地下水位以下，土的饱和容重 $\gamma_{sat}=18.0\text{kN/m}^3$，孔隙比 $e_1=0.841$，压缩系数 $a=0.65\text{MPa}^{-1}$。用分层总和法计算柱基础中点的沉降量。

5.7　某工程矩形基础长3.60m，宽2.00m，埋深 $d=1.00\text{m}$。地面以上部分荷重 $N=900\text{kN}$。地基为粉质黏土，$\gamma=16.0\text{kN/m}^3$，$e_1=1.0$，$a=0.4\text{MPa}^{-1}$。试用《建筑地基基础设计规范》（GB 50007—2011）法计算基础中心点的最终沉降量。

5.8　已知某大厦采用筏板基础，长42.5m，宽13.3m，埋深 $d=4.0\text{m}$。基础底面附加应力 $p_1=214\text{kPa}$，基底铺排水砂层。地基为黏土，$E_s=7.5\text{MPa}$，渗透系数 $k=0.6\times10^{-8}\text{cm/s}$，厚8.00m。其下为透水的砂层，砂层面附加应力 $p_2=160\text{kPa}$。计算地基沉降与时间的关系。

5.9　设饱和黏土层的厚度为10m，其下为不透水的非压缩坚硬岩层，地面上作用有均布荷载 $p=240\text{kN/m}^2$。该黏土层的物理力学性质如下：初始孔隙比 $e_0=0.8$，压缩系数

$a=0.25\text{MPa}^{-1}$，渗透系数 $k=2.0\text{cm/a}$。试问：

（1）加荷一年后地面沉降多少？

（2）加荷多长时间地面沉降量可达 20cm？

5.10　厚度为 7m 的饱和黏土层，其下为不可压缩的不透水层。现在已知黏土层的竖向固结系数 $C_v=4.5\times10^{-3}\text{cm/s}$，$\gamma_{sat}=19.5\text{kN/m}^3$。黏土层顶面为薄透水砂层，地表瞬时施加大面积均布荷载 $p=100\text{kPa}$。分别计算下列几种情形：

（1）若黏土层已经在自重作用下完成固结，然后施加 p，求达到 50%固结度所需的时间。

（2）若黏土层尚未在自重作用下固结，则施加 p 后，求达到 50%固结度所需的时间。

第6章 土的抗剪强度

【本章导读】 各类建筑物（构筑物）地基、边坡的稳定性，挡土墙和地下结构的土压力等均由土的抗剪强度控制。本章介绍土的强度理论，土的极限平衡条件和强度指标的测定方法。通过本章学习，应掌握土抗剪强度的表示方法，摩尔-库仑破坏准则，测定土抗剪强度指标的试验方法；理解无黏性土、黏性土的抗剪强度机理。

6.1 土体强度的工程应用

6.1.1 土抗剪强度的基本概念

土的抗剪强度是指土体抵抗剪切破坏的极限能力，是土的主要力学性质之一。在外荷载作用下，土中任一截面将会产生法向应力和剪应力，其中法向应力的作用使土体压密，而剪应力的作用可使土体发生剪切变形。当土中某一截面由荷载所产生的剪应力超过了土的极限抵抗能力，一部分土体就会相对于另一部分土体产生移动，发生剪切破坏。随着荷载的增加，剪切破坏的范围逐渐扩大，最终在土体中形成连续的滑动面，而丧失其稳定性。工程实践和室内试验表明建筑物地基和土工建筑物的破坏绝大多数属于剪切破坏。例如，堤坝、路堤边坡的坍滑［图 6.1（a）］，挡土墙墙后填土失稳［图 6.1（b）］，建筑物地基的破坏［图 6.1（c）］，都是由于沿某一些面上的剪应力超过土的抗剪强度所造成。

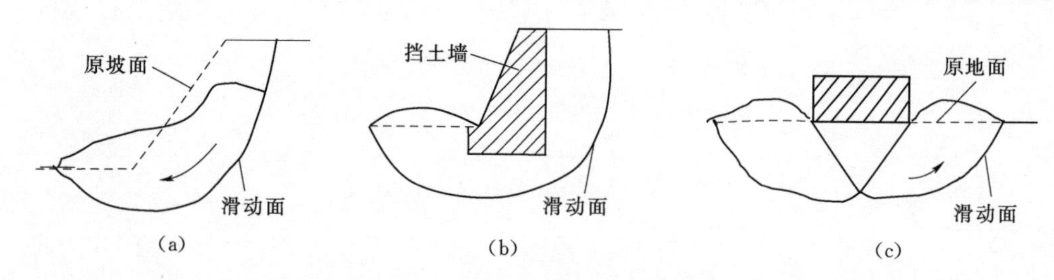

图 6.1 土体剪切破坏形式示意图

（a）堤坝、路堤边坡的坍滑；（b）挡土墙墙后填土失稳；（c）建筑物地基的破坏

土体发生剪切破坏的内因主要是土具有碎散性，土粒本身的强度大于颗粒间的联结强度，即土粒之间的黏结作用和相互之间的咬合作用。因此，土体在外力作用下容易沿着颗粒接触处发生相互错动。土的抗剪强度是决定地基或土工建筑物稳定性的关键因素。所以，研究土的抗剪强度对工程设计、施工和管理都具有非常重要的理论和实际意义。

6.1.2 土抗剪强度的工程应用

土的破坏主要是由剪切引起的，剪切破坏是土体破坏的主要形式。与土的抗剪强度有关的工程问题主要有以下三类。

(1) 土工结构物的稳定性问题。土工结构物的稳定性问题是工程中经常遇到的，如人工筑成的路堤，土坝的边坡以及天然土坡等稳定性问题。土质、岩质边坡的滑坡事故经常发生在暴雨过后、水库蓄水、开挖和填筑施工、地震过后等。滑坡是重大自然灾害，我国是滑坡灾害频发的国家。

(2) 土作为工程结构的环境问题，即土压力问题。土对工程构筑物的侧压力与边坡稳定问题有直接联系，若边坡较陡而不能保持稳定，又由于场地或其他条件限制而不允许采用平缓边坡时，就要修筑挡土墙来保持力的平衡。交通、工民建、港口等工程中均有挡土墙，墙后土体产生的侧向压力是挡土墙上承受的主要作用力。

(3) 土作为建筑物的地基问题，即地基承载力问题。地基承载力问题主要是由于基础下的地基土体产生整体滑动或因局部剪切破坏而导致过大的地基变形，造成上部结构的破坏或影响建筑物的正常使用功能。

6.2 摩尔-库仑强度理论

6.2.1 库仑公式

库仑（1736—1806），法国军事工程师，他在摩擦学、电磁学方面做出了奠基性的贡献。1773 年，库仑根据砂土的直接剪切试验结果，提出砂土的抗剪强度 τ_f 在一定的应力变化范围内，可表示为剪切破坏面上的法向应力 σ 的函数 [图 6.2 (a)]，即

$$\tau_f=\sigma\tan\varphi \tag{6.1}$$

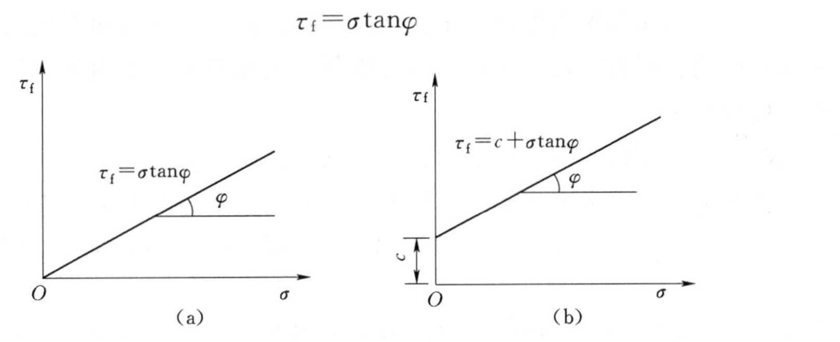

图 6.2 抗剪强度与法向压应力的关系

(a) 砂土；(b) 黏性土

后来库仑又根据黏性土的剪切试验结果，提出了更为普遍的抗剪强度表达形式 [图 6.2 (b)]，即

$$\tau_f=c+\sigma\tan\varphi \tag{6.2}$$

式中 τ_f——土的抗剪强度，kPa；

σ——剪切破坏面上的法向应力，kPa；

c——土的黏聚力（内聚力），kPa；

φ——土的内摩擦角，(°)。

式 (6.1) 和式 (6.2) 是土体强度规律的数学表达式，统称为库仑公式或库仑定律。c 和 φ 是决定土的抗剪强度的两个指标，被称为土的抗剪强度指标（参数）。由库仑公式

可以看出，土的抗剪强度不是常数，而是随法向应力变化的。

对于砂土，由于其为散粒堆积体，当沿某一平面发生剪切时，并非指该平面位置上的颗粒被剪断，而只是在这个平面附近的颗粒相互滑移，所以砂土发生剪切时，主要是克服颗粒间的咬合力与颗粒间接触表面的摩擦力（这两个力统称为内摩擦力）。法向应力越大，内摩擦力也越大；当法向应力为零时，砂土的抗剪强度也等于零。砂土的抗剪强度包线通过坐标原点。

砂土的内摩擦角随其密实度、颗粒形状、大小和不均匀系数等因素的变化而不同。颗粒较小而圆、均匀且密度小的砂土内摩擦角 φ 较小；反之，当颗粒较大且粗糙、不均匀、密度较大的砂土内摩擦角 φ 较大。一般而言，砂土的内摩擦角 φ 变化范围不是很大，对于中砂、粗砂和砾砂的工程取值范围为 $\varphi=32°\sim40°$；粉砂、细砂的工程取值范围为 $\varphi=28°\sim36°$。松散砂的 φ 角与其天然休止角（即砂堆自然形成的角度）相近，密砂的 φ 角比其天然休止角略大，但是含水饱和的粉砂、细砂很容易失去稳定，因此对此类砂土内摩擦角的取值宜慎重，工程中有时规定取 $\varphi=20°$ 左右。砂土有时也有很小的黏聚力（一般在 10kPa 以内），这可能是由于砂土中夹有一些黏土颗粒，也可能是存在毛细黏聚力的缘故。

对于黏性土，其抗剪强度包线为一条不通过原点的直线，即一条在纵坐标上的截距为 c、与横坐标轴成 φ 角的直线。这是由于黏性土的抗剪强度除内摩擦力外还存在黏聚力。土的黏聚力是土体内由物理、化学机理引起的颗粒间的联结作用，包括原始黏聚力、固化黏聚力和毛细黏聚力。原始黏聚力主要是土粒间水膜受到相邻土粒之间的电分子引力而形成，与土的塑性指数、密度、孔隙比、含水率有关。当土被压密时，土粒间的距离减小，原始黏聚力增大。固化黏聚力是由于土粒间胶结物质的胶结作用而形成的，当土的天然结构被破坏时，固化黏聚力随之消失，且不可恢复。毛细黏聚力是由毛细压力所引起的，会消失，机理比较复杂。

黏性土的抗剪强度指标的变化范围很大，它与土的种类有关，并且与土的天然结构是否破坏、试样在法向压力下的排水固结程度及试验方法等因素有关。内摩擦角的工程取值范围大致为 $\varphi=0°\sim30°$；黏聚力的工程取值范围较大，可以小于 10kPa，又有可能大于 200kPa。

当式（6.1）和式（6.2）中的法向应力 σ 采用总应力时，称为总应力表达式，相应的抗剪强度指标称为总应力抗剪强度指标。若式（6.1）和式（6.2）中的法向应力采用有效应力 σ'，根据土的有效应力原理，饱和土中某点的有效应力 σ' 等于总应力 σ 与孔隙水压力 u 之差，即 $\sigma'=\sigma-u$，则可得到土抗剪强度的有效应力表达式，相应的抗剪强度指标称为有效应力抗剪强度指标：

$$\tau_f=\sigma'\tan\varphi' \tag{6.3}$$

$$\tau_f=c'+\sigma'\tan\varphi' \tag{6.4}$$

式中 τ_f——土的抗剪强度，kPa；

σ'——土体剪切破坏面上的有效法向应力，kPa；

u——土中的超静孔隙水压力，kPa；

c'——土的有效黏聚力（内聚力），kPa；

φ'——土的有效内摩擦角，(°)。

6.2.2 摩尔-库仑强度理论

摩尔（1900）继续库仑的早期研究工作，提出材料的破坏是剪切破坏的理论，认为在破裂面上，法向应力 σ 与抗剪强度 τ_f 之间存在如下函数关系

$$\tau_f = f(\sigma) \tag{6.5}$$

这个函数所定义的曲线称为摩尔破坏包线或抗剪强度包线，如图 6.3 中的实线所示。摩尔破坏包线可用来判断土单元体的状态。如果代表土单元体中某一个面上法向应力 σ 和剪应力 τ 的点落在破坏包线下面，如 A 点，它表明在该法向应力下，该面上的剪应力 τ 小于土的抗剪强度 τ_f，土不会沿该面发生剪切破坏。如果点正好落在曲线上，如 B 点，表明剪应力等于抗剪强度，土单元体处于临界破坏状态。代表应力状态的点如果落在曲线以上的区域，如 C 点，表明土体已经破坏。实际上这种应力状态是不会存在的，因为剪应力 τ 增加到抗剪强度 τ_f 时就不可能再继续增长。当然，土单元体中只要有一个面发生剪切破坏，该土单元体就进入破坏状态，或称为极限平衡状态。

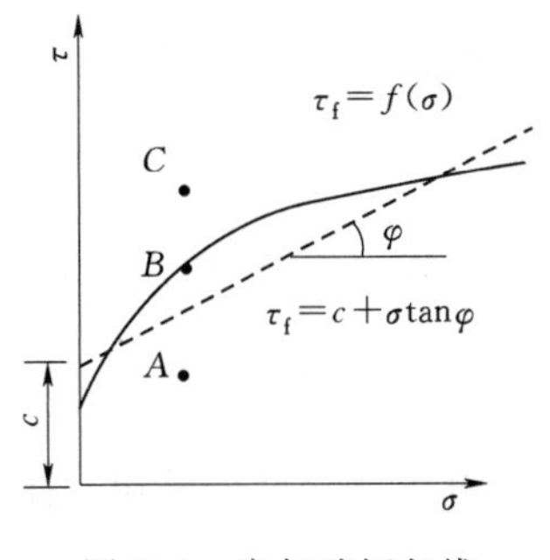

图 6.3　摩尔破坏包线

试验证明，在应力变化范围不太大的情况下，摩尔破坏包线可以用库仑强度公式表示，即土的抗剪强度与法向应力呈线性关系，如图 6.3 中的虚线所示。以库仑公式作为抗剪强度公式，根据剪应力是否达到抗剪强度作为破坏标准的理论称为摩尔-库仑强度理论。摩尔-库仑强度理论是描述土体强度破坏的一种理论，比较符合土的实际情况。

6.3 土的极限平衡

6.3.1 摩尔应力圆

由上节可知，土的抗剪强度与应力状态密切相关。在自重与外荷载作用下的土体（如地基）中任意一点的应力状态，若为平面应力问题，只要知道三个应力分量即 σ_x、σ_z 和 τ_{xz}，即可确定一点的应力状态。对于土中任意一点，所受的应力又随所取平面的方向不同而发生变化。但可以证明，在所有的平面中必有一组平面的剪应力为零，该平面称为主应力面。其作用于主应力面的法向应力称为主应力。那么，对于平面应力问题，土中一点的应力可用主应力 σ_1 和 σ_3 表示。σ_1 称为最大主应力，σ_3 称为最小主应力。由材料力学可知，当土中任一点的应力 σ_x、σ_z、τ_{xz} 为已知时，主应力可以由下面的应力转换关系得出

$$\begin{cases} \sigma_1 = \dfrac{\sigma_x + \sigma_z}{2} + \sqrt{\dfrac{\sigma_z - \sigma_x}{2} + \tau_{xz}^2} \\ \sigma_3 = \dfrac{\sigma_x + \sigma_z}{2} - \sqrt{\dfrac{\sigma_z - \sigma_x}{2} - \tau_{xz}^2} \end{cases} \tag{6.6}$$

主应力平面与任意平面间的夹角由下式得出

$$\alpha = \frac{1}{2}\arctan\left(\frac{\tau_{xz}}{\sigma_z - \sigma_x}\right) \tag{6.7}$$

α 角的转动方向与摩尔应力圆图上的一致。

反之，若已知土中任一点的大主应力σ_1和小主应力σ_3的大小和方向，则可计算与大主应力作用平面成α角的任一平面上的法向应力σ和剪应力τ，即

$$\sigma=\frac{1}{2}(\sigma_1+\sigma_3)+\frac{1}{2}(\sigma_1-\sigma_3)\cos 2\alpha \tag{6.8}$$

$$\tau=\frac{1}{2}(\sigma_1-\sigma_3)\sin 2\alpha \tag{6.9}$$

由式（6.8）可得

$$\sigma-\frac{1}{2}(\sigma_1+\sigma_3)=\frac{1}{2}(\sigma_1-\sigma_3)\cos 2\alpha \tag{6.10}$$

将式（6.9）和式（6.10）的两边平方并相加，可得

$$\left(\sigma-\frac{\sigma_1+\sigma_3}{2}\right)^2+\tau^2=\left(\frac{\sigma_1-\sigma_3}{2}\right)^2 \tag{6.11}$$

由式（6.11）可知，在σ-τ坐标平面内，土中一点的平面（二维）应力状态可以用一个摩尔应力圆来表示，如图6.4所示。该摩尔应力圆的圆心落在σ轴上，与坐标原点的距离为$\frac{\sigma_1+\sigma_3}{2}$，半径为$\frac{\sigma_1-\sigma_3}{2}$。因此，摩尔应力圆代表一点应力状态，过该点有无数个平面，圆周上一点坐标代表通过该点平面上的一对正应力与剪应力。土中一点的摩尔应力圆一经确定，该点的应力状态也就确定了。

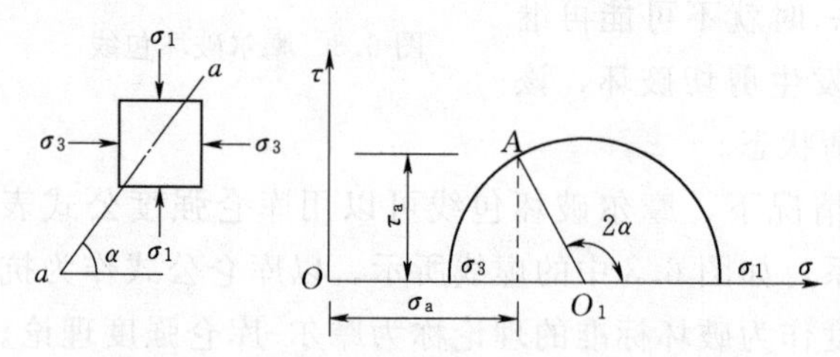

图6.4　摩尔应力圆表示一点的应力状态

摩尔应力圆的绘制方法已经在材料力学中讲述，这里不再赘述。但需要注意的是，土力学中的摩尔应力圆应力符号的规定与材料力学不同。材料力学中绘制摩尔应力圆时正应力的方向是以外法线方向为正（拉应力为正），剪应力是以外法线顺时针旋转为正，逆时针旋转为负。而土力学因为土不承受拉应力，以压应力为主，因此在土力学中规定压应力为正，摩尔应力圆中应力符号的规定与材料力学相反，正应力的符号是以压为正（外法线反向），剪应力是以绕外法线逆时针旋转为正。

6.3.2　土的极限平衡应力状态

根据库仑定律和试验做出的库仑强度线，如果已知土中某点任意平面上作用着法向应力σ以及剪应力τ，则由τ与抗剪强度τ_f对比可知：$\tau<\tau_f$（在破坏线以下）表示该点处于稳定状态；$\tau=\tau_f$（在破坏线上）表示该点处于极限平衡状态；$\tau>\tau_f$（在破坏线上方）表示该点已经剪切破坏。

同样，如果土中某点的应力状态已经确定，且已知土的抗剪强度指标c、φ值，可把代表土中某点应力状态所画的摩尔应力圆与该土的库仑强度线画在同一个τ-σ坐标图中，根据摩尔应力圆和抗剪强度包线的相对关系来判断土体一点的极限平衡应力状态。具体可分为以下三种情况：

（1）如果摩尔应力圆位于抗剪强度包线的下方（图6.5中的c圆），表明通过该点的任意平面上的剪应力都小于土的抗剪强度，故不会发生剪切破坏，也就是说该点处于稳定

状态。

(2) 如果摩尔应力圆与抗剪强度包线相切（图 6.5 中的 b 圆），则表明切点 A 所代表的平面上剪应力 τ 与抗剪强度 τ_f 相等，此时土体濒于剪切破坏的极限应力状态，称为极限平衡状态，与抗剪强度包线相切的应力圆称为极限应力圆，切点 A 的坐标是表示通过土中一点的某一截面处于极限平衡状态时的应力条件。

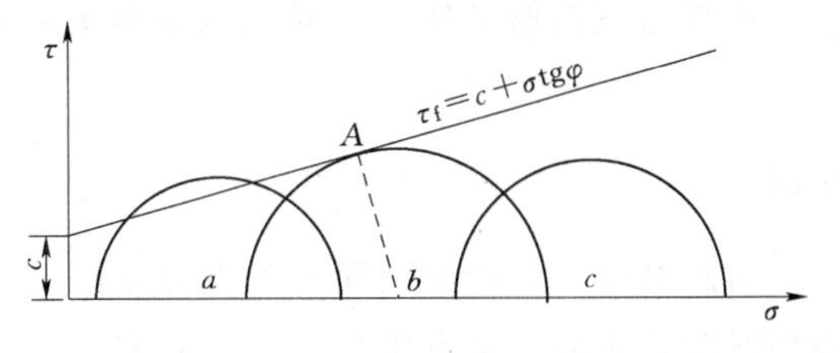

图 6.5 不同应力状态时的摩尔应力圆

(3) 若抗剪强度包线是摩尔应力圆的割线（图 6.5 中的 a 圆），表明该点土体已经破坏。事实上该应力圆所代表的应力状态是不存在的，因为平面上的剪应力 τ 增加到抗剪强度 τ_f 时，将产生应力重新分布，剪应力不可能再增长。

总之，将摩尔应力圆与抗剪强度包线（库仑定律）相结合，可以推导出表示土体极限平衡状态时主应力之间的相互关系式或应力条件。

6.3.3 土的极限平衡条件

由前述可知，判断一点的应力是否达到了极限平衡条件（即处于破坏临界状态），主要是看这点所代表的摩尔应力圆是否与抗剪强度包线（库仑公式所表达的强度线）相切。根据极限应力圆与抗剪强度包线之间的几何关系，可建立以土的主应力表示的土的极限平衡条件。如图 6.6 所示，根据极限应力圆与抗剪强度包线 $\tau_f = c + \sigma\tan\varphi$ 相切于 A 点的几何关系，由直角三角形 ABO_1 可知

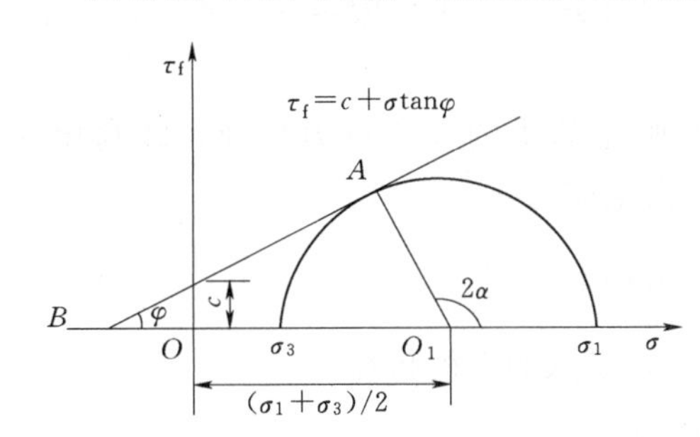

图 6.6 土的极限平衡状态

$$\sin\varphi = \frac{AO_1}{BO_1} = \frac{\sigma_1 - \sigma_3}{\sigma_1 + \sigma_3 + 2c\cot\varphi} \tag{6.12}$$

式（6.12）为土的极限平衡条件的一种形式，当 σ_1、σ_3、c、φ 满足该式时，土体处于极限平衡状态。

通过三角函数间的变换关系，可以得到土中某点处于极限平衡状态时主应力之间的关系式的另外两种表达形式，如果从式（6.12）解出 σ_1，即

$$\sigma_1 = \sigma_3 \frac{1+\sin\varphi}{1-\sin\varphi} + 2c\frac{\cos\varphi}{1-\sin\varphi} \tag{6.13}$$

经过三角变换可得

$$\sigma_1 = \sigma_3 \tan^2\left(45° + \frac{\varphi}{2}\right) + 2c\tan\left(45° + \frac{\varphi}{2}\right) \tag{6.14}$$

如果从式（6.12）解出 σ_3，进行类似的推导，可得到

$$\sigma_3 = \sigma_1 \tan^2\left(45° - \frac{\varphi}{2}\right) - 2c\tan\left(45° - \frac{\varphi}{2}\right) \tag{6.15}$$

式（6.12）、式（6.14）、式（6.15）是极限平衡条件的不同形式，都表示应力圆与强度包线相切时（即达到极限平衡状态时），σ_1、σ_3、c、φ 之间的关系。

由直角三角形 ABO_1 外角与内角的关系可知

$$2\alpha_f = 90° + \varphi \tag{6.16}$$

所以

$$\alpha_f = 45° + \frac{\varphi}{2}$$

由此可见，剪切破裂面与大主应力作用面成（$45°+\varphi/2$）的夹角。这表明，土体剪切破坏时的破裂面不是发生在最大剪应力 τ_{max} 的作用面（$\alpha=45°$）上，而是发生在与大主应力作用面成 $\alpha=45°+\varphi/2$ 的平面上。

6.3.4　土的极限平衡条件的应用

土的极限平衡条件可以用来判断土中一点的应力状态，具体方法是根据土达到极限平衡状态的条件表达式［式（6.12）、式（6.14）、式（6.15）］来判定土单元是否达到极限平衡。实际计算中常采用以下方法。

（1）根据已知应力状态下达到极限平衡状态所需的内摩擦角判断，即利用式（6.12）计算所要求的内摩擦角 φ_m

$$\varphi_m = \arcsin\frac{\sigma_1 - \sigma_3}{\sigma_1 + \sigma_3 + 2c\cot\varphi} \tag{6.17}$$

若 $\varphi_m < \varphi$，则土单元处于安全状态；$\varphi_m = \varphi$，则土单元处于极限平衡状态；$\varphi_m > \varphi$，则土单元处于不可能存在状态。

（2）根据已知应力状态下达到极限平衡状态所能承受的大主应力判断，即利用式（6.14），计算土体处于极限平衡状态时所能承受的大主应力 σ_{1f}

$$\sigma_{1f} = \sigma_3\tan^2\left(45° + \frac{\varphi}{2}\right) + 2c\tan\left(45° + \frac{\varphi}{2}\right) \tag{6.18}$$

通过比较计算值 σ_{1f} 与实际值 σ_1 的大小，即可评判该点的平衡状态：

1）当 $\sigma_1 < \sigma_{1f}$ 时，土体中该点处于稳定平衡状态。

2）当 $\sigma_1 = \sigma_{1f}$ 时，土体中该点处于极限平衡状态。

3）当 $\sigma_1 > \sigma_{1f}$ 时，土体中该点处于破坏状态。

（3）根据已知应力状态下达到极限平衡状态所能承受的小主应力判断，即利用式（6.15）计算土体处于极限平衡状态时所能承受的小主应力 σ_{3f}

$$\sigma_{3f} = \sigma_1\tan^2\left(45° - \frac{\varphi}{2}\right) - 2c\tan\left(45° - \frac{\varphi}{2}\right) \tag{6.19}$$

通过比较计算值 σ_{3f} 与实际值 σ_3 的大小，即可评判该点的平衡状态：

1）当 $\sigma_3 > \sigma_{3f}$ 时，土体中该点处于稳定平衡状态。

2）当 $\sigma_3 = \sigma_{3f}$ 时，土体中该点处于极限平衡状态。

3）当 $\sigma_3 < \sigma_{3f}$ 时，土体中该点处于破坏状态。

【例 6.1】　有一土单元体，承受主应力 $\sigma_1 = 450$kPa，$\sigma_3 = 180$kPa。土单元体的内摩擦角 $\varphi = 26°$，黏聚力 $c = 20$kPa，试判断该土单元体是否达到极限平衡状态。

解：应用土的极限平衡条件，可得：

（1）利用式（6.17），求出满足极限平衡条件的内摩擦角 φ_m

$$\varphi_m = \arcsin\frac{\sigma_1 - \sigma_3}{\sigma_1 + \sigma_3 + 2c\cot\varphi} = \arcsin\frac{450 - 180}{450 + 180 + 2\times 41} = 22.28°$$

φ_m表示过 B 点与应力圆相切的直线与横轴的夹角［图 6.7（a）］。$\varphi_m<\varphi$，说明该土单元体处于稳定状态。

（2）利用式（6.18），求出满足极限平衡条件所能承受的最大主应力 σ_{1f}

$$\sigma_{1f}=\sigma_3\tan^2\left(45°+\frac{\varphi}{2}\right)+2c\tan\left(45°+\frac{\varphi}{2}\right)$$

$$=180\times\tan^2\left(45°+\frac{26°}{2}\right)+2\times20\times\tan\left(45°+\frac{26°}{2}\right)=525(\text{kPa})$$

$\sigma_1<\sigma_{1f}$，说明该土单元处于稳定状态，如图 6.7（b）所示。

（3）利用式（6.19），求出满足极限平衡条件所能承受的最小主应力 σ_{3f}

$$\sigma_{3f}=\sigma_1\tan^2\left(45°-\frac{\varphi}{2}\right)-2c\tan\left(45°-\frac{\varphi}{2}\right)$$

$$=450\times\tan^2\left(45°-\frac{26°}{2}\right)-2\times20\times\tan\left(45°-\frac{26°}{2}\right)=151(\text{kPa})$$

$\sigma_3>\sigma_{3f}=151\text{kPa}$，说明该土单元处于稳定状态，如图 6.7（c）所示。

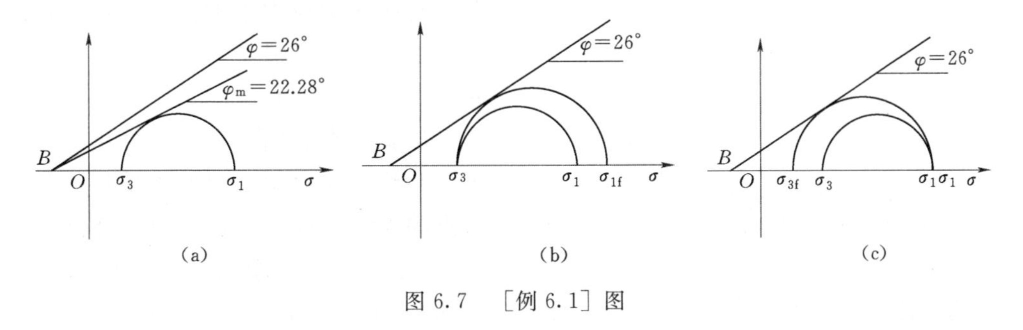

图 6.7 ［例 6.1］图

6.4 抗剪强度指标的确定

土的抗剪强度指标可以通过抗剪强度试验测定，可分为室内剪切试验和现场剪切试验。室内剪切试验常用的方法有直接剪切试验、三轴剪切试验、无侧限抗压强度试验以及其他类型室内试验。现场剪切试验常用的方法主要有十字板剪切试验等。

6.4.1 直接剪切试验

6.4.1.1 直接剪切试验仪器

直接剪切试验所使用的仪器称为直剪仪，按加荷方式的不同可分为应变控制式和应力控制式两种。前者是以等速水平推动试样产生位移并测定相应的剪应力；后者则是对试样分级施加水平剪应力，同时测定相应的位移。我国目前普遍采用的是应变控制式直剪仪，如图 6.8 所示。该仪器的主要部件由固定的上盒和活动的下盒组成，试样放在盒内上、下两块透水石之间。试验时，由杠杆系统通过加压活塞和透水石对试样施加某一法向应力，然后等速推动下盒，使试样沿上下盒之间的水平面上受剪直至破坏，剪应力的大小可借助与上盒接触的量力环测定。

6.4.1.2 直接剪切试验原理

直接剪切试验是测定土的抗剪强度最简单的方法，它所测定的是土样预定剪切面上的

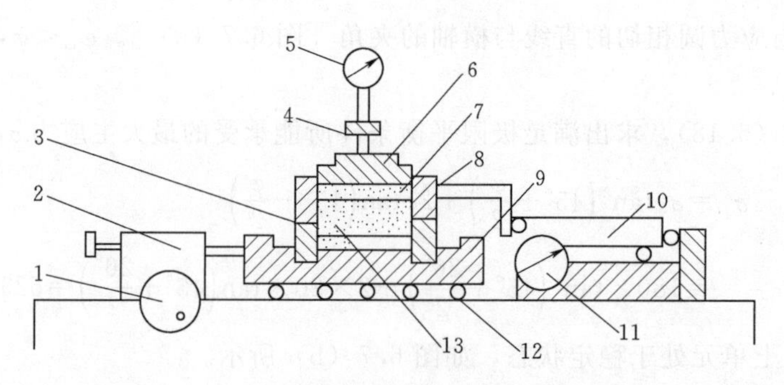

图 6.8 应变控制式直剪仪示意图

1—剪切传动机构；2—推动器；3—下盒；4—垂直加荷框架；5—垂直位移量表；6—传压板；7—透水石；8—上盒；9—储水盒；10—剪切力计量仪表；11—水平位移量表；12—滚珠；13—试样

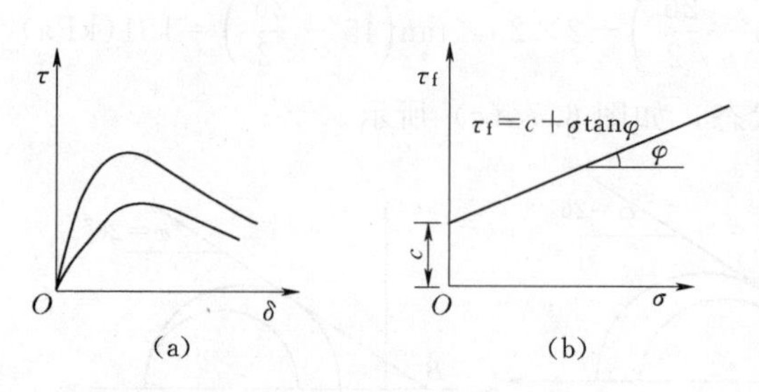

图 6.9 直接剪切试验结果

(a) 剪应力与剪切位移关系；(b) 黏性土试验结果

抗剪强度。试验时对同一种土取 3～4 个试样，分别在不同的法向应力下剪切破坏，测得对应法向应力下的抗剪强度。将试验结果绘制成抗剪强度与法向应力之间的关系，如图 6.9 所示。

试验结果表明，对于砂性土，抗剪强度 τ_f 与法向应力 σ 之间的关系是一条通过原点的直线，直线方程可用库仑公式 $\tau_f=\sigma\tan\varphi$ 表示；对于黏性土，抗剪强度 τ_f 与法向应力 σ 之间也基本成直线关系，该直线与横轴的夹角为内摩擦角 φ，在纵轴上的截距为黏聚力 c，直线方程可用库仑公式 $\tau_f=c+\sigma\tan\varphi$ 表示。

6.4.1.3 直接剪切试验方法分类

试验和工程实践都表明，土的抗剪强度与土受力后的排水固结状况有关，故测定强度指标的试验方法应与现场的施工加荷条件一致。为近似模拟土体在现场受剪的排水条件，直接剪切试验可分为快剪、固结快剪和慢剪三种方法。快剪试验是在对试样施加竖向压力后，立即快速施加水平剪应力，使试样剪切破坏。一般从加荷到土样剪坏只用 3～5 min。由于剪切速率较快，可认为在剪切过程中试样没有排水固结，近似模拟了“不排水剪切”过程。固结快剪试验是在对试样施加竖向压力后，让试样充分排水固结，待沉降稳定后快速施加水平剪应力，使试样剪切破坏。固结快剪试验近似模拟了“固结不排水剪切”过程。慢剪试验是在对试样施加竖向压力后让试样充分排水固结，待沉降稳定后，以缓慢的剪切速率施加水平剪应力直至试样剪切破坏，使试样在受剪过程中一直充分排水和产生体积变形，模拟了“固结排水剪切”过程。

6.4.1.4 直接剪切试验优缺点

直接剪切试验具有设备简单、试样制备及试验操作方便等优点，因而至今仍为一般工程所广泛使用。但其也存在不少缺点，主要表现在以下几个方面：①剪切面限定在上下盒之间的平面，而不是沿土样最薄弱的面剪切破坏；②剪切面上剪应力分布不均匀，且竖向荷载会发生偏转（上、下盒的中轴线不重合），主应力的大小及方向都是变化的；③在剪切过程中土样剪切面逐渐缩小，而在计算抗剪强度时仍按土样的原截面面积计算；④试验时不能严格控制排水条件，并且不能量测孔隙水压力；⑤试验时上下盒之间的缝隙中易嵌入砂粒，使试验结果偏大。

6.4.2　三轴剪切试验

6.4.2.1　三轴剪切试验仪器

三轴剪切试验所使用的仪器是三轴剪切仪（也称三轴压缩仪），其构造如图 6.10 所示，主要由主机、稳压调压系统及量测系统三个部分所组成。

主机部分包括压力室、轴向加荷系统等。压力室是三轴剪切仪的主要组成部分，它是一个由金属上盖、底座及透明有机玻璃圆筒组成的密闭容器，压力室底座通常有 3 个小孔分别与稳压系统及体积变形和孔隙水压力量测系统相连。

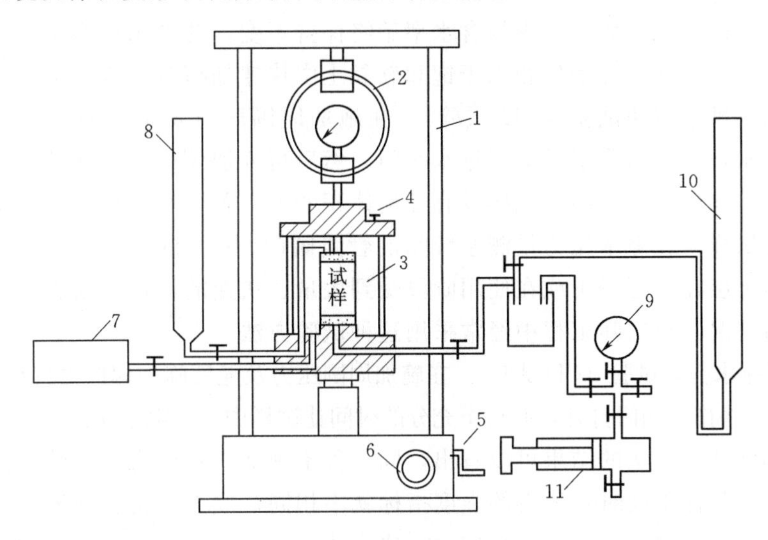

图 6.10　三轴剪切仪

1—轴向加压设备；2—量力环；3—压力室；4—排气孔；5—手轮；6—微调手轮；7—围压系统；8—排水管；9—孔隙水压力表；10—量管；11—调压筒

量测系统由排水管、体变管和孔隙水压力量测装置等组成。试验时分别测出试样受力后土中排出的水量变化及土中孔隙水压力的变化。对于试样的竖向变形，则利用置于压力室上方的测微表或位移传感器测读。

6.4.2.2　三轴剪切试验基本原理

常规三轴剪切试验一般按如下步骤进行：①将土样切制成圆柱体套在橡胶膜内，放在密闭的压力室中，根据试验排水要求启闭阀门开关；②向压力室内注入气压或液压，使试样承受周围压力 σ_3 作用，并使该周围压力在整个试验过程中保持不变；③通过活塞杆对试样施加竖向压力，随着竖向压力逐渐增大，试样最终将因受剪而破坏。设剪切破坏时轴向加荷系统加在试样上的竖向压应力（称为偏应力）增量为 $\Delta\sigma_1$，则试样上的大主应力为 $\sigma_1=\sigma_3+\Delta\sigma_1$，而小主应力为 σ_3，据此可做出一个极限应力圆。用同一种土样的若干个试样（一般 3～4 个）分别在不同的周围压力 σ_3 下进行试验，可分别得到剪切破坏时的大主应力 σ_1，由此得到一组极限应力圆，如图 6.11 中的圆 A、圆 B 和圆 C。做出这些极限应

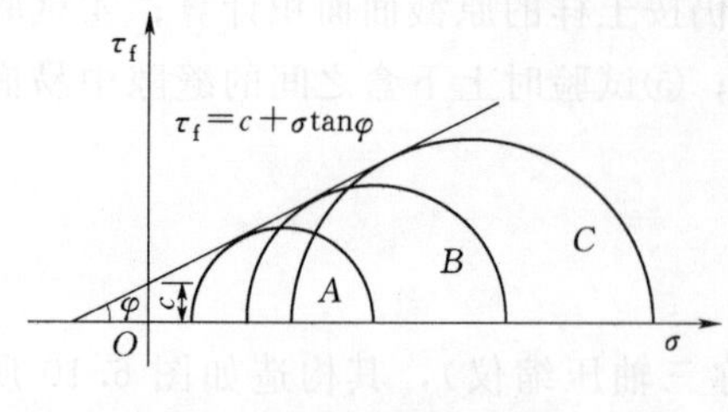

图6.11　土样的极限应力圆与抗剪强度包线

力圆的公切线，即为该土样的抗剪强度包线，通常近似取为一条直线，该直线与纵坐标轴的截距为土的黏聚力 c，与横坐标轴的夹角为土的内摩擦角 φ。由此，通过三轴剪切试验可获得试验土样的抗剪强度指标 c 和 φ。

6.4.2.3　三轴剪切试验方法

按试样在剪切前的固结状态和剪切时的排水条件，三轴剪切试验可分为三种不同的试验方法。

(1) 不固结不排水剪切试验（UU试验）。试样在施加周围压力和随后施加偏应力直至剪切破坏的整个试验过程中都不允许排水，即从开始加压直至试样剪切破坏，土中的含水率始终保持不变，孔隙水压力也不会消散。这种试验方法所对应的实际工程条件相当于饱和软黏土中快速加荷时的应力状况。

(2) 固结不排水剪切试验（CU试验）。在施加周围压力 σ_3 时，将排水阀门打开，允许试样充分排水，待固结稳定后关闭排水阀门，然后再施加偏应力，使试样在不排水的条件下剪切破坏。在剪切过程中，试样没有任何体积变形。若要在受剪过程中量测孔隙水压力，则要打开试样与孔隙水压力量测系统间的管路阀门。CU试验适用的实际工程条件为一般正常固结土层在工程竣工或在使用阶段受到大量、快速的活荷载或新增荷载的作用下所对应的受力情况，在实际工程中经常采用这种试验方法。

(3) 固结排水剪切试验（CD试验）。在施加周围压力及随后施加偏应力直至剪切破坏的整个试验过程中都将排水阀门打开，并给予充分的时间让试样中的孔隙水压力能够完全消散。

从以上不同试验方法的结果可以看出，同一种土施加的总应力 σ 虽然相同，而试验方法或控制的排水条件不同时，所得的强度指标就不相同，故土的抗剪强度与总应力之间没有唯一的对应关系。因此，若采用总应力方法表达土的抗剪强度时，其强度指标应与相应的试验方法（主要是排水条件）相对应。理论上，土的抗剪强度与有效应力之间具有很好的对应关系，若在试验时能够准确量测出试样破坏时的孔隙水压力，据此便可确定土的有效应力强度指标。

6.4.2.4　三轴剪切试验优缺点

三轴剪切试验的突出优点是能够控制排水条件并可以量测土样中孔隙水压力的变化。此外，三轴剪切试验中试样的应力状态也比较明确，剪切破坏时的破裂面在试样的最薄弱处，而不像直接剪切试验那样限定在上下盒之间。一般而言，三轴剪切试验的结果还是比较可靠的。

三轴剪切试验的主要缺点是试验操作比较复杂，对试验人员的操作技术要求比较高。另外，常规三轴剪切试验中的试样所受的力是轴对称的，与工程实际中土体的受力情况不太相符，要满足土样在三向应力条件下进行剪切试验，就必须采用更为复杂的真三轴仪进行试验。

6.4.3　无侧限抗压强度试验

6.4.3.1　无侧限抗压强度试验原理

无侧限抗压强度试验实际上是三轴剪切试验的一种特殊情况，即在三轴剪切仪中进行周围压力 $\sigma_3=0$ 的不排水剪切试验，故又称单轴压缩试验。

无侧限抗压强度试验所使用的仪器是无侧限压力仪，如图 6.12（a）所示。也常利用三轴剪切仪进行该种试验，即在不施加周围压力的情况下对圆柱体试样施加轴向压力，直至试样剪切破坏为止。

无侧限抗压强度试验在试样破坏时的轴向压力以 q_u 表示，称为无侧限抗压强度。

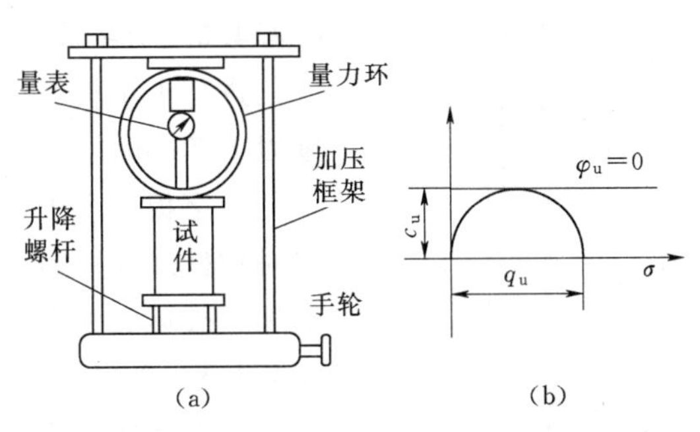

图 6.12　无侧限抗压强度试验

(a) 无侧限压力仪；(b) 无侧限抗压强度试验结果

6.4.3.2　无侧限抗压强度试验数据整理

由于没有施加周围压力，因而根据试验结果只能做出一个极限应力圆，难以直接得到破坏包线。饱和黏性土的三轴不固结不排水试验结果表明，其破坏包线为一条水平线，即 $\varphi_u=0$，如图 6.12（b）所示。因此，对于饱和黏性土的不排水抗剪强度，可利用无侧限抗压强度来表示，即

$$\tau_f=c_u=q_u/2 \tag{6.20}$$

式中　τ_f——土的不排水抗剪强度，kPa；

c_u——土的不排水黏聚力，kPa；

q_u——无侧限抗压强度，kPa。

6.4.3.3　无侧限抗压强度试验的其他应用

利用无侧限抗压强度试验还可以测定饱和黏性土的灵敏度 S_t。土的灵敏度是以原状土的强度与同一土样经重塑后（完全扰动但含水率、干密度不变）的强度之比来表示的，即

$$S_t=\frac{q_u}{q_u'} \tag{6.21}$$

式中　q_u——原状试样的无侧限抗压强度，kPa；

q_u'——重塑试样的无侧限抗压强度，kPa。

工程中根据灵敏度的大小，将饱和黏性土分为：低灵敏土（$1<S_t\leqslant 2$）、中灵敏土（$2<S_t\leqslant 4$）、高灵敏土（$S_t>4$）三类。土的灵敏度越高，其结构性越强，受扰动后土的强度降低就越多。一般而言，黏性土受扰动后强度降低的性质对工程建设是不利的，所以在基础施工中应注意保护基坑或基槽，尽量减少对坑底土结构的扰动。

6.4.4　十字板剪切试验

前面介绍的三种试验方法都是室内测定土抗剪强度的方法，这些试验要求取得原状土样，但由于土样在采取、运送、保存和制备等过程中不可避免地会受到扰动，导致室内试验结果的精度受到不同程度的影响，特别是对于高灵敏度的软黏土试样影响较大。因此，发展原位测试试验仪器意义重大。

十字板剪切试验是一种常用的土的抗剪强度原位测试方法，它在反映土体原始抗剪强度方面比室内试验有明显的优势，在实际工程中得到了较广泛的应用。

6.4.4.1　十字板剪切试验设备

十字板剪切试验采用的试验设备主要是十字板剪切仪，通常由十字板头、扭力装置和

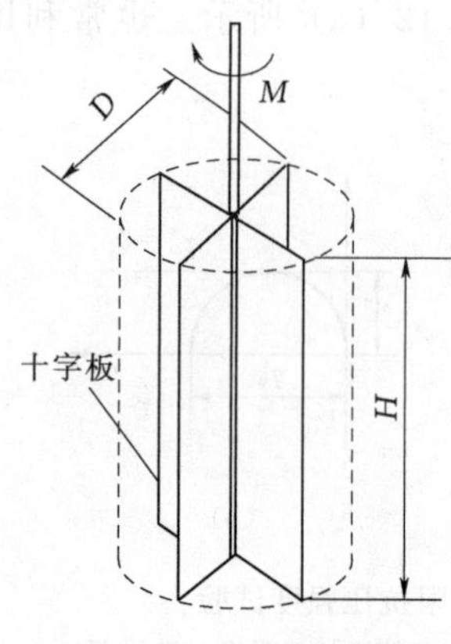

图6.13 十字板剪切仪

量测装置三部分组成，其主要工作部分如图6.13所示。

6.4.4.2 十字板剪切试验基本操作

进行十字板剪切试验时，先把十字板套管打到要求测试深度以上75cm，将套管内的土清除，再通过套管将安装在钻杆下的十字板压入土中至测试的深度。加荷是由地面上的扭力装置对钻杆施加扭矩，使埋在土中的十字板扭转，直至土体剪切破坏，破坏面为十字板旋转所形成的圆柱面。

6.4.4.3 十字板抗剪强度计算

设土体剪切破坏时所施加的扭矩为 M，则它应该与剪切破坏圆柱面（包括侧面和上、下面）上土的抗剪强度所产生的抵抗力矩相等，即

$$M=\pi DH\frac{D}{2}\tau_{v}+2\frac{\pi D^{2}}{4}\frac{D}{3}\tau_{H}=\frac{1}{2}\pi D^{2}H\tau_{v}+\frac{1}{6}\pi D^{3}\tau_{H} \tag{6.22}$$

式中 M——剪切破坏时的扭矩，kN·m；

τ_v、τ_H——剪切破坏时圆柱体侧面和上、下面土的抗剪强度，kPa；

H——十字板的高度，m；

D——十字板的直径，m。

天然状态下由于土体是各向异性的，所以实际土层 $\tau_v\neq\tau_H$，但为了简化计算，假定土体为各向同性体，即 $\tau_v=\tau_H=\tau_f$，代入式（6.22）可求得十字板测定的土的抗剪强度为

$$\tau_{f}=\frac{2M}{\pi D^{2}\left(H+\frac{D}{3}\right)} \tag{6.23}$$

式中 τ_f——由现场十字板测定的土的抗剪强度，kPa。

6.4.4.4 十字板剪切试验优缺点

一般而言，十字板剪切试验方法适合于在现场测定饱和黏性土的原位不排水抗剪强度，特别适用于均匀饱和软黏土。十字板剪切试验仪器构造简单，操作方便，直接在原位进行试验，不必取土样，故土体所受的扰动较小，被认为是比较能反映土体原位强度的测试方法，故在实际中得到广泛应用。但如果在软土层中夹有薄层粉砂时，则十字板剪切试验结果可能会失真或偏高。

6.5 孔隙压力系数

根据土的有效应力原理，如果已知土的总应力，求取有效应力的问题就在于求得孔隙压力。1955年，英国斯肯普顿等认为，土中的孔隙压力不仅由法向应力产生，剪切力作用也产生孔隙压力增量，并引用孔隙压力系数 A 和 B，用以表示土体在三轴不排水条件下孔隙压力对总应力变化的反映，建立了轴对称应力状态下土中孔隙压力与大、小主应力之间的表达式为

$$u=B[\sigma_3+A(\sigma_1-\sigma_3)] \tag{6.24}$$

式中 A、B——不同应力下的孔隙压力系数。

为了便于理解各参数的物理意义，先假设土体为各向同性弹性体，同时孔隙流体（水）的体积变化与应力呈线性关系。

常规三轴剪切试验中，先施加周围压力 σ_3 使土样固结，因此初始孔隙压力 u_0 等于零。然后施加周围压力增量 $\Delta\sigma_3$，此时试样中产生孔隙压力 Δu_1，接着施加轴向压力增量（即偏应力，其值为 $\Delta\sigma_1-\Delta\sigma_3$），相应地会产生孔隙压力 Δu_2，因此总的孔隙压力变化为

$$\Delta u=\Delta u_1+\Delta u_2 \tag{6.25}$$

6.5.1 等向压力作用下的孔隙压力

当土样仅受到周围压力时，各个方向的总应力增量都是 $\Delta\sigma_3$（图 6.14），它所引起的孔隙压力变化为 Δu_1，因而三个方向的有效应力增量为

$$\Delta\sigma_3'=\Delta\sigma_3-\Delta u_1$$

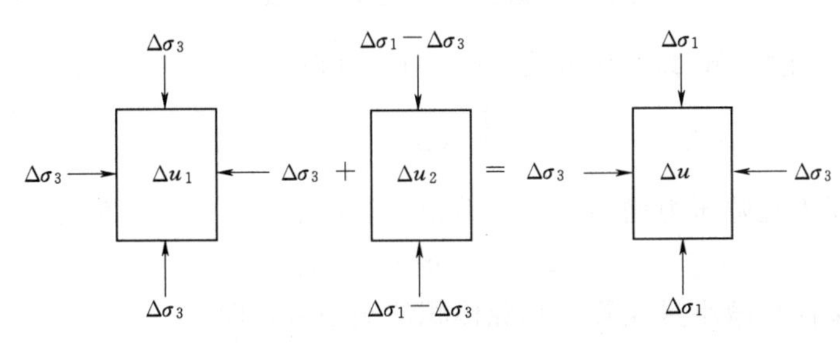

图 6.14 剪切试验中的孔隙压力

土体中的有效应力通过土粒传递，设 m_v 为土骨架的体积压缩系数，那么在 $\Delta\sigma_3$ 作用下土骨架的体积将被压缩，减小的值为

$$\Delta V=-m_v V_0\Delta\sigma_3'=-m_v V_0(\Delta\sigma_3-\Delta u_1)$$

式中 V_0——土样的初始体积。

由于增加了孔隙压力 Δu_1，孔隙内的流体（空气和水）体积也被压缩，设孔隙流体的体积压缩系数为 m_f，则孔隙体积减小值为

$$\Delta V_v=-m_f n V_0\Delta u_1$$

式中 n——土样的初始孔隙率。

土力学中假设土粒是不可压缩的，因此，土骨架的体积减小应等于孔隙体积的减小，即

$$\Delta V=\Delta V_v$$

$$m_v V_0(\Delta\sigma_3-\Delta u_1)=m_f n V_0\Delta u_1$$

整理后可得

$$\Delta u_1=\Delta\sigma_3\frac{1}{1+n\dfrac{m_f}{m_v}}=B\Delta\sigma_3 \tag{6.26}$$

式中 B——孔隙压力系数。

$$B=\frac{1}{1+n\dfrac{m_f}{m_v}}=\frac{\Delta u_1}{\Delta\sigma_3} \tag{6.27}$$

B 是在各向等应力条件下求得的孔隙压力系数，反映土体周围压力增量下的孔隙压力变化。对于饱和土，孔隙中完全充满水，由于水的压缩性比土骨架的压缩性小得多，m_f/m_v近于零，因而 B 等于1，所以 $\Delta u_1=\Delta\sigma_3$。对于干土，土骨架的压缩性比气体的压缩性要小得多，于是 B 等于零。对于非饱和土，则 $0<B<1$，饱和度越大，B 越接近1。

6.5.2 偏应力作用下的孔隙压力

土样在偏应力（$\Delta\sigma_1-\Delta\sigma_3$）作用下，孔隙压力变化为 Δu_2，这时轴向有效应力增量为

$$\Delta\sigma_1'=(\Delta\sigma_1-\Delta\sigma_3)-\Delta u_2 \tag{6.28}$$

径向有效应力增量为

$$\Delta\sigma_3'=-\Delta u_2 \tag{6.29}$$

有效应力增加使土骨架体积减小值为

$$\Delta V=-m_v V_0\ \frac{1}{3}(\Delta\sigma_1'+2\Delta\sigma_3') \tag{6.30}$$

将式（6.28）和式（6.29）代入式（6.30），可得

$$\Delta V=-m_v V_0\ \frac{1}{3}[(\Delta\sigma_1-\Delta\sigma_3)-3\Delta u_2] \tag{6.31}$$

孔隙流体体积因孔隙压力增加了 Δu_2而相应地减小，其减小的值为

$$\Delta V_v=-m_f n V_0 \Delta u_2$$

同理，土骨架体积减小量应等于孔隙体积的减小量，即

$$m_v V_0\ \frac{1}{3}[(\Delta\sigma_1-\Delta\sigma_3)-3\Delta u_2]=m_f n V_0 \Delta u_2$$

整理得

$$\Delta u_2=\frac{1}{1+n\ \dfrac{m_f}{m_v}}\frac{1}{3}(\Delta\sigma_1-\Delta\sigma_3)$$

或

$$\Delta u_2=B\ \frac{1}{3}(\Delta\sigma_1-\Delta\sigma_3)$$

上式是假定土体为弹性体的条件下求得的，实际上土体不完全是弹性体，故以系数 A 代替上式中的$\frac{1}{3}$，则得

$$\Delta u_2=BA(\Delta\sigma_1-\Delta\sigma_3) \tag{6.32}$$

式中 A——偏应力下的孔隙压力系数。

孔隙压力系数 A、B 均可由室内三轴剪切试验测定，如图6.14所示。由式（6.27）求出系数 B，再按式（6.32）求 A，对于饱和土，$B=1$，则

$$A=\frac{\Delta u_2}{\Delta\sigma_1-\Delta\sigma_3} \tag{6.33}$$

对于非饱和土，土的孔隙中含有空气，$B<1$，并随应力水平而变化。因此，在施加偏应力 $\Delta\sigma_1-\Delta\sigma_3$阶段，$B$ 值的变化不同于施加周围压力 $\Delta\sigma_3$时的 B 值，这就不宜把乘积 AB 分开。由式（6.32）可得

$$AB=\frac{\Delta u_2}{\Delta\sigma_1-\Delta\sigma_3} \tag{6.34}$$

将式（6.26）和式（6.32）代入式（6.25），可得孔隙压力总的变化为

$$\begin{aligned}\Delta u &= \Delta u_1 + \Delta u_2 = B\Delta\sigma_3 + AB(\Delta\sigma_1 - \Delta\sigma_3) \\ &= B[\Delta\sigma_3 + A(\Delta\sigma_1 - \Delta\sigma_3)]\end{aligned} \tag{6.35}$$

饱和土的 $B=1$，在不排水剪切试验中，由式（6.35）可得孔隙压力总的变化为

$$\Delta u = \Delta\sigma_3 + A(\Delta\sigma_1 - \Delta\sigma_3) \tag{6.36}$$

在饱和土固结不排水剪切试验中，由式（6.26），$\Delta u_1=0$，$B=1$，可得孔隙压力总的变化为

$$\Delta u = \Delta u_2 = A(\Delta\sigma_1 - \Delta\sigma_3) \tag{6.37}$$

在排水剪切试验中，$\Delta u_1=\Delta u_2=0$，所以 $\Delta u=0$。

试验表明，土样在剪切过程中，孔隙压力系数 A 是变化的。A 值的大小受很多因素影响，它随偏应力增加呈非线性变化，高压缩性土的 A 值比较大。超固结黏土在偏应力作用下将发生体积膨胀，产生负的孔隙压力，故 A 是负值。即使是同一种土，A 也不是常数，它还受应变大小、初始应力状态和应力历史等因素影响。如要精确计算土的孔隙压力，应根据实际的应力和应变条件进行三轴剪切试验，直接测定 A 值。

6.6 砂性土的剪切性状

6.6.1 砂土的剪缩和剪胀

由于砂土的渗透性强，所以在进行砂土的剪切试验时，无论采用哪一种剪切试验方法，土样在剪切时始终处于固结排水状态，其抗剪强度包线都是通过坐标原点的直线。影响砂土抗剪强度指标大小的主要因素是土的初始密实状态，即初始孔隙比 e_0。初始孔隙比 e_0 不同，剪切过程中则显示不同的性状。

松砂在剪切过程中发生剪缩，体积减小（图 6.15），随着剪切位移的发展，颗粒位置调整，孔隙略有回胀，随后趋向稳定，应力-应变关系呈应变硬化型。不同初始孔隙比的试样在同一压力下进行剪切试验时，可以得出初始孔隙比 e_0 与体积变化 ε 之间的关系，如图 6.16 所示。当体积变化为零时，即孔隙体积达到临界值，这时的孔隙比称为临界孔隙比 e_{cr}。

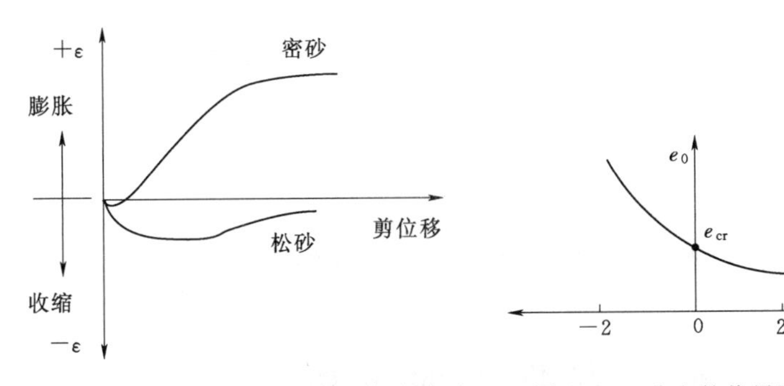

图 6.15 砂土体积变化与剪切位移关系　　图 6.16 砂土的临界孔隙比

密砂剪切开始时略有剪缩，继而产生剪胀（图 6.15），这是剪切应力克服了颗粒间的咬合作用而使砂粒产生移动的结果。随后砂粒重新排列，体积逐渐稳定（图 6.15），孔隙

比达到临界孔隙比 e_{cr}（图6.16）。在较高的周围压力下，无论砂土的松紧如何，剪切时都将发生剪缩。饱和密砂在低周围压力下进行固结不排水剪切试验，即不允许其体积变化，则为了抵消剪切时体积膨胀的趋势，将产生负的孔隙水压力，从而使有效周围压力增加。所以在相同的初始周围压力下，固结不排水剪切试验测得的抗剪强度高于排水剪切试验所测得的结果。而松砂在同样周围压力下为了抵消剪切的体积压缩，将产生正的孔隙水压力，使有效周围压力减小，测得的强度将比排水剪切试验的低。

砂土在剪切过程中是产生剪缩还是剪胀，主要取决于其初始孔隙比 e_0。初始孔隙比 e_0 恰好等于临界孔隙比 e_{cr}，则在剪切过程中砂土体积基本上无变化。若饱和砂土的初始孔隙比 e_0 大于临界孔隙比 e_{cr}，在剪应力作用下由于剪缩必然使孔隙水压力增高，而有效应力降低，砂土的抗剪强度下降。特别在饱和砂土受到动荷载作用时（例如受到地震荷载作用），由于孔隙水在短时间内来不及排出，孔隙水压力不断增加，有效应力降低，甚至为零，从而使砂土完全丧失抗剪强度，变成像流体一样，这种现象常常称为砂土液化现象。临界孔隙比对研究砂土液化具有重要意义。

6.6.2 砂土的残余强度

前述砂土的抗剪强度指标是土在一定法向应力下，试样发生剪切时的强度指标，这一剪切强度称为标准强度，一般是以峰值强度表示的，即 $\tau_f=\tau_{max}$。但是，试验表明，密砂在达到峰值强度以后，剪切位移继续增加而强度则逐渐减小，最后稳定到一个定值 τ_r（图6.17），称为残余强度。一般认为这种强度的减小是由于克服了砂土之间的咬合作用，结构崩解所致。松砂在剪切试验时不出现峰值，在初始阶段剪应力随剪切位移的发展缓慢升高，直到达到最大值，随后逐渐趋于稳定，其应力-应变曲线如图6.17所示。从图6.17中曲线可以看出，松砂剪切试验的剪应力最大值与密砂的残余强度基本相等，松砂的内摩擦角 φ 与密砂的残余强度内摩擦角 φ_r 基本相等。

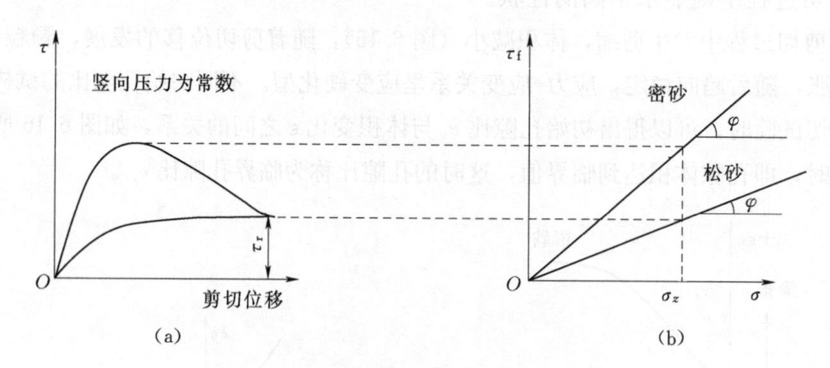

图6.17 砂土剪应力、剪切位移和强度的关系
(a) 剪应力与剪切位移关系；(b) 密砂和松砂的强度包线

6.7 黏性土的剪切性状

6.7.1 饱和黏性土的抗剪强度特性

饱和软黏土地基在外荷载作用下，孔隙水压力逐渐消散，含水率发生变化，土层固

结，土的抗剪强度也随之增长。由于饱和软黏土具有压缩性高、透水性差的特点，孔隙水压力从产生到消散的过程相当缓慢，这一过程称为渗透固结。

土的抗剪强度主要与土的密度有直接关系。随着土密度的增大，粒间联结更为紧密，抗剪强度也相应增大。对饱和软黏土而言，增大土的密度就必须增大土的有效应力，即饱和软黏土的抗剪强度与有效应力的大小直接有关，或者说与法向应力作用下土的固结度有关，而并非直接取决于法向压应力（总应力）。

饱和软黏土的剪切过程与砂土相似，同样会引起土体积的变化，正常固结土和弱超固结土在剪切过程中与松砂相似，将产生剪缩，产生正的孔隙水压力；强超固结土受剪后类似密砂，会发生剪胀，产生负孔隙水压力。土体积的变化必然会改变剪切面上有效应力，因此饱和软黏土的抗剪强度与剪切过程也有关。

饱和软黏土抗剪强度的有效应力表达式为

$$\tau_f = c' + (\sigma - u)\tan\varphi' \tag{6.38}$$

6.7.1.1 不固结不排水抗剪强度（UU 试验）

如前所述，不固结不排水剪切试验是在施加周围压力和轴向压力直至剪切破坏的整个试验过程中都不允许排水。如果有一组饱和黏性土试件，在某一周围压力下固结至稳定，此时试样中的初始孔隙水压力为静水压力，然后分别在不排水条件下（关闭排水阀门）施加周围压力和轴向压力直至土样剪切破坏，得到一组应力圆，如图 6.18 中三个实线半圆 A、B、C 分别表示三个试件在不同的周围压力 σ_3 作用下破坏时的总应力圆，虚线半圆是有效应力圆。由于土样是在无水进出的情况下承受周围压力和轴向压力的，所以周围压力增量只能引起孔隙水压力的等量增加，各个试样在剪切前的有效应力都是相同的。虽然三个试件的周围压力 σ_3 不同，但由于土样在剪切前孔隙比相同，并且受剪过程中保持不变，因此试样在剪切破坏时的主应力差相等，在 $\sigma - \tau$ 图上绘出的三个总应力圆直径相同，破坏包线是一条水平线，即

$$\varphi_u = 0 \tag{6.39a}$$

$$\tau_f = c_u = \frac{1}{2}(\sigma_1 - \sigma_3) \tag{6.39b}$$

式中 φ_u——不排水内摩擦角，(°)；

c_u——不排水黏聚力，kPa。

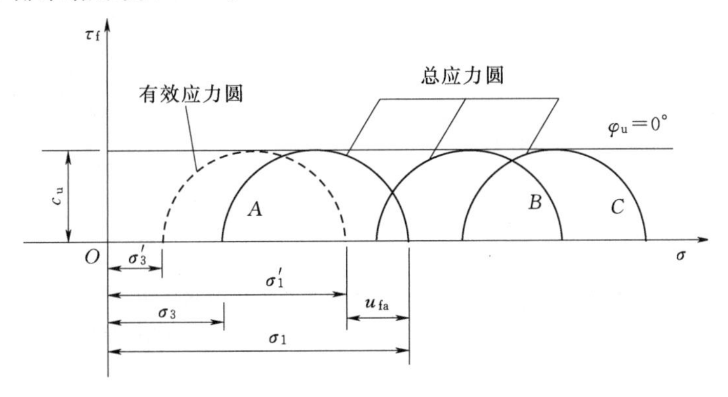

图 6.18 饱和黏性土的不固结不排水剪切试验结果

在试验中，如果分别量测试样破坏时的孔隙水压力 u_f，试验结果可以用有效应力进行表达。结果表明，三个试件只能得到同一个有效应力圆，并且有效应力圆的直径与三个总应力圆直径相等，即

$$\sigma_1'-\sigma_3'=(\sigma_1-\sigma_3)_A=(\sigma_1-\sigma_3)_B=(\sigma_1-\sigma_3)_C$$

这是由于在不排水条件下，试样在试验过程中含水率不变，体积不变，改变周围压力增量只能引起孔隙水压力的变化，并不会改变试样中的有效应力，各试样在剪切前的有效应力相等，因此抗剪强度不变。如果在较高的剪切前固结压力下进行不固结不排水剪切试验，就会得出较大的不排水抗剪强度。

由于一组试样试验的结果，有效应力圆是同一个，因而不能得到有效应力破坏包线和 c'、φ'值，所以这种试验一般只用于测定饱和土的不排水抗剪强度。

不固结不排水剪切试验的“不固结”是在三轴压力室均等压力下不再固结，而保持试样原来的有效应力不变，如果饱和黏性土从未固结过，将是一种泥浆状土，抗剪强度也必然等于零。一般从天然土层中取出的试样，相当于在某一压力下已经固结，总具有一定天然强度。天然土层的有效固结压力是随深度变化的，所以不排水抗剪强度也随深度变化，均质的正常固结黏性土不排水抗剪强度大致随有效固结压力线性增大。饱和的超固结黏土的不固结不排水强度包线也是一条水平线，即 $\varphi_u=0$。

6.7.1.2 固结不排水抗剪强度（CU试验）

饱和黏性土固结不排水剪切试验时，试样在 σ_3 作用下充分排水固结，在不排水条件下（关闭排水阀门）施加偏应力剪切，直至试样剪切破坏。试样中的孔隙水压力随偏应力的增加而不断变化，如图6.19所示。由于饱和黏性土的固结不排水抗剪强度在一定程度上受应力历史的影响，因此对于不同固结状态的试样，其抗剪强度性状是不同的。将正常固结土和超固结土的概念应用到三轴固结不排水剪切试验中，如果试样所受到的周围固结压力 σ_3 等于它曾受到的最大固结压力 p_c，属于正常固结试样；如果 $\sigma_3<p_c$，则属于超固结试样。对正常固结试样，在剪切过程中体积有减小的趋势（剪缩），但由于不允许排水，故产生正的孔隙水压力，由试验得出孔隙压力系数都大于零；对于超固结试样，在剪切时体积有增加的趋势（剪胀），在剪切过程中，开始产生正的孔隙水压力，随后转为负值。

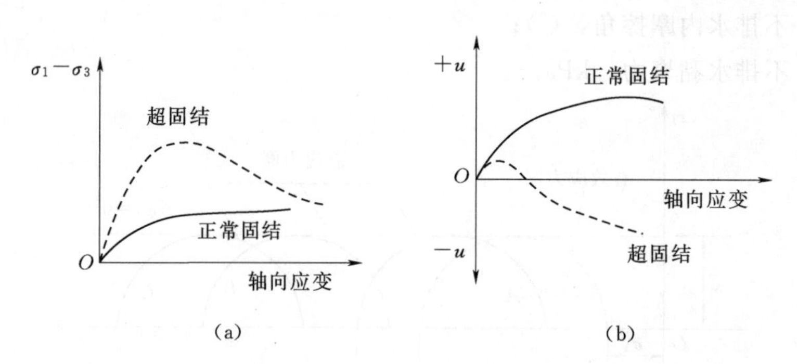

图6.19 固结不排水剪切试验的孔隙水压力

(a) 主应力差与轴向应变关系；(b) 孔隙水压力 u 与轴向应变关系

正常固结饱和黏性土固结不排水剪切试验结果如图6.20所示，图中以实线表示总应

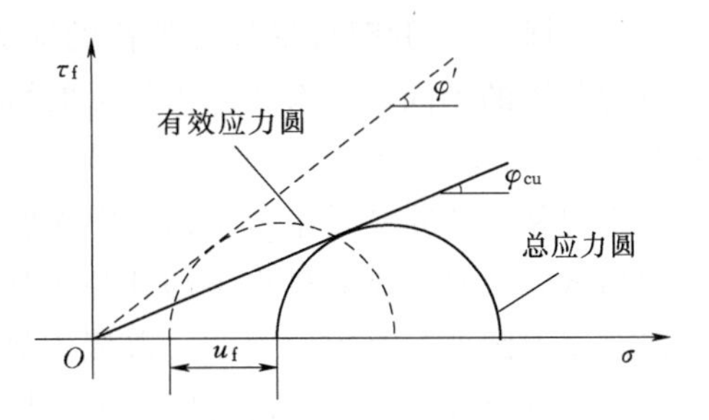

图 6.20 正常固结饱和黏性土固结不排水剪切试验结果

力圆和总应力破坏包线。若试验过程中量测了孔隙水压力，试验结果可以用有效应力来表达。图中虚线表示有效应力圆和有效应力破坏包线，u_f为剪切破坏时的孔隙水压力，由于$\sigma_1'=\sigma_1-u_f$，$\sigma_3'=\sigma_3-u_f$，所以$\sigma_1'-\sigma_3'=\sigma_1-\sigma_3$，即有效应力圆与总应力圆直径相等，但位置不同，两者之间的距离为u_f，因为正常固结试样在剪切破坏时产生正的孔隙水压力，故有效应力圆在总应力圆的左方。总应力破坏包线和有效应力破坏包线都通过原点，说明未受任何固结压力的土（如泥浆状土）不会具有抗剪强度。总应力破坏包线的倾角以φ_{cu}表示，一般为10°～20°，有效应力破坏包线的倾角φ'称为有效内摩擦角，φ'比φ_{cu}大一倍左右。

超固结土的固结不排水总应力破坏包线如图 6.21（a）所示，为一条略平缓的曲线，可近似用直线ab代替，与正常固结破坏包线bc相交，bc线的延长线仍通过原点，实用上将abc折线取为一条直线，如图 6.21（b）所示，总应力强度指标为c_{cu}和φ_{cu}，固结不排水剪切的总应力破坏包线可表达为

$$\tau_f=c_{cu}+\sigma\tan\varphi_{cu} \tag{6.40}$$

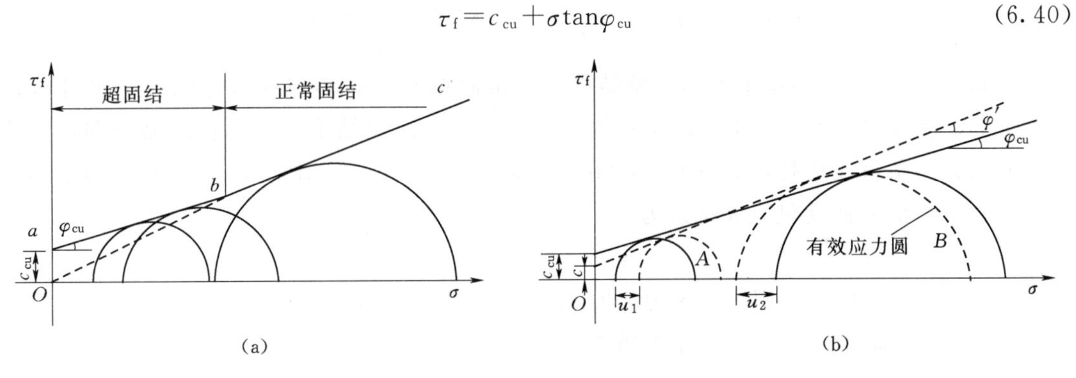

图 6.21 超固结土的固结不排水剪切试验结果

(a) 超固结土 CU 实验破坏包线；(b) 超固结土 CU 实验的总应力和有效应力破坏包线

如果以有效应力表示，有效应力圆和有效应力破坏包线如图 6.21（b）中的虚线表示。由于超固结土在剪切破坏时产生负的孔隙水压力（u_1为负值），有效应力圆在总应力圆的右方（图中圆A）；正常固结试样产生正的孔隙水压力（u_2为正值），有效应力圆在总应力圆的左方（图中圆B），有效应力强度包线可表示为

$$\tau_f=c'+\sigma'\tan\varphi' \tag{6.41}$$

式中 c'、φ'——固结排水试验得出的有效应力强度参数，通常$c'<c_{cu}$，$\varphi'>\varphi_{cu}$。

由于土样从地基中取出时引起了应力释放，正常固结土取出后也是超固结的，因此，若想求得正常固结土的固结不排水抗剪强度，试验时的固结压力σ_3应大于土样原位的固结压力p_c。

另外，由于天然土是各向异性的，因而试验时的加荷路径不同，将会产生不同的φ_{cu}

与 c_{cu}，因此在试验时应尽量使加荷的应力路径符合工程实际的应力路径。试验证明，加荷应力路径的不同，对有效应力指标的影响不大。

6.7.1.3　固结排水抗剪强度（CD试验）

饱和黏土的固结排水剪切试验中强度变化趋势与固结不排水剪切试验相似。但固结排水剪切试验在整个试验过程中超孔隙水压力始终为零，总应力最后全部转化为有效应力，所以总应力圆就是有效应力圆，总应力破坏包线就是有效应力破坏包线。在剪切过程中，正常固结黏土发生剪缩，而超固结土则是先剪缩，继而主要呈现剪胀的特性。图 6.22（a）和（b）分别为固结排水剪切试验的应力-应变关系和体积变化。

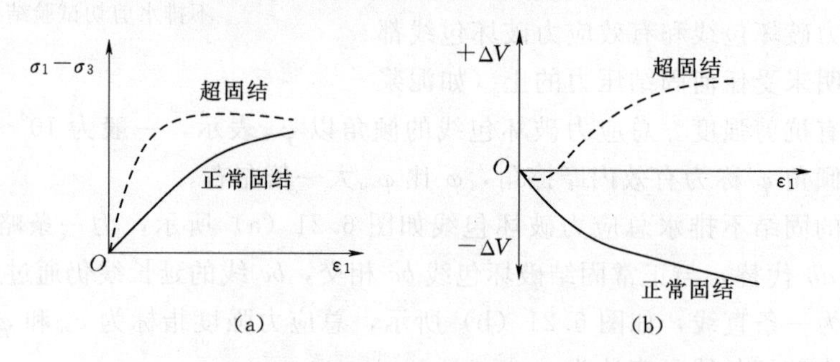

图 6.22　固结排水剪切试验的应力-应变关系和体积变化

（a）主应力差与轴向应变关系；（b）体积变化与轴向应变关系

图 6.23 所示为固结排水剪切试验结果，正常固结土的破坏包线通过原点，如图 6.23（a）所示，黏聚力 $c_d=0$，内摩擦角 φ_d约在 20°～40°，超固结土的破坏包线略弯曲，实用上近似取为一条直线代替，如图 6.23（b）所示。c_d约为 5～25kPa，φ_d比正常固结土的内摩擦角要小。抗剪强度包线表达式为

$$\tau_f=c_d+\sigma\tan\varphi_d \tag{6.42}$$

式中　c_d——固结排水剪切的黏聚力，kPa，对于正常固结土，$c_d=0$；

　　　φ_d——固结排水剪切的内摩擦角，(°)。

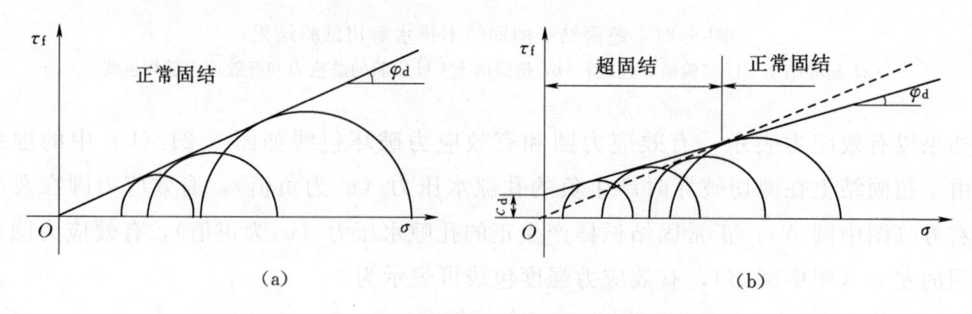

图 6.23　固结排水剪切试验结果

（a）正常固结；（b）超固结

由于黏土的固结排水剪切试验要保持孔隙水压力始终为零，所以试验要选择极慢的剪切速率，这往往要历时数天，甚至更长时间。而试验证明，固结排水剪切试验获得的 c_d、φ_d与固结不排水剪切试验得到的 c'、φ'很接近，所以一般情况下常用 c'、φ'代替 c_d、φ_d。但是要注意两者的试验条件是有差别的，固结不排水剪切试验在剪切过程中试样的体积保

持不变，而固结排水剪切试验在剪切过程中试样的体积一般要发生变化，c_d、φ_d略大于c'、φ'。

在直接剪切试验中，进行慢剪试验得到的结果也常常偏大，根据经验可将慢剪试验结果乘以0.9。

现将饱和黏土用三种方法进行三轴剪切试验的结果汇总于图6.24。由图可见，同一种黏土不同试验方法的总应力强度指标有明显的差别。因为虽然固结压力（总应力）相同，但排水条件不同，土样在固结、剪切阶段的含水率和密度变化也不同，因而土的抗剪强度指标（或抗剪强度）也就不同，这又说明了饱和黏性土的抗剪强度不是一个定值。一般而言，$\varphi_d > \varphi_{cu} > \varphi_u$。

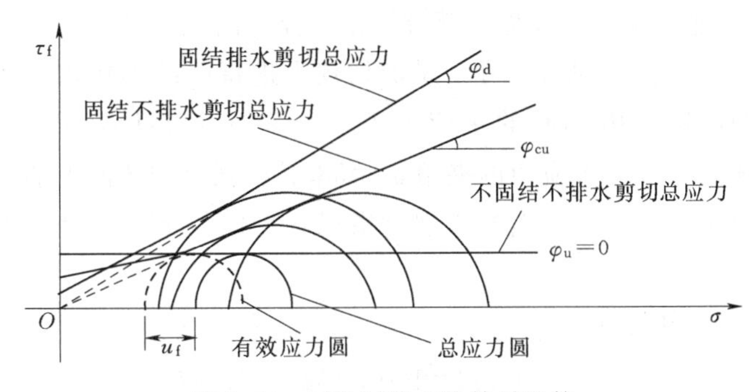

图6.24 三种试验方法结果比较

6.7.1.4 抗剪强度指标的选择

如前所述，黏性土的强度性状是很复杂的，它不仅随剪切条件不同而异，而且还受许多因素（如土的各向异性、应力历史、蠕变等）的影响。此外对于同一种土，抗剪强度指标与试验方法、试验条件均有关。由于实际工程问题情况千变万化，以室内试验条件来模拟现场条件又存在差别，所以对于具体工程问题，应具体分析实际的施荷特点、土的性质和排水条件，尽可能采用接近于实际情况的试验方法来确定其抗剪强度。

首先要根据工程问题的性质确定分析方法，进而决定采用总应力或有效应力强度指标，然后选择测试方法。一般认为，由三轴固结不排水剪切试验确定的有效应力强度指标c'、φ'，常用于分析地基在长期荷载作用下的稳定性。例如：挡土结构物的长期土压力、结构物软土地基的长期稳定、土坡的长期稳定性分析等。而对于饱和软黏土的短期荷载作用下的稳定问题，则往往采用不固结不排水剪切试验的强度指标c_u，即$\varphi_u=0$，以总应力法进行分析。

一般工程问题多采用总应力分析法，其指标和测试方法的选择大致如下：在深厚的饱和软黏土地基上修建工程（如路堤、房屋等），若工程进展很快，因在施工期间地基来不及排水，而地基土的透水性和排水条件不良时，可采用不固结不排水剪切试验或快剪试验的结果；如果地基荷载增长速率较慢，饱和黏土层不太厚且具有良好的排水条件，则可以采用固结排水剪切试验或慢剪试验；如果介于以上两种情况之间，可用固结不排水剪切试验或固结快剪试验结果。由于实际加荷情况和土的性质是复杂的，所以在建筑物的施工和使用过程应结合工程经验。

总应力法由于应用方便，是目前广泛采用的方法，但在应用上还存在一些缺陷。首先它只能考虑三种特定的固结情况，不能反映各种固结情况下的 c、φ 值。实际上，地基受荷作用后由于经历的时间不同，固结度始终在变化之中，即使在同一时刻，地基中不同位置的土也处于不同的固结状态，但总应力法对整个土层只采用相应于某一特定固结度的抗剪强度，与实际情况不符。其次，在地质条件稍复杂的情况下，即使是粗略地估计地基土的固结度也是困难的。这说明总应力法对地基实际情况的模拟仍然是粗略的。

用有效应力法的强度指标 c'、φ'分析饱和黏性土地基稳定性是较为完善的。但必须设法求出荷载应力分布和孔隙水压力分布，只有这样才能求得相应的有效应力及其抗剪强度指标，用以验算软弱地基的稳定性。有效应力法在理论上比较严密，能比总应力法更好地反映抗剪强度实质，能够检验土体处于部分固结情况下的稳定性。

【例 6.2】 已知某一饱和黏性土在三轴剪切仪中进行固结不排水剪切试验，施加的周围压力 $\sigma_3=100\text{kPa}$，试件破坏时的主应力差 $\sigma_1-\sigma_3=132\text{kPa}$，测得孔隙水压力 $u_f=31\text{kPa}$，测得的破坏面与最大主应力的夹角 $\alpha_f=58.5°$。试求破坏面上的法向应力 σ 和剪应力 τ 及试件中的最大剪应力 τ_{max}。若有效强度指标 $\varphi'=27°$，$c'=5\text{kPa}$，问破裂面为何不在最大剪应力平面上？

解：(1) 由已知条件可知

$$\sigma_1=\sigma_3+132=100+132=232(\text{kPa})$$

$$\sigma=\frac{1}{2}(\sigma_1+\sigma_3)+\frac{1}{2}(\sigma_1-\sigma_3)\cos2\alpha_f$$

$$=\frac{1}{2}\times(232+100)+\frac{1}{2}\times(232-100)\times\cos(2\times58.5°)$$

$$=136(\text{kPa})$$

$$\tau=\frac{1}{2}(\sigma_1-\sigma_3)\sin2\alpha_f$$

$$=\frac{1}{2}\times(232-100)\times\sin(2\times58.5°)$$

$$=59(\text{kPa})$$

$$\tau_{max}=\frac{1}{2}(\sigma_1-\sigma_3)=\frac{1}{2}\times(232-100)$$

$$=66(\text{kPa})$$

(2) $\alpha_f=58.5°$平面上的抗剪强度为

$$\sigma'=\sigma-u_f=136-31=105(\text{kPa})$$

$$\tau_f=\sigma'\tan\varphi'+c'=105\tan27°+5=59(\text{kPa})$$

$\alpha_f=58.5°$平面上的抗剪强度等于剪应力，即 $\tau=\tau_f=59\text{kPa}$，所以在该面上发生剪切破坏。

在最大剪应力面上 $\alpha_f=45°$，则

$$\sigma=\frac{1}{2}(\sigma_1+\sigma_3)+\frac{1}{2}(\sigma_1-\sigma_3)\cos2\alpha_f$$

$$=\frac{1}{2}\times(232+100)+\frac{1}{2}\times(232-100)\times\cos(2\times45°)=166(\text{kPa})$$

$$\tau=\frac{1}{2}(\sigma_1-\sigma_3)\sin2\alpha_f=\frac{1}{2}\times(232-100)\times\sin(2\times45°)=66(\text{kPa})$$

$$\tau_f=\sigma'\tan\varphi'+c'=(166-31)\times\tan27°+5=73.8(\text{kPa})$$

最大剪应力面上的抗剪强度为 73.8kPa，而该平面上的剪应力为 66kPa。可见，在该平面上虽然剪应力比较大，但抗剪强度（73.8kPa）大于剪应力（66kPa），所以在剪应力最大的作用平面上不会发生剪切破坏。

【例 6.3】 已知某一正常饱和黏性土，不排水抗剪强度 $\tau_u=c_u=80$kPa，有效应力强度指标 $\varphi'=24°$、$c'=0$kPa，该点在地基中不排水状态下发生剪切破坏，试求破坏时该点的有效主应力。

解： 由已知不排水抗剪强度

$$c_u=\frac{\sigma_1'-\sigma_3'}{2}=80(\text{kPa})$$

则

$$\sigma_1'=160+\sigma_3'$$

破坏面夹角

$$\alpha_f=45+\frac{\varphi}{2}=45+\frac{24}{2}=57°$$

又因为

$$\sigma'=\frac{1}{2}(\sigma_1'+\sigma_3')+\frac{1}{2}(\sigma_1'-\sigma_3')\cos2\alpha_f$$

$$=\frac{1}{2}(160+2\sigma_3')+\frac{1}{2}(160+\sigma_3'-\sigma_3')\cos(2\times57°)$$

$$=47.46+\sigma_3'$$

$$\tau=\frac{1}{2}(\sigma_1'-\sigma_3')\sin2\alpha_f$$

$$=80\sin114°$$

$$=73.08(\text{kPa})$$

$$\tau_f=\sigma'\tan\varphi'+c'=(47.46+\sigma_3')\tan24°$$

破坏时，$\tau=\tau_f$，$73.08=(47.46+\sigma_3')\tan24°$

解得

$$\sigma_3'=116.68(\text{kPa})$$

$$\sigma_1'=160+116.68=276.68(\text{kPa})$$

6.7.2 黏性土的残余强度

在进行黏性土剪切试验时，当达到峰值强度后，随着剪切变形的增长，强度将显著下降，最后稳定到一个较小的数值，这个稳定的强度称为土的残余强度 τ_r。土的残余强度在直接剪切试验中采用原状土或重塑土试样通过多次重复剪切求得。图 6.25（a）所示为应力历史不同的同一种黏土，在相同的竖向压力 σ_z 下直接剪切试验的结果，虽然由于某些因素影响产生不同的应力应变曲线，但其最终强度趋于一致。图 6.25（b）所示为峰值强度和残余强度包线。

由图 6.25 可见：

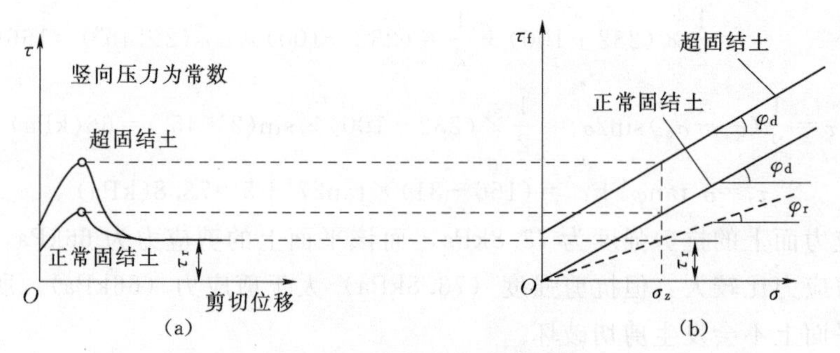

图 6.25 黏性土的残余强度

(a) 剪应力-位移关系曲线；(b) 抗剪强度与法向正应力关系曲线

(1) 黏性土的残余强度与其应力历史无关。

(2) 残余强度的黏聚力很小，大多接近于零，故残余强度的表达式可近似地写成

$$\tau_r=\sigma'\tan\varphi_r \tag{6.43}$$

式中 τ_r——土的残余强度，kPa；

φ_r——土的残余内摩擦角，(°)。

(3) 由峰值过渡到残余值，土的黏聚力近乎消失，而土的内摩擦角也有所减小，强度降低的原因是土的结构被破坏。强度降低的越多，土的结构性越强；反之则结构性越弱。因此常把峰值强度与残余强度之差称为结构强度。残余强度的概念对于分析某些长期缓慢发展的滑坡及地基中存在剪切区的建筑物的破坏，具有重要的意义。

思考题

6.1 土的抗剪强度是不是一个定值？土的内摩擦角和黏聚力具有何种含义？

6.2 若地基中某点达到极限平衡状态，是否说明地基已经破坏？

6.3 试比较直接剪切试验和三轴剪切试验的土样的应力状态有什么不同，并指出直接剪切试验土样的大主应力方向。

6.4 试比较直接剪切试验的三种试验方法与三轴剪切试验三种试验方法的异同点和适用性。

6.5 根据孔隙压力系数 A、B 的物理意义，说明三轴剪切试验中不固结不排水剪切试验与固结不排水剪切试验中 A、B 的区别。

6.6 试根据有效应力原理在强度问题中应用的基本概念，分析三轴剪切试验的三种不同试验方法中土样孔隙压力和含水率变化的情况。

6.7 有以下工程项目，选择适当的三轴剪切试验方法确定土的抗剪强度，并说明理由。

(1) 路堤建在软黏土地基上，施工速率能使软黏土发生部分固结，施工期间任意时间的抗剪强度用什么试验方法？

(2) 建在饱和软黏土上的基础，初期用什么试验方法确定抗剪强度？

（3）若建在饱和软黏土上的基础竣工后，要经过很长时间后才使用，问使用时的地基抗剪强度采用什么试验方法？

计　算　题

6.1　某黏土试样的直接剪切试验的固结快剪试验，对应于各法向应力 p，土样破坏时的水平剪应力 τ 见表 6.1，试求：

（1）土样的内摩擦角与黏聚力。

（2）如果该土的另一试样，在法向应力为 280kPa 下固结稳定，然后快速施加剪应力至 80kPa，试判断该土样是否会剪切破坏，为什么？

表 6.1　　直接剪切试验数据

p/kPa	50	100	200	300
τ/kPa	23.4	36.7	63.9	90.8

6.2　对一组 3 个饱和黏土试样，进行三轴固结不排水剪切试验，测得 3 个土样剪切破坏时的大主应力 σ_1、小主应力 σ_3 和孔隙水压力 u 数值见表 6.2。试用作图法求得该饱和黏土的总应力强度指标和有效应力强度指标。

表 6.2　　三轴固结不排水剪切试验数据

σ_1/kPa	205	385	570
σ_3/kPa	100	200	300
u/kPa	63	110	150

6.3　某一土样试验测得内摩擦角 $\varphi=26°$，黏聚力 $c=20$kPa，承受的大主应力 $\sigma_1=450$kPa，小主应力为 $\sigma_3=150$kPa，试判断该土样是否达到极限平衡状态。

6.4　某土样承受的大主应力 $\sigma_1=200$kPa，小主应力 $\sigma_3=100$kPa，土的内摩擦角 $\varphi=28°$，黏聚力 $c=0$。

（1）判断该土样是否剪破。

（2）求最大剪应力及最大剪应力面上的抗剪强度。

6.5　某条形基础下地基土体中一点的应力为：$\sigma_z=250$kPa、$\sigma_x=100$kPa，$\tau=40$kPa。已知地基为砂土，土的内摩擦角 $\varphi=30°$。试问该点是否剪切破坏？若 σ_z 和 σ_x 保持不变，τ 值增大为 60kPa，则该点是否稳定？

6.6　某饱和黏土，已知其有效应力强度指标 $c'=0$，$\varphi'=30°$，孔隙水压力系数 $A=0.8$，如将该土一试样在各向均等压力 $\sigma_3=50$kPa 下固结稳定，然后在不排水条件下施加偏应力 $\sigma_1-\sigma_3=46$kPa，问该土样是否会剪破？

6.7　某饱和黏土在三轴剪切仪中进行固结不排水剪切试验，获得有效应力强度指标 $c'=0$，$\varphi'=28°$，如果这个试样受到 $\sigma_1=200$kPa 和 $\sigma_3=150$kPa 的作用，测得孔隙水压力 $u=100$kPa，问该土样是否会破坏？

6.8　某一黏性土试样作三轴固结不排水剪切试验，当施加应力 $\sigma_3=100$kPa 后测得孔隙水压力 $u=80$kPa，剪破时测得 $(\sigma_1-\sigma_3)_f=85$kPa，孔隙水压力为 40kPa，求该土样的孔隙水压力系数 A、B。

第7章 土　压　力

【本章导读】 土压力是支挡结构和地下结构承受的主要外力之一，对支挡结构的稳定性有着重要的影响。通过本章学习，熟悉土压力的类型及其产生的条件，熟练掌握朗肯土压力理论、库仑土压力理论的假设条件、计算方法，从分析方法与计算误差上比较两种土压力理论的不同。

7.1 土压力产生的条件

7.1.1 挡土墙

土压力通常指作用在挡土墙和各种支护结构上的侧向压力，土压力的类型和大小不仅与挡土墙的位移方向和位移大小有关，还与墙后填土的性质和墙背形式有关。

在土建、水利、港口和交通工程中，为了防止土体坍塌或滑坡，常用各种类型的挡土结构物进行支挡。常用的挡土结构按结构形式不同可分为重力式、悬臂式、扶壁式、锚杆式及加筋式挡土墙等，其构筑材料通常用块石、砖、素混凝土及钢筋混凝土等，图7.1所示为几种常见的挡土墙。

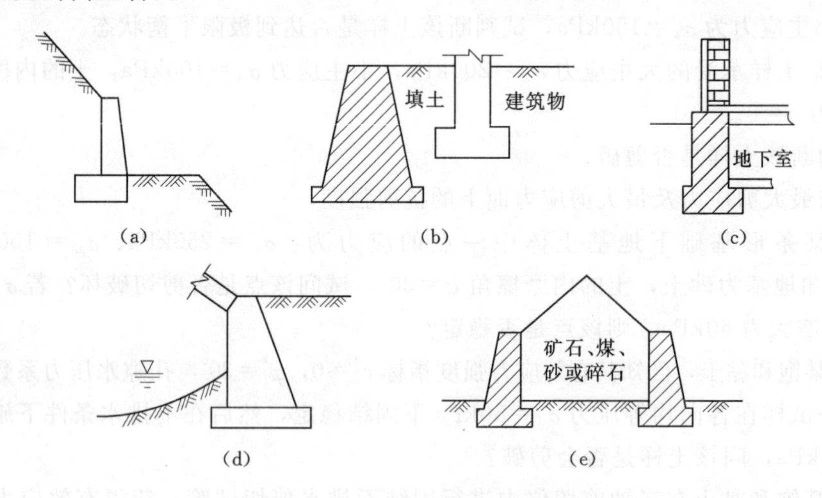

图7.1 挡土墙工程应用实例

(a) 支挡土坡的挡土墙；(b) 支挡建筑物周围填土的挡土墙；
(c) 地下室侧墙；(d) 桥台；(e) 储藏粒状材料的挡土墙

土体作用在挡土墙上的侧向压力称为土压力，是挡土墙上的主要荷载。引起土压力的原因很多，如土体自重引起的侧压力、水压力、影响区范围内的构筑物荷载、施工荷载等。土压力的性质、大小、方向和作用点对挡土墙的设计起决定作用，其值的大小直接影响挡土墙的稳定性，所以土压力的计算是土力学中的一个重要内容。

7.1.2 土压力的类型及产生条件

根据挡土墙的位移情况和墙后土体所处的应力状态，土压力分为以下三种：

(1) 主动土压力。挡土结构在土压力作用下，背离填土方向移动或转动，这时作用在结构上的土压力逐渐减小，当其后土体达到极限平衡，出现连续滑动面时，滑动面上的剪应力等于土的抗剪强度，这时土压力达到最小值，称为主动土压力，用 E_a 表示，如图 7.2 (a) 所示。

(2) 被动土压力。当挡土墙在外力作用下向土体方向移动或转动，土体受到挤压。随着挡土墙位移的增加，土压力不断增大，当挡土墙位移量达到一定值时，墙后土体开始出现连续的滑动面，墙背与滑动面之间的土体达到极限平衡状态，土压力增至最大值，此时作用在墙背上的土压力称为被动土压力，用 E_p 表示，如图 7.2 (b) 所示。如拱桥桥台受到桥上荷载作用挤压土体并产生一定量的位移，作用在台背的侧压力就是被动土压力。

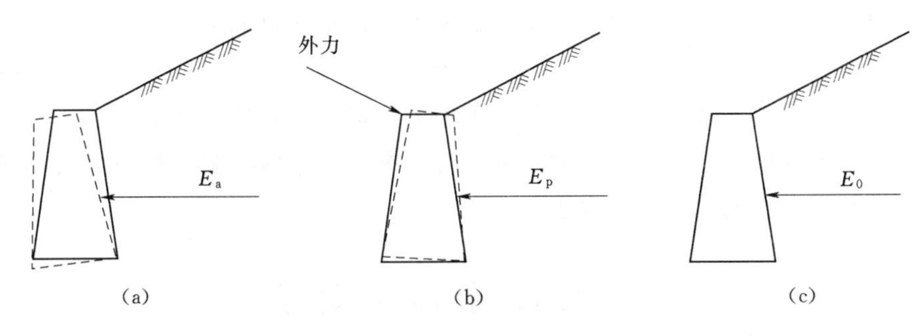

图 7.2 挡土墙上的三种土压力

(a) 主动土压力；(b) 被动土压力；(c) 静止土压力

(3) 静止土压力。当挡土墙静止不动，墙后土体处于弹性平衡状态时，作用在墙背上的土压力称为静止土压力，用 E_0 表示，如图 7.2 (c) 所示。如修建在基岩或硬土地层上的挡土墙，若高度不大、断面大、刚度大，墙体不产生位移或变形很小，可按静止土压力计算。

土压力是挡土墙与土体相互作用的结果，上述三种土压力只是土压力的三种特定状态，大部分情况下的土压力介于上述三种特定状态之间。在影响土压力大小及其分布的因素中，挡土墙的位移是最关键的。图 7.3 所示为三种土压力与挡土墙位移方向和位移量之间的关系，可见产生被动土压力所需的位移量比产生主动土压力所需的位移量要大得多。在相同的墙高和填土条件下，主动土压力小于静止土压力，而静止土压力又小于被动土压力。

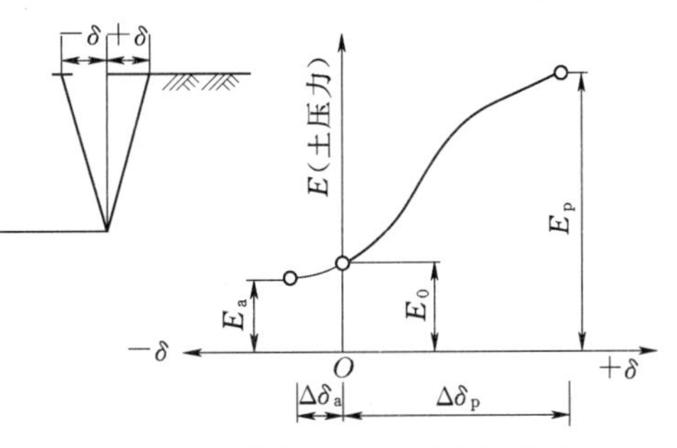

图 7.3 墙身位移和土压力的关系

太沙基曾用砂土作为填土进行挡土墙的模型试验，后来一些学者用不同土作为墙后填土进行了类似的试验。结果表明：当墙体离开填土移动时，位移量很小，即发生主动土压力。

该位移量对于砂土约 0.001H（H 为墙高），对于黏性土约 0.004H。

当墙体从静止位置被外力推向土体时，只有当位移量大到相当值后，才达到稳定的被动土压力值 E_p，该位移量对砂土约需 0.05H，黏性土约需 0.01H，而这样的位移量在实际工程中常常是不容许的，因此一般情况下，只能利用被动土压力的一部分。本章主要介绍曲线上的三个特定点的土压力计算，即 E_0、E_a 和 E_p。

7.1.3　影响土压力的因素

理论分析与挡土墙的模型试验均证明：对同一挡土墙，在填土的物理力学性质相同的条件下，主动土压力小于静止土压力，而静止土压力小于被动土压力。由此可见，挡土墙土压力不是一个常数，其土压力的性质、大小及沿墙高的分布规律与很多因素有关，归纳起来主要有以下几种：

（1）挡土墙的位移方向和位移量。挡土墙的位移（或转动）方向和位移量大小是影响土压力大小的最主要因素。挡土墙位移方向不同，土压力的种类就不同。由试验与计算可知，其他条件完全相同，仅挡土墙位移方向相反，土压力数值相差 20 倍左右。因此，在设计挡土墙时，首先应考虑墙体可能产生位移的方向和位移量的大小。

（2）挡土墙的形状、墙背的光滑程度和结构形式。挡土墙剖面形状、墙背为竖直或倾斜、墙背为光滑或粗糙，都关系到采用何种土压力计算理论和计算结果。

（3）墙后填土的性质。墙后填土的容重、含水率、内摩擦角和黏聚力的大小及填土面的倾斜程度等，都会影响土压力的大小。

7.2　静止土压力计算

7.2.1　计算公式

设一个土层，表面是水平的，土的容重为 γ，设此土体为弹性状态，如图 7.4 所示，在半无限土体内任取出竖直平面 $A'B'$，此面在几何面上及应力分布上都是对称平面。对称平面上不应有剪应力存在，所以竖直平面和水平平面都是主应力平面。

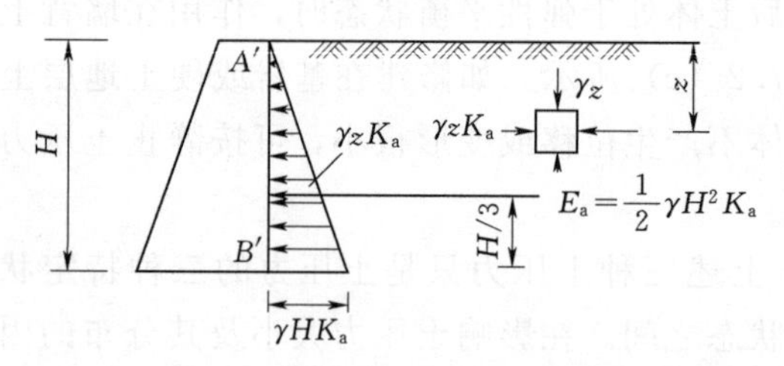

图 7.4　挡土墙上的静止土压力

作用在挡土墙墙背上的静止土压力强度，如同半空间弹性变形体在土的自重作用下无侧向变形时的水平侧应力，故填土表面以下任意深度 z 处的静止土压力强度可按下式计算

$$\sigma_0 = K_0 \gamma z \tag{7.1}$$

式中　σ_0——静止土压力强度，kPa；

K_0——静止土压力系数；

γ——墙后填土容重，kN/m^3。

σ_0 即为作用在竖直墙背 $A'B'$ 上的静止土压力强度，与深度 z 呈线性分布。可见：静止土压力强度与 z 成正比，沿墙高呈三角形分布，如取单位墙长计算，作用在墙上的静止

土压力为

$$E_0=\frac{1}{2}\gamma H^2 K_0 \tag{7.2}$$

式中　E_0——单位墙长的静止土压力，kN/m，作用点在距墙底 $H/3$ 处，方向与墙背垂直；

H——挡土墙高度，m。

静止土压力系数 K_0 与土的性质、密实程度、应力历史等因素有关，可以在三轴剪切仪中测定，也可以在专门的侧压力仪器中测得。一般砂土可取 0.35～0.50，黏性土为 0.50～0.70。对正常固结土，也可近似按下列经验公式计算。

砂性土
$$K_0=1.0-\sin\varphi' \tag{7.3}$$

黏性土
$$K_0=0.95-\sin\varphi' \tag{7.4}$$

式中　φ'——土的有效内摩擦角，(°)。

7.2.2　静止土压力的应用

(1) 地下室外墙。通常地下室外墙都有内隔墙支挡，墙位移与转角为零，按静止土压力计算。

(2) 岩基上的挡土墙。挡土墙与岩石地基牢固联结，墙体不发生位移或转动，按静止土压力计算。

(3) 拱座。拱座不允许产生位移，亦按静止土压力计算。

此外，水闸、船闸的边墙因与闸底板连成整体，边墙位移可忽略不计，也可按静止土压力计算。

7.3　朗肯土压力理论

1857 年，英国学者朗肯发表了论文《松散土壤的稳定》，建立了土压力计算理论。他研究半空间应力状态，提出墙后土体达到极限平衡状态的理论。由于其概念明确，方法简便，至今仍被广泛应用。

7.3.1　基本理论

7.3.1.1　假设条件

朗肯在推导过程中做了如下假定：①墙背竖直；②墙背光滑，与填土之间无摩擦力；③墙后填土表面水平。这样，墙后土体可视为半无限空间体，墙背可假想为半无限空间体内部的一个铅直平面。

7.3.1.2　分析方法

(1) 当挡土墙位移为零，土体处于弹性平衡状态时，墙后土体中任一点的应力状态可用摩尔应力圆表示。离地面深度 z 处取一微单元体，土的竖向应力 σ_z 等于该处土的自重应力，即 $\sigma_z=\gamma z$，水平向应力 $\sigma_x=\gamma z K_0$，水平向及竖向剪应力均为零，$\sigma_1=\sigma_z=\gamma z$，$\sigma_3=\sigma_z=\gamma z K_0$，如图 7.5 (a) 所示。摩尔应力圆与土的抗剪强度包线不相切，如图 7.5 (d) 中圆Ⅰ所示。

(2) 当挡土墙向离开土体方向产生位移时［图 7.5 (b)］，墙后土体伸张，竖向应力

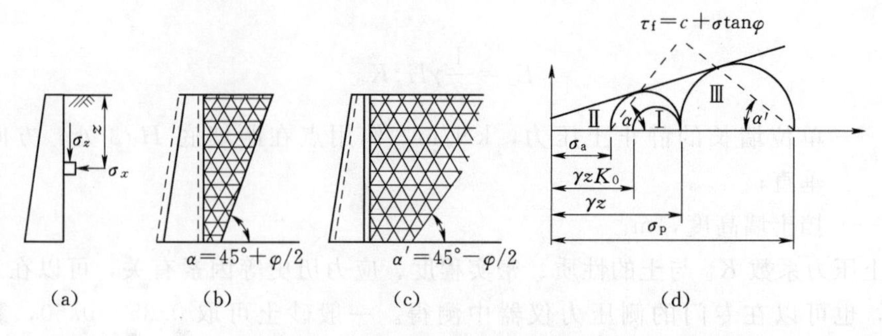

图 7.5 半空间体的极限平衡状态

(a) 墙背微单元体；(b) 主动朗肯状态；(c) 被动朗肯状态；(d) 摩尔应力圆表示的朗肯状体

σ_z 不变，法向应力 σ_x 减小，σ_z 和 σ_x 仍为最大、最小主应力。当挡土墙位移增大到墙后土体达极限平衡状态时，土体形成一组滑裂面，σ_x 达最小值 σ_a，其摩尔应力圆与抗剪强度包线相切，如图 7.5（d）中圆Ⅱ所示，称主动朗肯状态。此时法向应力为最小主应力，即朗肯主动土压力。滑裂面的方向与最大主应力作用面（即水平面）夹角为 $45°+\varphi/2$。

（3）当挡土墙在外力作用向填土方向产生位移时［图 7.5（c）］，σ_z 不变，σ_x 增大，当挡土墙位移增大到墙后土体达极限平衡状态时，土体形成一组滑裂面，σ_x 达最大值 σ_p，其摩尔应力圆与抗剪强度包线相切，如图 7.5（d）中圆Ⅲ所示，称被动朗肯状态。此时法向应力 σ_x 为大主应力，即朗肯被动土压力。滑裂面的方向与小主应力作用面（即水平面）夹角为 $45°-\varphi/2$。

7.3.2 主动土压力计算

根据土的强度理论，当挡土墙偏离土体方向位移达极限平衡状态时，作用于任意深度 z 处土单元上的 $\sigma_v=\gamma z=\sigma_1$，$\sigma_h=\sigma_a=\sigma_3$，即 $\sigma_v>\sigma_h$。大、小主应力 σ_1 和 σ_3 应满足以下关系式。

黏性土
$$\sigma_3=\sigma_1\tan^2\left(45°-\frac{\varphi}{2}\right)-2c\tan\left(45°-\frac{\varphi}{2}\right) \tag{7.5}$$

无黏性土
$$\sigma_3=\sigma_1\tan^2\left(45°-\frac{\varphi}{2}\right) \tag{7.6}$$

于是填土面以下任意深度 z 处朗肯主动土压力强度 σ_a 为

黏性土
$$\sigma_a=\gamma z\tan^2\left(45°-\frac{\varphi}{2}\right)-2c\tan\left(45°-\frac{\varphi}{2}\right) \tag{7.7}$$

或
$$\sigma_a=\gamma zK_a-2c\sqrt{K_a} \tag{7.8}$$

无黏性土
$$\sigma_a=\gamma z\tan^2\left(45°-\frac{\varphi}{2}\right) \tag{7.9}$$

或
$$\sigma_a=\gamma zK_a \tag{7.10}$$

$$K_a=\tan^2\left(45°-\frac{\varphi}{2}\right)$$

式中 K_a——朗肯主动土压力系数；

γ——土的容重，kN/m^3；

c——土的黏聚力，kPa；

φ——土的内摩擦角，(°)。

当墙后填土为无黏性土时，主动土压力强度与深度成正比，沿墙高呈三角形分布，如图 7.6（b）所示，当墙高为 H，则作用于单位长度挡土墙上的主动土压力 E_a 垂直于墙背，作用点在距墙底 $H/3$ 处，值按下式计算

$$E_a=\frac{1}{2}\gamma H^2K_a \tag{7.11}$$

式中 H——挡土墙高度，m。

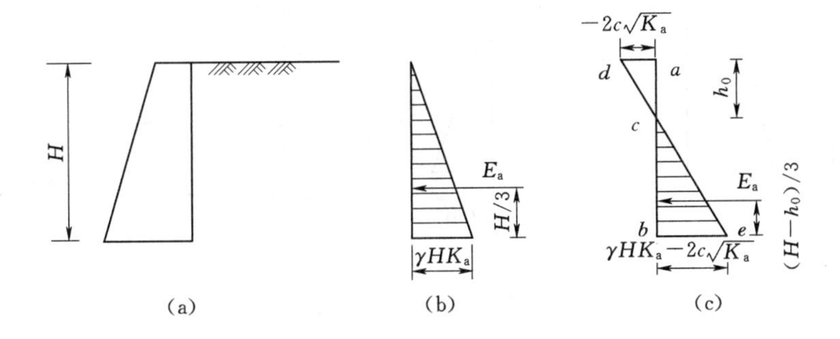

图 7.6 朗肯主动土压力强度分布

(a) 挡土墙；(b) 无黏性土时主动土压力强度分布；(c) 黏性土时主动土压力强度分布

当墙后填土为黏性土时，黏性土的主动土压力强度由两部分组成：一部分是由土体自重引起的土压力 γzK_a，是正值，随深度呈三角形分布；另一部分是黏聚力引起的土压力 $2c\sqrt{K_a}$，是负值，起减少土压力的作用，其值是常量。这两部分叠加的结果如图 7.6（c）所示。墙背上部形成拉应力区，即图中的三角形 acd。由于墙背与填土在很小的拉应力下就会分离，因此在计算土压力时这部分略去不计，仅考虑三角形 bce 部分的土压力。

c 点离填土面的深度 h_0 称为临界深度，也称受拉区深度。在修建挡土墙时，h_0 深度范围内可以不筑墙，因为没有土压力。由主动土压力强度为零的条件可计算出，即

$$\sigma_a=\gamma zK_a-2c\sqrt{K_a}=0$$

$$h_0=\frac{2c}{\gamma\sqrt{K_a}} \tag{7.12}$$

主动土压力作用在三角形的形心上，即在挡土墙底面以上 $(H-h_0)/3$ 处，值按下式计算

$$E_a=\frac{1}{2}\gamma H^2K_a-2cH\sqrt{K_0}+\frac{2c^2}{\gamma} \tag{7.13}$$

7.3.3 被动土压力计算

当墙后土体达到被动极限平衡状态时，$\sigma_h>\sigma_v$，则 $\sigma_1=\sigma_h=\sigma_p$，$\sigma_3=\sigma_v=\gamma z$。根据土的强度理论，填土面以下任意深度 z 处朗肯被动土压力强度 σ_p 为

黏性土
$$\sigma_p=\gamma z\tan^2\left(45°+\frac{\varphi}{2}\right)+2c\tan\left(45°+\frac{\varphi}{2}\right) \tag{7.14}$$

或
$$\sigma_p=\gamma zK_p+2c\sqrt{K_p} \tag{7.15}$$

无黏性土
$$\sigma_p = \gamma z \tan^2\left(45° + \frac{\varphi}{2}\right) \tag{7.16}$$
或
$$\sigma_p = \gamma z K_p \tag{7.17}$$
$$K_p = \tan^2\left(45° + \frac{\varphi}{2}\right)$$

式中 K_p——朗肯被动土压力系数。

被动土压力强度分布如图 7.7 所示。如取单位墙长计算，被动土压力为

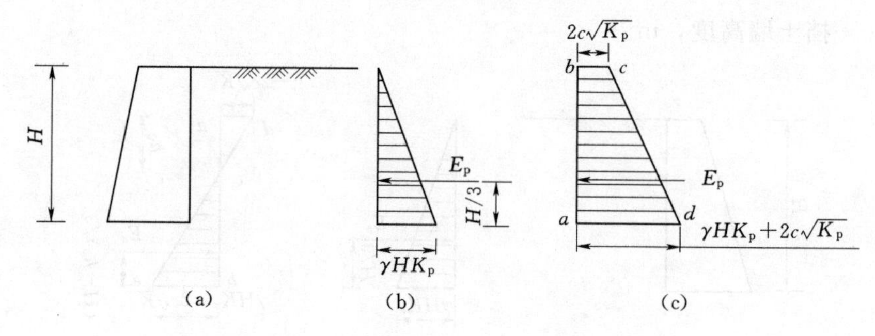

图 7.7 朗肯被动土压力强度分布

(a) 挡土墙；(b) 填土为无黏性土；(c) 填土为黏性土

黏性土
$$E_p = \frac{1}{2}\gamma H^2 K_p + 2cH\sqrt{K_p} \tag{7.18}$$
无黏性土
$$E_p = \frac{1}{2}\gamma H^2 K_p \tag{7.19}$$

被动土压力合力作用点通过三角形或梯形压力分布图的形心。

【例 7.1】 某挡土墙高 6m，墙背竖直、光滑，填土面水平，填土为黏性土，黏聚力 $c=8\text{kPa}$，内摩擦角 $\varphi=20°$，容重 $\gamma=20\text{kN/m}^3$。试计算土压力及其作用点，并绘出土压力强度分布图。

解：主动土压力系数
$$K_a = \tan^2\left(45° - \frac{20°}{2}\right) = 0.49$$

地面处
$$\sigma_{a1} = \gamma z K_a - 2c\sqrt{K_a} = 20\times0\times0.49 - 2\times8\times\sqrt{0.49} = -11.2(\text{kPa})$$

墙底处
$$\sigma_{a2} = 20\times6\times0.49 - 2\times8\times\sqrt{0.49} = 47.6(\text{kPa})$$

临界深度
$$h_0 = \frac{2c}{\gamma\sqrt{K_a}} = \frac{2\times8}{20\times\sqrt{0.49}} = 1.14(\text{m})$$

绘制土压力强度分布图如图 7.8 所示。

主动土压力为
$$E_a = \frac{1}{2}\times47.6\times(6-1.14) = 115.67(\text{kN/m})$$

主动土压力的作用点距墙底的距离为

$$\frac{H-h_0}{3}=\frac{6-1.14}{3}=1.62(\mathrm{m})$$

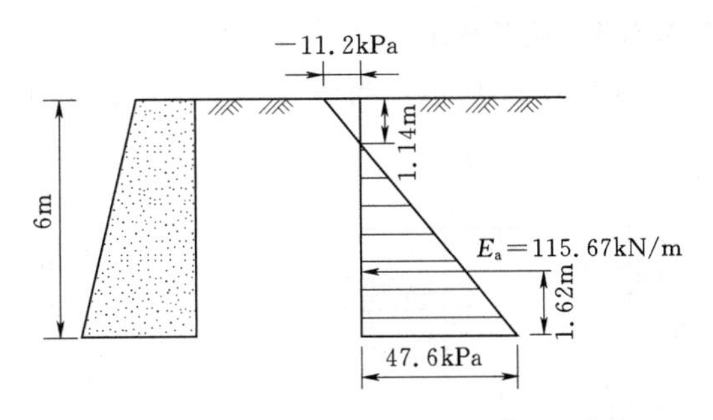

图 7.8 ［例 7.1］土压力强度分布图

7.3.4 几种特殊情况下的朗肯土压力计算

7.3.4.1 墙后填土表面作用连续均布荷载

挡土墙后填土表面作用连续均布荷载时，将均布荷载看作当量土重，用假想的土重代替均布荷载，假设土层的性质与填土相同，当量土层的厚度 h'为

$$h'=\frac{q}{\gamma} \tag{7.20}$$

式中 γ——填土的容重，$\mathrm{kN/m^3}$。

再以 $h+h'$为墙高，按填土面无荷载情况计算土压力。如填土为无黏性土，墙顶 a 点的土压力强度为

$$\sigma_{aa}=\gamma h' K_a=qK_a$$

墙底 b 点的土压力强度为

$$\sigma_{ab}=\gamma(h+h')K_a=(q+\gamma h)K_a$$

土压力强度分布如图 7.9 所示，实际的土压力分布为梯形 $abcd$ 部分，作用点在梯形形心。可见，作用在墙背面的土压力由两部分组成：一部分由均匀荷载 q 引起，是常数，其分布与深度 z 无关；另一部分由土重引起，与深度 z 成正比。土压力 E_a 即为图 7.9 中梯形的面积。

$$E_a=qHK_a+\frac{1}{2}\gamma H^2 K_a$$

7.3.4.2 墙后填土表面作用局部均布荷载

当填土表面作用局部均布荷载时，荷载对墙背的土压力强度附加值仍为 qK_a，但其分布范围难以从理论上严格确定。通常采用近似方法处理，即从局部均布荷载的两端点 m 和 n 各作一条直线，其与水平表面成（$45°+\varphi/2$）角，与墙背相交于 B、C 两点，则墙背 BC 段范围内受到 qK_a 的作用，故作用于墙背的土压力强度分布如图 7.10 所示，其作用点在阴影形心处。

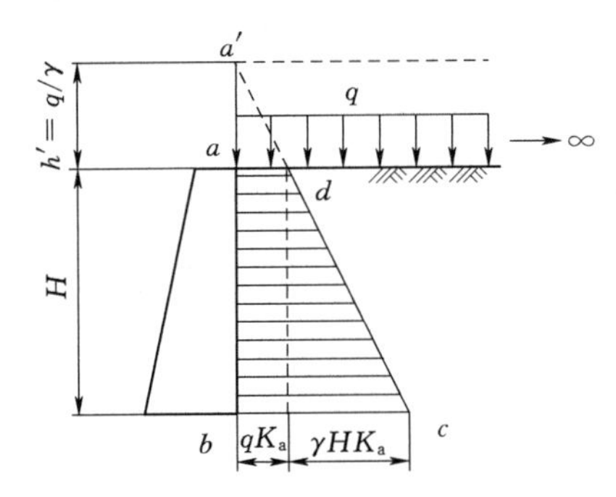

图 7.9 墙后填土表面作用连续均布荷载

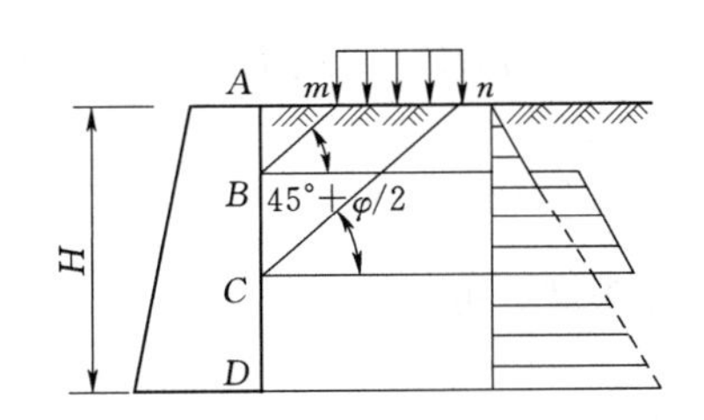

图 7.10 墙后填土表面作用局部均布荷载

7.3.4.3 成层填土

如图7.11所示，当墙后填土由不同的土层组成，计算土压力时，第一层土压力计算方法不变。计算第二层土压力时，将第一层土按容重换算成与第二层容重相同的当量土层 h_1' 计算，当量土层厚度 $h_1'=h_1\gamma_1/\gamma_2$，然后以 $(h_1'+h_2)$ 为墙高计算第二层土压力，但只取第二层土层厚度范围内的部分，即梯形 $bdfe$ 部分，得出该层土上下层面的土压力值。多层土按同样方法计算。

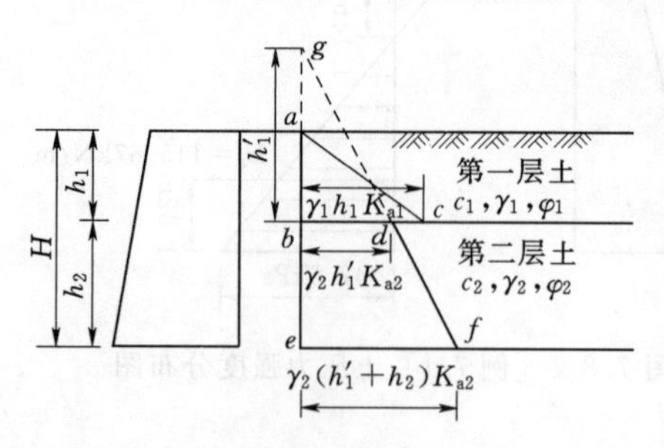

图7.11 成层填土的土压力计算图

注意：由于各层土的土性指标及土压力系数不同，土压力强度分布在两层土的交界面处不连续，交界面处土压力强度将会有两个数值。

7.3.4.4 墙后填土有地下水

当墙后填土部分或全部处于地下水位以下时，作用在墙背上的侧压力分土压力和水压力两部分。计算土压力时，地下水位以下土的容重应取有效容重。同时地下水对土压力产生影响，主要表现为：

(1) 地下水位以下，填土重量将因受到水的浮力而减少。

(2) 地下水对填土的强度指标的影响，一般认为对砂性土的影响可以忽略；但对黏性填土，地下水使黏聚力、内摩擦角减小，从而使土压力增大。

(3) 地下水对墙背产生静水压力作用。

以均质无黏性土为例，图7.12中 $abdec$ 为土压力分布图，cef 为水压力分布图。

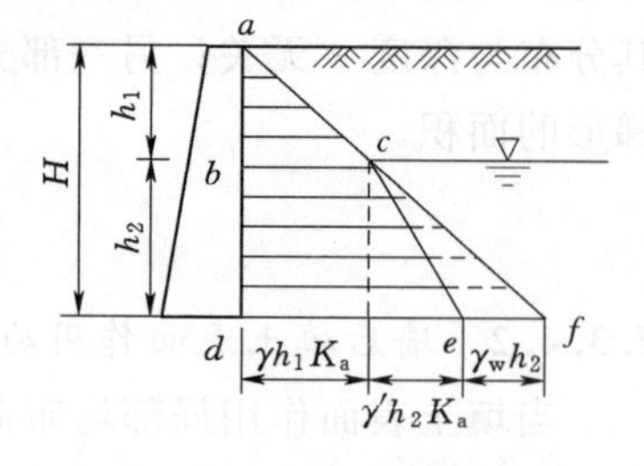

图7.12 填土中有地下水

【例7.2】 某挡土墙高5m，墙背竖直、光滑，填土面水平，其上作用有连续均布荷载 $q=20\text{kPa}$，填土的黏聚力 $c=16\text{kPa}$，内摩擦角 $\varphi=20°$，容重 $\gamma=18\text{kN/m}^3$。试求挡土墙上作用的主动土压力及作用点位置，并绘出土压力强度分布图。

解：填土表面处主动土压力强度为

$$\sigma_{a1}=qK_a-2c\sqrt{K_a}=20\times\tan^2\left(45°-\frac{20°}{2}\right)-2\times16\times\tan\left(45°-\frac{20°}{2}\right)=-12.6(\text{kPa})$$

墙底处主动土压力强度为

$$\sigma_{a2}=(q+\gamma h)K_a-2c\sqrt{K_a}=(20+18\times5)\times\tan^2\left(45°-\frac{20°}{2}\right)-2\times16\times\tan\left(45°-\frac{20°}{2}\right)$$

$$=31.5(\text{kPa})$$

临界深度，由

$$\gamma\left(h_0+\frac{q}{\gamma}\right)K_a-2c\sqrt{K_a}=0$$

得

$$h_0=\frac{2c\sqrt{K_a}-qK_a}{\gamma K_a}=\frac{12.6}{18\times\tan^2\left(45°-\frac{20°}{2}\right)}=1.43(\text{m})$$

主动土压力为

$$E_a=\frac{1}{2}\times31.5\times(5-1.43)=56.23(\text{kN/m})$$

土压力作用点位置距墙底距离为

$$\frac{5-1.43}{3}=1.19(\text{m})$$

土压力强度分布图如图 7.13 所示。

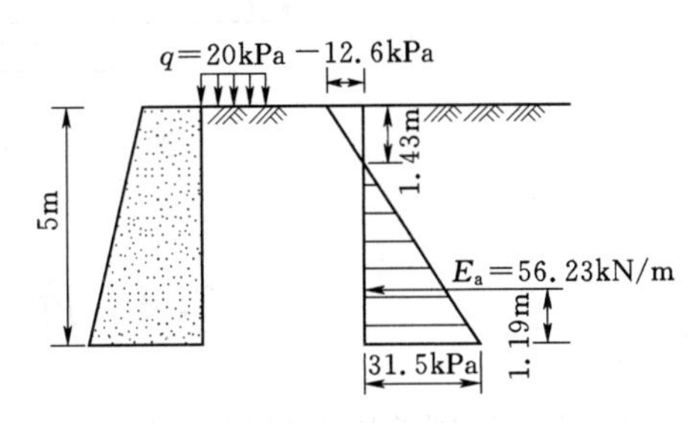

图 7.13 [例 7.2] 土压力分布图

【例 7.3】 某挡土墙高 7m，墙背竖直、光滑，填土面水平，作用有连续均布荷载 $q=20\text{kPa}$，各填土层物理性质指标如图 7.14 所示，试计算该挡土墙墙背总侧压力 E 及作用点位置，并绘出侧压力分布图。

解： 第一层填土

$$K_{a1}=\tan^2\left(45°-\frac{20°}{2}\right)=0.49$$

$$\sigma_{a0}=qK_{a1}-2c\sqrt{K_{a1}}=20\times0.49-2\times12\times\sqrt{0.49}=-7(\text{kPa})$$

$$\sigma_{a1}=(q+\gamma_1h_1)K_{a1}-2c\sqrt{K_{a1}}=(20+16\times3)\times0.49-2\times12\times\sqrt{0.49}=16.52(\text{kPa})$$

第二层填土

$$K_{a2}=\tan^2\left(45°-\frac{28°}{2}\right)=0.36$$

$$\sigma'_{a1}=(q+\gamma_1h_1)K_{a2}-2c\sqrt{K_{a2}}=(20+16\times3)\times0.36-2\times7\times\sqrt{0.36}=16.08(\text{kPa})$$

$$\sigma_{a2}=(q+\gamma_1h_1+\gamma_2h_2)K_{a2}-2c\sqrt{K_{a2}}=[20+16\times3+(21.6-10)\times4]\times0.36-2\times7\times\sqrt{0.36}$$
$$=32.78(\text{kPa})$$

第二层底部水压力强度为

$$\sigma_w=\gamma_wh_2=10\times4=40(\text{kPa})$$

临界深度，由

$$(q+\gamma_1h_0)K_{a1}-2c_1\sqrt{K_{a1}}=0$$

得

$$h_0=0.89\text{m}$$

总侧压力

$$E=\frac{1}{2}\times16.52\times(3-0.89)+16.08\times4+\frac{1}{2}\times(40+32.78-16.08)\times4$$
$$=17.43+64.32+113.4=195.15(\text{kN/m})$$

侧压力距墙底的距离为

$$\frac{1}{195.15}\times\left[17.43\times\left(4+\frac{3-0.89}{3}\right)+64.32\times2+113.4\times\frac{4}{3}\right]=1.85(\text{m})$$

侧压力强度分布图如图 7.14 所示。

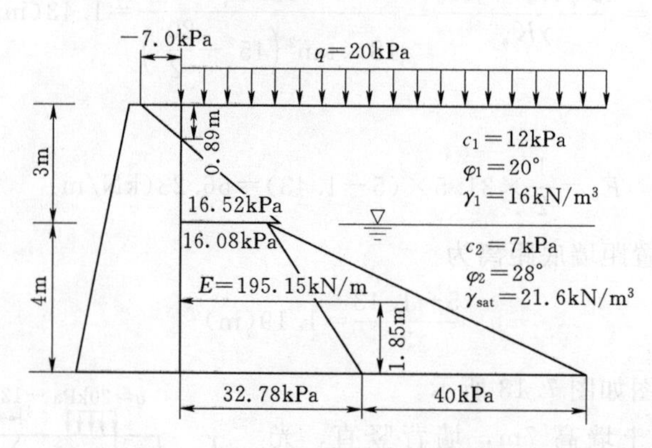

图 7.14 ［例 7.3］土压力分布图

7.4 库仑土压力理论

1776 年法国的库仑提出的土压力理论假定挡土墙墙后的填土是均匀的砂性土，当墙背离土体移动或推向土体时，墙后土体达到极限平衡条件形成一滑动楔体。根据土楔的静力平衡条件，按平面问题解得作用在挡土墙上的土压力，因此，也有把库仑土压力理论称为滑楔土压力理论。

库仑土压力理论比朗肯土压力理论更具有普遍实际意义。该理论推导时做了如下基本假定：①墙后填土为理想的散体材料（$c=0$）；②滑动破坏面为通过墙踵的平面；③滑动土楔体为刚性体。

7.4.1 主动土压力

如图 7.15 (a) 所示，挡土墙墙背倾角为 α，墙后填土为无黏性土，填土面的倾角为 β，填土的容重为 γ、内摩擦角为 φ，墙背与填土间的外摩擦角为 δ。假定土体达到极限平衡状态时形成滑动平面 AM，它与水平面的夹角为 θ。

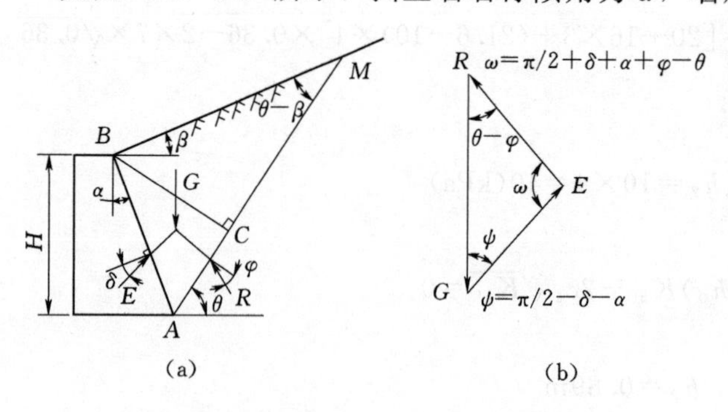

图 7.15 库仑主动土压力计算图

(a) 土楔体上的作用力；(b) 力矢三角形

以滑动楔体 ABM 为研究对象，当它处于极限平衡状态时，作用在楔体上的力有三个：楔体自重 G，大小和方向均为已知；墙背的反力 E，作用方向与墙背的法线成 δ 角；滑动面 AM 上的反力 R，作用方向与滑动面 AM 的法线成 φ 角。根据静力平衡条件，G、E、R 构成力矢三角形［图 7.15 (b)］，由正弦定理有

$$\frac{G}{\sin(90°+\alpha+\delta+\varphi-\theta)}=\frac{E}{\sin(\theta-\varphi)} \tag{7.21}$$

其中

$$G=\frac{1}{2}\gamma H^2\frac{\cos(\alpha-\beta)\cos(\theta-\alpha)}{\sin(\theta-\beta)\cos^2\alpha} \tag{7.22}$$

整理得

$$E=\frac{1}{2}\gamma H^2\frac{\cos(\alpha-\beta)\cos(\theta-\alpha)\sin(\theta-\varphi)}{\sin(\theta-\beta)\cos(\theta-\varphi-\alpha-\delta)\cos^2\alpha} \tag{7.23}$$

由于滑动面 AM 的倾角是任意假定的，因此 E 是 θ 的函数。对应于不同的 θ，有一系列的滑动面和 E 值。与主动土压力 E_a 相应的是其中的最大反力 E_{max}，对应的滑动面为最危险滑动面。令 $dE/d\theta=0$，可得墙背反力为 E_{max} 时最危险滑动面的倾角 θ_{cr}，将其代入式(7.23)，可得到 E_{max}，即主动土压力 E_a 的值

$$E_a=\frac{1}{2}\gamma H^2 K_a \tag{7.24}$$

式中　K_a——库仑主动土压力系数，通过下式计算

$$K_a=\frac{\cos^2(\varphi-\alpha)}{\cos(\alpha+\delta)\cos^2\alpha\left[1+\sqrt{\frac{\sin(\varphi+\delta)\sin(\varphi-\beta)}{\cos(\alpha+\delta)\cos(\alpha-\beta)}}\right]^2} \tag{7.25}$$

式中　α——挡土墙墙背与竖直线的夹角，墙背俯斜时取正号，仰斜时取负号，(°)；

β——墙后填土面的倾角，(°)；

δ——墙背与填土面间的外摩擦角，(取值见表 7.1)，(°)；

γ——墙后填土的容重，kN/m^3；

φ——墙后填土的内摩擦角，(°)。

表 7.1　土对挡土墙墙背的摩擦角 δ（GB 50007—2011）

挡土墙情况	摩擦角 δ	挡土墙情况	摩擦角 δ
墙背平滑，排水不良	$(0\sim0.33)\varphi_k$	墙背很粗糙，排水良好	$(0.5\sim0.67)\varphi_k$
墙背粗糙，排水良好	$(0.33\sim0.50)\varphi_k$	墙背与填土间不可能滑动	$(0.67\sim1.00)\varphi_k$

注　φ_k 为墙后填土的内摩擦角标准值。

当墙背竖直（$\alpha=0$）、光滑（$\delta=0$）、填土面水平（$\beta=0$）时，按式（7.25）计算的主动土压力系数与朗肯主动土压力系数一致，因此朗肯土压力理论是库仑土压力理论的特殊情况。

E_a 对 z 求导数，可得沿墙高的库仑主动土压力强度分布，即

$$\sigma_a=\frac{dE_a}{dz}=\gamma z K_a \tag{7.26}$$

如图 7.16 所示，库仑主动土压力强度沿墙高呈三角形分布，合力作用点在距墙底 $H/3$ 高度处，作用方向指向墙背，与墙背法线成 δ 角且在法线上方。土压力分布只表示大小，不代表作用方向。

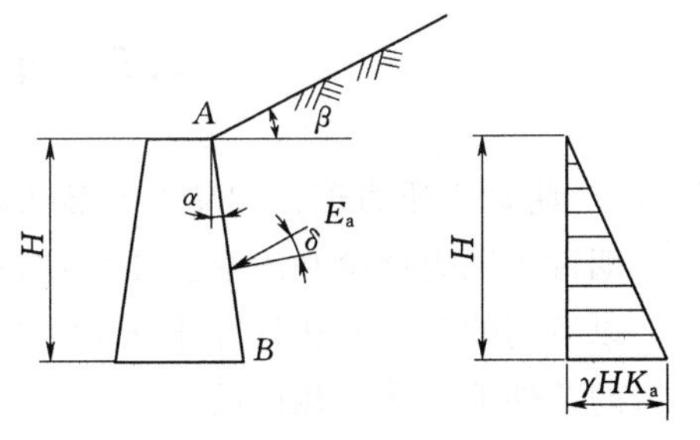

图 7.16　库仑主动土压力分布图

7.4.2　被动土压力

如图 7.17 所示，当挡土墙在外力作用下挤压土体时，分析过程同库仑主动土压力。作用在滑

动楔体上的力仍为三个，其中楔体自重是已知力，仍按式（7.22）计算，滑动面 AM 上的反力 R 的作用方向仍与 AM 面法线成 φ 角，但位于法线上方，墙背的反力 E 的方向仍与 AB 面的法线成 δ 角，但位于法线上方。与库仑主动土压力计算相同，先由楔体的静力平衡条件求得 E 值，然后用求极值的方法求得最小值，即被动土压力 E_p。

$$E_p=\frac{1}{2}\gamma H^2 K_p \tag{7.27}$$

其中　K_p——库仑被动土压力系数，通过下式计算

$$K_p=\frac{\cos^2(\varphi+\alpha)}{\cos^2\alpha\cos(\alpha-\delta)\left[1-\sqrt{\dfrac{\sin(\varphi+\delta)\sin(\varphi+\beta)}{\cos(\alpha-\delta)\cos(\alpha-\beta)}}\right]^2} \tag{7.28}$$

若墙背竖直（$\alpha=0°$）、光滑（$\delta=0°$）、墙后填土面水平（$\beta=0°$），则式（7.28）变为

$$K_p=\tan^2\left(45°+\frac{\varphi}{2}\right)$$

与无黏性土的朗肯公式相同。E_p 对 z 求导数，可得沿墙高的库仑被动土压力强度分布

$$\sigma_p=\frac{dE_p}{dz}=\gamma z K_p \tag{7.29}$$

如图7.18所示，库仑被动土压力强度沿墙高呈三角形分布，合力作用点在距墙底 $H/3$ 高度处，作用方向指向墙背，与墙背法线成 δ 角且在法线下方。同样，土压力分布只表示大小，不代表作用方向。

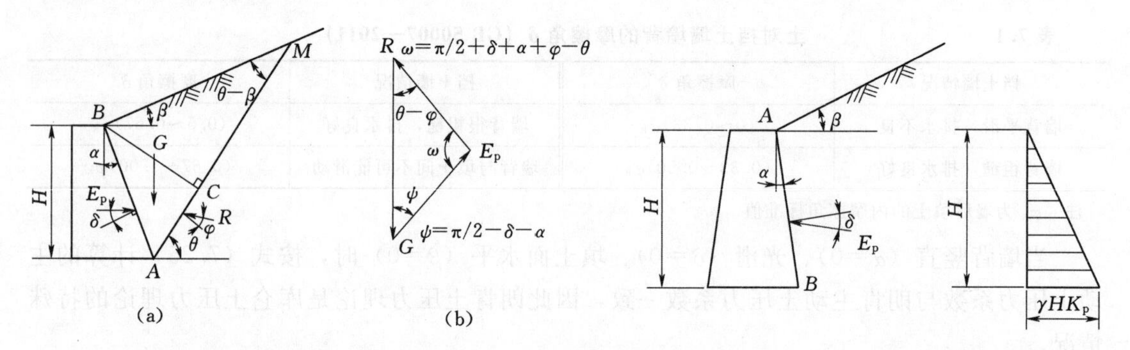

图7.17　库仑被动土压力计算图

(a) 土楔体上的作用力；(b) 力矢三角形

图7.18　库仑被动土压力分布图

7.5　土压力问题讨论

7.5.1　朗肯土压力理论和库仑土压力理论的比较

朗肯土压力理论和库仑土压力理论是两个经典的土压力理论。两者分别根据不同的假定，以不同的分析方法计算土压力，只有在特殊情况下，即填土面水平、墙背直立、墙背光滑的条件下，才有相同的计算结果。但两种理论都有它们各自的特点：朗肯土压力理论是从土体处于极限平衡状态时的应力情况出发求解的，首先求出作用在挡土墙上的土压力

强度及其分布形式，然后计算作用在墙背上的土压力，概念明确，公式简单，便于记忆，对于黏性土和无黏性土都适用；库仑土压力理论是根据滑动土楔的静力平衡条件求解土压力的，先求作用在墙背上的土压力，再计算土压力强度及其分布形式，该理论考虑了墙背与土体之间的摩擦作用，并可用于墙背倾斜、填土面倾斜等复杂情况。

对于无黏性土，朗肯土压力理论由于忽略了墙背的摩擦影响，计算的主动土压力偏大，被动土压力偏小，用库仑土压力理论则比较符合实际。但是在工程设计中常用朗肯土压力理论计算，这是因为计算公式简便，误差偏于安全。

对于黏性填土，用朗肯土压力公式可以直接计算，用库仑土压力理论却不能计算，往往用折减内摩擦角的办法考虑黏聚力的影响，误差可能较大。计算被动土压力用假定平面破坏面的库仑土压力理论，误差太大。这种偏差在计算主动土压力时为2%～10%，可认为其精度满足实际工程的需要；但在计算被动土压力时偏差较大，有时可达2～3倍甚至更大，这是不安全的，故实际工程中一般不用库仑土压力理论计算被动土压力。

上述两种理论中，朗肯土压力理论在理论上比较严密，但只能在理想的简单边界条件下求解，应用上受到一定限制。库仑土压力理论明显做了很多简化，但由于能适用于较为复杂的各种实际边界条件，而且在一定范围内能得出比较满意的结果，因此应用更广。

挡土墙土压力的计算是土力学要解决的主要问题之一，也是比较复杂的问题之一。还有很多问题有待于进一步研究。朗肯土压力理论和库仑土压力理论都是计算土压力问题的简化方法，它们有各自不同的基本假定、分析方法和适用范围，在应用时应注意根据实际情况合理选用。

7.5.2 非极限状态下的土压力

朗肯土压力理论与库仑土压力理论都是计算填土达到极限平衡状态时的土压力，发生这种状态的土压力必须要求挡土墙的位移足以使墙后填土的剪应力达到抗剪强度。实际上，挡土墙移动的大小和方式不同，影响墙背面的土压力大小和分布。

（1）静止土压力。当按静止土压力计算时，由于静止土压力系数难以精确确定，所以在设计中常将主动土压力增大25%作为计算的土压力。

（2）主动土压力。若墙的下端不动，上端向外移动，土压力强度为直线分布，土压力作用在墙底面以上 $H/3$ 处。当上端位移达到一定数值时，填土发生主动破坏。当墙的上端不动，下端向外移动时，位移的大小不能使填土发生主动破坏，土压力强度为曲线分布，土压力作用在墙底面 $H/2$ 处。若墙的上端和下端都向外移动，位移的大小未使填土发生主动破坏，土压力强度也是曲线分布，土压力作用在墙底面 $H/2$ 附近。

（3）被动土压力。被动土压力发生在墙向填土方向的位移比较大的情况，要求位移量达到墙高的0.02～0.05倍，这样大的位移是不允许的。因此在验算挡土墙的稳定性时，不能全部采用被动土压力的数值，一般取30%。

7.5.3 填土指标的选择

在土压力计算中，墙后填土指标的选用是否合理，对计算结果影响很大，必须给以足够的重视。

（1）抗剪强度指标的选择。对黏性填土，若填土质量较好，常用固结快剪测定 c 和 φ；若填土质量较差，常用快剪测定 c 和 φ，并将 c 值做适当折减。对无黏性填土，φ 值较容易测定，结果也较稳定，常用直接剪切或三轴剪切试验测定。

(2) 墙背与填土的外摩擦角δ的确定。δ取值大小对计算结果影响很大。其他条件相同时，δ越大，主动土压力越小，被动土压力越大。δ的变化范围在$0°\sim\varphi$，通过试验确定或按经验根据规范给出的外摩擦角参考值见表7.1。

7.6　挡土墙设计

挡土墙的设计包括墙型选择、稳定性验算、地基承载力验算、墙身材料强度验算以及一些设计中的构造要求和措施等。

常用的挡土墙结构形式有重力式、悬臂式、扶壁式、锚杆及锚定板式和加筋土挡土墙等，一般根据工程需要、土质情况、材料供应、施工技术以及造价等因素合理地选择，本节介绍几种常用挡土墙的形式和特点，并以重力式挡土墙为例介绍挡土墙设计的步骤与内容。

7.6.1　挡土墙类型的选择

7.6.1.1　重力式挡土墙

如图7.19 (a) 所示，重力式挡土墙通常由块石或素混凝土砌筑而成，墙体抗拉强度较小，作用于墙背的土压力所引起的倾覆力矩全靠墙身自重产生的抗倾覆力矩来平衡，因此，墙身必须做成厚而重的实体才能保证其稳定，墙身的断面也就比较大。重力式挡土墙具有结构简单、施工方便、能够就地取材等优点，是工程中应用较广的一种形式。

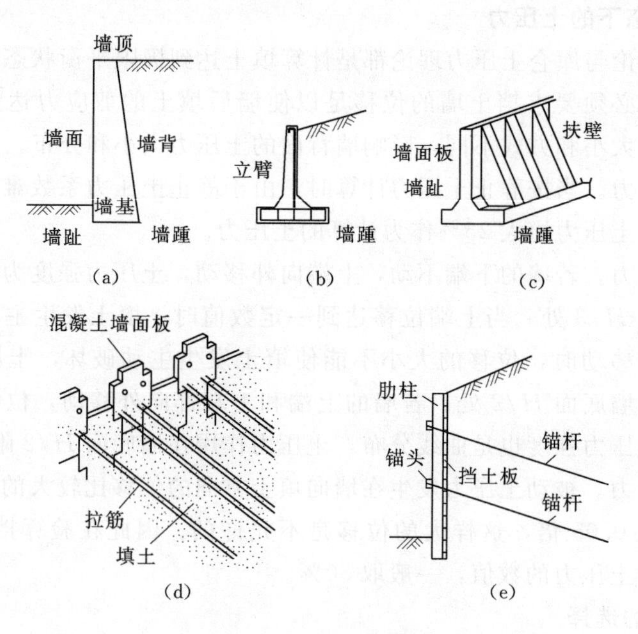

图7.19　挡土墙类型

(a) 重力式挡土墙；(b) 悬臂式挡土墙；(c) 扶壁式挡土墙；

(d) 加筋土挡土墙；(e) 锚杆式挡土墙

7.6.1.2 悬臂式挡土墙

悬臂式挡土墙如图7.19（b）所示，一般用钢筋混凝土建造，它由三个悬臂板组成，即立臂、墙趾悬臂和墙踵悬臂。墙身的稳定主要依靠墙踵底板以上土体的重量来维持，墙身内配钢筋来承受拉应力。悬臂式挡土墙的优点是墙体截面尺寸小、重量轻，充分利用了钢筋混凝土的受力特性。适用于墙较高、地基土质较差及工程较重要时，如市政工程及厂矿储库。

7.6.1.3 扶壁式挡土墙

如图7.19（c）所示，当挡土墙较高时，为了增强悬臂式挡土墙中立臂的抗弯性能，以保持挡土墙的整体性，沿墙的长度方向每隔一定距离设置一道扶壁，墙体的稳定主要靠扶壁间的土重维持，称为扶壁式挡土墙。

7.6.1.4 加筋土挡土墙

如图7.19（d）所示，加筋土挡土墙由面板、加筋材料及填土三部分组成，它依靠拉筋和填土之间的摩擦力来平衡作用在墙面的土压力以保持稳定。

7.6.1.5 锚杆式挡土墙

如图7.19（e）所示，锚杆式挡土墙的稳定主要依靠锚固于稳定岩土体中的锚杆提供的拉力来维持。锚杆式挡土墙具有结构轻、柔性大、工程量少、造价低、施工方便等优点，适用于承载力较低的地基，不必进行复杂的地基处理，常用在铁路路基、护坡、桥台及基坑开挖支挡邻近建筑物等处。

此外，还有锚定板挡土墙、板桩墙、土钉墙、混合式挡土墙、构架式挡土墙等。

7.6.2 重力式挡土墙的体形选择与构造措施

7.6.2.1 体形选择

合理地选择墙型，对安全和经济地设计挡土墙具有重要意义。

（1）墙背倾斜的形式。重力式挡土墙按墙背倾斜方向可分为仰斜（$\alpha<90°$）、直立（$\alpha=90°$）和俯斜（$\alpha>90°$）三种形式，如图7.20所示。对于墙背不同倾斜方向的挡土墙，如用相同的计算方法和计算指标进行计算，其主动土压力以仰斜为最小，直立居中，俯斜最大。因此，就墙背所受的主动土压力而言，仰斜墙背较为合理。

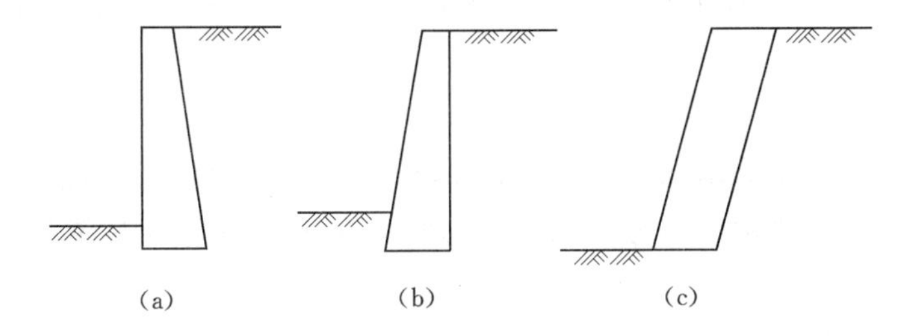

图7.20 重力式挡土墙形式

（a）俯斜；（b）直立；（c）仰斜

如在开挖临时边坡以后筑墙，采用仰斜墙背可与边坡紧密贴合，而俯斜墙则须在墙背回填土，因此仰斜墙比较合理。反之，如果在填方地段筑墙，仰斜墙背填土的夯实比俯斜墙或直立墙困难，此时俯斜墙和直立墙比较合理。

从墙前地形的陡缓看，当较为平坦时，用仰斜墙背较为合理。如墙前地形较陡，则宜用直立墙，因为俯斜墙的土压力较大，而用仰斜墙时，为了保证墙趾与墙前土坡面之间保持一定距离，就要加高墙身，使砌筑工程量增加。

因此，墙背的倾斜形式应根据使用要求、地形和施工等情况综合考虑确定。

(2) 墙面坡度的选择。当墙前地面较陡时，墙面坡可取1：0.05～1：0.2，亦可采用直立的截面。在墙前地形较为平坦时，对于中、高挡土墙，墙面坡度可较缓，但不宜缓于1：0.4，以免增高墙身或增加开挖宽度。仰斜墙背坡度越缓，主动土压力越小，但为了避免施工困难，仰斜墙背坡度一般不宜缓于1：0.25，墙面坡应尽量与墙背坡平行。

(3) 基底逆坡坡度。在墙体稳定性验算中，滑动稳定常比倾覆稳定不易满足要求，为了增加墙身的抗滑稳定性，将基底做成逆坡是一种有效方法。但是基底逆坡过大，可能使墙身连同基底下的一块三角形土体一起滑动，因此，一般土质地基的基底逆坡不宜大于0.1：1，对岩石地基一般不宜大于0.2：1，如图7.21所示。

(4) 墙趾台阶和墙顶、底宽度。当墙高较大时，基底压力常常是控制截面的重要因素。为了使基底压力不超过地基承载力设计值，可加墙趾台阶，以便扩大基底宽度，如图7.22所示，这对墙的倾覆稳定也是有利的。

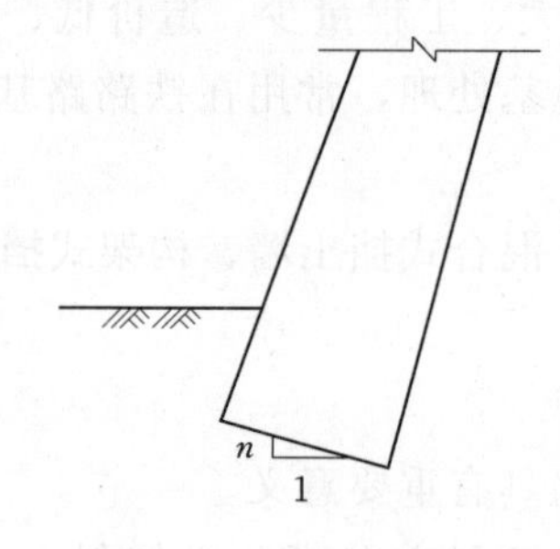

图7.21　基底逆坡
（土质地基 $n=0.1$；岩质地基 $n=0.2$）

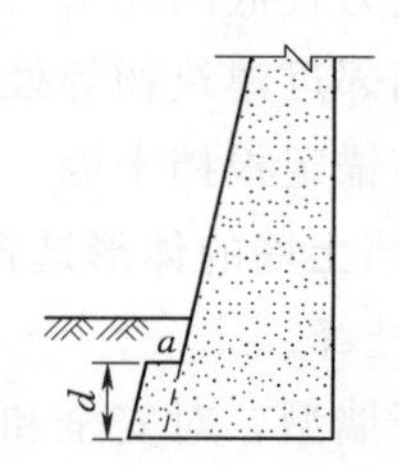

图7.22　墙趾台阶
（土质地基 $d:a=2:1$；岩质地基 $a\geqslant 200$mm）

挡土墙的顶宽如无特殊要求，对于一般块石挡土墙不应小于0.5m，对于混凝土挡土墙最小可为0.2～0.4m，不宜小于0.2m；砌石挡土墙顶宽不宜小于0.4m。基底宽为墙高的1/2～1/3。

7.6.2.2　基础埋置深度

基础埋置深度应根据地基承载力、水流冲刷、岩石裂隙发育及风化程度等因素进行确定。在特强冻胀、强冻胀地区应考虑冻胀的影响。在土质地基中不宜小于0.5m，在软质岩地基中不宜小于0.3m。

7.6.2.3　设置伸缩缝、沉降缝

每间隔10～20m设置一道伸缩缝。当地基有变化时宜加设沉降缝。在拐角处应采取加强的构造措施。

7.6.2.4　填料选择

根据挡土墙稳定性验算，作用在墙上的土压力越小，越有利于挡土墙的稳定。土压力的大小主要与墙后填土的性质有关，因此应合理选择墙后填土。

墙后填土宜选择透水性好、抗剪强度高、性质稳定的土，如砂土、砾石、碎石等。这类土的内摩擦角 φ 大，主动土压力系数小，作用在墙背上的土压力小，且这类土透水性较大，易于排水。当采用黏性土作为墙后填土时，宜掺入适量的碎石。在季节性冻土地区，墙后填土应选用非冻胀性填料，如炉渣、碎石、粗砂等，不宜采用膨胀土、耕植土、淤泥土及含有大量有机质的土。填土时应注意分层压实。

7.6.2.5　墙后排水措施

挡土墙常因填土含水率增加而使抗剪强度指标降低，土压力增大，还可能产生水压力，不利于挡土墙的稳定，因此设计挡土墙时必须考虑排水问题。

在墙后填土表面宜铺筑夯实的黏土层，防止地表水渗入墙后。对渗入墙后填土中的水，为使其顺利排出，当挡土墙较低时，常在挡土墙底部设置泄水孔，当挡土墙较高时，可在墙的中部加一排泄水孔。孔眼直径不宜小于 100mm，孔眼间距为 2～3m，外斜 5%。泄水孔应高于墙前水位，以免倒灌。在泄水孔的入口处应用易渗水的粗粒材料（卵石、碎石等）做反滤层，以利于排水和防止泄水孔淤塞。为防止墙后积水渗入地基土中不利于墙体的稳定，在最低泄水孔入口下部应铺设黏土夯实层，同时应在墙前设散水或排水沟，避免墙前水渗入地基。墙后有山坡时，应在坡下离挡土墙适当距离处设置截水沟，将上部径流切断，出口应远离挡土墙。图 7.23 所示为常见的挡土墙的排水构造设施。

7.6.3　挡土墙稳定性验算

挡土墙的设计一般采用试算法，先根据挡土墙的工程地质条件、墙体材料、填土性质和施工条件等，凭经验初步拟定截面尺寸，然后进行挡土墙的验算，如不满足要求，调整截面尺寸或采取其他措施，直至满足要求为止。

挡土墙的验算包括下列内容：稳定性验算，包括抗滑移和抗倾覆稳定性验算；地基承载力验算；墙身强度验算。地基承载力验算方法及要求同天然地基浅基础验算；挡土墙墙身材料强度应符合相应规范的有关要求。

7.6.3.1　稳定性验算

挡土墙的稳定性破坏通常有两种形式：一种是在土压力作用下沿基底外移，需进行抗滑移稳定性验算；另一种是在主动土压力作用下外倾，对此应进行抗倾覆稳定性验算。

（1）抗滑移稳定性验算。如图 7.24 所示，抗滑移稳定即挡土墙在墙背土压力作用下可能沿着墙底发生滑动破坏，要保证挡土墙的抗滑移稳定性，必须要求抗滑力和滑动力之比不小于 1.3，该比值称为抗滑安全系数，即

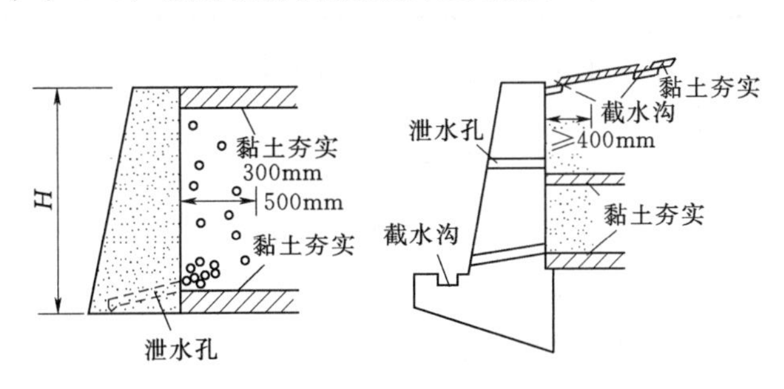

图 7.23　挡土墙排水措施

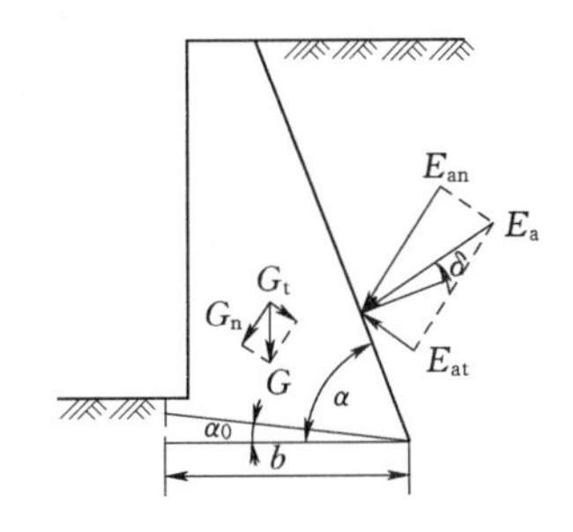

图 7.24　抗滑移稳定性验算图

$$K_s=\frac{(G_n+E_{an})\mu}{E_{at}-G_t}\geqslant 1.3 \tag{7.30}$$

$$G_n=G\cos\alpha_0$$

$$G_t=G\sin\alpha_0$$

$$E_{at}=E_a\sin(\alpha-\alpha_0-\delta)$$

$$E_{an}=E_a\cos(\alpha-\alpha_0-\delta)$$

式中　G——挡土墙每延米自重，kN；

α_0——挡土墙基底的倾角，(°)；

α——挡土墙墙背的倾角，(°)；

δ——土对挡土墙墙背的摩擦角，(°)，可按表7.1选用；

μ——土对挡土墙基底的摩擦系数，可通过试验确定，也可按表7.2选用。

表7.2　土对挡土墙基底的摩擦系数表（GB 50007—2011）

土　的　类　别		摩擦系数 μ
黏性土	可塑	0.25～0.30
	硬塑	0.30～0.35
	坚硬	0.35～0.45
粉土		0.30～0.40
中砂、粗砂、砾砂		0.40～0.50
碎石土		0.40～0.60
软质岩		0.40～0.60
表面粗糙的硬质岩		0.65～0.75

注　1. 对易风化的软质岩和塑性指数大于22的黏性土，基底摩擦系数 μ 应通过试验确定。
2. 对碎石土，可根据其密实程度、填充物状况、风化程度等确定。

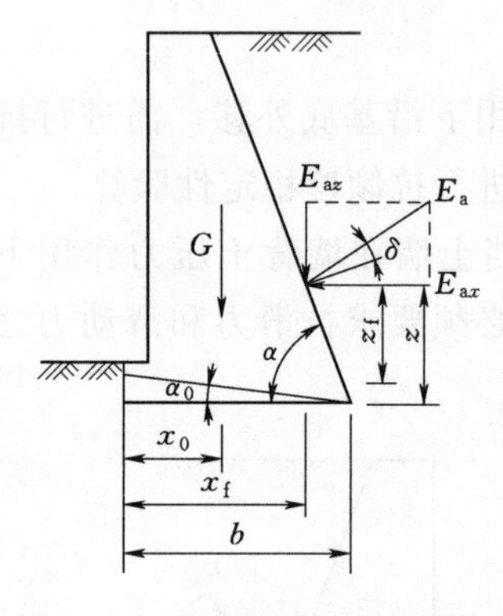

图7.25　抗倾覆稳定性验算图

当验算结果不满足式（7.30）时，可采取诸如修改挡土墙的断面尺寸以加大自重，墙基底铺砂石垫层提高摩擦系数值、墙底做逆坡、在墙踵后加拖板利用拖板上的填土重量增大抗滑力等措施，来提高抗滑移稳定性。

(2) 抗倾覆稳定性验算。如图7.25所示，抗倾覆稳定即挡土墙在墙背土压力作用下可能绕墙趾向墙前发生转动而倾覆，要保证挡土墙的抗倾覆稳定性，必须要求抗倾覆力矩与倾覆力矩之比不小于1.6，该比值称为抗倾覆安全系数，即

$$K_t=\frac{Gx_0+E_{az}X_f}{E_{ax}Z_f}\geqslant 1.6 \tag{7.31}$$

$$E_{ax}=E_a\sin(\alpha-\delta)$$

$$E_{az}=E_a\cos(\alpha-\delta)$$

$$x_f=b-z\tan\alpha$$

$$z_f=z-b\tan\alpha_0$$

式中　z——土压力作用点离墙踵的高度，m；

x_0——挡土墙重心离墙趾的水平距离，m；

b——基底的水平投影宽度，m。

当验算结果不满足式（7.31）的要求时，可采取诸如改变挡土墙的断面尺寸以增加墙体自重、伸长墙趾增加力臂长度、将墙背做成仰斜式减小土压力等措施，来增加抗倾覆稳定性。

7.6.3.2　地基承载力验算

在挡土墙自重及土压力的垂直分力作用下，基底压力按直线分布假定计算，要求同时满足基底平均应力 $P \leqslant f$ 和基底最大压应力 $P_{max} \leqslant 1.2f$（f 为持力层地基承载力设计值）。

7.6.3.3　墙身强度验算

墙身强度验算应根据墙身材料分别按砌体结构、素混凝土结构或钢筋混凝土结构的有关计算方法进行。墙身材料强度验算应取最不利位置计算，如断面急剧变化或转折处，一般在墙身与基础接触处应力可能最大。

【例 7.4】 某挡土墙高 5.6m，墙顶宽 0.8m，墙底宽 2.0m，用毛石砌筑，砌体容重 $\gamma = 22.0\text{kN/m}^3$，墙背竖直、光滑、填土面水平。填土容重 $\gamma = 18\text{kN/m}^3$，内摩擦角 $\varphi = 40°$，墙底摩擦系数 $\mu = 0.65$，试对该挡土墙进行稳定性验算。

解：（1）主动土压力计算。

$$E_a = \frac{1}{2}\gamma h^2 \tan^2\left(45° - \frac{\varphi}{2}\right) = \frac{1}{2} \times 18 \times 5.6^2 \times \tan^2\left(45° - \frac{40°}{2}\right) = 61.4(\text{kN/m})$$

（2）求挡土墙自重及重心，将挡土墙划分为一个三角形和一个矩形。

$$G_1 = \frac{1}{2} \times 1.2 \times 5.6 \times 22 = 73.9(\text{kN/m})$$

$$G_2 = 0.8 \times 5.6 \times 22 = 98.6(\text{kN/m})$$

$$a_1 = 1.2 \times \frac{2}{3} = 0.8(\text{m})$$

$$a_1 = 1.2 + \frac{0.8}{2} = 1.6(\text{m})$$

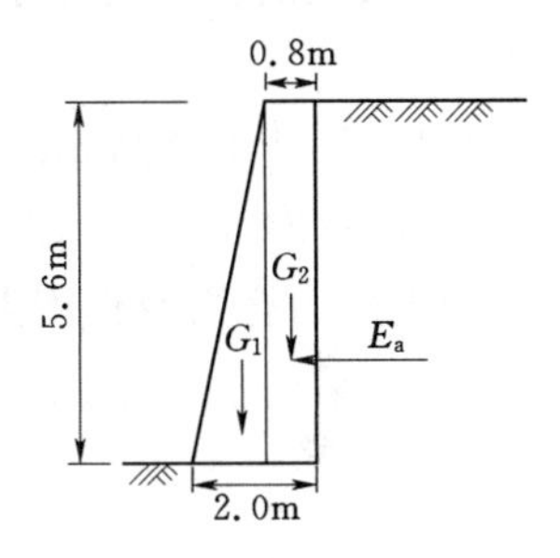

图 7.26　［例 7.4］计算示意图

（3）抗倾覆稳定性验算。

$$K_t = \frac{G_1 a_1 + G_2 a_2}{\frac{h}{3}E_a} = \frac{73.9 \times 0.8 + 98.6 \times 1.6}{\frac{5.6}{3} \times 61.4} = 1.9 \geqslant 1.6$$

（4）抗滑移稳定性验算。

$$K_s = \frac{G_n + E_{an}\mu}{E_a} = \frac{(73.9 + 98.6) \times 0.65}{61.4} = 1.83 > 1.3$$

该挡土墙的抗倾覆和抗滑移稳定性均满足要求。

思　考　题

7.1　土压力有哪几种？影响土压力大小的因素是什么？其中最主要的影响因素是什么？

7.2　什么是主动土压力、静止土压力和被动土压力？举工程实例说明。

7.3　朗肯土压力理论有何假设条件？适用于什么范围？主动土压力系数与被动土压力系数如何计算？

7.4　库仑土压力理论研究的课题是什么？有何基本假定？适用于什么范围？

7.5　对朗肯土压力理论和库仑土压力理论进行比较和评论。

7.6　挡土墙设计内容有哪些？

7.7　挡土墙有哪几种类型，各有什么特点？各适用于什么条件？

7.8　采取哪些措施可提高挡土墙的稳定性？

7.9　挡土墙后应选用什么样的填土？

7.10　为什么挡土墙后要做排水措施？排水措施有哪些？

计　算　题

7.1　某地下室侧墙高4m，侧墙外土体的天然容重$\gamma=18kN/m^3$，土的有效内摩擦角$\varphi'=15°$，试计算作用于地下室侧墙的静止土压力分布和合力。

7.2　某挡土墙高5m，墙背竖直光滑，墙后填土面水平，填土的物理性质指标：$c=12kPa$，$\varphi=20°$，$\gamma=18kN/m^3$，求主动土压力合力及作用点位置。

7.3　某挡土墙高6m，墙背竖直光滑，墙后填土面水平，作用有连续均布荷载$q=15kPa$，填土的物理性质指标：$c=10kPa$，$\varphi=16°$，$\gamma=18kN/m^3$，试计算主动土压力合力。

7.4　某挡土墙高5m，墙背竖直光滑，墙后填土面水平，填土分两层，第一层厚2m，$c_1=0$，$\varphi_1=24°$，$\gamma_1=18kN/m^3$；第二层厚3m，$c_2=10kPa$，$\varphi_2=18°$，$\gamma_2=17kN/m^3$。求主动土压力合力及作用点位置。

7.5　某挡土墙如图7.27所示，墙后填土物理力学指标：$\varphi=28°$，$\gamma=17kN/m^3$，$\gamma_{sat}=20kN/m^3$，求作用于挡土墙的总侧压力，并绘出土压力和水压力分布图。

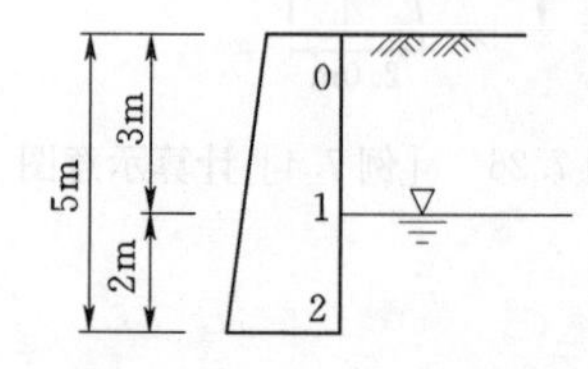

图7.27　习题7.5附图

7.6　某挡土墙高10m，墙背倾角10°，填土面倾角15°，填土容重$\gamma=18kN/m^3$，$c=10kPa$，$\varphi=16°$，填土与墙背的摩擦角16°，试用库仑土压力理论求挡土墙上主动土压力的大小。

7.7　某重力式挡土墙，墙背竖直光滑，墙后填土面水平，墙高6m，墙顶宽0.8m，墙底宽2m，砌体重度$\gamma_k=18kN/m^3$，基底摩擦系数$\mu=0.4$，作用在墙背上的主动土压力为50.8kN/m，水平方向作用在距墙底2m处，试验算该挡土墙的抗倾覆和抗滑移稳定性。

第8章　土坡稳定分析

【本章导读】 土坡是指具有一定倾斜坡面的土体，其边坡的稳定性对人类生产和生活有重大影响。本章介绍滑坡产生的原因及其危害，土坡稳定分析方法。通过本章学习，应掌握土坡失稳机理，土坡安全系数定义以及条分法基本原理；理解渗流对土坡稳定性的影响机理，正确选择土体抗剪强度指标等。

8.1　滑坡原因及其危害

土坡是指具有一定倾斜坡面的土体。一个简单土坡各部位的名称如图8.1所示。土坡包括天然土坡和人工土坡。天然土坡是指自然界在成土过程中形成的山坡和河道岸坡等，天然土坡多存在于山区或丘陵地区。随着生产力的发展，工程建设过程中也会遇到大量的人工土坡。人工土坡是指在土木工程（道路、房屋等）或水利工程（水库、渠道、堤岸等）建设过程中，人工开挖土方或填方形成的土坡。

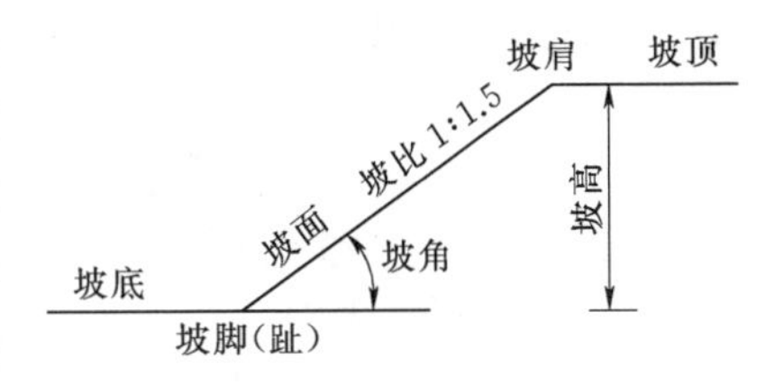

图8.1　土坡的组成

8.1.1　影响土坡稳定的因素

无论天然土坡还是人工土坡，其边坡的稳定性对人类生产和生活有重大影响。影响土坡稳定的因素很多，一般可归纳为边界条件、土质条件和外界条件等。土坡坡度和土坡高度是表征土坡形体的两个最直观参数（图8.1）。坡角或坡高越大，在其他参数相同条件下，土坡稳定性越差；抗剪强度指标越大的土，其土坡稳定性越好；降水入渗减小土强度，降低土坡稳定性；土坡中存在与潜在滑动方向一致的渗流，会增大土坡滑动的可能性；地震除导致土体内孔隙水压力增大、有效应力降低外，附加地震荷载本身也会降低土坡稳定性。对于天然土坡，需要评估其安全性，预测滑坡发生的可能性，提前采取措施，避免人员和财产损失。人工土坡一般作为某个大型工程的一个有机组成部分，其稳定性可能影响整个工程的成败。例如，土石坝的稳定性是整个水利枢纽工程成功与否的关键。土坡的坡度越大，土坡越易失稳。同时，人工土坡坡度的大小也涉及工程建设的投资。土坡的坡度越大，一般需搬动（填挖）的土体体积越小，因此工程建设的花费越低。对于大型水利工程或土木工程，一般土方量巨大，因此设计合理的边坡参数可有效控制工程投资。土坡稳定性分析是保证边坡稳定、安全或降低工程建设费用的基本手段。

因此，土坡稳定分析的目的如下：

(1) 理解天然土坡的形成和发展及其对各种自然特性的反映过程。

(2) 评估短期（建设过程中）和长期条件下土坡的稳定性。

(3) 评估天然土坡以及人工（工程）土坡发生滑坡的可能性。

(4) 分析和理解滑坡及其发生机理以及环境因素对其的影响。

(5) 在必要时，重新设计失事土坡、规划或设计预防或补救措施。

由于土坡表面倾斜，在上部土体自重或外部附加荷载等作用下，土坡具有下滑的趋势，并且引起土体内部产生剪应力。当土坡内部某一界面上所受到的剪应力大于土体的抗剪强度时，土体沿该界面发生剪切破坏（此界面称为滑裂面)，土坡上部的土体就会沿滑裂面发生向坡底方向的滑动，这一现象称为滑坡。滑坡是一个典型的剪切破坏。

8.1.2　滑坡类型与滑坡原因

按滑坡的形状，一般可将滑坡分为无限长滑坡和有限长滑坡两种类型。无限长滑坡是指滑坡长度比滑坡深度大很多的滑坡［图 8.2 (a)］。此类滑坡属于浅层滑坡，其滑裂面近似呈平面状，一般多发生在均质无黏性土土坡中。有限长滑坡是指滑坡长度与滑坡深度相差不多的滑坡［图 8.2 (b)］，属于深层滑坡，其滑裂面一般呈对数螺线曲面或简单地看作圆弧面，多发生在厚度较大的均质黏性土土坡中。但自然界的土体一般为非均质的，土体中含有软弱夹层或土坡部分浸水，因此滑坡土体中的实际滑裂面可呈多种形状，例如折线形或直线与曲线组成的复合滑裂面［图 8.2 (c)］等。

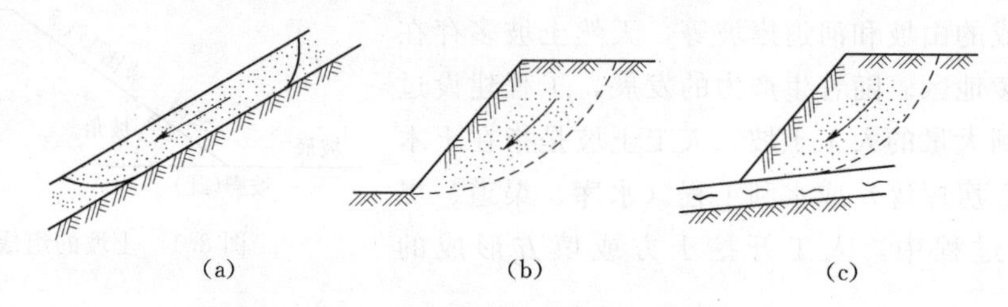

图 8.2　土坡滑动面形状示意图

(a) 平面滑裂面；(b) 圆弧滑裂面；(c) 复合滑裂面

导致土坡滑坡的内在原因是土体内某一界面上的剪应力大于该面上土体的抗剪强度，它是由土体内剪应力增大或抗剪强度减小两方面原因共同作用的结果。因此，引起滑坡的原因主要包括以下几种：

(1) 土体内部剪应力的增大。在坡顶部施加了附加荷载，例如施工机械和施工设备、堆卸土方或施工材料等，降雨增大了上部土体的重量或因上部土体内发生渗流而引起的渗透力，土坡附近的静水位突然降落，坡底处发生土壤侵蚀，坡顶施工打桩或地震引起的动力荷载等，所有这些因素都会导致土体内部剪应力的增加。

(2) 未滑动土体对滑动土体抗力的降低。基坑或路堑开挖增大了土坡坡度，降低了下部土体对上部土体滑动的抗力。

(3) 土体抗剪强度的降低。超静孔隙水压力的产生降低了有效抗剪强度；土体冻融或软弱夹层因雨水入侵而软化以及细粒土蠕变等也可导致土体抗剪强度的降低。

8.1.3　滑坡危害

土坡体积巨大，其边坡失稳将会导致大量的土体移位，或者改变地形的原有形状，或者摧毁工程建筑物而导致巨大的财产损失和人员伤亡。例如，1972 年 7 月，降雨入渗引起山体滑坡，山坡上的香港宝城大厦倒塌砸毁相邻的五层住宅，导致67人死亡。2010年3月10日，陕西省子洲县融雪引发山体滑坡，导致23人遇难。水利工程中常见土石坝，滑坡引发的垮坝事故对当地以及下游地区造成的危害可能是灾难性的。此时，不仅滑动土体本身，而且坝后储存的大量水体都会对广大下游地区的农田、村庄、城镇以及工程建筑物产生毁灭性的冲击，导致人员伤害和财产损失。

8.2 土坡稳定分析

土坡稳定涉及工程安全以及工程投资。为避免发生安全事故且尽可能减少工程投资，人工土坡在设计时必须进行稳定性分析。对于天然土坡，当环境因素发生较大变化或认为有发生滑坡的潜在危险时也必须进行稳定性分析，以便将滑坡危害降至最低。

8.2.1 土坡稳定分析方法

天然土坡的稳定性验算以及填筑土方和开挖土方的边坡设计都需要对边坡的稳定性进行分析计算，确定潜在滑裂面上土体承受的剪应力是否大于该滑裂面上的抗剪强度，计算土坡安全系数，分析其安全性，这一过程即土坡稳定分析。为减少工作量，土坡稳定分析一般按二维问题考虑，这就要求垂直于土坡横断面方向的长度应足够长。在实际工程中，如果垂直于土坡横断面方向的滑裂长度达到滑裂轨迹线长度的两倍以上，则可以近似地看作二维问题，其计算精度满足工程设计要求。土体滑坡是典型的塑性破坏。土坡稳定分析方法主要有（刚体）极限平衡法、极限分析法以及基于弹塑性理论的数值分析法（有限单元法和有限差分法）等。由于极限平衡法计算简便、分析方法成熟，因此目前工程实际中一般多采用此法分析土坡的稳定性。土坡稳定分析计算方法包括手算法、图解法以及计算机程序算法。前两种计算方法一般只适用于简单的边界条件。利用成熟的计算机程序，是计算各种复杂荷载和土坡边界几何形状的最有效、最快速的分析手段。

极限平衡法分析土坡稳定性的一般步骤包括以下几项：

（1）假设土坡的破坏是沿某一给定的滑裂面滑动。

（2）根据滑裂土体的力系（静力或/和力矩）平衡条件和摩尔-库仑破坏准则，计算土体沿该滑裂面滑动的可能性即安全系数的大小。

（3）假设一系列的可能滑裂面，分别计算土体沿各滑裂面滑动的安全系数。

（4）安全系数最小的滑裂面就是潜在滑裂面或最有可能发生滑坡的滑裂面。

8.2.2 土坡安全系数计算方法

土坡的稳定性可用（稳定）安全系数表示。土坡稳定安全系数有多种计算方法。在土坡稳定分析中，安全系数 Fs 可根据静力平衡或力矩平衡计算

$$Fs=\frac{\text{抗滑力}}{\text{滑动力}} \quad \text{或} \quad Fs=\frac{\text{抗滑力矩}}{\text{滑动力矩}} \tag{8.1}$$

极限平衡包含静力平衡和力矩平衡，即力系平衡应同时满足静力平衡和力矩平衡。但由于研究对象的复杂性，土坡稳定分析中较难满足严谨的力系平衡条件。在工程设计中，只满足静力平衡或力矩平衡条件之一的分析方法称为简化方法，两者同时满足的分析方法称为严谨方法。虽然两种安全系数的计算结果和意义稍微不同，但这两种方法目前在工程

设计中都是可接受的。无黏性土土坡的滑裂体主要表现为沿平面或折面滑裂面的平移，因此分析无黏性土土坡的稳定性时，采用静力平衡计算安全系数（强度安全系数）；而对于黏性土土坡，由于其滑裂土体是沿圆弧面圆心的转动，因此采用力矩平衡计算的安全系数（力矩安全系数）分析黏性土土坡的稳定性。

8.3　无黏性土土坡稳定分析

均质无黏性土土坡是指由粗粒土堆积而成的、土壤质地相对均匀的土坡。均质无黏性土土坡发生滑坡，其滑裂体一般为扁平状的表层无限长滑坡，滑裂面可近似看作平面。

8.3.1　无渗透力作用时的无黏性土土坡

均质无黏性土（粗粒土）干土坡和完全水下土坡一般发生浅平状的无限长滑坡。由于土体内无渗流发生，滑坡体受力状况相似，因此将干坡和完全水下坡合并在一起讨论。

干土坡和完全水下土坡的土体只受重力作用［图8.3（a）］。在坡面取体积为V的土体，分析其受力状况。重力W沿坡面方向的分力T是引起土体下滑的力（滑动力），而其法向分力N所引起的摩擦力是阻止土体下滑的力（抗滑力）。

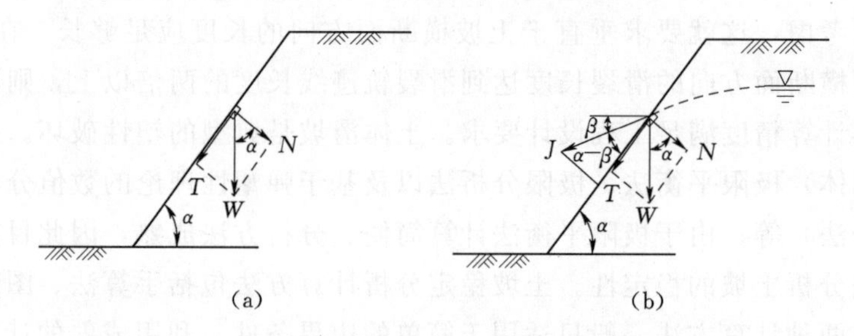

图8.3　粗粒土无限长土坡受力状况分析

（a）无渗流情况；（b）有渗流情况

设土坡的坡角为α，土的内摩擦角为φ，容重为γ，则

滑动力

$$T=W\sin\alpha=V\gamma\sin\alpha$$

按库仑强度理论，最大抗滑力为

$$T_f=N\tan\varphi=W\cos\alpha\tan\varphi=V\gamma\cos\alpha\tan\varphi \tag{8.2}$$

因此，干土坡和完全水下土坡的安全系数Fs为

$$Fs=\frac{T_f}{T}=\frac{V\gamma\cos\alpha\tan\varphi}{V\gamma\sin\alpha}=\frac{\tan\varphi}{\tan\alpha} \tag{8.3}$$

由上面的分析过程可知，取坡面上的任何位置进行分析，都可得到式（8.3）的结果，因此该式计算出的安全系数代表了整个边坡的稳定性。式（8.3）的结果显示，干土坡和完全水下土坡的安全系数只与坡角有关，而与坡高无关，即坡角越大，安全系数越小，土坡的稳定性越差。

当$Fs=1$时，土坡处于临界状态，此时的α值称为天然休止角。天然休止角是干燥松散砂土维持稳定的最大坡度，它由土体颗粒之间的内摩擦角控制，即$\alpha=\varphi$。因此，无论干燥松散的砂土堆多高，其坡角总是维持一定值。干燥颗粒材料的天然休止角随着颗粒粒径的增加而增大，一般为30°～45°。根据砂土人工堆积时形成的坡角，可测定砂在松散状态时的内摩擦角。由于水分子与土粒之间表面张力的存在，湿砂颗粒可以聚合在一起而表现出较大的天然休止角，因此湿砂可以堆砌成或开挖出较陡的边坡而不会失去稳定。但湿砂的这种假黏聚性将随着土体蒸发变干或雨水浸泡后而消逝。当砂土被水饱和时，由于颗粒间的内摩擦角急剧减小，饱和砂土的天然休止角很小。

8.3.2 有渗流时的无黏性土土坡

当均质无黏性土堤坝挡水时，在土堤坝体内形成渗流场，渗流在下游坡面逸出。此时浸润线以下土体除受重力作用外，还受渗透力的影响。取渗流在坡面逸出点处的土体，分析其受力状况［图8.3（b）］。设土体体积为V，土体容重和浮容重分别为γ和γ'，水体容重为γ_w，渗流方向与水平面成β角，渗流逸出处渗透坡降（梯度）为i。

作用在土骨架上的总渗透力$J=jV=\gamma_w iV$，土体有效重力$W=V\gamma'$。因此，沿坡面的总滑动力T为

$$T=W\sin\alpha+J\cos(\alpha-\beta)=V\gamma'\sin\alpha+\gamma_w iV\cos(\alpha-\beta)$$

垂直于坡面的总法向应力N为

$$N=W\cos\alpha-J\sin(\alpha-\beta)=V\gamma'\cos\alpha-\gamma_w iV\sin(\alpha-\beta)$$

根据安全系数定义，在有渗流发生时土坡的稳定安全系数Fs为

$$Fs=\frac{N\tan\varphi}{T}=\frac{[V\gamma'\cos\alpha-\gamma_w iV\sin(\alpha-\beta)]\tan\varphi}{V\gamma'\sin\alpha+\gamma_w iV\cos(\alpha-\beta)}$$

$$=\frac{[\gamma'\cos\alpha-\gamma_w i\sin(\alpha-\beta)]\tan\varphi}{\gamma'\sin\alpha+\gamma_w i\cos(\alpha-\beta)} \tag{8.4}$$

设渗流沿下游坡面逸出，即$\beta=\alpha$。根据渗透坡降的定义，$i=\sin\alpha$。因此，式（8.4）简化为

$$Fs=\frac{\gamma'\cos\alpha\tan\varphi}{\gamma'\sin\alpha+\gamma_w\sin\alpha}=\frac{\gamma'}{\gamma_{sat}}\frac{\tan\varphi}{\tan\alpha} \tag{8.5}$$

式中 γ_{sat}——土体的饱和容重，kN/m^3；

φ——土体的内摩擦角，(°)。

比较式（8.3）与式（8.5）可以发现，由于渗透力的影响，渗流发生降低了堤坝边坡的稳定性。土体的浮容重一般只有饱和容重的一半，因此当挡水堤坝发生渗流时，其稳定安全系数只有未发生渗流时的一半左右。为了保证工程的安全性，渗流堤坝的边坡应比无渗流时的边坡坡度小得多，这样势必增大堤坝建设的工程量和投资。因此，实际工程中，一般要在堤坝的下游坝脚处设置排水棱体等设施，避免渗流直接从堤坝的下游坡面逸出。对于天然无黏性土土坡，降雨或雪融后土坡下部一般会出现渗透水流的逸出，土坡下部的稳定性要低于土坡上部。因此，自然形成的无黏性土土坡的下部边坡一般比上部边坡缓些，否则这些土坡不可能处于稳定状态。

8.4 黏性土土坡稳定分析

一般而言，由于黏聚力的存在，均质黏性土土坡发生滑坡的滑裂面形状多为螺旋对数

曲面。在其稳定性分析计算中，一般将其近似看作圆柱面，即在剖面图中滑裂线为一圆弧。当黏性土土坡沿一圆弧面发生滑坡时，滑动土体沿着整个接触面发生向下和向外的转动。圆弧滑裂面破坏形式一般可分为浅层边坡破坏、坡趾破坏和坡基破坏三种类型（图8.4)。当发生浅层边坡破坏时，其圆弧滑裂面与坡面在坝趾之上的位置相交［图8.4(a)］。这种滑坡类型主要发生在坡高较大且坡趾附近土体强度较高的情况下。当坝体和坝基的土体均匀一致时，一般发生坡趾破坏即滑裂面通过坡脚处［图8.4（b）］。而当坡角较小或坝基土体相对于坝体土体的强度较低时，一般发生坡基破坏。此时的滑裂面位于坡趾之下，滑裂面通过坝基与坡底某处相交，且与下部的硬基础相切［图8.4（c）］。

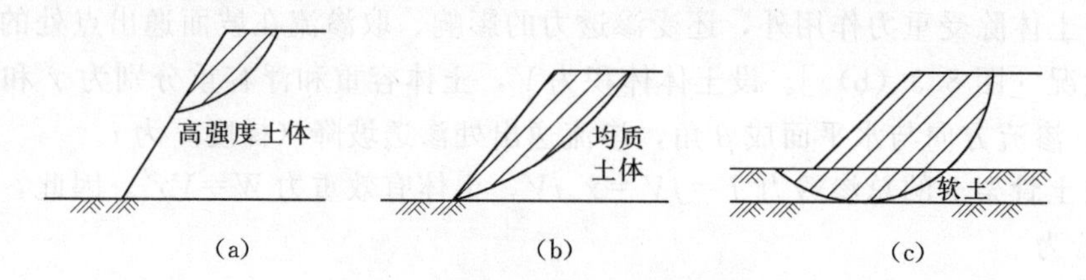

图8.4　圆弧滑裂面破坏形式

(a) 浅层边坡破坏；(b) 坡趾破坏；(c) 坡基破坏

黏性土土坡稳定分析主要采用极限平衡法，其基本假设包括：①沿滑裂面满足库仑破坏准则；②滑裂土体为一刚体，土体为纯塑性材料，因此不考虑变形；③每个土条底部的法向力作用在该土条滑裂面的中点。因此，可根据滑裂土体平衡时的抗剪强度和实际作用在其上的剪应力，计算土坡的稳定安全系数。

根据静力平衡或力矩平衡假定，目前有多种方法可用于分析黏性土土坡的稳定性。这些方法的基本公式非常相似，只是在条块间力的处理方面或假设上有少许差别。对条块间力做出更切合实际的假设处理，在大多数情况下会比其简化处理的计算精度更高些，但很难说目前存在的分析方法中哪一种方法的计算精度更高或更接近于实际情况。

8.4.1　整体圆弧滑动法

整体圆弧滑动法将滑裂面以上的土体看作一个整体分析。这一分析方法常用于均质黏性填土（如堤坝等）的稳定性分析。由于土体的非均质性，天然土坡的稳定分析一般不采用此方法。常用的整体圆弧滑动法包括瑞典圆弧法、泰勒稳定数法（1937）和泰勒摩擦圆法（1937）。

8.4.1.1　瑞典圆弧法

瑞典圆弧法是最简单的整体圆弧滑动分析方法，于1916年由瑞典人彼得森提出。瑞典圆弧法假设滑裂面为一圆柱面，滑动土体沿该圆柱面的中心点转动，沿滑裂面的抗剪强度为不排水强度，即土体的内摩擦角 φ_u 假设为0°，因此本方法也称为不排水强度法或 $\varphi_u=0°$法。

设一均质黏性土土坡发生滑坡时，滑动土体 BCD 呈刚性且绕圆心点 O 转动［图8.5(a)］。滑动圆弧 BD 通过坡脚 B 点，其长度为 l，滑弧半径为 R。滑动力矩 $M_s=Wd$，其中 d 为滑动土体的重力与滑弧圆心 O 点之间的水平距离。抗滑力矩 $M_R=clR+R_fS$，其中 S 为未滑动土体对滑动土体的抗力 R_f 对圆心 O 点的力臂。滑动面上抗力 R_f 的大小和方向与土体内摩擦角 φ 有关。当采用整体圆弧滑动法分析时，无法确定 R_f 在滑裂面上的分布情况，R_fS 项无法计算。但当内摩擦角为 0°时，滑裂面应为一光滑面，因此抗力 R_f 应垂直于滑裂面 BD，即 R_f 通过圆心 O，所以此时的 $R_fS=0$。

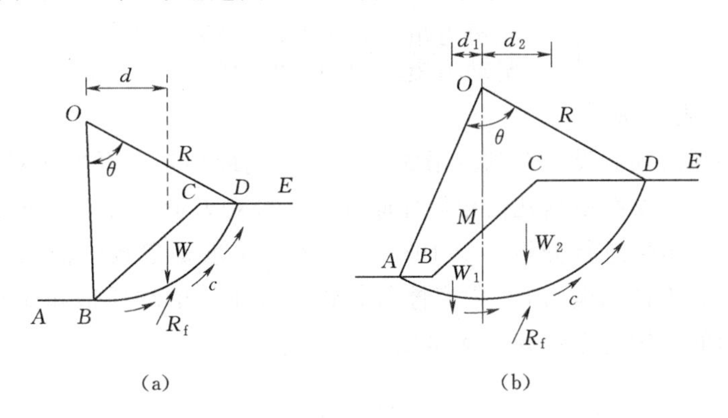

图 8.5　整体圆弧滑动法滑裂体受力分析

(a) 坡趾破坏时的受力分析；(b) 坡底破坏时的受力分析

根据力矩平衡时的稳定安全系数定义，此时的安全系数为

$$Fs=\frac{M_R}{M_s}=\frac{clR}{Wd} \tag{8.6}$$

如果土坡发生坡底破坏［图 8.5 (b)］，由于此时滑裂弧的圆心一般假定位于坡长 BC 中点的垂线上（所对应的滑裂圆一般称为中点圆），滑裂土体 $ABCD$ 位于圆心 O 点垂直线的两侧，因此应分别计算出该垂线两侧滑动土体的重力 W_1 和 W_2。滑动力矩 $M_s=W_2d_2$，抗滑力矩 $M_R=W_1d_1+clR$，因此稳定安全系数为

$$Fs=\frac{M_R}{M_s}=\frac{W_1d_1+clR}{W_2d_2} \tag{8.7}$$

需要注意的是，此分析方法只适合于采用总应力分析坡底破坏的可能性问题，而不适用于采用有效应力分析土坡稳定性或滑裂面通过坡脚时的土坡稳定性问题。瑞典圆弧法既是整体圆弧滑动法的一种分析方法，同时它也指出了当发生坡底破坏时寻找潜在滑裂面的一种近似方法。

【例 8.1】 计算图 8.6 所示均匀黏性土土坡发生圆弧滑动时的稳定安全系数。设黏聚力 $c=40\text{kPa/m}^2$，内摩擦角 $\varphi=0°$，土体容重 $\gamma=20\text{kN/m}^3$。

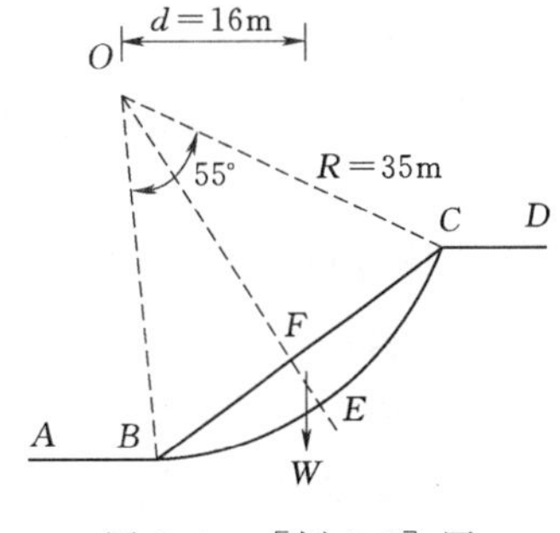

图 8.6　［例 8.1］图

解： 设 F 是土坡 BC 的中点。因圆心角为 55°，$R=35\text{m}$，所以

$$BC=2\times[35\times\sin(55°/2)]=32.3(\text{m})$$

$$OF=35\times\cos(55°/2)=31.0(\text{m})$$

单位长度滑裂土体的重量 W 为

$$W=S_{BECFB}\times1\times\gamma$$

$$=\left(3.14\times35^2\times\frac{55}{360}-\frac{1}{2}\times32.3\times31\right)\times20=1740.2(\text{kN})$$

滑弧 BEC 长度 l 为

$$l=3.14\times35\times55/180=33.6(\text{m})$$

安全系数 Fs 为

$$Fs=\frac{\text{抗滑力矩}}{\text{滑动力矩}}=\frac{40\times33.6\times35}{1740.2\times16}=1.69$$

8.4.1.2 泰勒稳定数法

由于瑞典圆弧法须假设一系列的滑裂弧，去寻找最小安全系数所对应的潜在滑裂面，因此工作量非常大。泰勒根据几何相似性原理，通过对大量具有不同坡角和内摩擦角的均质黏性土土坡的稳定性进行分析，于1937年提出了土坡稳定数的概念。对于一个给定的坡高 H、坡角 α、土体黏聚力 c、内摩擦角 φ 以及容重 γ 的均质饱和黏性土土坡，通过坡脚的潜在滑裂面的土坡稳定数 m（无量纲）定义为

$$m=\frac{c}{\gamma H} \tag{8.8}$$

如果某一土坡的稳定数已知，则其安全系数可由下式计算

$$Fs=\frac{c}{m\gamma H} \tag{8.9}$$

式中 Fs——按黏聚力计算的土坡稳定安全系数，它在数值上等于按坡高计算的稳定安全系数，即 H_c/H，其中，H_c 为土坡临界高度，即安全系数等于1时的土坡高度。

图8.7列出了不同坡角 α 和土体内摩擦角 φ 条件下土坡潜在滑裂面所对应的稳定数。

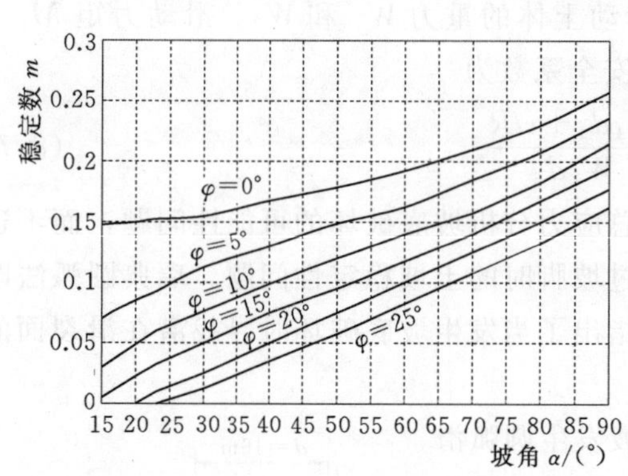

图8.7 滑裂弧通过坡脚时的土坡稳定数

根据实际土坡高度，即可按式（8.9）计算出该土坡的稳定安全系数。设安全系数 $Fs=1$，在已知土坡角度和土体内摩擦角条件下，可按式（8.9）计算土坡保持稳定的最大高度（临界高度）；如果知道实际坡高 H，也可以根据该式求临界坡度。

泰勒稳定数法主要用于估算土坡高度小于10m的小型堤坝断面设计。当泰勒稳定数法应用于坡角大于14°的土坡时不会产生过大的误差。

【例8.2】 一饱和黏性挖方土坡，坡角56°。土体容重 $\gamma=15.7\text{kN/m}^3$，黏聚力 $c=24\text{kPa/m}^2$，内摩擦角 $\varphi=0°$。假设滑裂面为圆柱面，试求：

（1）最大土坡高度。

（2）如果要保证边坡的稳定安全系数为2，土坡高度应为多大？

解：（1）根据泰勒理论，当坡角大于53°时，最危险滑裂弧面应通过坡脚。因坡角为56°，所以其潜在滑裂面应为坡脚圆。根据题设条件，当坡角为56°、内摩擦角 $\varphi=0°$ 时，由图8.7可以查得稳定数 $m=0.185$。因此，当土坡稳定安全系数 $Fs=1$ 时，最大土坡高

度 H_c 为

$$H_c=\frac{c}{\gamma m}=\frac{24}{15.7\times0.185}=8.26(\mathrm{m})$$

（2）当稳定安全系数 $Fs=2$ 时，此时的土坡高度 H 应为

$$H=\frac{c}{Fsm\gamma}=\frac{24}{2\times0.185\times15.7}=4.13(\mathrm{m})$$

8.4.2　条分法

对于土体内摩擦角 $\varphi>0°$的土坡、轮廓形状复杂的土坡、成层土坡，或由于某种原因如渗流或地震等而引起的抗剪强度沿土层深度变化的土坡，其稳定分析一般采用条分法。条分法是指将滑裂土体分割成若干个等宽的垂直土条。在假设每个土条都是刚体的基础上，分析每个土条的力系（静力和/或力矩）平衡条件，从而计算出整个土坡的稳定安全系数。工程中常用的条分法包括费伦纽斯法（1927）、毕肖普法（1955）、简布法（1954，1973）、毕肖普和摩根斯坦法（1960）、美国陆军工程师兵团法（1970）以及斯宾塞法（1967）等。这些方法适用于多种工程条件，但大多以图表形式求解。

将整个滑裂体分成若干土条后，条块间存在着条块间作用力（图 8.8）。因此，土条 i 上的作用力除了重力 W_i 以及滑裂弧段的切向力 T_i 和法向力 N_i 外，条块间还存在有水平力 P_i 和 P_{i+1} 以及竖向力 H_i 和 H_{i+1}。同时，水平力 P_i 和 P_{i+1} 的作用点位置即距滑弧面的高度 h_i 和 h_{i+1} 也是未知量。

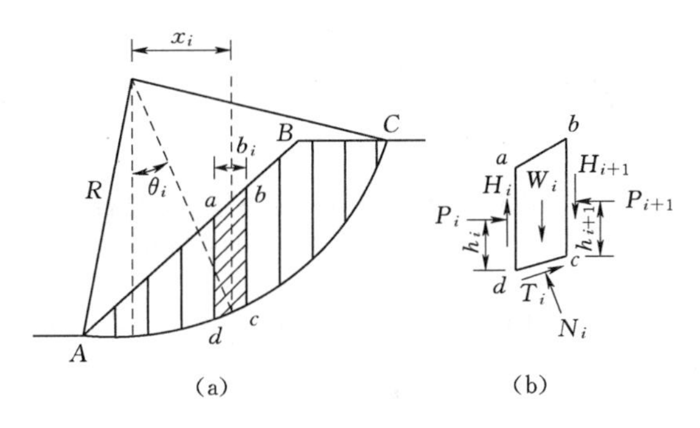

图 8.8　土坡条块划分及条块上的作用力

（a）条块划分；（b）条块作用力

假设滑裂体第 i 个土条滑弧段 cd 的长度为 l_i，W_i 和 N_i 作用在通过该滑弧段的中心点，H_i、P_i 和 h_i 在第 $i-1$ 个土条的分析中已求出。因此，第 i 个土条的未知量为 H_{i+1}、P_{i+1}、h_{i+1}、T_i 和 N_i，共 5 个未知量。对于每个土条，根据力系平衡条件，可以建立两个静力平衡方程（即 $\sum F_x=0$、$\sum F_z=0$）以及一个力矩平衡方程（$\sum M_i=0$）。假设土体破坏满足摩尔-库仑破坏准则，则可建立一个极限平衡方程 $T_i=\dfrac{c_il_i+N_i\tan\varphi_i}{Fs}$，此时引进的 Fs 是一个待求的未知量。如果滑裂土体分成 n 个条块，则可建立 $4n$ 个方程。但土条间分界面有 $n-1$ 个，因此有 $3(n-1)+2n+1=5n-2$ 个未知量。工程计算中为计算方便，一般 n 取 8～10。因此，本研究问题是一个高次超静定问题，无法求解。

为使本问题可解，需做一定的简化假设，从而减少未知量的数量，使超静定问题转化为静定问题而得以求解。一般的假设都是针对条块间的作用力进行某种程度的简化，这些常用的假设条件一般可以分为三类：①假设条块间作用力的分布。如费伦纽斯法忽略所有的条间作用力。②假设条块间作用力的方向。简化毕肖普法和折线滑动面法属于此种类型。③假设条块间水平力作用线的位置。如简布法通过假设水平力作用线的位置，从而确

定了条块间水平向作用力 P_i 作用点的位置。虽然这些简化假设在一定程度上削弱了极限平衡理论的严谨性，但由于概念明确、计算简便、计算结果满足工程应用要求，因此条分法在工程实践中得到较为普遍的应用。

8.4.2.1 费伦纽斯法

费伦纽斯法也称为普通条分法或瑞典条分法，它是条分法中最古老和最简单的方法。在瑞典岩土委员会杰恩威格斯（Järnvägers，1922）提出的基本概念的基础上，经费伦纽斯（1927，1936）修改后在工程中得到广泛应用。费伦纽斯法忽略所有条块间作用力，或认为作用在条块两侧的作用力大小相等、方向相反且作用在同一直线上，可以相互抵消。因此，费伦纽斯法不满足滑裂土体以及各条块的静力平衡条件。

取单位长度的土坡进行分析。设第 i 个土条的内摩擦角为 φ_i，黏聚力为 c_i，滑弧面中点和圆心连线与垂直线的夹角为 θ_i。由于不考虑条间作用力，作用在条块 i 上的力只有重力 W_i，以及滑弧段 l_i 处的切向力 T_i 和径向力 N_i（图8.9）。

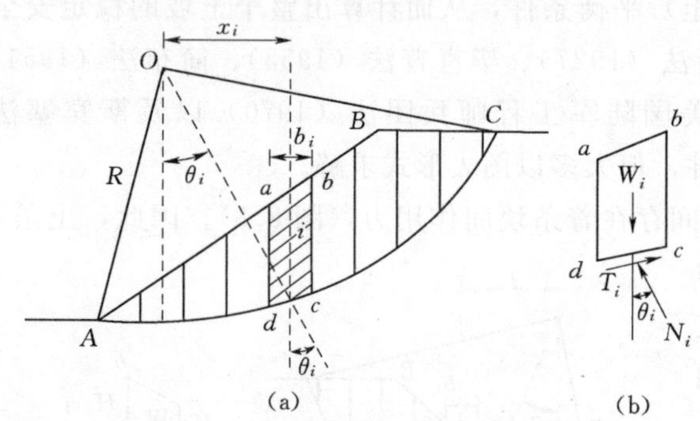

图 8.9　费伦纽斯法条块作用力分析
(a) 条块划分；(b) 条块作用力

第 i 个土条的重力 W_i 在切向方向和径向方向的分力 T_{si} 和 N_i 分别为

$$\begin{cases}T_{si}=W_i\sin\theta_i\\N_i=W_i\cos\theta_i\end{cases}\tag{8.10}$$

根据土体抗剪强度机理，第 i 个土条滑裂弧段 l_i 上的土体抗剪力 T_{fi} 由总黏聚力（c_il_i）和总摩擦力（$N_i\tan\varphi_i$）两部分组成，即

$$\begin{aligned}T_{fi}&=c_il_i+N_i\tan\varphi_i\\&=c_il_i+W_i\cos\theta_i\tan\varphi_i\end{aligned}\tag{8.11}$$

式（8.10）中 T_{si} 是引起土体滑裂体下滑的力，而式（8.11）中的 T_{fi} 是阻止该滑裂体下滑的力。根据力矩平衡的稳定安全系数定义，即可求出稳定安全系数 Fs

$$Fs=\frac{\sum T_{fi}R}{\sum T_{si}R}=\frac{\sum(c_il_i+W_i\cos\theta_i\tan\varphi_i)}{\sum W_i\sin\theta_i}\tag{8.12}$$

费伦纽斯法只满足滑动土体的整体力矩平衡条件，而不满足条块静力平衡条件。由于未考虑条块间作用力，费伦纽斯法计算的稳定安全系数比实际情况偏小5%～20%。费伦纽斯法计算简单，计算结果偏于安全，且具有长期的应用经验。但由于此法过于保守，因此目前在工程中应用不太多。

【例 8.3】 一个由砂质黏土组成的均质路堤，坡高 10m，坡比 1.5∶1。砂质黏土的黏聚力 $c=30\text{kPa/m}^2$，内摩擦角 $\varphi=20°$，容重 $\gamma=18\ \text{kN/m}^3$。按图 8.10 所示的滑弧中心点位置 O 点和半径，利用费伦纽斯法确定该滑裂面时的土坡稳定安全系数 Fs。

解： 取单位长度（1m）的堤坝进行分析。为简化计算，此题按图解法计算。根据题设条件，将滑裂体划分成 2m 等宽的土条，共 13 条。将滑裂体中间位置的每块土条均近似看作矩形，其重量 $W_i=h_ib_i\gamma_i$，式中 h_i、b_i 和 γ_i 分别代表土条 i 的平均高度、宽度和土体容重。将滑裂体边侧的两块土条按三角形计算其面积。从图上量取各土条的高度和宽度，然后按比例尺换算成实际高度。将计算的重量 W_i 按一定比例尺标注在各条块滑弧段中心点的下方，并将其分解成沿该滑弧段的切向力 T_i 和法向力 N_i。各条块的重量及其分量的计算结果见表 8.1。

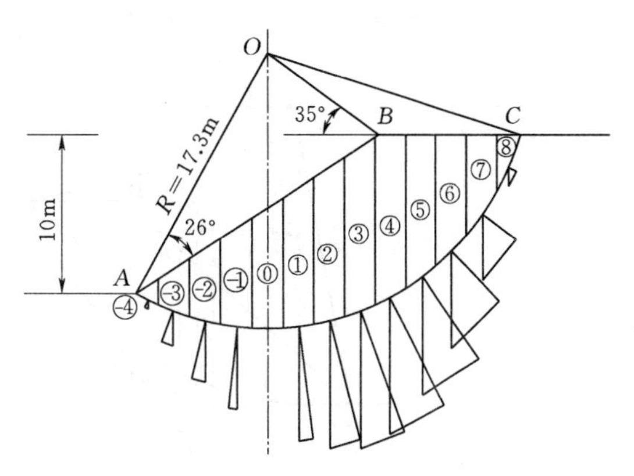

图 8.10 土坡及其滑裂面位置

因∠AOC=102.53°，所以弧长 AC=17.3×2×3.14×102.53/360=30.94(m)。当整个滑裂面上的 c 和 φ 都为常数时，有

$$Fs=\frac{c\sum l_i+\tan\varphi\sum N_i}{\sum T_i}=\frac{30\times30.94+\tan20^\circ\times2692.5}{892.7}=2.14$$

表 8.1 **各条块作用力计算结果**

条块序号	重量 W_i/(kN/m)	切向力 T_i/(kN/m)	法向力 N_i/(kN/m)
−4	20.47	−10.6	22.1
−3	93.96	−33.3	88.9
−2	165.24	−39.5	160.1
−1	225.00	−24.5	222.5
0	272.88	0	272.9
1	312.12	40.6	307.4
2	348.48	86.3	333.3
3	372.6	130.7	350.1
4	370.08	174.2	330.3
5	321.12	193.2	273.2
6	263.88	184.1	190.3
7	178.56	145	116.8
8	50.59	46.5	24.6
总和		892.7	2692.5

8.4.2.2 毕肖普法

费伦纽斯法未考虑任何条块间作用力，理论上讲它是不严谨的。毕肖普于 1955 年提出了一种考虑条块间作用力的土坡稳定分析方法。取第 i 个土条进行受力分析（图 8.11），作用在条块 i 上的作用力，除了重力 W_i、滑弧段切向力 T_i 和法向力 N_i 外，条块侧面还作用有切向力（竖向力）H_i 和 H_{i+1} 以及法向力（水平力）P_i 和 P_{i+1}。

设条块 i 上受到的作用力处于平衡状态。根据竖向力平衡条件 $\sum F_z=0$，可以得到

$$W_i+\Delta H_i=N_i\cos\theta_i+T_i\sin\theta_i$$

所以

$$N_i\cos\theta_i=W_i+\Delta H_i-T_i\sin\theta_i \tag{8.13}$$

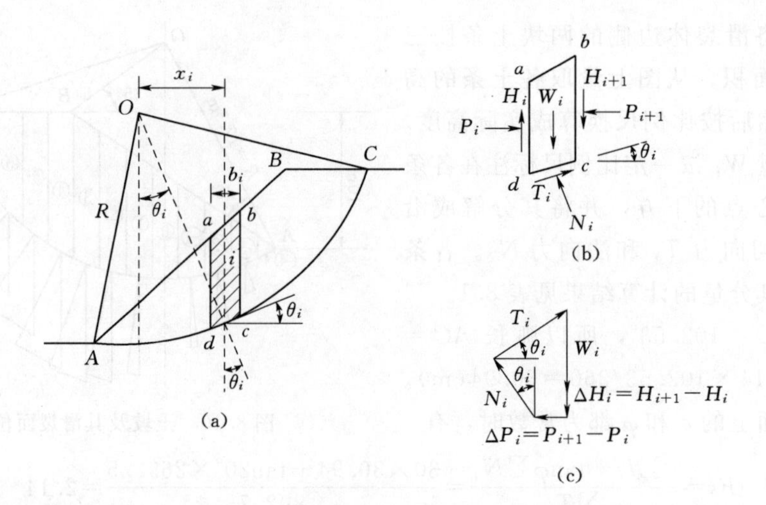

图 8.11　毕肖普法条块作用力分析

(a) 条块位置；(b) 条块作用力；(c) 条块力闭合多边形

将满足稳定安全系数 Fs 时的滑弧段极限平衡方程

$$T_i=\frac{c_i l_i+N_i\tan\varphi_i}{Fs} \tag{8.14}$$

代入式 (8.13) 并整理，得

$$N_i=\frac{W_i+\Delta H_i-\frac{c_i l_i}{Fs}\sin\theta_i}{\cos\theta_i+\frac{\sin\theta_i\tan\varphi_i}{Fs}}=\frac{1}{f(\theta_i)}\left(W_i+\Delta H_i-\frac{c_i l_i}{Fs}\sin\theta_i\right) \tag{8.15}$$

其中

$$f(\theta_i)=\cos\theta_i+\frac{\sin\theta_i\tan\varphi_i}{Fs} \tag{8.16}$$

$f(\theta_i)$ 是一个包含有稳定安全系数 Fs 的参数，在给定 Fs 条件下，它是 θ_i 的函数。

根据整体力矩平衡条件，所有条块上的作用力对滑弧圆心点 O 的力矩之和应为零。滑弧段上的法向力 N_i 通过圆心，不产生力矩。条块间的作用力 H_i 与前一个相邻条块的 H_{i-1} 以及 P_i 与前一个条块的 P_{i-1} 是成对出现的，它们大小相等而方向相反，对 O 点的力矩相互抵消。作用在条块上的力，只有重力 W_i 和滑弧段的切向力 T_i 对 O 点产生力矩，因此整体力矩平衡方程可以写为

$$\sum W_i x_i=\sum T_i R \tag{8.17}$$

将 $x_i=R\sin\theta_i$ 和式 (8.14) 代入式 (8.17)，得

$$\sum W_i R\sin\theta_i=\sum\frac{1}{Fs}(c_i l_i+N_i\tan\varphi_i)R \tag{8.18}$$

所以

$$Fs=\frac{\sum(c_i l_i+N_i\tan\varphi_i)}{\sum W_i\sin\theta_i} \tag{8.19}$$

将式 (8.15) 代入式 (8.19) 并化简，得

$$Fs=\frac{\sum\frac{1}{f(\theta_i)}[c_il_i\cos\theta_i+(W_i+\Delta H_i)\tan\varphi_i]}{\sum W_i\sin\theta_i} \tag{8.20}$$

当滑裂土体划分的土条数量足够多时，每个条块的滑弧段 cd 可近似地看做直线段，则 $l_i\cos\theta_i=b_i$。因此，式（8.20）可以改写为

$$Fs=\frac{\sum\frac{1}{f(\theta_i)}[c_ib_i+(W_i+\Delta H_i)\tan\varphi_i]}{\sum W_i\sin\theta_i} \tag{8.21}$$

式（8.21）即为毕肖普法计算土坡稳定性的一般计算公式。式中包含有两个未知量 Fs 和 ΔH_i，因此无法求解。如要求解此式，一种方法是增加独立方程的数量，根据每个条块的静力平衡条件 $\sum F_x=0$ 和 $\sum F_z=0$ 以及 $\Delta H_i=0$ 和 $\Delta P_i=0$ 条件，试算求解出 H_i 和 P_i，然后通过逐步迭代逼近法计算出一个新的 ΔH_i 值，这一方法计算较为繁杂。另一种方法是减少未知量的个数，如假设 $\Delta H_i=0$，这一假定虽然引进了计算误差，但其误差值一般较小，只有1%左右，并且计算过程相当简便。

令 $\Delta H_i=0$，则式（8.21）可简化为

$$Fs=\frac{\sum\frac{1}{f(\theta_i)}(c_ib_i+W_i\tan\varphi_i)}{\sum W_i\sin\theta_i} \tag{8.22}$$

式（8.22）称为简化毕肖普计算公式。须注意，该式等号右侧的 $f(\theta_i)$ 中也含有 Fs 未知量，因此需通过迭代试算法求解。

迭代试算法求解 Fs 值时，一般可按下列步骤进行：

（1）首先设 $Fs_0=1$。将 Fs_0 代入式（8.16）中计算 $f(\theta_i)$。将计算出的 $f(\theta_i)$ 值代入式（8.22），求出稳定安全系数 Fs_1。

（2）计算 Fs_1-Fs_0 值。如果 Fs_1-Fs_0 值大于规定的计算误差，则将计算出的 Fs_1 值代入式（8.16）中，重新计算 $f(\theta_i)$ 值。将计算出的 $f(\theta_i)$ 值代入式（8.22），求出新的稳定安全系数 Fs_2。

（3）重复上面的步骤，反复迭代计算，直到前后两次安全系数差值 $Fs_k-Fs_{(k-1)}$ 满足工程要求的精度为止，其中 k 为迭代次数。式（8.22）总是收敛的，一般迭代3～4次即可达到工程精度的要求。

当孔隙水压力 u_i 是已知或可估算时，按上述方法可以推导出以有效应力强度指标表示的简化毕肖普计算公式为

$$Fs=\frac{\sum\frac{1}{f(\theta_i)}[c_i'b_i+(W_i-ub_i)\tan\varphi_i']}{\sum W_i\sin\theta_i} \tag{8.23}$$

相应地，式中的 $f(\theta_i)$ 也应以有效应力强度指标表示。

简化毕肖普法满足极限平衡方程、滑裂土体整体力矩平衡和各条块静力平衡（条块力多边形闭合）条件，但各条块不满足力矩平衡条件。条块间只考虑了法向力而没有考虑切向力。假设 $\Delta H_i=0$，可以认为条块间不存在切向力或条块两侧的切向力 H_i 和 H_{i+1} 的大小相等方向相反。由于简化毕肖普法考虑了条块间的水平作用力，其理论基础比费伦纽斯

法更为合理，因此利用此法计算的稳定安全系数稍微大于费伦纽斯法的计算值，计算精度更接近于实际情况。简化毕肖普法计算的安全系数一般比精确值偏小 2%～7%。简化毕肖普法计算简单、方便，计算精度高，因此在国内外工程中更为常用。

【例 8.4】 试利用简化毕肖普法计算［例 8.3］题设土坡的稳定安全系数 Fs，并与费伦纽斯法的计算结果进行比较。

解：取单位长度（1m）的堤坝进行分析。根据题设条件，将滑裂体划分成 2m 等宽的土条，共 13 条。各条块的序号如图 8.12 所示。根据几何关系，可以求出每个条块滑裂段中点与圆心 O 点的连线与过 O 点的竖直线之间的夹角 θ_i 以及各土条的重量 W_i。

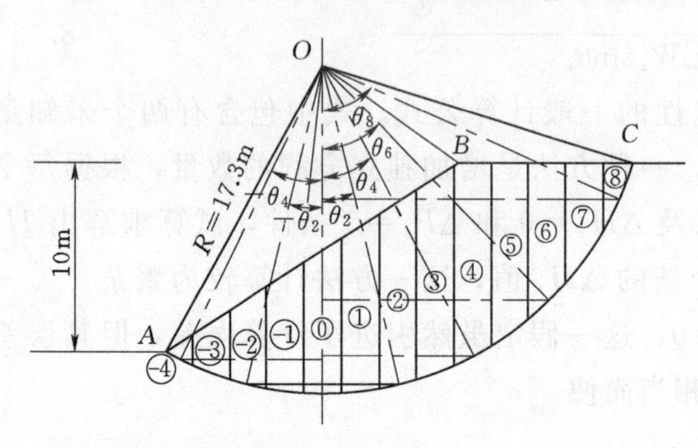

图 8.12 土坡条块划分及条块中心角确定

设稳定安全系数 $Fs_0=1$ 进行第一次迭代试算，计算结果见表 8.2。$Fs_1=1903.554/870.398=2.187$。因 Fs_1-Fs_0 差值较大，因此按 $Fs_1=2.187$ 进行第二次迭代计算（表8.2）。第二次迭代计算结果 $Fs_2=2026.508/870.398=2.328$。以此类推，可以得到第三次迭代结果 $Fs_3=2034.297/870.398=2.337$，第四次迭代结果 $Fs_4=2034.767/870.398=2.338$。

由于 $Fs_4-Fs_3=0.001$，此值非常小，前后两次迭代计算结果 Fs_4 与 Fs_3 非常接近，因此可以认为设定土坡的稳定安全系数 $Fs=2.34$。

比较简化毕肖普法计算结果 $Fs=2.34$ 与［例 8.3］中费伦纽斯法的计算结果 $Fs=2.14$，可以发现，简化毕肖普法的计算结果比费伦纽斯法的计算结果大 0.2，这与理论分析结论相似。

为方便计算，在条分法计算过程中，一般应注意以下几项：

（1）按适当的比例尺绘制土坡剖面图。

（2）确定滑弧圆心点 O 的位置和滑弧半径 R。

（3）滑弧中心点 O 下的条块号码一般记为 0 号。通过 O 点的垂线平分 0 号土条，该土条的滑动力矩为零。对于其他条块，逆滑动方向取为正号码顺序排列，所有正号码条块的滑动力矩均为正值；顺滑动方向取为负号码顺序排列，所有负号码条块的滑动力矩均为负值。

（4）土条宽度 b_i 一般近似取为圆弧半径的 1/10 且最好等宽。

（5）土条平均高度取土条中心线的高度，从图中直接量取后按比例尺换算。

（6）计算或量取各滑弧的中心角 θ_i，计算各滑弧段长度 $l_i=\dfrac{\pi}{180}R\theta_i$。

（7）侧边土条中心角的计算（以［例 8.4］中第 8 个土条为例，设中间各土条等宽且为 b）：$\theta_8=\arcsin\left(\dfrac{7.5b+0.5b_8}{R}\right)$。

8.4.2.3 简布法

以上介绍的整体圆弧滑动法以及费伦纽斯法和毕肖普法只适用于滑裂面为圆弧形状时

表 8.2 简化毕肖普法计算结果

迭代次数	土块序号	θ_i /(°)	W_i /(kN/m)	$\cos\theta_i$	$\sin\theta_i$	$\sin\theta_i\tan\varphi_i$	$\frac{\sin\theta_i\tan\varphi_i}{Fs}$	$f(\theta_i)$	$W_i\sin\theta_i$ /(kN/m)	c_ib_i /(kN/m)	$W_i\tan\varphi_i$ /(kN/m)	$\frac{c_ib_i+W_i\tan\varphi_i}{f(\theta_i)}$
1	−4	−26.50	20.47	0.895	−0.446	−0.162	−0.162	0.733	−9.129	42.9	7.446	68.701
	−3	−20.30	93.96	0.938	−0.347	−0.126	−0.126	0.812	−32.587	60.0	34.180	116.018
	−2	−13.38	165.24	0.973	−0.231	−0.084	−0.084	0.889	−38.206	60.0	60.109	135.137
	−1	−6.64	225.0	0.993	−0.116	−0.042	−0.042	0.951	−26.012	60.0	81.848	149.119
	0	0	272.88	1.0	0	0	0	1.0	0	60.0	99.266	159.266
	1	6.64	312.12	0.993	0.116	0.042	0.042	1.035	36.083	60.0	113.540	167.615
	2	13.38	348.48	0.973	0.231	0.084	0.084	1.057	80.573	60.0	126.767	176.693
	3	20.30	372.6	0.938	0.347	0.126	0.126	1.064	129.225	60.0	135.541	183.763
	4	27.56	370.08	0.887	0.462	0.168	0.168	1.055	171.135	60.0	134.624	184.50
	5	35.33	321.12	0.816	0.578	0.210	0.210	1.026	185.619	60.0	116.814	172.286
	6	43.94	263.88	0.720	0.694	0.252	0.252	0.973	183.038	60.0	95.992	160.379
	7	54.05	178.56	0.587	0.809	0.294	0.294	0.882	144.499	60.0	64.955	141.697
	8	65.88	50.59	0.409	0.912	0.332	0.332	0.741	46.160	47.1	18.403	88.380
	总和								870.398			1903.554
2	−4	−26.50	20.47	0.895	−0.446	−0.162	−0.074	0.821	−9.129	42.9	7.446	61.332
	−3	−20.30	93.96	0.938	−0.347	−0.126	−0.058	0.880	−32.587	60.0	34.180	106.993
	−2	−13.38	165.24	0.973	−0.231	−0.084	−0.038	0.934	−38.206	60.0	60.109	128.536
	−1	−6.64	225.0	0.993	−0.116	−0.042	−0.019	0.974	−26.012	60.0	81.848	145.625
	0	0	272.88	1.0	0	0	0	1.0	0	60.0	99.266	159.266
	1	6.64	312.12	0.993	0.116	0.042	0.019	1.013	36.083	60.0	113.540	171.393
	2	13.38	348.48	0.973	0.231	0.084	0.038	1.011	80.573	60.0	126.767	184.668
	3	20.30	372.6	0.938	0.347	0.126	0.058	0.996	129.225	60.0	135.541	196.401
	4	27.56	370.08	0.887	0.462	0.168	0.077	0.964	171.135	60.0	134.624	201.981
	5	35.33	321.12	0.816	0.578	0.210	0.096	0.912	185.619	60.0	116.814	193.841
	6	43.94	263.88	0.720	0.694	0.252	0.115	0.836	183.038	60.0	95.992	186.661
	7	54.05	178.56	0.587	0.809	0.294	0.135	0.722	144.499	60.0	64.955	173.051
	8	65.88	50.59	0.409	0.912	0.332	0.152	0.561	46.160	47.1	18.403	116.760
	总和								870.398			2026.508

续表

迭代次数	土块序号	θ_i /(°)	W_i /(kN/m)	$\cos\theta_i$	$\sin\theta_i$	$\sin\theta_i\tan\varphi_i$	$\frac{\sin\theta_i\tan\varphi_i}{Fs}$	$f(\theta_i)$	$W_i\sin\theta_i$ /(kN/m)	c_ib_i /(kN/m)	$W_i\tan\varphi_i$ /(kN/m)	$\frac{c_ib_i+W_i\tan\varphi_i}{f(\theta_i)}$
3	−4	−26.50	20.47	0.895	−0.446	−0.162	−0.070	0.825	−9.129	42.9	7.446	60.998
	−3	−20.30	93.96	0.938	−0.347	−0.126	−0.054	0.884	−32.587	60.0	34.180	106.570
	−2	−13.38	165.24	0.973	−0.231	−0.084	−0.036	0.937	−38.206	60.0	60.109	128.216
	−1	−6.64	225.0	0.993	−0.116	−0.042	−0.018	0.975	−26.012	60.0	81.848	145.451
	0	0	272.88	1.0	0	0	0	1.0	0	60.0	99.266	159.266
	1	6.64	312.12	0.993	0.116	0.042	0.018	1.011	36.083	60.0	113.540	171.591
	2	13.38	348.48	0.973	0.231	0.084	0.036	1.009	80.573	60.0	126.767	185.095
	3	20.30	372.6	0.938	0.347	0.126	0.054	0.992	129.225	60.0	135.541	197.093
	4	27.56	370.08	0.887	0.462	0.168	0.072	0.959	171.135	60.0	134.624	202.963
	5	35.33	321.12	0.816	0.578	0.210	0.090	0.906	185.619	60.0	116.814	195.087
	6	43.94	263.88	0.720	0.694	0.252	0.108	0.829	183.038	60.0	95.992	188.235
	7	54.05	178.56	0.587	0.809	0.294	0.126	0.714	144.499	60.0	64.955	175.027
	8	65.88	50.59	0.409	0.912	0.332	0.143	0.552	46.160	47.1	18.403	118.705
	总和								870.398			2034.297
4	−4	−26.50	20.47	0.895	−0.446	−0.162	−0.070	0.826	−9.129	42.9	7.446	60.979
	−3	−20.30	93.96	0.938	−0.347	−0.126	−0.054	0.884	−32.587	60.0	34.180	106.545
	−2	−13.38	165.24	0.973	−0.231	−0.084	−0.036	0.937	−38.206	60.0	60.109	128.197
	−1	−6.64	225.0	0.993	−0.116	−0.042	−0.018	0.975	−26.012	60.0	81.848	145.441
	0	0	272.88	1.0	0	0	0	1.0	0	60.0	99.266	159.266
	1	6.64	312.12	0.993	0.116	0.042	0.018	1.011	36.083	60.0	113.540	171.602
	2	13.38	348.48	0.973	0.231	0.084	0.036	1.009	80.573	60.0	126.767	185.120
	3	20.30	372.6	0.938	0.347	0.126	0.054	0.992	129.225	60.0	135.541	197.134
	4	27.56	370.08	0.887	0.462	0.168	0.072	0.959	171.135	60.0	134.624	203.022
	5	35.33	321.12	0.816	0.578	0.210	0.090	0.906	185.619	60.0	116.814	195.161
	6	43.94	263.88	0.720	0.694	0.252	0.108	0.828	183.038	60.0	95.992	188.330
	7	54.05	178.56	0.587	0.809	0.294	0.126	0.713	144.499	60.0	64.955	175.146
	8	65.88	50.59	0.409	0.912	0.332	0.142	0.551	46.160	47.1	18.403	118.824
	总和								870.398			2034.767

的情况。当土坡下部有软弱夹层或基岩存在时，土坡发生滑动时的滑裂面一般为非圆弧形状。对于非圆弧滑裂面的土坡，其边坡稳定分析可采用简布法（1973）、斯宾塞法（1967）、摩根斯坦-普瑞士法（1965）或一般极限平衡法（1981）。这些方法既可用于滑裂面是圆弧时的土坡稳定分析，也可用于非圆弧滑裂面时的土坡稳定分析。由于可应用于各种滑裂面形状土坡的稳定性分析，简布法也称普遍条分法。简布法通过假设条块间水平作用力的位置，使每个条块满足静力平衡条件和极限平衡条件，因此该方法也满足滑动土体的整体力矩平衡条件。

从滑裂土体 ABC 中任取条块 i 分析其受力状况（图 8.13）。设

$$\Delta P_i = P_{i+1} - P_i \tag{8.24}$$

$$\Delta H_i = H_{i+1} - H_i \tag{8.25}$$

根据静力平衡条件 $\sum F_x = 0$ 和 $\sum F_z = 0$，可以得到

$$\Delta P_i = T_i \cos\theta_i - N_i \sin\theta_i \tag{8.26}$$

$$W_i + \Delta H_i = N_i \cos\theta_i + T_i \sin\theta_i \tag{8.27}$$

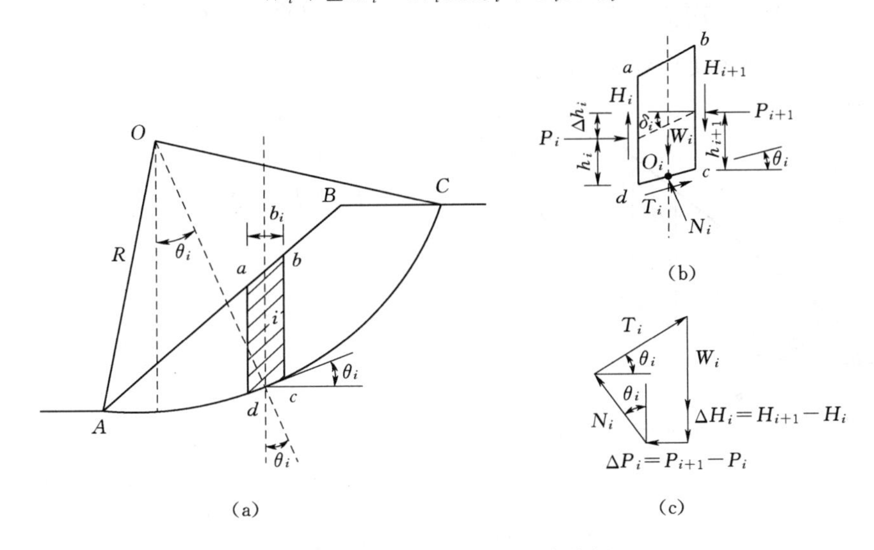

图 8.13 简布法条块作用力分析

(a) 条块位置；(b) 条块作用力；(c) 条块力闭合多边形

由式（8.27）得

$$N_i = (W_i + \Delta H_i - T_i \sin\theta_i)/\cos\theta_i \tag{8.28}$$

将式（8.28）代入式（8.26），并整理后，得

$$\Delta P_i = \frac{1}{\cos\theta_i} T_i - (W_i + \Delta H_i)\tan\theta_i \tag{8.29}$$

设土坡稳定安全系数为 Fs，条块 i 的滑弧段长度和黏聚力分别为 l_i 和 c_i，土的内摩擦角为 φ_i，则其极限平衡方程可以写为

$$T_i = \frac{1}{Fs}(c_i l_i + N_i \tan\varphi_i) \tag{8.30}$$

将式（8.28）代入式（8.30），整理后得

$$T_i=\frac{\dfrac{1}{Fs}c_i l_i+\dfrac{1}{\cos\theta_i}(W_i+\Delta H_i)\tan\varphi_i}{1+\dfrac{\tan\theta_i\tan\varphi_i}{Fs}}\tag{8.31}$$

将式（8.31）代入式（8.29）得

$$\Delta P_i=\frac{1}{Fs}\frac{1}{\cos\theta_i}\frac{c_i l_i\cos\theta_i+(W_i+\Delta H_i)\tan\varphi_i}{\cos\theta_i+\dfrac{\sin\theta_i\tan\varphi_i}{Fs}}-(W_i+\Delta H_i)\tan\theta_i\tag{8.32}$$

将式（8.16）代入式（8.32），得

$$\Delta P_i=\frac{1}{Fs}\frac{1}{\cos\theta_i}\frac{c_i l_i\cos\theta_i+(W_i+\Delta H_i)\tan\varphi_i}{f(\theta_i)}-(W_i+\Delta H_i)\tan\theta_i\tag{8.33}$$

设条块 i 的宽度为 b_i。当滑裂体划分的条块数量足够多时，条块 i 滑裂面曲线可以近似看作一直线段，因此 $l_i\cos\theta_i=b_i$。式（8.33）可以简化为

$$\Delta P_i=\frac{1}{Fs}\frac{1}{\cos\theta_i}\frac{c_i b_i+(W_i+\Delta H_i)\tan\varphi_i}{f(\theta_i)}-(W_i+\Delta H_i)\tan\theta_i\tag{8.34}$$

设滑裂体划分的条块总数为 n，条块的侧面法向力 $P_0=0$ 和 $P_n=0$（图 8.14）。因为

$$P_1=P_0+\Delta P_1=0+\Delta P_1=\Delta P_1$$

$$P_2=P_1+\Delta P_2=\Delta P_1+\Delta P_2$$

$$P_3=P_2+\Delta P_3=\Delta P_1+\Delta P_2+\Delta P_3$$

$$\vdots$$

所以

$$P_i=\sum_{j=1}^{i}\Delta P_j\tag{8.35}$$

$$P_n=\sum_{j=1}^{n}\Delta P_j=0\tag{8.36}$$

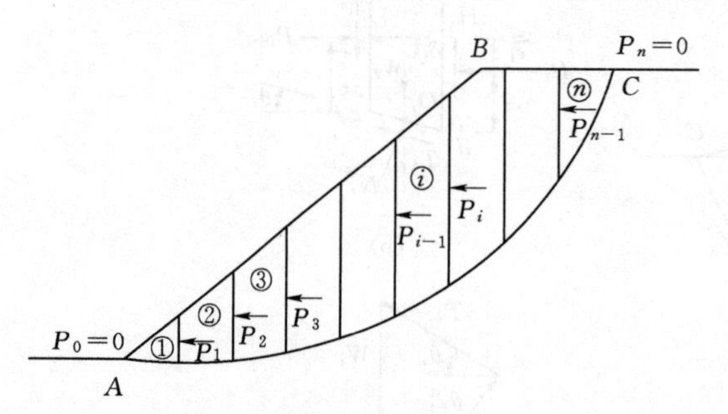

图 8.14　条块侧面法向作用力

将式（8.34）代入式（8.36），得

$$\sum\frac{1}{Fs}\frac{1}{\cos\theta_i}\frac{c_i b_i+(W_i+\Delta H_i)\tan\varphi_i}{f(\theta_i)}-\sum(W_i+\Delta H_i)\tan\theta_i=0\tag{8.37}$$

由式（8.37）即可求解出 Fs，即

$$Fs=\frac{\sum[c_i b_i+(W_i+\Delta H_i)\tan\varphi_i]/f(\theta_i)}{\sum(W_i+\Delta H_i)\sin\theta_i}\tag{8.38}$$

比较式（8.38）与毕肖普法一般计算公式（8.21）可以发现，两式的分子相同而分母相差 ΔH_i。如果假设 $\Delta H_i=0$，则式（8.38）即退化为简化毕肖普计算公式（8.22）。因此，式（8.38）涵盖了简化毕肖普计算方法。与毕肖普分析方法一样，由于式（8.38）中的 ΔH_i 未知，因此该式无法求解。毕肖普为了求解，假设 $\Delta H_i=0$，从而使得问题得以简化而求解。而这一简化假设导致了各条块的力矩不能满足平衡条件，计算的土坡稳定安全系数偏低。为了克服条块间忽略剪应力对稳定安全系数计算结果带来的影响，简布对假设 $\Delta H_i=0$ 计算的安全系数进行了修正，即对毕肖普法计算的安全系数乘以一个大于零的修正系数 f_0，则

$$Fs = Fs_{(\Delta H_i=0)} f_0 \tag{8.39}$$

式（8.39）称为简化简布计算法。式中的 f_0 可由下式计算

$$f_0 = 1 + a[d/L - 1.4(d/L)^2] \tag{8.40}$$

式中 L——滑裂弧的弦长；

d——滑裂弧的弓高；

a——与土质有关的系数，一般土质 $a=0.5$，$\varphi=0°$的黏性土 $a=0.69$，无黏性土 $a=0.31$。

为了求得更精确的计算结果，简布假设各条块以及滑裂体整体的力矩满足平衡条件，计算条块 i 上的所有作用力对滑裂面曲线段中点 O_i 的力矩（图 8.13），并令所有条块对该点的力矩之和等于零，即 $\sum M_{O_i}=0$。设条块 i 左右侧面法向作用力 P_i 和 P_{i+1} 的作用点距条块底部的距离分别为 h_i 和 h_{i+1}，P_i 和 P_{i+1} 作用线之间的距离为 Δh_i（图 8.13），则有

$$H_i \frac{b_i}{2} + P_i\left(h_i - \frac{b_i}{2}\tan\theta_i\right) + (H_i + \Delta H_i)\frac{b_i}{2} - (P_i + \Delta P_i)\left(h_i + \Delta h_i - \frac{b_i}{2}\tan\theta_i\right) = 0$$

略去上式中的高阶微量项，整理后得

$$H_i b_i - P_i \Delta h_i - \Delta P_i h_i = 0$$

由上式可以求出

$$H_i = P_i \frac{\Delta h_i}{b_i} + \Delta P_i \frac{h_i}{b_i} \tag{8.41}$$

式（8.25）、式（8.34）、式（8.35）、式（8.38）和式（8.41）组成了简布一般条分法计算土坡稳定安全系数的联立方程组，利用迭代试算法即可求出安全系数 Fs。简布一般计算方法的计算步骤为：

（1）假设 $\Delta H_i=0$，利用式（8.38）计算出 Fs_1。也可以利用前述的其他方法（例如简化毕肖普法）计算出的 Fs 作为简布法的初始 Fs_1。

（2）将 Fs_1 和 ΔH_i 代入式（8.34），计算相应的 $\Delta P_i(i=1, 2, 3, \cdots, n)$。

（3）利用式（8.35）计算各条块间的法向力 $P_i(i=1, 2, 3, \cdots, n)$。

（4）将计算出的 ΔP_i 和 P_i 代入式（8.41），计算条块间的切向作用力 $H_i(i=1, 2, 3, \cdots, n)$。

（5）利用式（8.25）计算各条块两侧面切向力的增量 $\Delta H_i(i=1, 2, 3, \cdots, n)$。

（6）将计算出的 ΔH_i 代入式（8.38），迭代计算出新的稳定安全系数 Fs_2。

（7）计算 $Fs_2 - Fs_1$ 值。如果其值大于规定的计算精度，重复步骤（2）～（6），直到 $Fs_k - Fs_{(k-1)}$ 值小于规定的计算精度为止，此处的 k 为迭代次数。Fs_k 即为假定滑裂面的稳定安全系数。

简布法满足所有静力平衡条件，是目前国内外应用较广的严谨方法之一。但在采用简布法分析土坡稳定性时须注意，由于条块间法向力 P_i 作用点位置 h_i 实际上仍为一未知项，无法计算或从土坡坡面图中量测得到。因此，需做进一步的假设才可求解式（8.41）。一般假定 P_i 作用于土条底面以上的 1/3 高度处。在式（8.41）中，$\Delta h_i/b_i=\tan\delta_i$，$\delta_i$ 为推力作用线与水平面之间的夹角。在简布法分析过程中，推力线的假定必须符合作用力的合理性要求，即必须满足土条间不产生拉力和剪切破坏的条件，且推力作用线应位于滑动

土体内部。由于对条块间力的不同假定，可导致简布法计算的稳定安全系数的变化幅度最高达20%。

与其他分析方法一样，简布法所假设的滑裂面并不一定代表真正的潜在滑裂面，仍需假设一系列的可能滑裂面，从中找出最小的土坡稳定安全系数，该最小安全系数所对应的滑裂面则为最危险的滑裂面。因此，利用简布法对土坡进行稳定分析的整个过程十分烦琐，计算工作量较大，一般只能借助计算机程序进行分析计算。目前已有许多成熟的软件程序包可供土坡稳定分析使用。

8.4.2.4 常用条分法比较

目前，虽然存在多种基于极限平衡理论的条分法可以用于分析黏性土土坡的稳定性，但它们的分析方法基本相同，其差异在于不同的假设条件。通过假设条块间作用力、某一个作用力或/和力矩满足平衡条件，或假设作用力的方向或它们之间的大小关系，达到减少未知量数量或增加方程数量的目的，从而求解土坡稳定安全系数。为了便于对黏性土土坡稳定分析方法的理解和认识，表8.3给出了工程上几种常用条分法的假设条件、力系平衡条件以及适用条件的比较。

表8.3 黏性土土坡稳定分析常用条分法比较

方法	滑裂面形状	条块间法向力平衡	条块间剪应力平衡	整体静力平衡	静力安全系数	整体力矩平衡	力矩安全系数	假设条件	优点	缺点
费伦纽斯法（1927，1936）	圆弧	否	否	否	否	是	是	忽略条块间力	最简单条分法	计算结果保守，不适宜计算高水压力时的缓坡
简化毕肖普法（1955）	圆弧	是	否	否	否	是	是	忽略条块间切向力	常用	不适宜有外部水平荷载情况
简化简布法（1954）	圆弧	是	否	是	是	否	否	忽略条块间切向力	适宜有外部水平荷载情况	需修正系数，计算结果保守
简布法（1973）	不规则	是	是	是	是	否	否	条间法向力高度（推力作用线位置）	计算收敛，常用	
斯宾塞法（1967）	不规则	是	是	是	是	是	是	条块间力倾斜且为常数	适宜任何荷载	有时不收敛
摩根斯坦-普瑞斯法（1965）	不规则	是	是	是	是	是	是	条块间力倾斜且为定值	适宜任何荷载，可模拟内部剪切	有时不收敛，需选择条间函数，计算结果较大
美国陆军工程师兵团法（1970）	不规则	是	是	是	是	否	否	条间法向力与切向力之比为常数		计算结果偏大

8.4.2.5 潜在滑裂面的确定

在滑坡发生之前，无法确定实际滑裂面的位置和形状。因此，在土坡设计或评估天然土坡发生滑坡的可能性时，需要假设一系列的可能滑裂面，分别计算它们的稳定安全系数。从所有计算出的稳定安全系数中，找出最小安全系数所对应的滑裂面，这一滑裂面即为最危险的滑裂面或潜在滑裂面，该安全系数就是整个土坡的稳定安全系数。滑裂面位置的确定需经过多次分析试算才能最终确定，其计算烦琐，计算工作量巨大，并且需要丰富的实践经验。

对于内摩擦角 $\varphi=0°$的均质黏性土土坡，当坡角 $\alpha>53°$时，其滑裂弧总是通过坡脚，即发生坡趾破坏；当坡角 $\alpha<53°$时，土坡既可发生坡趾破坏，也可发生浅层边坡破坏或坡基破坏。具体发生何种类型的破坏主要取决于坡体下坚硬坡基的位置。针对坡角 $\alpha<53°$的均质黏性土土坡（有限长滑坡），1927 年费伦纽斯提出了一套确定潜在滑裂面的经验方法，从而大大减少了计算工作量。

首先按一定比例尺画出坡角为 α、坡高为 H 的均质黏性土土坡。假设均质黏性土土坡的潜在滑裂面为圆弧面且通过坡脚。费伦纽斯给出了内摩擦角 $\varphi=0°$时均质黏性土土坡滑裂面圆心 O 的位置，它由 β_1 和 β_2 两角确定的 AO 和 BO 线的交点确定［图 8.15（a）］。β_1 和 β_2 角度大小与土坡坡度有关（表 8.4）。OA 线段的长度即为滑裂弧半径的大小。

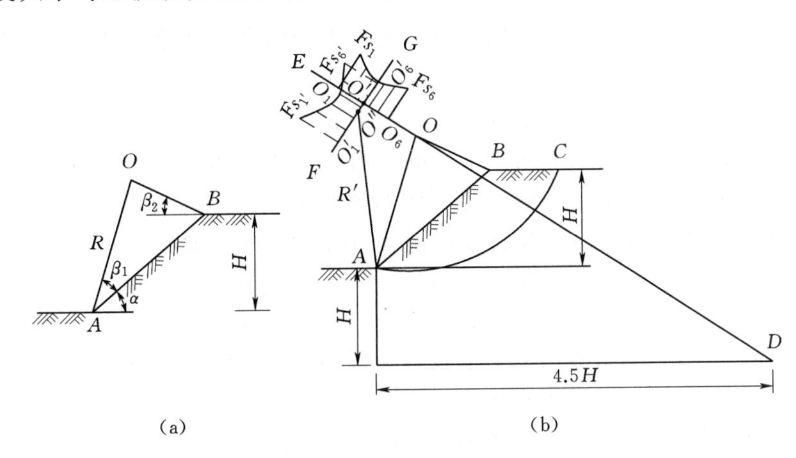

（a）　（b）

图 8.15　最危险滑裂面圆心位置确定方法

（a）$\varphi=0°$滑裂土体圆心位置；（b）$\varphi>0°$滑裂土体圆心位置

对于 $\varphi>0°$的土坡，其最危险滑动面的圆心位置不在 O 点而可能在 DO 的延长线 OE 上，D 点的求法如图 8.15（b）所示。在 DO 延线上任取圆心点 O_1、O_2、…，通过坡脚 A 作圆弧 AC_1、AC_2、…，求出各滑裂面相应的安全系数 Fs_1、Fs_2、…。将安全系数 Fs_1、Fs_2、…按一定比例尺标在各滑裂面相应的圆心点 O_1、O_2、…上。将 Fs_1、Fs_2、…连线，找出该曲线最小值所对应的圆心位置 O'点。通过该点作 OE 的垂线 FG。在 FG 上选定圆心 O_1'、O_2'、…，用类似步骤确定最小安全系数在 FG 线上所对应的圆心点 O''。该点即为 $\varphi>0°$的均质黏性土土坡通过坡脚滑坡时的最危险滑动圆弧 AC 的圆心，$O''A$ 线段的长度即为最危险滑裂面的半径。最危险滑裂面所对应的安全系数 Fs 是土坡所有可能滑裂面中最小的安全系数，因此它可代表整个土坡的稳定性。

表 8.4　　最危险滑裂面圆心位置的 β_1 和 β_2 角度

坡比	坡角/(°)	β_1/(°)	β_2/(°)
1∶0.58	60	29	40

续表

坡比	坡角/(°)	β_1/(°)	β_2/(°)
1∶1	45	28	37
1∶1.5	33.7	26	35
1∶2	26.6	25	35
1∶3	18.4	25	35
1∶4	14.0	25	36
1∶5	11.3	25	37

8.5　工程中常见土坡稳定分析问题的处理

8.5.1　成层土坡

在工程中常遇到成层土组成的土坡，这时每个土条的重量应分层计算，然后合计为此土条的总重。例如，对于第 i 条块（图 8.16），重力 $W_i=(\gamma_1 h_{i1}+\gamma_2 h_{i2}+\gamma_3 h_{i3})b_i$，每个土条滑弧段的抗滑力应按该土条滑弧段所处土层的黏聚力 c 和内摩擦角 φ 计算。如果某一土条的滑弧段由两部分土层组成，则该土条的抗滑力应按每部分土层中的滑弧段长度及所处土层的黏聚力 c 和内摩擦角 φ 分段计算（例如图 8.16 中的第 $i+1$ 条块）。

对于成层土坡，费伦纽斯法计算公式可由式（8.12）改写为

$$F_S=\frac{\sum[c_i l_i+(\gamma_1 h_{i1}+\gamma_2 h_{i2}+\cdots+\gamma_m h_{im})b_i\cos\theta_i\tan\varphi_i]}{\sum(\gamma_i h_{i1}+\gamma_2 h_{i2}+\cdots+\gamma_m h_{im})b_i\sin\theta_i}\tag{8.42}$$

式中　γ_1、γ_2、…、γ_m——组成第 i 个土条各土层的容重，位于地下水位以下土层的容重应采用有效容重；

h_{i1}、h_{i2}、…、h_{im}——第 i 个土条各土层的平均高度。

其他稳定平衡分析方法计算公式的处理与费伦纽斯法相似。

8.5.2　坡顶开裂

由于土体收缩或拉应力的作用，黏性土土坡的坡顶通常会出现竖向张力缝（图 8.17）。

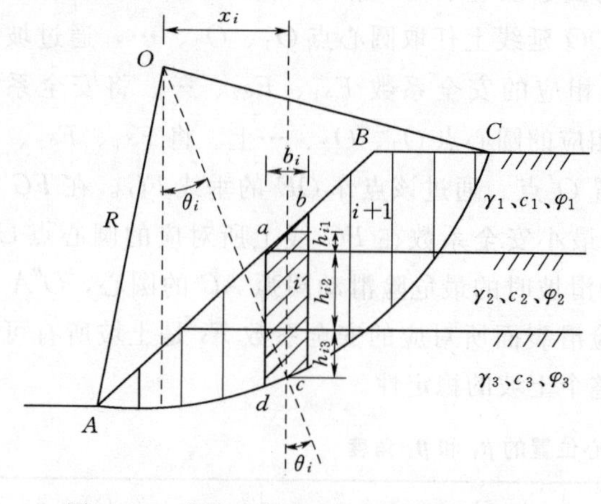

图 8.16　成层土条块重力和抗滑力的计算

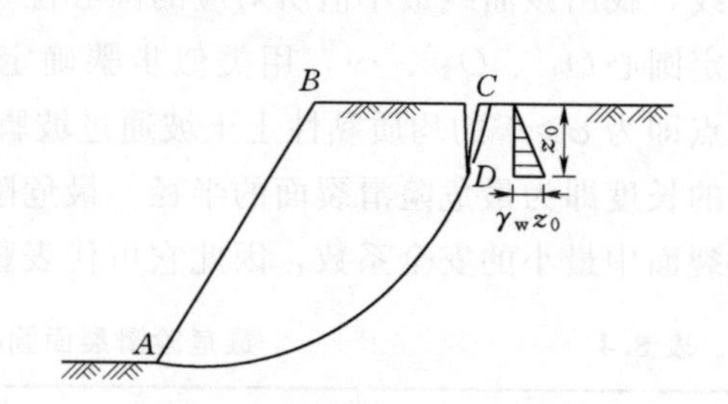

图 8.17　黏性土坡顶的张力裂缝

在张力缝的深度范围内，滑裂土体与稳定土体之间已无直接接触，从而导致有效滑裂面长度和抗滑力的减小。在降雨条件下，雨水渗入裂缝，所产生的静水压力和水体重力也会增大土坡的下滑力（矩）。此外，地表水从张力缝渗入坝（坡）体后也会降低土体的抗剪强度。

竖向张力缝的深度 z_0 可近似根据朗肯主动土压力理论，按挡土墙后水平黏性填土的开裂深度计算公式计算，即

$$z_0=\frac{2c}{\gamma\tan(45°-\varphi/2)} \tag{8.43}$$

式中 c——黏聚力；

γ——土体容重；

φ——土体内摩擦角。

在坡顶开裂情况下，滑裂弧段的有效长度 AD 应等于总滑弧段长度 AC 减去裂隙深度 z_0 或弧 CD 长度。如果张力缝中积满水，在土坡稳定分析中应考虑静水压力对静力平衡或力矩平衡的影响。

8.5.3 坡顶或坡面加荷

如果土坡坡顶或坡面上作用有竖直均布荷载 q，应将荷载 q 分别与各有关土条的重量相加。例如图 8.18 中的土条 m，总竖向力 $W_i=qb_m+\gamma h_m b_m$。假设土条 1、2、…、$m-1$ 上没有作用荷载 q，而土条 m、$m+1$、…、n 上作用有荷载 q。以费伦纽斯法为例，在坡顶作用有竖直均布荷载 q 时土坡的稳定安全系数 Fs 可写为

$$Fs=\frac{\sum_{i=1}^{m-1}(c_i l_i+\gamma h_i b_i\cos\theta_i\tan\varphi_i)+\sum_{j=m}^{n}[c_j l_j+(qb_j+\gamma h_j b_j)\cos\theta_j\tan\varphi_j]}{\sum_{i=1}^{m-1}\gamma h_i b_i\sin\theta_i+\sum_{j=m}^{n}(qb_j+\gamma h_j b_j)\sin\theta_j} \tag{8.44}$$

式中所有符号意义同前。

8.5.4 复合滑动面

当坡基内深度不大处存在软弱夹层时，由于土质不均匀，滑动面将不再是连续的圆弧面，而一般呈由直线和圆弧组成的复合滑动面 $AFED$（图 8.19）。

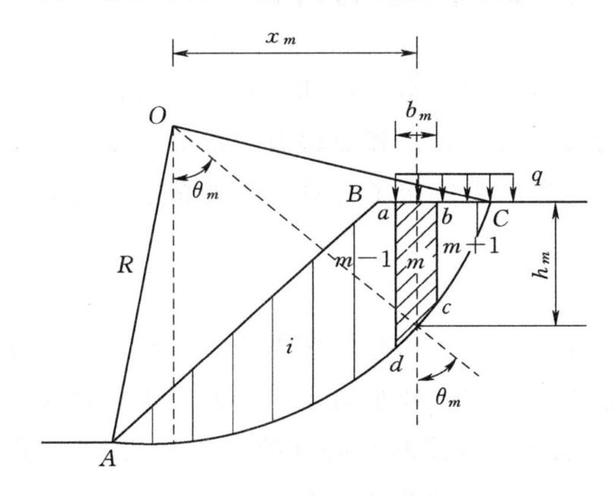

图 8.18 坡顶加载时土坡稳定分析

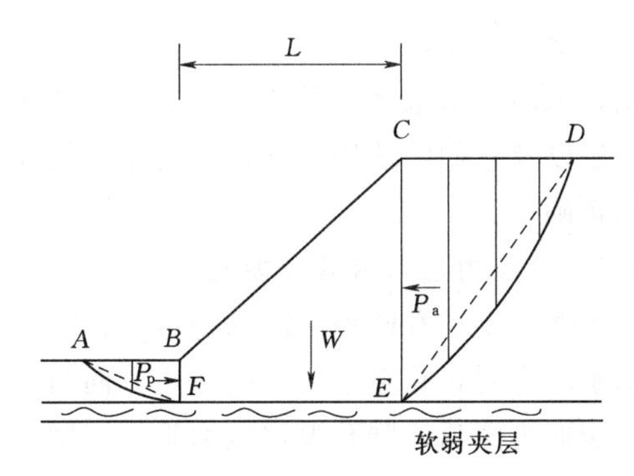

图 8.19 复合滑动面受力分析

设复合滑动面 $AFED$ 由 AF 弧段、FE 直线段和 ED 弧段组成。取滑动土体 $BCEF$ 作为隔离体进行受力分析。忽略作用在 BF 和 CE 面上的切向（竖向）力，则 $BCEF$ 土体上作用有重力、BF 和 CE 面上的法向（水平）力 P_p（抗滑力）和 P_a（滑动力）以及 FE 面上的抗滑阻力 T_f。$T_f = cL + W\tan\varphi$，其中 c 和 φ 为软弱夹层土体的抗剪强度指标。因此，土体 $BCEF$ 的稳定安全系数 Fs 可表达为

$$Fs = \frac{cL + W\tan\varphi + P_p}{P_a} \tag{8.45}$$

式（8.45）中的 P_a 和 P_p 是两个未知项，在假定每个条块侧面只作用有法向（水平）力的条件下，可根据条分法利用力的闭合多边形逐个土条求解。将求解出的 P_a 和 P_p 代入式（8.45），即可求出复合滑动面 $AFED$ 的稳定安全系数。

实际上，此时求解的稳定安全系数，是在假定滑动土体 ABF 和 CDE 稳定安全系数为1时土体 $BCEF$ 的稳定安全系数。如要求出复合滑动面 $AFED$ 的真正稳定安全系数，需先假定一安全系数 Fs，计算 P_a 和 P_p，然后代入式（8.45）求出新的稳定安全系数 Fs'。当 Fs' 与 Fs 的差值小于允许的误差时，此时的 Fs' 即为复合滑动面 $AFED$ 的真正稳定安全系数。否则以 Fs' 代替 Fs，重复以上步骤，反复迭代计算，直到满足计算精度要求为止。须注意，在滑弧段条块力的平衡计算时，各土条滑动面上的抗滑力应采用极限平衡方程表示。

像前面讨论的那样，复合滑动面 $AFED$ 并不一定是所讨论土坡的真正滑动面，因此整个土坡的稳定分析过程烦琐，计算工作量浩大。当假定直线滑动段的始、末点分别通过坡脚和坡肩时，可近似认为 P_a 和 P_p 分别为朗肯主动土压力和被动土压力。把 BF 和 CE 看作垂直光滑的挡土墙墙面，此时滑弧段 AF 和 ED 可看作直线段（图8.19中虚线）。按朗肯主动土压力和被动土压力分别求解 P_a 和 P_p，并将计算出的 P_a 和 P_p 代入式（8.45），即认为此时求得的稳定安全系数为复合滑动面 $AFED$ 的稳定安全系数，这样就可大大减少土坡稳定分析的工作量。

8.6　土坡稳定分析中几个问题的讨论

在前几节中，只对目前常用的土坡稳定分析方法的基本原理和计算公式进行了分析和讨论，未涉及所采用的具体应力类型（总应力或有效应力）和取得有关抗剪强度指标的试验方法以及它们的适用条件，而这些问题在一定程度上决定了计算结果的精度甚或分析结果的正确性。

8.6.1　总应力法与有效应力法

黏性土土坡有两种不同的稳定分析方法，即总应力法和有效应力法。当滑裂面上存在孔隙水压力时，孔隙水压力的作用方向与一般静水压力一样垂直于作用面。也就是说，如果滑裂面为圆弧，则孔隙水压力垂直于圆弧面且指向滑弧的圆心（图8.20）。因此，作用在第 i 个土条滑弧段上的法向力 N_i' 就等于重力在滑弧段的法向分力 N_i 减去作用在该滑弧段的总水压力 U_i（$U_i = u_i l_i = h_i \gamma_w l_i$，其中 u_i 为孔隙水压力，l_i 为条块 i 的滑弧段长度，

h_i 为 l_i 滑裂弧段中点处的孔隙水压力水头高度，γ_w 为水的容重），即 $N_i'=N_i-u_i l_i$。扣除孔隙水压力后的法向力 N_i' 为有效应力。如果采用有效应力计算摩阻力，进而分析土坡稳定性的方法则称为有效应力法，此时应采用有效应力强度指标 c' 和 φ'。反之，如果摩阻力的计算过程中不扣除孔隙水压力，而采用总应力分析土坡稳定性的方法则称为总应力法，与此对应的应采用总应力抗剪强度指标 c 和 φ。

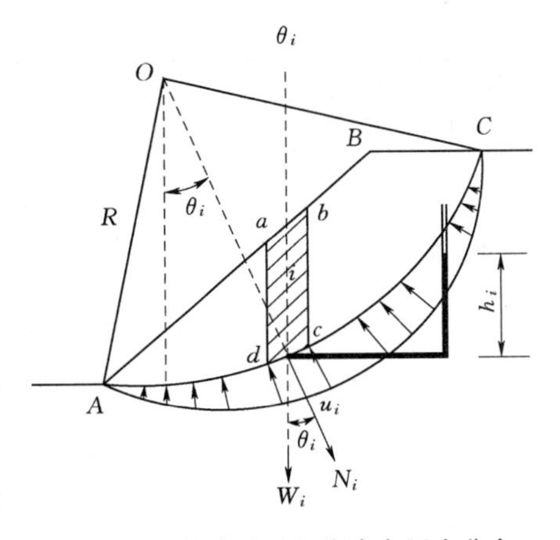

图 8.20　滑裂弧面上孔隙水压力分布

正像在第 6 章中分析的那样，有效应力法概念清晰。如果可以较容易地计算出或测得孔隙水压力，应采用有效应力法分析土坡的稳定性。但在许多情况下，孔隙水压力难以确定或所获得的数据不可靠，在这种情况下只能采用总应力法分析土坡的稳定问题。对于同一土坡的稳定问题，采用有效应力法和总应力法的分析结果理论上应该一致。因此，总应力法抗剪强度指标 c 和 φ 必须反映孔隙水压力对抗剪强度的影响效果。通过控制试验方法和试验条件，使总应力抗剪强度指标间接反映孔隙水压力的影响作用，这是总应力法的实质。因此，选取正确的试验方法、确定适当的 c 和 φ 对总应力法的分析结果至关重要。

在工程实践中，总应力法主要用于黏性土土坡，或作用有短期荷载、孔隙水压力未消散时的饱和无黏性土土坡；有效应力法主要适用于排水条件起主导作用土坡的长期稳定分析。对于天然土坡或残积土土坡，应采用有效应力法对其在暴雨形成的最大水位条件下的稳定性进行分析。这一点对于可能发生长期暴雨或暴雨后水位可显著上涨的地区特别重要。在各种工况条件下，土坡稳定分析计算时宜采用的分析方法可参考表 8.5。

表 8.5　　土坡稳定分析方法、抗剪强度指标选用及测定方法

<table>
<tr><th>控制稳定的时期</th><th>强度计算方法</th><th colspan="2">土　类</th><th>使用仪器</th><th>试验方法</th><th>抗剪强度指标</th><th>试样初始状态</th></tr>
<tr><td rowspan="8">施工期</td><td rowspan="6">有效应力法</td><td colspan="2" rowspan="2">无黏性土</td><td>直剪仪</td><td>慢剪</td><td rowspan="6">c'、φ'</td><td rowspan="8">填土用填筑含水率和填筑容重的土，坝基用原状土</td></tr>
<tr><td>三轴剪切仪</td><td>固结排水剪（CD）</td></tr>
<tr><td rowspan="4">黏性土</td><td rowspan="2">饱和度<80%</td><td>直剪仪</td><td>慢剪</td></tr>
<tr><td>三轴剪切仪</td><td>不排水剪（UU）
（测孔隙水压力）</td></tr>
<tr><td rowspan="2">饱和度>80%</td><td>直剪仪</td><td>慢剪</td></tr>
<tr><td>三轴剪切仪</td><td>固结不排水剪（CU）
（测孔隙水压力）</td></tr>
<tr><td rowspan="2">总应力法</td><td rowspan="2">黏性土</td><td>渗透系数
$<10^{-7}$cm/s</td><td>直剪仪</td><td>快剪</td><td rowspan="2">c_u、φ_u</td></tr>
<tr><td>任何渗透系数</td><td>三轴剪切仪</td><td>不排水剪（UU）</td></tr>
</table>

续表

控制稳定的时期	强度计算方法	土类	使用仪器	试验方法	抗剪强度指标	试样初始状态
稳定渗流期和水库水位降落期	有效应力法	无黏性土	直剪仪	慢剪	c'、φ'	填土用填筑含水率和填筑容重的土，坝基用原状土，但要预先饱和，而浸润线以上的土不需饱和
			三轴剪切仪	固结排水剪（CD）		
		黏性土	直剪仪	慢剪		
			三轴剪切仪	固结不排水剪（CU）（测孔隙水压力）或固结排水剪（CD）		
水库水位降落期	总应力法	黏性土：渗透系数 $<10^{-7}$cm/s	直剪仪	固结快剪	c_u、φ_u	
		黏性土：任何渗透系数	三轴剪切仪	固结不排水剪（CU）		

8.6.1.1　稳定渗流条件

当土坡迎水面和背水面的水位不同时，在水压力作用下坡体内将产生渗流。稳定渗流条件下的土坡稳定分析应采用有效应力法。有效应力法必须确定所选滑裂面上的孔隙水压力分布和大小。例如，在水库处于正常运行期间，上、下游水位差一定时，坝体内的渗流属于稳定渗流，渗流场中的渗流参数不随时间改变而只与位置有关。此时，确定滑裂面上任一点孔隙水压力的最简单方法就是采用流网。

孔隙水压力对土坡稳定性的影响有两种考虑方法。一种方法是把土体看作隔离体，分析该隔离体上所受的作用力。像前面所讨论的那样，孔隙水压力是作用在滑裂面上的一个分力。这种方法目前在工程上应用较多。另一种方法是取土骨架作为隔离体，此时需考虑浮力和渗透力对土骨架上作用力平衡的影响。

对一个均质土坝，假设其滑弧面位置和流网如图 8.21（a）所示。取条块 i 土体进行作用力平衡分析。浸润线以上取天然容重（天然土坡）或压实容重（填方）γ，浸润线以下土体取饱和容重 γ_{sat}，则土条 i 的重力 $W_i=(\gamma h_{i1}+\gamma_{sat}h_{i2})b_i$。作用在第 i 个条块上的水头高度等于该条块滑裂弧段中点 a 至通过该点的等势线与浸润线的交叉点 b 的垂直高度即 h_i［图 8.21（b）］，因此条块 i 的平均孔隙水压力 $u_i=h_i\gamma_w$。设该条块的滑弧段长度为 l_i，则作用在该条块滑裂面上的总水压力 $U_i=h_i\gamma_w l_i$。

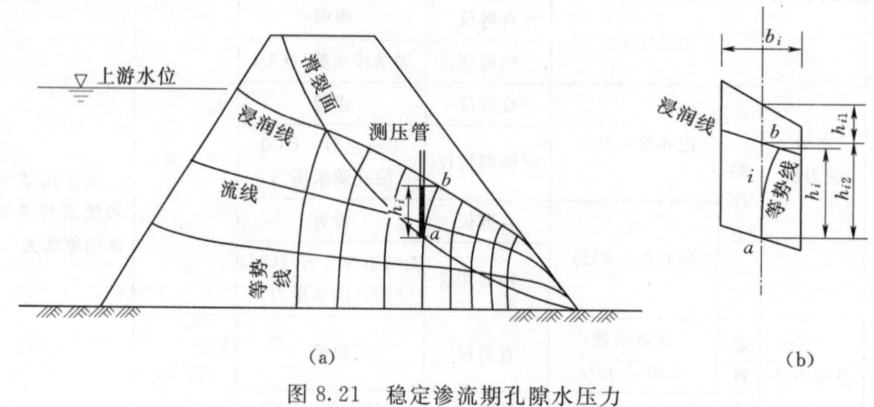

图 8.21　稳定渗流期孔隙水压力

(a) 稳定渗流期坝体流网；(b) 条块 i 测压管高度

根据费伦纽斯稳定安全系数的分析方法，可以建立

$$T_{si}=W_i\sin\theta_i$$

$$N_i=W_i\cos\theta_i-\gamma_w h_i l_i$$

$$T_{fi}=c'_i l_i+N_i\tan\varphi'_i=c'_i l_i+(W_i\cos\theta_i-\gamma_w h_i l_i)\times\tan\varphi'_i$$

因此，当孔隙水压力已知时，以有效抗剪强度指标表示的费伦纽斯计算公式为

$$Fs=\frac{\sum[c'_i l_i+(W_i\cos\theta_i-\gamma_w h_i l_i)\tan\varphi'_i]}{\sum W_i\sin\theta_i} \tag{8.46}$$

当部分滑裂面处于下游水位以下［图 8.22（a）］时，孔隙水压力水头应为 b 点距下游水位的垂直高度 h_i［图 8.22（b）］。条块 i 在下游水位以下的土体重量应为该部分土体的有效重量，因此条块 i 的重量 W_i 由三部分组成，即 $W_i=(\gamma h_{i1}+\gamma_{sat}h_{i2}+\gamma' h_{i3})b_i$。在此条件下，以有效抗剪强度指标表示的费伦纽斯法的计算仍按式（8.46）计算。

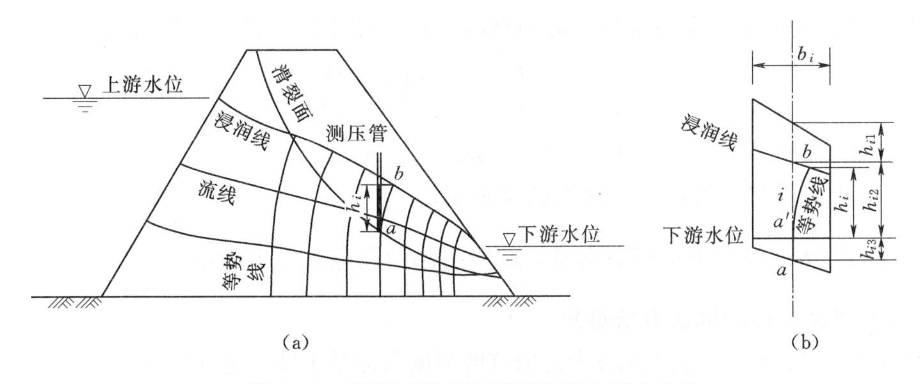

图 8.22 滑裂面部分淹没时孔隙水压力确定

（a）滑裂面部分淹没时流网；（b）条块 i 测压管高度

以上通过费伦纽斯法演示了以有效应力表示的土坡稳定安全系数计算公式的推导过程。以有效应力表达的其他条分法计算土坡稳定安全系数公式的推导过程与此相似。

8.6.1.2 施工期土坡稳定分析

在施工期，土石坝坝体逐渐增高，填筑土方量逐渐增大，而坝体下部黏性填土未能及时固结，在上部土方压力的作用下产生超静孔隙水压力。在这种情况下，因坝体内部剪应力增大，而抗剪强度一般增幅不大，因此易导致边坡失去稳定。工程竣工时可能是土坡稳定的最不利工况。施工期土坡稳定分析可采用总应力法和有效应力法。

采用总应力法分析土坡稳定性较为简便，但必须采用符合实际工况时的相关抗剪强度指标。在施工期，黏性土因未能及时排水固结，因此其抗剪强度应采用三轴剪切试验的不排水指标或直接剪切试验的快剪指标计算。而对于粗粒土填方，可以认为在填筑过程中，土体已完成渗流固结过程，其抗剪强度指标应采用三轴剪切试验的排水剪指标或直接剪切试验的慢剪指标。

采用有效应力法分析时，必须首先确定施工期坝体内孔隙水压力的大小、分布以及发展情况。相应地，抗剪强度指标应采用有效应力强度指标。孔隙水压力的大小、分布以及发展情况包括初始孔隙水压力和施工期孔隙水压力随时间的消散过程。对于黏性填土，由于其体积大、渗透性小，如果施工速度较快，可认为孔隙水压力不消散。如果土体的渗透性较大（$>10^{-7}$ cm/s），则需确定施工期孔隙水压力大小随时间的变化过程函数。

由于坝体填土的饱和度要求在80%～85%以上，因此施工期填土可以近似认为是饱和的，即忽略孔隙气压力的影响而只考虑孔隙水压力。孔隙水压力按孔压系数法计算，即初始孔隙水压力 Δu_0 为

$$\Delta u_0=\gamma h \overline{B} \tag{8.47}$$

式中 γ、h——计算点以上土体的平均容重和填土高度；

$\overline{B}$——全孔隙水压力系数。

$\overline{B}$ 应根据三轴不排水试验中相应剪应力水平下的孔隙水压力 u 和大主应力 σ_1，按下式计算

$$\overline{B}=\Delta u/\Delta\sigma_1=B\left[A+(1-A)\frac{\Delta\sigma_3}{\Delta\sigma_1}\right] \tag{8.48}$$

式中 A、B——孔压系数。

当需考虑黏性填土中孔隙水压力的消散时，可采用太沙基渗流固结公式计算

$$\frac{\partial u}{\partial t}=C_{\mathrm{v}}\left(\frac{\partial^2 u}{\partial x^2}+\frac{\partial^2 u}{\partial z^2}\right)+\overline{B}\frac{\partial\sigma_1}{\partial t} \tag{8.49}$$

式中 u——土体中某点 $(x, z)t$ 时刻的孔隙水压力；

C_{v}——土的固结系数，通过消散试验确定；

$\overline{B}\frac{\partial\sigma_1}{\partial t}$——$\mathrm{d}t$ 微时段内填土荷载增量 $\mathrm{d}\sigma_1$ 所引起的孔隙水压力增量。

8.6.2 抗剪强度指标和试验方法选用

在有效应力法和总应力法中选择合适的抗剪强度指标是土坡稳定分析的关键。由于土工试验属于状态模拟试验，因此土力学有关参数的试验确定方法也分为排水试验和不排水试验。采用排水或不排水试验，应根据土力学原理选择确定。不排水试验一般用于软黏土，与之相应的是采用总应力进行分析，特别适用于孔隙水压力数据缺乏或不可靠的地方；而排水试验则适用于硬黏土或无黏性土。如果可以得到可靠的孔隙水压力数据，应采用有效应力对土坡稳定性进行分析。在采用有效应力分析土坡稳定性时，有效应力不能实测，它只能通过总应力和孔隙水压力计算得到。孔隙水压力不能承受剪应力，且在各方向大小相等。

三轴剪切试验可严格控制排水条件，因此土的抗剪强度指标应采用三轴剪切仪测定。对于级别较低的土坝，可采用直剪仪测定其有效抗剪强度指标。对于渗透系数较低或压缩性较小的土，也可用直剪快剪试验或固结快剪试验测定土的总抗剪强度指标。

工程设计结果与所选取的土力学参数密不可分。设计人员不仅需掌握设计技术，同时也应特别注意试验室测定的有关土力学参数的可靠性问题。例如，黏性土的不排水抗剪强度 c_{u}，由于测试试件尺寸较小，实际土体中存在的裂隙很难在试验室内的小尺寸试件中反映出来，其试验室测定值往往大于实际值。因此，选择适当、可靠的强度参数是工程设计安全的先决条件。土力学参数选择主要由土的物理状态（如超固结土或正常固结土以及致密土或疏松土等）控制。如果在排水条件下土坡可能沿一个老滑裂面发生滑坡，则应选择残余抗剪强度进行工程设计。如果沿一个新滑裂面发生滑坡，当土体超固结或致密时，应采用峰值强度进行设计，而土体疏松或正常固结则应采用临界角设计。在实际工作中，正常固结或轻微超固结的黏性土以及致密或疏松的粗粒土，一般建议采用临界角。对于挖方

土坡稳定性的分析计算，宜采用卸荷时的土体抗剪强度指标。在各种工况条件下，土坡稳定分析计算时的抗剪强度指标及其试验方法选用参考表8.5。

8.6.3 土坡容许安全系数

与其他土木建筑或水利工程设计一样，由于土体强度指标的确定以及分析计算方法中的许多不确定因素，土坡稳定分析计算必须保证一定的安全裕度。土坡稳定的容许安全系数是指为了边坡安全可靠和正常使用的最小稳定安全系数。土坡稳定分析计算得到的最小稳定安全系数必须大于容许安全系数。容许安全系数的确定以工程失事可能对人员或财物的损失程度即工程的重要性或工程等级为依据，结合过去的工程经验，以各种规范的形式表达或阐述，它是工程设计人员必须遵守和执行的基本工程设计“法律”。由于土工试验方法的差异和分析计算方法的不同，土坡稳定安全系数的计算结果差别较大，因此规范在给出容许安全系数的同时，也给出了相应的试验方法和分析计算方法。

由于各行业考虑的因素不同，目前我国各部门之间尚无统一的土坡稳定规范，工程设计人员应按照工程设计对象选择本行业的规范标准执行。《公路路基设计规范》（JTG D30—2015）要求，二级及二级以上公路路基土坡稳定容许安全系数为1.25～1.45，三和四级公路为1.15～1.35。在正常应用条件下，Ⅰ级土石坝的容许安全系数应不小于1.5。《碾压式土石坝设计规范》（SL 274—2001）要求的边坡容许安全系数见表8.6。除特别注明外，表中所给定的容许安全系数均适用于费伦纽斯法按总应力进行分析计算。对于Ⅰ和Ⅱ级中、高土石坝或情况复杂的土石坝，应同时采用毕肖普法或普遍条分法等更严格的方法进行核算，与此对应的容许安全系数应比表8.6中所列数值提高10%左右。

表8.6 碾压式土石坝坝坡容许安全系数

运用条件		大坝级别			
		Ⅰ	Ⅱ	Ⅲ	Ⅳ
正常运用		1.50	1.35	1.30	1.25
非常运用	Ⅰ	1.30	1.25	1.20	1.15
	Ⅱ	1.20	1.15	1.15	1.10

注 1. 正常运用条件系指：

（1）水库水位处于正常高水位（或设计洪水位）与死水位之间的各种水位下的稳定渗流期。

（2）水库水位在上述范围内的经常性的正常降落。

（3）抽水蓄能电站的水库水位的经常性变化和降落。

2. 非常运用条件Ⅰ系指：

（1）施工期。

（2）校核洪水位有可能形成稳定渗流的情况。

（3）水库水位的非常降落，如自校核洪水位降落、降落至死水位以下，以及大流量快速泄空等。

3. 非常运用条件Ⅱ系指正常运用条件遇地震。

8.6.4 天然土坡与人工土坡

由于形成的自然环境、沉积时间以及应力历史等因素的不同，天然土坡比人工土坡更为复杂。虽然两种土坡的稳定分析方法相同，但在对天然土坡进行稳定性分析时，土体抗剪强度指标的选择应更加慎重。长期稳定的天然土坡，可能会因为地形、地下渗流、抗剪强度或应力的变化以及风化或地震等而引发突然的滑坡。许多不确定因素影响天然土坡的稳定性。了解所研究土坡的过去滑坡情况，对预测该土坡未来的变化趋势非常重要。因为先前的滑动已导致抗滑阻力由其峰值强度逐渐衰减至残余值，因此老滑裂面上的抗剪强度常常非常低。由黏性土或风化页岩组成的天然土坡，常显现渐进式的滑坡破坏。对于天然土坡，一般采用固结排水试验测定其抗剪强度指标。

堤坝等人工填方土坡的坡度，按照试验确定的抗剪强度参数进行设计。因为填方材料一般都需要预先进行选择或加工，因此其边坡稳定分析应比天然土坡或挖方土坡稳定分析的置信度更高些。堤坝稳定分析一般都需对其施工期、施工结束、正常运行、水位迅速下降以及洪水或地震等自然扰动等工况条件或阶段进行。如果一个堤坝建设在软弱基础上，不仅应考虑坝体本身的稳定性，还应考虑整个坝-基础工程的稳定性。

思 考 题

8.1 引发滑坡发生的主要驱动力是什么？坡角如何影响滑动力的大小？

8.2 各种常用土坡稳定分析方法的适用条件是什么？

8.3 常用土坡稳定安全系数的定义是什么？

8.4 简化毕肖普法和费伦纽斯法计算公式的推导过程中分别引入了哪些假设条件？

8.5 渗流如何影响土坡的稳定性？

8.6 举例说明引发滑坡的主要原因。

8.7 影响土坡稳定性的因素有哪些？如何防止滑坡的发生？

8.8 总应力法和有效应力法分析土坡稳定时有何不同？各适用于何种情况？

8.9 如何确定土坡的稳定安全系数？

8.10 试说明在土坡稳定分析总应力法中，各种抗剪强度指标测定方法各适合于哪种实际工程条件？为什么？

计 算 题

8.1 一厚度为4m的无限延伸斜土坡坐落于基岩上（图8.23），其坡角＝20°，土粒相对密度＝2.65，孔隙比＝0.7。土体与基岩的摩擦角＝20°，黏聚力＝15kPa。地下水位与坡面齐平，渗流方向平行于坡面。试求该斜坡的稳定安全系数。

8.2 已知一挖方土坡形状如图8.24所示。土质为均质黏性土，其容重＝17.6kN/m³，黏聚力 $c=50\text{kPa}$，内摩擦角 $\varphi=0°$。在张力缝充满水的条件下，试用瑞典圆弧法求图示滑动面的稳定安全系数。

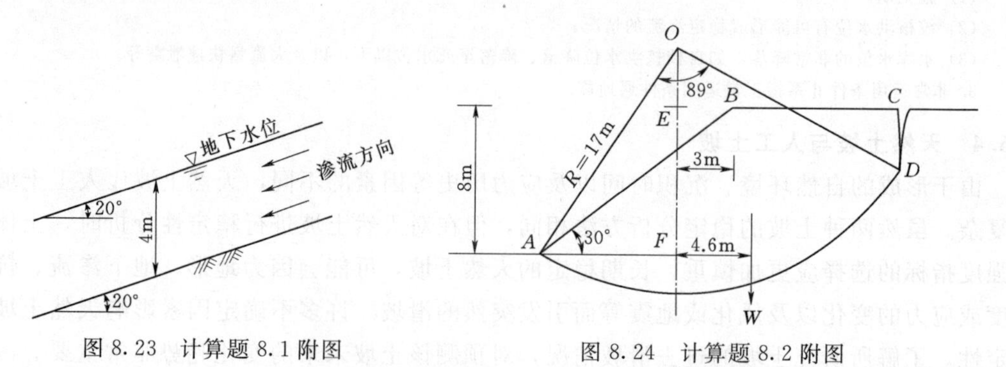

图8.23 计算题8.1附图　　图8.24 计算题8.2附图

8.3 已知土体的黏聚力 $c=5\text{kPa}$、内摩擦角 $\varphi=20°$、容重 $\gamma=16\text{kN/m}^3$，设计边坡的坡比为 1.5∶1。试求该土坡的极限高度。

8.4 一个均质粉质黏土挖方土坡，土体的抗剪强度参数 $c=20\text{kPa}$，$\varphi=8°$，土体容重 $\gamma=17\text{kN/m}^3$。试利用费伦纽斯法确定图 8.25 所示滑动面的稳定安全系数。

8.5 一个 8m 高的夯实土坝坐落在基岩上（图 8.26）。施工结束后，土体的抗剪强度指标 $c'=25\text{kPa}$ 和 $\varphi'=20°$，容重 $\gamma=18.6\text{kN/m}^3$，平均全孔压系数 $\overline{B}=0.3$。试利用费伦纽斯法确定图示滑动面的稳定安全系数。

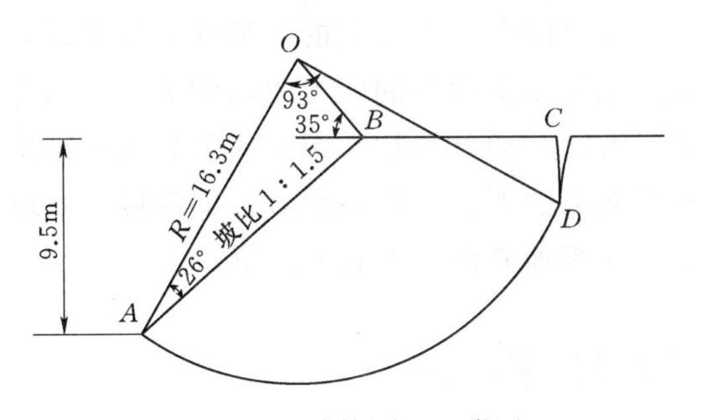

图 8.25 计算题 8.4 附图

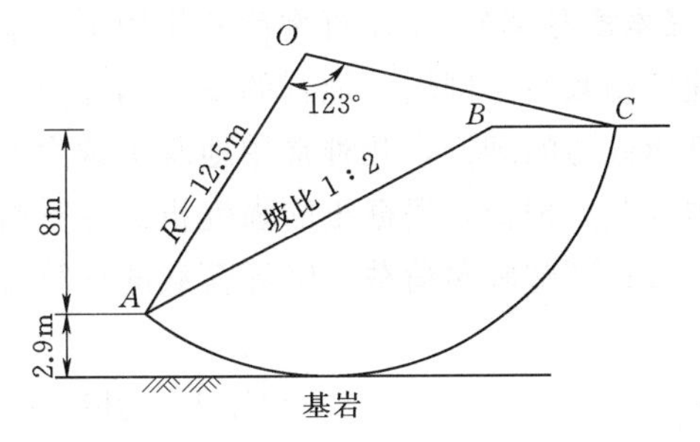

图 8.26 计算题 8.5 附图

8.6 已知一下部排水的均质土坡，坡高 6.1m，坡比为 1∶1.5，滑弧中心点位置、滑弧半径以及流网如图 8.27 所示。土体黏聚力 $c=4.3\text{kPa}$，内摩擦角 $\varphi=32°$，容重 $\gamma=19.6\text{kN/m}^3$。试按费伦纽斯法和简化毕肖普法计算该土坡的稳定安全系数。

8.7 一个 45°的挖方土坡，土质为黏质粉土，其黏聚力 $c=15\text{kPa}$，内摩擦角 $\varphi=30°$，容重 $\gamma=19.5\text{kN/m}^3$。设计的坡底下面 2m 处有一个 2m 厚的软弱黏土夹层（图 8.28），其抗剪强度指标 $c=12.5\text{kPa}$ 和 $\varphi=0°$。试估算题设滑动面条件下的土坡稳定安全系数。

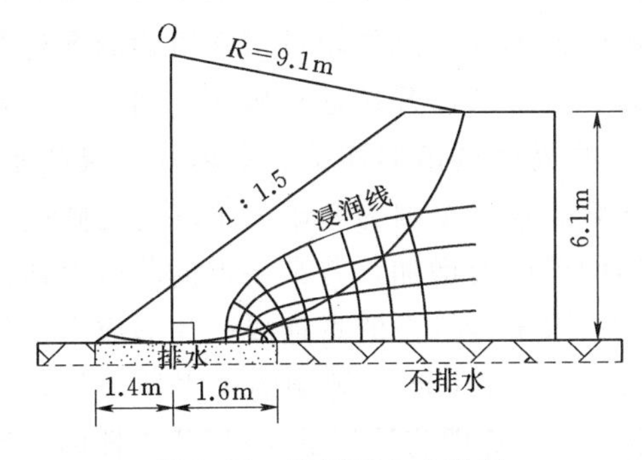

图 8.27 计算题 8.6 附图

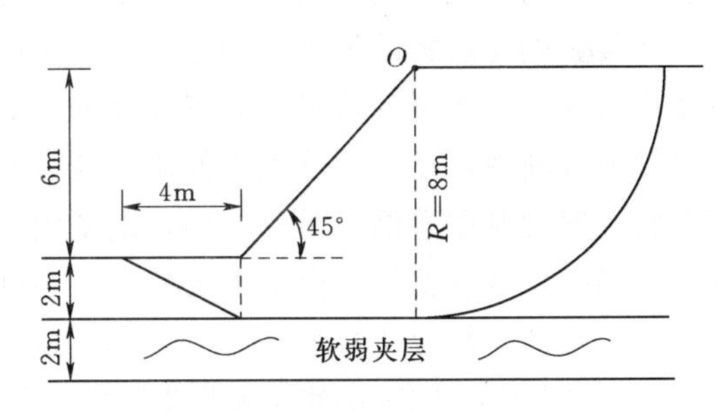

图 8.28 计算题 8.7 附图

第9章 地基承载力

【本章导读】 在建筑物荷载作用下，地基土体可能会产生过大的变形或发生滑动，导致建筑物倾斜、倒塌。地基的变形和稳定状态与地基承受荷载的能力密切相关。本章介绍地基承载力的理论，几种常用地基承载力的确定方法。通过本章学习，应掌握太沙基地基极限承载力理论，根据土的强度指标计算地基承载力的方法，地基承载力的深度、宽度修正方法；理解临塑荷载、临界荷载的计算方法，汉森地基极限承载力理论。

9.1 地基破坏模式

9.1.1 地基承载力

建筑物由地基、基础和上部结构三部分组成，上部结构和基础的自重以及外荷载全部由地基承担。在荷载作用下，地基土体产生变形，随着荷载增大，地基变形逐渐增大。当荷载增大到地基中开始出现某点或小区域内各点在其某一方向平面上的剪应力达到土的抗剪强度时，该点或小区域内各点就处于极限平衡状态，地基尚能稳定；当荷载继续增大，地基内出现较大范围的破坏区时，地基将失去稳定性。

建筑物因地基问题引起的破坏一般有两个方面：一方面，地基变形逐渐增大，引起建筑物基础产生均匀沉降或不均匀沉降，如果均匀沉降或不均匀沉降超过了建筑物的允许范围，则严重影响建筑物的正常使用或导致建筑倾斜、上部结构开裂甚至破坏，如上海工业展览馆中央大厅由于沉降量过大，导致中央大厅与两翼展览馆的连接、室内外连接的水、暖、电管道等断裂，严重影响正常使用。意大利比萨斜塔就是因为基础的不均匀沉降而造成建筑物倾斜的典型事例。另一方面，地基内土体的剪应力增加，若某一点的剪应力达到土的抗剪强度，该点就处于极限平衡状态，当处于极限平衡状态的点连成一片形成完整的滑动面，地基内一部分土体将沿滑动面滑动，建筑物将发生严重倾倒的灾害性破坏，如2009年6月27日，上海市闵行区莲花河畔景苑小区，一栋即将竣工的13层住宅楼因为地基滑动而倒塌，加拿大特朗斯康谷仓也是因为地基滑动而造成建筑物倒塌的典型事例。实践表明，建筑物事故的发生，很多都与地基基础问题有关。地基基础一般均是地下隐蔽工程，一旦发生事故，补救非常困难。因此，进行地基基础设计时，地基必须满足以下两个基本要求：①变形要求，应保证建筑物基础的沉降或沉降差不超过建筑物的允许值；②强度要求，作用在地基上的荷载不能超过地基所能承受的外荷载。

地基承载力是指地基土单位面积上所能承受的荷载，以kPa计，保证地基土体不发生滑动时地基土单位面积所能承受的最大荷载称为极限荷载或极限承载力；既保证地基不发生滑动，又保证建筑物沉降不超过允许值时地基土单位面积上所能承受的荷载称为容许承载力。地基承载力问题是土力学中一个重要的研究课题，其目的是掌握地基的承载规律，充分发挥地基承载能力，合理确定地基承载力，确保地基不致因荷载作用而产生过大变形或发生剪切破坏而影响建筑物或土工建筑物的正常使用。由于地基土的复杂性，要准确地确定地基承载力是一个比较复杂的问题。为此，地基基础设计一般都限制基底压力不超过基础宽度修正后的地基容（允）许承载力或地基承载力特征值（设计值）。

确定地基承载力的方法一般有原位试验法、理论公式法、规范表格法、当地经验法四种。原位试验法是一种通过现场直接试验确定承载力的方法，原位试验或原位测试包括（静）载荷试验、静力触探试验、标准贯入试验、旁压试验等，其中以载荷试验法为最可靠。理论公式法是根据土的抗剪强度指标通过理论公式计算地基承载力的方法。规范表格法是根据室内试验指标、现场测试指标或野外鉴别指标，通过查规范所列表格得到承载力的方法。规范不同（包括不同部门、不同行业、不同地区的规范），其承载力值不会完全相同，应用时需注意各自的使用条件。当地经验法是一种基于地区的使用经验进行类比判断确定承载力的方法，它是一种宏观辅助的方法。

9.1.2 地基剪切破坏模式

在荷载作用下地基因承载力不足引起的破坏，一般都是由地基土的剪切破坏引起的。实验研究表明，地基剪切破坏模式一般有三种：整体剪切破坏、局部剪切破坏和冲切剪切破坏。可以通过现场载荷试验来研究地基土的承载性状，这实际上是一种基础受荷的模拟试验，通过试验可得到荷载板各级压力 p 与相应的稳定沉降量 s 之间的关系，绘得 $p-s$ 曲线，如图 9.1（a）所示，对该 $p-s$ 曲线的特性进行分析，就可以了解地基的承载性状。

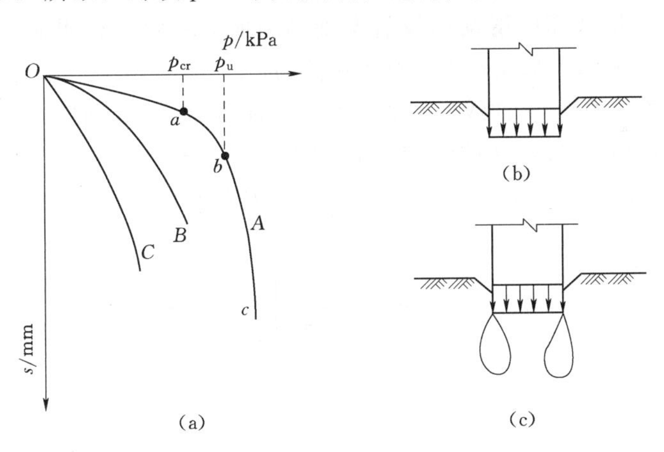

图 9.1 地基破坏的三个阶段

（a）$p-s$ 曲线；（b）线弹性变形阶段；（c）弹塑性变形阶段

9.1.2.1 整体剪切破坏

整体剪切破坏是一种在浅基础荷载作用下地基发生连续剪切滑动的地基破坏模式，其概念最早由普朗特（1920）提出。通常地基整体剪切破坏的过程经历三个阶段，其 $p-s$ 曲线如图 9.1（a）中曲线 A 所示。

（1）压密阶段（或称线弹性变形阶段）。相当于 $p-s$ 曲线上的 Oa 段。在这一阶段，$p-s$ 曲线接近于直线，土中各点的剪应力均小于土的抗剪强度，土体处于弹性平衡状态。

在这一阶段，荷载板的沉降主要是由土的压密变形引起的，如图9.1（b）所示。把 $p-s$ 曲线上相应于 a 点的荷载称为比例界限（临塑荷载）p_{cr}。

（2）剪切阶段（或称弹塑性变形阶段）。相当于 $p-s$ 曲线上的 ab 段。在这一阶段，$p-s$曲线已不再保持线性关系，沉降的增长率随荷载的增大而增加。在这个阶段，基础边缘点下的土的剪应力达到土的抗剪强度，首先发生剪切破坏，这些区域也称塑性区。随着荷载继续增加，土中塑性区的范围也逐步扩大，如图9.1（c）所示，此时 $p-s$ 曲线由线性开始弯曲，直至土中形成连续的滑动面。因此，剪切阶段也是地基中塑性区的发生与发展阶段。相应于 $p-s$ 曲线 b 点的荷载称为极限荷载 p_u。

（3）破坏阶段。相当于 $p-s$ 曲线上的 bc 段。当荷载超过极限荷载后，荷载板急剧下沉，即使不增加荷载，沉降也不能稳定，因此 $p-s$ 曲线陡直下降。在这一阶段，由于土中塑性变形区不断扩展，最后在地基中连成一片成为连续的滑动面时［图9.2（a）］，基础就会急剧下沉并向一侧倾斜、倾倒，基础两侧的地面向上隆起，地基发生整体剪切破坏，地基失去继续承载的能力。

整体剪切破坏模式的典型荷载-沉降曲线（$p-s$ 曲线）上具有明显的转折点，破坏前建筑物一般不会发生过大的沉降，它是一种典型的土体强度破坏，破坏有一定的突然性。

9.1.2.2 *局部剪切破坏*

局部剪切破坏是一种在浅基础荷载作用下地基某一范围内的土体发生剪切破坏区的地基破坏模式，其概念最早由太沙基（1943）提出。其破坏特征是：在荷载作用下，地基在基础边缘以下开始发生剪切破坏，随着荷载继续增加，剪切破坏区继续扩大，基础两侧土体有微微隆起，但剪切破坏区滑动面没有发展到地面，基础没有明显的裂缝、倾斜和倒塌。基础由于产生过大的沉降而丧失继续承载能力。

局部剪切破坏模式的 $p-s$ 曲线如图9.1（a）中曲线 B 所示，曲线也有一个转折点，但是没有整体剪切破坏那么明显，即没有明显的转折点，在转折点之后 $p-s$ 曲线还是呈线性关系，但其直线段范围较小，是一种以变形为主要特征的破坏模式，如图9.2（b）所示。

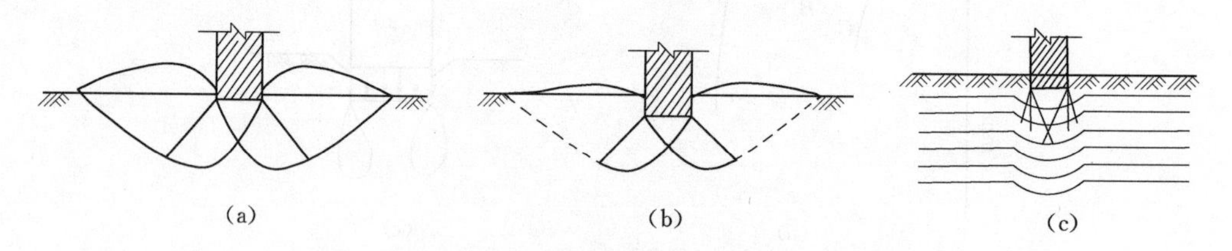

图9.2　地基的剪切破坏模式

（a）整体剪切破坏；（b）局部剪切破坏；（c）冲切剪切破坏

9.1.2.3 *冲切剪切破坏*

冲切剪切破坏是一种在浅基础荷载作用下地基土体发生垂直剪切破坏，使基础产生较大沉降的一种基础破坏模式，也称刺入剪切破坏。冲切剪切破坏的概念由德贝尔和魏锡克（De Beer，Vesic，1959）提出。其破坏特征是：随着荷载的增加，基础下土层发生压缩变形，基础随之下沉，当荷载继续增加，基础周围附近土体发生竖向剪切破坏，使基础刺入地基土层中，不出现明显的破坏区和滑动面，基础没有明显的倾斜。

冲切剪切破坏模式的 $p-s$ 曲线如图 9.1（a）中曲线 C 所示，曲线没有转折点，没有明显的比例界限及极限荷载，是一种典型的以变形为特征的破坏模式，如图 9.2（c）所示。

9.1.3 地基破坏模式的影响因素和判别

影响地基破坏模式的因素有：地基土的条件，如种类、密度、含水率、压缩性、抗剪强度等；基础条件，如形式、埋深、尺寸、加荷速率等，其中土的压缩性是影响破坏模式的主要因素。

地基究竟发生哪一种破坏形式，主要与土的压缩性有关。一般在密实砂土和坚硬黏土中最有可能发生整体剪切破坏，而在压缩性较大的松砂、软土地基中相对容易发生局部剪切破坏或冲切剪切破坏。当基础埋深较浅、荷载快速施加时，将趋向于发生整体剪切破坏；若基础埋深较大，无论是砂性土或黏性土地基，最常见的破坏形态是局部剪切破坏。

地基土体的压缩性对破坏模式的影响也会随着其他因素的变化而变化。建在密实土层中的基础，如果埋深大或受到瞬时冲击荷载，也会发生冲切剪切破坏；如果在密实砂层下卧有可压缩的软弱土层，也可能发生冲切剪切破坏。建在饱和正常固结黏土上的基础，若加载时地基土不发生体积变化，将会发生整体剪切破坏；如果加荷很慢，使地基土固结，发生体积变化，则有可能发生冲切剪切破坏。对于具体工程可能会发生何种破坏模式，需考虑各方面的因素后综合确定。

9.2 地基的临塑荷载与临界荷载

9.2.1 地基塑性变形区边界方程

临塑荷载是指基础边缘地基中刚要出现塑性变形区时基底单位面积上所承担的荷载，它相当于地基土中应力状态从压密阶段过渡到剪切阶段的界限荷载，相当于图 9.1（a）中 $p-s$ 曲线 A 上的 a 点对应的荷载 p_{cr}。临界荷载是指容许地基产生一定范围塑性变形区所对应的荷载，相当于图 9.1（a）中 $p-s$ 曲线 A 上的 a 点与 b 点之间的某一点所对应的荷载。临塑荷载和临界荷载的大小与塑性区的开展深度有关，要确定塑性区最大开展深度 z_{max}，要先求得土中塑性区边界的表达式。

假设在均质地基表面上，作用一竖向均布条形荷载 p，如图 9.3（a）所示；实际工程中基础一般都有埋深 d，如图 9.3（b）所示，则条形基础两侧荷载 $q=\gamma_0 d$，γ_0 为基础埋

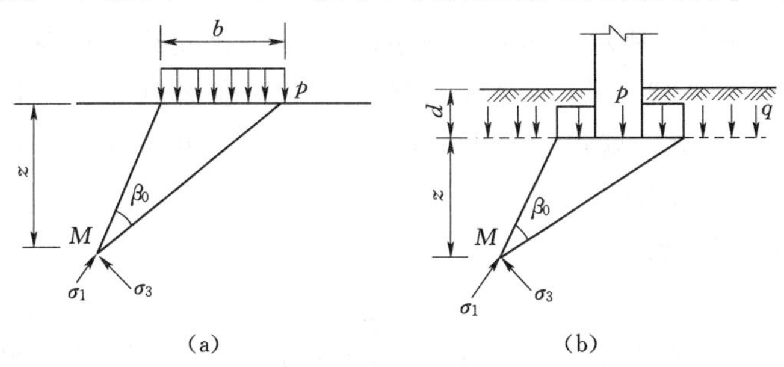

图 9.3 均布条形荷载作用下地基中的主应力
（a）无埋置深度；（b）有埋置深度

置深度范围内土层的加权平均容重，地下水位以下取浮容重。因此，均布条形荷载 p 应替换为 p_0（$p_0=p-q$）。

根据弹性理论，此条形荷载在地表下任一点 M 处产生的大、小主应力可按下式表达

$$\sigma_1=\frac{p_0}{\pi}(\beta_0+\sin\beta_0) \tag{9.1a}$$

$$\sigma_3=\frac{p_0}{\pi}(\beta_0-\sin\beta_0) \tag{9.1b}$$

式中 p_0——均布条形荷载，kPa；

β_0——任意点 M 到均布条形荷载两端点的夹角，rad。

σ_1 的作用方向与 β_0 的角平分线一致，作用在 M 点的应力，除了由基底平均附加应力 p_0 引起的外，还有条形基础两侧荷载 q 引起的，以及土体自重产生的竖向自重应力 γz，水平向自重应力 $K_0\gamma z$，其中 γ 为持力层土的容重，地下水位以下取浮容重。可假定土的侧压力系数 $K_0=1$，则土的重力产生的压应力如同静水压力，在各个方向都是一样的，均为 γz。因此，自重应力场没有改变 M 点附加应力场的大小以及主应力的作用方向，地基中任意点 M 的大、小主应力分别为

$$\sigma_1=\frac{p_0}{\pi}(\beta_0+\sin\beta_0)+q+\gamma z \tag{9.2a}$$

$$\sigma_3=\frac{p_0}{\pi}(\beta_0-\sin\beta_0)+q+\gamma z \tag{9.2b}$$

式中 p_0——基底平均附加压力，$p_0=p-\sigma_{ch}=p-\gamma_m h$（$h$ 为从天然地面算起的基础埋深）；

q——基础两侧荷载，$q=\gamma_0 d$（d 为从设计地面算起的基础埋深）；

γ——地基持力层土的容重，地下水位以下用浮容重。

当 M 点应力达到极限平衡状态时，该点的大、小主应力应满足下列极限平衡条件

$$\sin\varphi=(\sigma_1-\sigma_3)/(\sigma_1+\sigma_3+2c\cot\varphi) \tag{9.3}$$

将式（9.2）代入式（9.3），得

$$z=\frac{p_0}{\gamma\pi}\left(\frac{\sin\beta_0}{\sin\varphi}-\beta_0\right)-\frac{1}{\gamma}(c\cot\varphi+q) \tag{9.4}$$

此式即为满足极限平衡条件的地基塑性变形区边界方程，给出了边界上任一点的坐标 z 与 β_0 角的关系，如图 9.4 所示。如果荷载 p_0、基础两侧超载 q 以及土的 γ、c、φ 为已知，假定不同的视角 β_0 并代入式（9.4），求出相应的深度 z 值，把一系列由对应的 β_0 与 z 值决定其位置的点连起来，就得到在条形均布荷载 p_0 作用下土中塑性区的边界线，也即绘得土中塑性区的发展范围。

9.2.2 临塑荷载与临界荷载

9.2.2.1 临塑荷载

根据塑性变形区边界方程［式（9.4）］，即可导出地基临塑荷载。随着基础荷载的增大，在基础两侧以下土中塑性区对称地扩大。在一定荷载作用下，塑性区的最大深度 z_{max}（图 9.4）可根据式（9.4）按数学上求极值的方法，由 $dz/d\beta_0=0$ 的条件求得，即

$$\frac{dz}{d\beta_0}=\frac{p_0}{\gamma\pi}\left(\frac{\cos\beta_0}{\sin\varphi}-1\right)=0$$

则有

$$\beta_0=\frac{\pi}{2}-\varphi$$

将它代入式（9.4），得出 z_{max}的表达式为

$$z_{max}=\frac{p_0}{\gamma\pi}\left(\cos\varphi+\varphi-\frac{\pi}{2}\right)-\frac{1}{\gamma}(c\cot\varphi+q) \qquad (9.5)$$

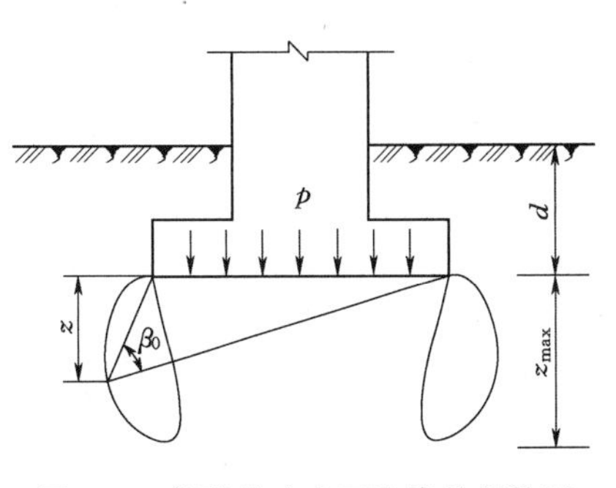

图 9.4 条形基础底面边缘的塑性区

当荷载 p_0 增大时，塑性区就发展扩大，塑性区的最大深度也增大。根据定义，临塑荷载为地基刚要出现塑性区时的荷载，即 $z_{max}=0$ 时的荷载，则令式（9.5）右侧为零，可得临塑荷载 p_{cr}的公式为

$$p_{cr}=\frac{\pi(c\cot\varphi+q)}{\cot\varphi-\frac{\pi}{2}+\varphi}+q \qquad (9.6a)$$

或

$$p_{cr}=cN_c+qN_q \qquad (9.6b)$$

式中 N_c、N_q——承载力系数，均为 φ 的函数。

$$N_c=\frac{\pi\cot\varphi}{\cot\varphi-\frac{\pi}{2}+\varphi}$$

$$N_q=1+\frac{\pi}{\cot\varphi-\frac{\pi}{2}+\varphi}$$

从式（9.6a）、式（9.6b）可以看出，临塑荷载 p_{cr}由两部分组成：第一部分为地基土黏聚力 c 的作用；第二部分为基础两侧超载 q 或基础埋深 d 的影响。这两部分都是内摩擦角 φ 的函数，p_{cr}随 φ、c、q 的增大而增大。

9.2.2.2 临界荷载

工程实践表明，采用不容许地基产生塑性区的临塑荷载 p_{cr}作为地基容许承载力，往往不能充分发挥地基的承载能力，取值偏于保守。对于中等强度以上的地基土，将控制地基中塑性区在一定深度范围内的临界荷载作为地基容许承载力，使地基既具有足够的安全度，保证稳定性，又能比较充分地发挥地基的承载能力，从而达到优化设计、减少基础工程量、节约投资的目的，符合经济合理的原则。容许塑性区开展深度的范围大小与建筑物的重要性、荷载性质和大小、基础形式和特性、地基土的物理力学性质等有关。

根据工程实践经验，在中心荷载作用下，控制塑性区最大开展深度 $z_{max}=b/4$，在偏心荷载下控制 $z_{max}=b/3$，地基仍具有足够的安全储备，相应的地基承载力用 $p_{1/4}$、$p_{1/3}$表示，分别是容许地基产生 $z_{max}=b/4$ 和 $z_{max}=b/3$ 范围塑性区所对应的两个临界荷载。此时，地基变形会有所增加，必须验算地基的变形值不超过容许值。

根据定义，分别将 $z_{max}=b/4$ 和 $z_{max}=b/3$ 代入式（9.5），得

$$p_{1/4}=\frac{\pi\left(c\cot\varphi+q+\frac{\gamma b}{4}\right)}{\cot\varphi-\frac{\pi}{2}+\varphi}+q \tag{9.7a}$$

或

$$p_{1/4}=cN_c+qN_q+\gamma bN_{1/4} \tag{9.7b}$$

$$p_{1/3}=\frac{\pi\left(c\cot\varphi+q+\frac{\gamma b}{3}\right)}{\cot\varphi-\frac{\pi}{2}+\varphi}+q \tag{9.8a}$$

或

$$p_{1/3}=cN_c+qN_q+\gamma bN_{1/3} \tag{9.8b}$$

式中 $N_{1/4}$、$N_{1/3}$——承载力系数，均为 φ 的函数。

$$N_{1/4}=\frac{\pi}{4\left(\cot\varphi-\frac{\pi}{2}+\varphi\right)}$$

$$N_{1/3}=\frac{\pi}{3\left(\cot\varphi-\frac{\pi}{2}+\varphi\right)}$$

其中，N_c、$N_{1/4}$、$N_{1/3}$、N_q 称为承载力系数，它们是土内摩擦角 φ 的函数，可按表 9.1 确定。

表 9.1 承 载 力 系 数

φ/(°)	$N_{1/4}$	$N_{1/3}$	N_q	N_c	φ/(°)	$N_{1/4}$	$N_{1/3}$	N_q	N_c
0	0	0	1.0	3.14	24	0.72	0.95	3.86	6.44
2	0.03	0.04	1.12	3.32	26	0.84	1.12	4.36	6.89
4	0.06	0.08	1.25	3.51	28	0.98	1.31	4.92	7.38
6	0.10	0.13	1.39	3.71	30	1.15	1.52	5.57	7.93
8	0.14	0.18	1.55	3.93	32	1.33	1.78	6.33	8.53
10	0.18	0.24	1.73	4.16	34	1.55	2.07	7.20	9.19
12	0.23	0.31	1.94	4.42	36	1.80	2.40	8.21	9.93
14	0.29	0.39	2.17	4.69	38	2.10	2.80	9.40	10.76
16	0.36	0.48	2.43	4.98	40	2.45	3.27	10.80	11.69
18	0.43	0.57	2.72	5.30	42	2.86	3.82	12.46	12.73
20	0.51	0.69	3.06	5.65	44	3.36	4.47	14.42	13.91
22	0.61	0.81	3.43	6.03	45	3.64	4.85	15.55	14.56

从式（9.7b)、式（9.8b）可以看出，临界荷载由三部分组成，第一、第二部分反映了地基土黏聚力和基础埋深对承载力的影响，这两部分组成了临塑荷载；第三部分表现为基础宽度和地基土容重的影响，实际上受塑性区开展深度的影响。这三部分都随内摩擦角 φ 的增大而增大。分析临界荷载的组成，$p_{1/4}$、$p_{1/3}$ 随 φ、c、q、γ、b 的增大而增大。

通过上述临塑荷载及临界荷载计算公式的推导过程，可以看出这些公式是建立在下述假定基础之上的：

(1) 计算公式适用于条形基础。必须指出，临塑荷载和临界荷载公式都是在条形荷载情况下（平面应变问题）导出的，对于矩形或圆形基础（空间问题），用此公式计算，其结果偏于安全。

(2) 计算土中由自重应力产生的主应力时，假定土的侧压力系数 $K_0=1$，这与土的实际情况不符，但这样可使计算公式简化。

(3) 在计算临界荷载 $p_{1/4}$ 和 $p_{1/3}$ 时，土中已出现塑性区，但这时仍按弹性理论计算土中应力，这在理论上是相互矛盾的，其所引起的误差随塑性区扩大而增大。

【例 9.1】 某条形基础置于一均质地基上，宽 3m，埋深 1m，地基土天然容重 $\gamma=18.0\text{kN/m}^3$，天然含水率 $w=38\%$，土粒相对密度 $d_s=2.73$，抗剪强度指标 $c=15\text{kPa}$，$\varphi=12°$。试求该地基基础的临塑荷载 p_{cr}、临界荷载 $p_{1/4}$、$p_{1/3}$。若地下水位上升至基础底面，假定土的抗剪强度指标不变，其 p_{cr}、$p_{1/4}$、$p_{1/3}$ 有何变化？

解： 根据 $\varphi=12°$，查表 9.1 得 $N_c=4.42$，$N_q=1.94$，$N_{1/4}=0.23$，$N_{1/3}=0.31$。

$q=\gamma_m d=18.0\times1.0=18.0\ (\text{kPa})$

则

$$p_{cr}=cN_c+qN_q=15\times4.42+18.0\times1.94=101(\text{kPa})$$

$$\begin{aligned}p_{1/4}&=cN_c+qN_q+\gamma bN_{1/4}\\&=15\times4.42+18.0\times1.94+18.0\times3.0\times0.23=114(\text{kPa})\end{aligned}$$

$$\begin{aligned}p_{1/3}&=cN_c+qN_q+\gamma bN_{1/3}\\&=15\times4.42+18.0\times1.94+18.0\times3.0\times0.31=118(\text{kPa})\end{aligned}$$

地下水位上升到基础底面，此时 γ 需取有效容重 γ'，计算如下

$$\gamma'=\frac{(d_s-1)\gamma}{d_s(1+w)}=\frac{(2.73-1)\times18.0}{2.73\times(1+0.38)}=8.27(\text{kN/m}^3)$$

$$\begin{aligned}p_{1/4}&=cN_c+qN_q+\gamma' bN_{1/4}\\&=15\times4.42+18.0\times1.94+8.27\times3.0\times0.23=107(\text{kPa})\end{aligned}$$

$$\begin{aligned}p_{1/3}&=cN_c+qN_q+\gamma' bN_{1/3}\\&=15\times4.42+18.0\times1.94+8.27\times3.0\times0.31=108(\text{kPa})\end{aligned}$$

从上述比较可知，当地下水位上升到基底时，地基的临塑荷载没有发生变化，地基的临界荷载值降低了，其减小量达 6.1%～7.6%。不难看出，如果地下水位上升到基底以上时，临塑荷载还将降低。由此可知，对工程而言，做好排水工作，防止地表水渗入地基，保持水环境对保证地基稳定、有足够的承载能力具有重要意义。

9.3 地基极限承载力

地基极限承载力是指地基剪切破坏发展即将失稳时所能承受的极限荷载，是按极限平衡状态确定的地基承载力，亦称地基极限荷载。它相当于地基土中应力状态从剪切阶段过渡到破坏阶段时的界限荷载，即图 9.1 (a) 中 $p-s$ 曲线 A 上的 b 点的荷载 p_u。目前在土力学中，极限荷载的计算理论仅限于整体剪切破坏模式。因为这种破坏形式有比较明确、完整、连续的滑动面，求解相对方便，同时整体剪切破坏是绝大多数实际工程地基土可能出现的破坏形式，这种破坏理论也易于接受室内外土工试验及工程实践检验。对于局部剪

切破坏及冲切剪切破坏，目前尚无可靠的计算方法，通常是先按整体剪切破坏形式进行计算，再适当地进行折减。

极限承载力的求解方法有两大类：一类是按照极限平衡理论求解，假定地基土是刚塑性土，当应力小于土体屈服应力时，土体不产生变形，如同刚体，当达到屈服应力时，塑性变形将不断增加，直至土样发生破坏。这类方法是通过在土中任取一微分体，以一点的静力平衡满足极限平衡条件建立微分方程，计算地基土中各点达到极限平衡时的应力及滑动面方向，由此求解基底的极限荷载。此解法由于存在数学上的困难，仅能对某些边界条件比较简单的情况得出解析解。另一类是按照假定滑动面求解，通过基础模型试验，研究地基整体剪切破坏模式的滑动面形状，并简化为假定滑动面，根据滑动土体的静力平衡条件求解极限承载力。

9.3.1 普朗特和雷斯诺地基极限承载力公式

普朗特（1920）根据极限平衡理论对刚性冲模压入无质量的半无限刚塑性介质的问题进行了研究。普朗特假定条形基础具有足够大的刚度，等同于条形刚性冲模，且底面光滑，地基材料具有刚塑性性质，且地基土容重为零（$\gamma=0$），基础置于地基表面（$d=0$）。当作用在基础上的荷载足够大时，基础陷入地基中，地基土处于极限平衡状态时发生如图9.5所示的整体剪切破坏。

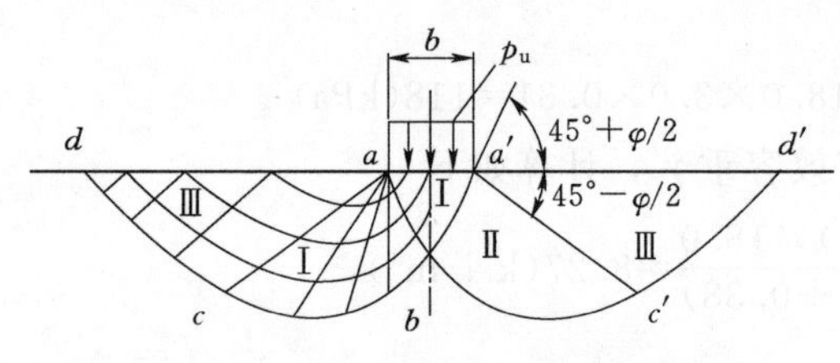

图9.5 普朗特极限荷载计算图

图9.5所示的塑性极限平衡区分为五个部分，一个是位于基础底面下的中心楔体（Ⅰ区），又称朗肯主动区，由于基底光滑，该区的大主应力σ_1的作用方向为竖向，小主应力σ_3的作用方向为水平向，根据极限平衡理论小主应力作用方向与破坏面成（$45°+\varphi/2$）角，此即该中心区两侧面与水平面的夹角。与中心区相邻的是两个辐射向剪切区（2个Ⅱ区），又称普朗特区，由一组对数螺旋线和一组辐射向直线组成，该区形似以对数螺旋线为弧形边界的扇形，其中心角为直角。与普朗特区另一侧相邻的区域（2个Ⅲ区），又称朗肯被动区，该区大主应力σ_1的作用方向为水平向，小主应力σ_3的作用方向为竖向，破坏面与水平面的夹角为（$45°-\varphi/2$）。

普朗特导出在图9.5所示情况下作用在基底的极限荷载，即极限承载力为

$$p_u=c\left[e^{\pi\tan\varphi}\tan^2\left(\frac{\pi}{4}+\frac{\varphi}{2}\right)-1\right]\cot\varphi=cN_c \tag{9.9}$$

式中 N_c——承载力系数，是土的内摩擦角φ的函数，可从表9.2查得。

$$N_c=\left[e^{\pi\tan\varphi}\tan^2\left(\frac{\pi}{4}+\frac{\varphi}{2}\right)-1\right]\cot\varphi$$

推导普朗特公式时，假定基础置于地基表面，并忽视基底以下地基土的容重影响，这与实际不符。为此，许多学者进行了深入的研究。

雷斯诺（Ressiner，1924）在普朗特理论解的基础上考虑了基础埋深的影响，如图9.6所示，将基底水平面以上的土重视作连续柔性超载$q=\gamma_0 d$（γ_0为基础埋深范围内土

的加权平均容重）来代替两侧埋深范围内的自重影响，导出地基极限承载力计算公式为

$$p_u = cN_c + qN_q \tag{9.10}$$

式中 N_c、N_q——承载力系数，均为 φ 的函数，可从表 9.2 查得。

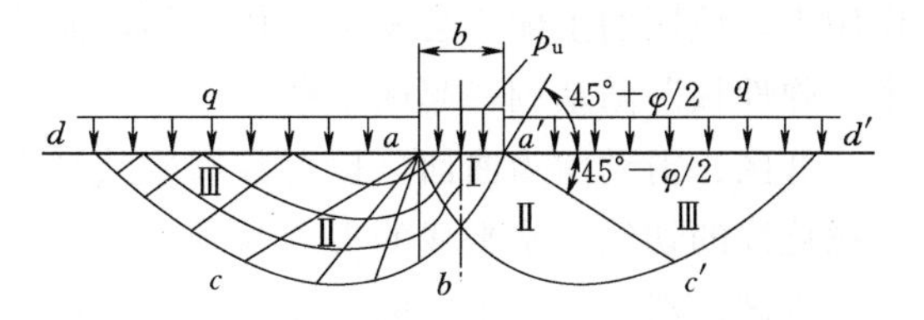

图 9.6 考虑有埋深时极限承载力计算图

$$N_q = e^{\pi\tan\varphi}\tan^2\left(\frac{\pi}{4}+\frac{\varphi}{2}\right)$$

表 9.2 普朗特公式的承载力系数

φ/(°)	0	5	10	15	20	25	30	35	40	45
N_r	0	0.62	1.75	3.82	7.71	15.2	30.1	62.0	135.5	322.7
N_q	1.00	1.57	2.47	3.94	6.40	10.7	18.4	33.3	64.2	134.9
N_c	5.14	6.49	8.35	11.0	14.8	20.7	30.1	46.1	75.3	133.9

虽然雷斯诺的修正比普朗特理论公式有了进步，但没有考虑地基土的重量，没有考虑基础埋深范围内侧面土的抗剪强度等的影响，实际上土体不可能没有重量，并且基底与土体之间不可能没有摩擦，因此其结果与实际工程仍有较大差距。为此，许多学者，如太沙基（1943）、迈耶霍夫（1951）、汉森（1961）、魏锡克（1963）等先后对普朗特理论进行了研究并取得了进展。

9.3.2 太沙基地基极限承载力公式

太沙基对普朗特理论进行了修正，他考虑地基土的容重和基础底面与土体之间摩擦的影响，在 1943 年提出了确定条形基础的极限荷载公式。太沙基公式是世界各国常用的极限荷载计算公式，适用于均质地基上基础底面粗糙的条形基础，并推广应用于方形基础和圆形基础。

9.3.2.1 理论假定

（1）条形基础，基础底面压力均匀分布。

（2）基础底面粗糙，基础和地基间不会发生相对滑动。

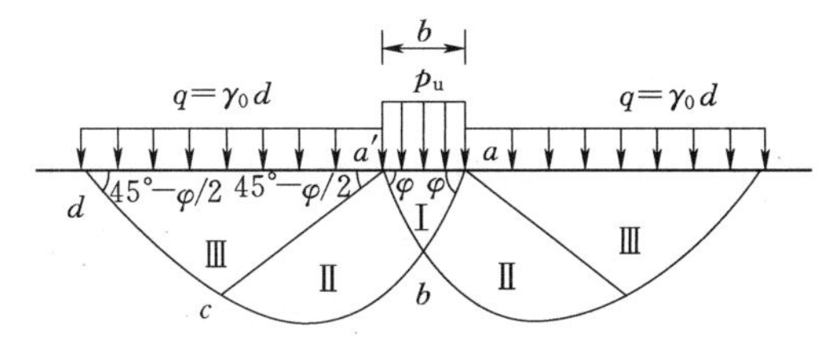

图 9.7 太沙基假设的地基滑动面

（3）在极限荷载作用下地基发生整体剪切破坏。

（4）基础两侧土的抗剪强度为零，将基础底面以上土的自重应力以均布超载 $q=\gamma_0 d$ 代替。

（5）地基发生滑动时，滑动面的形状如图 9.7 所示，中间为曲线，左右对称，分为 5 个区，即 1 个Ⅰ区、2 个Ⅱ区、2 个Ⅲ区。

Ⅰ区：基础底面下的楔形压密区 $a'ab$，滑动面 $a'b$、ab 与基础底面 $a'a$ 之间的夹角为土的内摩擦角 φ。由于基础底面是粗糙的，与土体间有很大的摩擦力作用，在此摩擦力的

作用下，该区的土体不会发生剪切位移，而始终处于弹性压密状态。地基破坏时，它像一个“弹性核”随基础一起向下移动。

Ⅱ区：滑动面为曲面，按对数螺旋线变化，b 点处对数螺旋线的切线竖直，c 点处对数螺旋线的切线与水平线的夹角为 $45°-\varphi/2$。

Ⅲ区：滑动面与水平面呈 $45°-\varphi/2$ 角的等腰三角形，是朗肯被动区。

9.3.2.2 极限荷载公式的建立

以弹性压密区 $a'ab$ 为研究对象，进行受力分析，作用于Ⅰ区土楔上的诸力包括：①土楔 $a'ab$ 顶面上的极限荷载；②土楔 $a'ab$ 的自重；③土楔滑动斜面 $a'b$、ab 上的黏聚力 c；④Ⅱ区、Ⅲ区土体滑动时，对斜面 $a'b$、ab 的被动土压力。Ⅰ区土楔在以上诸力的作用下，处于极限平衡状态，根据静力平衡条件，可得太沙基极限荷载计算公式

$$p_u = cN_c + qN_q + \frac{1}{2}\gamma bN_r \tag{9.11}$$

式中 N_c、N_q、N_r——太沙基承载力系数，与持力层土的内摩擦角有关。可根据地基土的内摩擦角查表9.3或图9.8确定。

表9.3 太沙基公式承载力系数表

$\varphi/(°)$	0	5	10	15	20	25	30	35	40	45
N_r	0	0.51	1.20	1.80	4.00	11.00	21.80	45.40	125.00	326.00
N_q	1.00	1.64	2.69	4.45	7.42	12.70	22.50	41.40	81.30	173.20
N_c	5.71	7.32	9.58	12.90	17.60	25.10	37.20	57.70	95.70	172.20

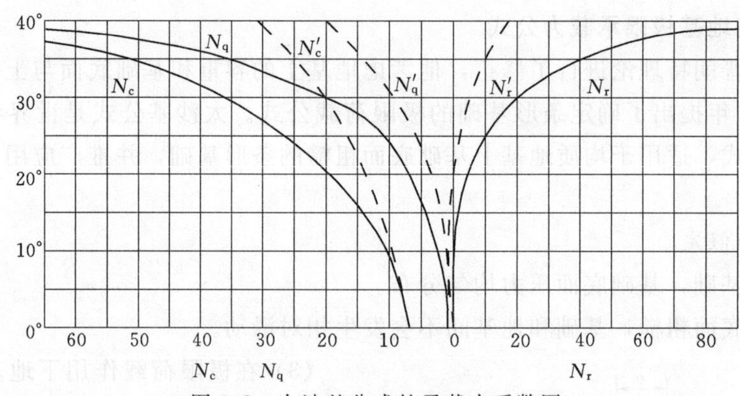

图9.8 太沙基公式的承载力系数图

式（9.11）是在地基整体剪切破坏条件下推导得到的，适用于压缩性较小的密实地基。对于松软的压缩性较大的地基土，可能发生局部剪切破坏，沉降量较大，其极限承载力较小。对于此种情况，太沙基根据应力应变关系资料，建议采用降低土的强度指标 c、φ 的方法对式（9.11）进行修正，即将土的强度指标调整为

$$\tan\varphi' = \frac{2}{3}\tan\varphi$$

即

$$\varphi' = \arctan\left(\frac{2}{3}\tan\varphi\right)$$

$$c'=\frac{2}{3}c$$

此时地基极限承载力公式为

$$p_u=c'N'_c+qN'_q+\frac{1}{2}\gamma bN'_r \tag{9.12}$$

式中 N'_c、N'_q、N'_r——局部剪切破坏时的极限荷载系数，均可根据地基土调整后的内摩擦角查极限荷载系数图确定（图 9.8 中的实曲线），也可查表 9.3 计算确定。

式（9.11）和式（9.12）仅仅适用于条形基础，对于方形基础和圆形基础，因属于空间问题，太沙基建议按下列修正的公式计算地基极限承载力。

方形基础（宽度为 b）：

整体剪切破坏 $$p_u=1.2cN_c+qN_q+0.4\gamma bN_r \tag{9.13}$$

局部剪切破坏 $$p_u=0.8cN'_c+qN'_q+0.4\gamma bN'_r \tag{9.14}$$

圆形基础（半径为 b）：

整体剪切破坏 $$p_u=1.2cN_c+qN_q+0.6\gamma bN_r \tag{9.15}$$

局部剪切破坏 $$p_u=0.8cN'_c+qN'_q+0.6\gamma bN'_r \tag{9.16}$$

对宽度 b、长度 l 的矩形基础，可按 b/l 值在条形基础（$b/l=0$）和方形基础（$b/l=1$）的计算极限承载力之间用内插法求得。

根据太沙基理论求得的是地基极限承载力，在此一般取它的 1/3～1/2 作为地基容许承载力 $[p]$，即对太沙基理论安全系数一般取 $K=2\sim3$，它的取值大小与结构类型、建筑物重要性、荷载的性质等有关。

【例 9.2】 资料同［例 9.1］，要求：

（1）按太沙基理论求地基整体剪切破坏和局部剪切破坏时的极限承载力，取安全系数为 2，求相应的地基容许承载力 $[p]$。

（2）直径或边长为 3m 的方形和圆形基础，其他条件不变，地基产生了整体剪切破坏和局部剪切破坏，试按太沙基理论求地基极限承载力。

（3）要求（1）（2）中，若地下水位上升到基础底面，问地基极限承载力各为多少？

解： 由 $\varphi=12°$查表 9.3 得 $N_c=10.90$，$N_q=3.32$，$N_r=1.66$。

由 $\varphi'=\arctan\left(\frac{2}{3}\tan12°\right)=8.06°$，查表 9.3 得 $N'_c=8.50$，$N'_q=2.20$，$N'_r=0.86$。

根据题意，$c=15\text{kPa}$，$c'=2c/3=10\text{kPa}$，$\gamma=18.0\text{kN/m}^3$，$b=3\text{m}$，$d=1\text{m}$，$q=18\text{kPa}$。

（1）条形基础。

整体剪切破坏：$p_u=cN_c+qN_q+\frac{1}{2}\gamma bN_r$

$$=15\times10.90+18\times3.32+\frac{1}{2}\times18.0\times3\times1.66=268.08\ (\text{kPa})$$

地基容许承载力：$[p]=p_u/K=268.02/2=134.04(\text{kPa})$

局部剪切破坏：$p_u=c'N'_c+qN'_q+\frac{1}{2}\gamma bN'_r$

$=10\times8.50+18\times2.20+\frac{1}{2}\times18.0\times3\times0.86$

$=147.82$ (kPa)

地基容许承载力：$[p]=p_u/K=147.82/2=73.91$(kPa)

(2) 边长为3m的方形基础和圆形基础。

1) 方形基础。

整体剪切破坏：$p_u=1.2cN_c+qN_q+0.4\gamma bN_r$

$=1.2\times15\times10.90+18\times3.32+0.4\times18.0\times3\times1.66$

$=291.82$ (kPa)

地基容许承载力：$[p]=p_u/K=291.82/2=145.91$(kPa)

局部剪切破坏：$p_u=0.8cN'_c+qN'_q+0.4\gamma bN'_r$

$=0.8\times15\times8.50+18\times2.20+0.4\times18.0\times3\times0.86$

$=160.18$ (kPa)

地基容许承载力：$[p]=p_u/K=160.18/2=80.09$(kPa)

2) 圆形基础。

整体剪切破坏：$p_u=1.2cN_c+qN_q+0.6\gamma bN_r$

$=1.2\times15\times10.90+18\times3.32+0.6\times18.0\times1.5\times1.66$

$=282.85$ (kPa)

地基容许承载力：$[p]=p_u/K=282.85/2=141.42$(kPa)

局部剪切破坏：$p_u=0.8cN'_c+qN'_q+0.6\gamma bN'_r$

$=0.8\times15\times8.50+18\times2.20+0.6\times18.0\times1.5\times0.86$

$=155.53$ (kPa)

地基容许承载力：$[p]=p_u/K=155.53/2=77.77$(kPa)

(3) 地下水位上升到基础底面，则各公式中的γ应由γ'代替，由［例9.1］可知，$\gamma'=8.27\text{kN/m}^3$，计算如下。

条形基础整体剪切破坏：$p_u=cN_c+qN_q+\frac{1}{2}\gamma' bN_r$

$=15\times10.90+18\times3.32+\frac{1}{2}\times8.27\times3\times1.66$

$=243.85$ (kPa)

地基容许承载力：$[p]=p_u/K=243.85/2=121.93$(kPa)

条形基础局部剪切破坏：$p_u=c'N'_c+qN'_q+\frac{1}{2}\gamma' bN'_r$

$=10\times8.50+18\times2.20+\frac{1}{2}\times8.27\times3\times0.86$

$=135.27$ (kPa)

地基容许承载力：$[p]=p_u/K=135.27/2=67.64$(kPa)

方形基础整体剪切破坏：$p_u=1.2cN_c+qN_q+0.4\gamma'bN_r$

$=1.2\times15\times10.90+18\times3.32+0.4\times8.27\times3\times1.66$

$=272.43$ (kPa)

地基容许承载力：$[p]=p_u/K=272.43/2=136.22$(kPa)

方形基础局部剪切破坏：$p_u=0.8cN'_c+qN'_q+0.4\gamma'bN'_r$

$=0.8\times15\times8.50+18\times2.20+0.4\times8.27\times3\times0.86$

$=150.13$ (kPa)

地基容许承载力：$[p]=p_u/K=150.13/2=75.07$(kPa)

圆形基础整体剪切破坏：$p_u=1.2cN_c+qN_q+0.6\gamma'bN_r$

$=1.2\times15\times10.90+18\times3.32+0.6\times8.27\times1.5\times1.66$

$=268.32$ (kPa)

地基容许承载力：$[p]=p_u/K=268.32/2=134.16$(kPa)

圆形基础局部剪切破坏：$p_u=0.8cN'_c+qN'_q+0.6\gamma'bN'_r$

$=0.8\times15\times8.50+18\times2.20+0.6\times8.27\times1.5\times0.86$

$=148.00$ (kPa)

地基容许承载力：$[p]=p_u/K=148.00/2=74$(kPa)

9.3.3 汉森和魏锡克地基极限承载力公式

在实际工程中，理想中心荷载作用的情况不是很多，许多时候荷载是偏心的甚至是倾斜的，基础可能会整体剪切破坏，也可能水平滑动破坏，其理论破坏模式如图 9.9 所示。与中心荷载不同的是，有水平荷载作用时地基的整体剪切破坏沿水平荷载作用方向发生滑动，弹性区的边界面也不对称，滑动方向一侧为平面，另一侧为圆弧，其圆心即为基础转动中心，如图 9.9 (a) 所示。随着荷载偏心距的增大，滑动面明显缩小，如图 9.9 (b) 所示。

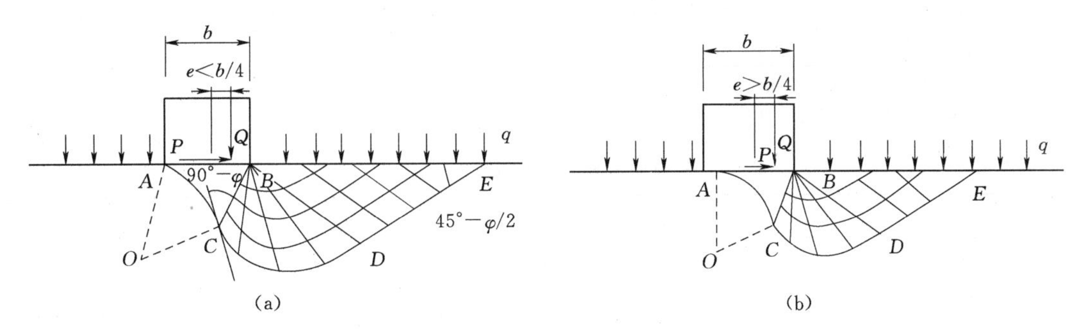

图 9.9 偏心和倾斜荷载下的理论滑动图示

(a) 偏心距 $e<b/4$；(b) 偏心距 $e>b/4$

汉森（Hansen，1961）和魏锡克（Vesic，1963）在太沙基理论基础上考虑了影响地基极限承载力的多种因素，例如基底底面的形状、基础埋深、荷载偏心和作用方向、基础底面和地层倾斜等因素，对地基极限承载力计算公式进行了修正，被认为是考虑因素比较全面的地基极限承载力计算公式。

$$p_u=cN_cS_ci_cd_cg_cb_c+qN_qS_qi_qd_qg_qb_q+\frac{1}{2}\gamma bN_rS_ri_rd_rg_rb_r \tag{9.17}$$

式中 N_c、N_q、N_r——承载力系数，见表9.4；

S_c、S_q、S_r——基础形状修正系数，见表9.5；

i_c、i_q、i_r——荷载倾斜修正系数，见表9.6；

d_c、d_q、d_r——基础埋深修正系数，见表9.7；

g_c、g_q、g_r——地面倾斜修正系数，见表9.8；

b_c、b_q、b_r——基底倾斜修正系数，见表9.9。

表9.4　承载力系数 N_c、N_q、N_r

φ/(°)	N_c	N_q	$N_{r(H)}$	$N_{r(V)}$	φ/(°)	N_c	N_q	$N_{r(H)}$	$N_{r(V)}$
0	5.14	1.00	0	0	24	19.33	9.61	6.90	9.44
2	5.69	1.20	0.01	0.15	26	22.25	11.83	9.53	12.54
4	6.17	1.43	0.05	0.34	28	25.80	14.71	13.13	16.72
6	6.82	1.72	0.14	0.57	30	30.15	18.40	18.09	22.40
8	7.52	2.06	0.27	0.86	32	35.50	23.18	24.95	30.22
10	8.35	2.47	0.47	1.22	34	42.18	29.45	34.54	41.06
12	9.29	2.97	0.76	1.69	36	50.61	37.77	48.08	56.31
14	10.37	3.58	1.16	2.29	38	61.36	48.92	67.43	78.03
16	11.62	4.33	1.72	3.06	40	75.36	64.23	95.51	109.41
18	13.09	5.25	2.49	4.07	42	93.69	85.36	136.72	155.55
20	14.83	6.40	3.54	5.39	44	118.41	115.35	198.77	224.64
22	16.89	7.82	4.96	7.13	45	133.86	134.86	240.95	271.76

注　$N_{r(H)}$、$N_{r(V)}$分别为汉森和魏锡克承载力系数。

表9.5　基础形状修正系数 S_c、S_q、S_r

公式来源	S_c	S_q	S_r
汉森	$1+0.2i_c(b/l)$	$1+i_q(b/l)\sin\varphi$	$1-0.4(b/l)i_r$
魏锡克	$1+(b/l)(N_q/N_c)$	$1+(b/l)\tan\varphi$	$1-0.4(b/l)$

注　1. b、l分别为基础的宽度和长度。

2. i为荷载倾斜修正系数，见表9.6。

表9.6　荷载倾斜修正系数 i_c、i_q、i_r

公式来源	i_c	i_q	i_r
汉森	$\varphi=0°$：$0.5+0.5\sqrt{1-\frac{H}{cA}}$ $\varphi>0°$：$i_q-\frac{1-i_q}{N_q-1}$	$\left(1-\frac{0.5H}{N+cA\cot\varphi}\right)^5>0$	水平基底：$\left(1-\frac{0.7H}{N+cA\cot\varphi}\right)^5>0$ 倾斜基底：$\left[1-\frac{(0.7-\eta°/45°)\ H}{N+cA\cot\varphi}\right]^5>0$
魏锡克	$\varphi=0°$：$1-\frac{mH}{cAN_c}$ $\varphi>0°$：$i_q-\frac{1-i_q}{N_c\tan\varphi}$	$\left(1-\frac{H}{N+cA\cot\varphi}\right)^m$	$\left(1-\frac{H}{N+cA\cot\varphi}\right)^{m+1}$

注　1. 基底面积$A=bl$，当荷载偏心时，则用有效面积$A_e=b_el_e$。

2. H和N分别为倾斜荷载在基底上的水平分力和竖直分力。

3. 当荷载在短边方向倾斜时，$m=(2+b/l)/(1+b/l)$；当荷载在长边方向倾斜时，$m=(2+l/b)/(1+l/b)$；对于条形基础，$m=2$。

4. 当进行荷载倾斜修正时，必须满足$H\leqslant c_aA+N\tan\delta$的条件，$c_a$为基底与土之间的黏着力，可取用土的不排水剪切强度$c_u$，$\delta$为基底与土之间的摩擦角。

表 9.7　　基础埋深修正系数 d_c、d_q、d_r

公式来源	d_c	d_q	d_r
汉森	$1+0.4(d/b)$	$1+2\tan\varphi(1-\sin\varphi)^2(d/b)$	1.0
魏锡克	$\varphi=0°$时，$d\leqslant b$：$1+0.4(d/b)$ $\varphi=0°$时，$d>b$：$1+0.4\mathrm{acrtan}(d/b)$ $\varphi>0°$：$d_q-\dfrac{1-d_q}{N_c\tan\varphi}$	$d\leqslant b$：$1+2\tan\varphi(1-\sin\varphi)^2(d/b)$ $d>b$：$1+2\tan\varphi(1-\sin\varphi)\mathrm{acrtan}(d/b)$	1.0

表 9.8　　地面倾斜修正系数 g_c、g_q、g_r

公式来源	g_c	$g_q=g_r$
汉森	$1-\beta°/147°$	$(1-0.5\tan\beta)^5$
魏锡克	$\varphi=0°$：$1-\left(\dfrac{2\beta}{2+\pi}\right)$ $\varphi>0°$：$g_q-\dfrac{1-g_q}{N_c\tan\varphi}$	$(1-\tan\beta)^2$

注　1. β 为倾斜地面与水平面之间的夹角，一般采用弧度单位，$\beta°$采用角度单位。

2. 魏锡克公式规定，当基础放在 $\varphi=0°$的倾斜地面上时，承载力公式中的 N_r项应为负值，其值为 $N_r=-2\sin\beta$，并且应满足 $\beta<45°$和 $\beta<\varphi$ 的条件。

表 9.9　　基底倾斜修正系数 b_c、b_q、b_r

公式来源	b_c	b_q	b_r
汉森	$1-\eta/147°$	$e^{-2\eta\tan\varphi}$	$e^{-2.7\eta\tan\varphi}$
魏锡克	$\varphi=0°$：$1-\dfrac{2\eta}{5.14}$ $\varphi>0°$：$b_q-\dfrac{1-b_q}{N_c\tan\varphi}$	$(1-\eta\tan\varphi)^2$	$(1-\eta\tan\varphi)^2$

注　η 为倾斜基底与水平面之间的夹角，一般采用弧度单位，$\eta°$采用角度单位，应满足 $\eta<45°$的条件。

9.3.4 关于地基极限承载力的讨论

9.3.4.1 极限承载力公式比较

上述各种承载力公式都是在一定的假设前提下导出的，因而其结果不尽一致，表 9.10 给出了相同 φ 值下不同承载力理论的承载力系数，从表可知，太沙基考虑基底摩擦，通常情况下其值较大；魏锡克和汉森假定基底光滑，其值相对较小，因此计算结果偏安全。

9.3.4.2 影响极限承载力的因素

根据地基极限承载力的理论可知，地基极限承载力大致由下列几部分组成：

（1）滑裂土体自重所产生的抗力。

（2）基础两侧均布超载 q 所产生的抗力。

表 9.10　　　　承载力系数比较表

N值 \ φ		0°	10°	20°	30°	40°	45°
N_c	太沙基公式	5.70	9.10	17.30	36.40	91.20	169.00
	魏锡克公式	5.14	8.35	14.83	30.14	75.32	133.87
	汉森公式	5.14	8.35	14.83	30.14	75.32	133.87
N_q	太沙基公式	1.00	2.60	7.30	22.00	77.50	170.00
	魏锡克公式	1.00	2.47	6.40	18.40	64.20	134.87
	汉森公式	1.00	2.47	6.40	18.40	64.20	134.87
N_r	太沙基公式	0	1.20	4.70	21.00	130.00	330.00
	魏锡克公式	0	1.22	5.39	22.40	109.41	271.76
	汉森公式	0	0.47	3.54	18.08	95.45	241.00

注　表中太沙基公式指基底完全粗糙的情况。

(3) 滑裂面上黏聚力 c 所产生的抗力。

其中，第一种抗力除了取决于土的容重 γ 以外，还取决于滑裂土体的体积。随着基础宽度的增加，滑裂土体的长度和深度也随之增长，即极限承载力将随着基础宽度 b 的增加而线性增加。第二种抗力主要来自基底以上土体的上覆压力。基础埋深越大，则基础两侧超载 $q=\gamma_0 d$ 越大，极限承载力越高。第三种抗力主要取决于地基土的黏聚力 c，其次也受滑裂面长度的影响。c 值越大，滑裂面长度越长，极限承载力也随之增加。另外，上述三种抗力都与地基破坏时的滑裂面形状有关，而滑裂面的形状又主要受土体内摩擦角 φ 的影响。随着土的内摩擦角 φ 值的增加，N_c、N_q、N_r也增大很多。

9.3.4.3 地基容许承载力的确定

极限荷载为地基开始发生整体剪切破坏的荷载。为了保证地基有一定的安全储备，将极限荷载 p_u 除以一个安全系数 K，作为地基容许承载力。如何恰当选择安全系数，对保证建筑的安全和正常使用以及地基基础设计的经济合理性有着十分重要的意义。安全系数的选择与许多因素有关，诸如建筑场地的岩土条件和地质勘探的详细程度，抗剪强度的试验和整理方法，地基基础设计等级，建筑的性能和预期的寿命，设计荷载的组合，所选用的极限荷载理论，假设条件和实际条件的符合程度等。由于影响因素很多，因此至今还没有一个公认的统一的安全系数标准可供使用。实践中，应根据具体问题具体分析的原则，综合上述各种因素来加以确定。一般对于太沙基公式，安全系数可取 2.0～3.0；采用汉森公式确定地基承载力特征值时，安全系数 K 的取值详见表 9.11。

表 9.11　　　　汉森公式安全系数

土或荷载条件	K
无黏性土	2.0
黏性土	3.0
瞬时荷载（风、地震和相当的活荷载）	2.0
静荷载或长期活荷载	2.0 或 3.0（视土样而定）

9.4 地基承载力特征值的确定

《建筑地基基础设计规范》(GB 50007—2011) 规定，地基承载力特征值为由载荷试验测定的地基土的压力变形曲线线性变形段内规定的变形所对应的压力值，其最大值为比例界限值。地基承载力特征值可由载荷试验或其他原位测试、公式计算、结合工程实践经验等方法综合确定。

9.4.1 按载荷试验确定地基承载力特征值

载荷试验包括浅层平板载荷试验和深层平板载荷试验，分别适用于浅层地基和深层地基。浅层平板载荷试验能测出承压板下应力主要影响深度范围内土的承载力和变形参数，本节仅介绍浅层平板载荷试验确定地基承载力特征值的方法。

9.4.1.1 地基承载力特征值的确定

(1) 根据浅层平板载荷试验结果，绘制载荷-沉降 ($p-s$) 关系曲线。

(2) 承载力的取值如下：

1) 当 $p-s$ 关系曲线上有明显的比例界限时，取该比例界限所对应的荷载值作为地基承载力特征值。

2) 当极限荷载小于对应比例界限的荷载值的 2 倍时，取极限荷载值的一半作为地基承载力特征值。

3) 当 $p-s$ 关系曲线无明显的转折点，无法按上述要求确定地基承载力特征值时，若承压板面积为 0.25～0.5m^2，可取 $s/b=0.01\sim0.015$ 所对应的荷载作为承载力特征值，但其值不应大于最大加载量的一半。

由于地基土的载荷试验费时、耗资较大，规范规定，同一土层参加统计的试验点数不应少于 3 点，当试验实测值的极差不超过其平均值的 30%时，取此平均值作为该土层的地基承载力特征值 f_{ak}，不能满足上述条件时，应增加试验点数，以满足上述条件。

9.4.1.2 地基承载力特征值的修正

《建筑地基基础设计规范》(GB 50007—2011) 规定，由载荷试验或其他原位测试、公式计算、结合工程实践经验等方法综合确定地基承载力特征值，当基础宽度大于 3m 或埋置深度大于 0.5m 时，尚应按下式对地基承载力特征值进行修正

$$f_a=f_{ak}+\eta_b\gamma(b-3)+\eta_d\gamma_m(d-0.5) \tag{9.18}$$

式中 f_a——修正后的地基承载力特征值，kPa；

f_{ak}——地基承载力特征值，kPa；

η_b、η_d——基础宽度和埋深的地基承载力修正系数，按基底下土的类别查表 9.12 取值。

9.4.2 按《建筑地基基础设计规范》确定地基承载力特征值

《建筑地基基础设计规范》(GB 50007—2011) 规定，当轴心荷载作用或荷载作用偏心距小于或等于 0.033 倍基础底面宽度时，根据土的抗剪强度指标按下式确定地基承载力特征值。

$$f_a=M_b\gamma b+M_d\gamma_m d+M_c c_k \tag{9.19}$$

式中 f_a——由土的抗剪强度指标确定的地基承载力特征值，kPa；

M_b、M_d、M_c——承载力系数，根据基底下1倍短边宽度深度内土的内摩擦角标准值 φ_k 按表9.13确定；

γ——基础底面以下土的容重，地下水位以下取浮容重，kN/m³；

γ_m——基础底面以上土的加权平均容重，地下水位以下取浮容重，kN/m³；

b——基础宽度，m（大于6m时按6m考虑，对于砂土，小于3m按3m考虑）；

d——基础埋深，m；

c_k——基底下1倍短边宽度深度内土的黏聚力标准值，kPa。

表9.12 地基承载力修正系数

土的类别		η_b	η_d
淤泥和淤泥质土		0	1.0
人工填土 e 或 I_L 大于等于0.85的黏性土		0	1.0
红黏土	含水比 $\alpha_w > 0.8$	0	1.2
	含水比 $\alpha_w \leqslant 0.8$	0.15	1.4
大面积压实填土	压实系数大于0.95、黏粒含量 $\rho_c \geqslant 10\%$ 的粉土	0	1.5
	最大干密度大于2.1t/m³ 的级配砂石	0	2.0
粉土	黏粒含量 $\rho_c \geqslant 10\%$ 的粉土	0.3	1.5
	黏粒含量 $\rho_c < 10\%$ 的粉土	0.5	2.0
e 或 I_L 小于0.85的黏性土		0.3	1.6
粉砂、细砂（不包括很湿与饱和时稍湿状态）		2.0	3.0
中砂、粗砂、砾石和碎石土		3.0	4.4

注 1. 强风化和全风化的岩石，可参照所风化成的相应土类取值，其他状态下的岩石不修正。

2. 地基承载力特征值按《建筑地基基础设计规范》(GB 50007—2011) 附录D深层平板荷载实验确定时 η_d 取0。

表9.13 承载力系数 M_c、M_d、M_b

φ_k/(°)	M_c	M_d	M_b	φ_k/(°)	M_c	M_d	M_b
0	3.14	1.00	0	22	6.04	3.44	0.61
2	3.32	1.12	0.03	24	6.45	3.87	0.80
4	3.51	1.25	0.06	26	6.90	4.37	1.10
6	3.71	1.39	0.10	28	7.40	4.93	1.40
8	3.93	1.55	0.14	30	7.95	5.59	1.90
10	4.17	1.73	0.18	32	8.55	6.35	2.60
12	4.42	1.94	0.23	34	9.22	7.21	3.40
14	4.69	2.17	0.29	36	9.97	8.25	4.20
16	5.00	2.43	0.36	38	10.80	9.44	5.00
18	5.31	2.72	0.43	40	11.73	10.84	5.80
20	5.66	3.06	0.51				

土的内摩擦角标准值 φ_k 和黏聚力标准值 c_k 可按下列方法确定：

(1) 根据室内 n 组三轴剪切（或直接剪切）试验所得的试验结果 c_i、φ_i，按下述公式分别计算土的抗剪强度指标 c、φ 的平均值 c_m、φ_m，标准差 σ_c、σ_φ 和变异系数 δ_c、δ_φ。

$$\mu=\frac{\sum_{i=1}^{n}\mu_i}{n} \tag{9.20}$$

$$\sigma=\sqrt{\frac{\sum_{i=1}^{n}\mu_i^2-n\mu^2}{n-1}} \tag{9.21}$$

$$\delta=\frac{\sigma}{\mu} \tag{9.22}$$

式中　μ、σ、δ——土性指标 c、φ 的平均值、标准差、变异系数。

(2) 按下述两式计算土性指标 c、φ 的统计修正系数。

$$\psi_c=1-\left(\frac{1.704}{\sqrt{n}}+\frac{4.678}{n^2}\right)\delta_c \tag{9.23}$$

$$\psi_\varphi=1-\left(\frac{1.704}{\sqrt{n}}+\frac{4.678}{n^2}\right)\delta_\varphi \tag{9.24}$$

式中　ψ_c、ψ_φ——土性指标 c、φ 的统计修正系数；

δ_c、δ_φ——土性指标 c、φ 的变异系数。

(3) 按下述两式计算土的抗剪强度指标的标准值 c_k、φ_k。

$$c_k=\psi_c c_m \tag{9.25}$$

$$\varphi_k=\psi_\varphi\varphi_m \tag{9.26}$$

9.5　地基承载力影响因素

地基承载力与建筑物的安全和经济密切相关，对重大工程或承受倾斜荷载的建筑物尤为重要。各类建筑物采用不同的基础形式、尺寸、埋深，置于不同地基土质情况下，地基承载力大小可能悬殊。影响地基承载力的因素很多，可归纳为以下几个方面：

9.5.1　地基的破坏形式

在极限荷载作用下，地基发生破坏的形式有多种，通常地基发生整体滑动破坏时，极限荷载大；地基发生冲切剪切破坏时，极限荷载小。现分述如下：

(1) 地基整体滑动破坏。当地基土良好或中等，上部荷载超过地基极限荷载 p_u 时，地基中的塑性变形区扩展连成整体，导致地基发生整体滑动破坏。滑动面的形状：若地基中有较弱的夹层，则必然沿着弱夹层滑动；若为均匀地基，则滑动面为曲面；理论计算中，滑动曲线近似采用折线、圆弧或两端为直线中间为曲线表示。

(2) 地基局部剪切破坏。当基础埋深大、加荷速率快时，因基础旁侧荷载 $q=\gamma_0 d$ 大，阻止地基整体滑动破坏，使地基发生基础底部局部剪切破坏。

(3) 地基冲切剪切破坏。若地基为松砂或软土，在外荷作用下使地基产生大量沉降，基础竖向切入土中，发生冲切剪切破坏。

9.5.2 地基土的指标

（1）土的内摩擦角。土的内摩擦角 φ 值的大小，对地基极限荷载的影响最大，如 φ 越大，即 $\tan(45°+\varphi/2)$ 越大，则承载力系数 N_r、N_c、N_q 都大，对极限荷载 p_u 计算公式中三项数值都起作用，故极限荷载值就越大，相应地基承载力越高。

（2）土的黏聚力。如地基的黏聚力 c 增加，则极限荷载一般公式中的第二项增大，即 p_u 增大，承载力提高。

（3）土的容重。若地基土的容重 γ 增大时，极限荷载公式中第一、第三两项增大，即 p_u 增大。如松砂地基采用强夯法压密，使 γ 增大（同时 φ 也增大），则极限荷载增大，即地基承载力增大。这是地基处理的方法之一。

（4）其他物理性质指标。地基土的其他物理性质指标空隙比、含水率、级配、结构性、应力历史和地层倾斜程度等对其承载力也有影响。土的物理性质指标空隙比和含水率越小，级配越好，颗粒越粗，固结程度越高和地层倾斜程度越小，地基承载力越高。

9.5.3 基础设计的尺寸

地基的极限荷载大小不仅与地基土的性质优劣密切相关，而且与基础尺寸大小有关，这是初学者容易忽视的。在建筑工程中，遇到地基承载力不够用，相差不多时，可在基础设计中加大基底宽度和基础埋深来解决，不必加固地基。

（1）基础宽度。若基础设计宽度 b 加大时，地基极限荷载公式第一项增大，即 p_u 增大。但在饱和软土地基中，b 增大后对 p_u 几乎没有影响，这是因为饱和软土地基内摩擦角 $\varphi=0°$，则承载力系数 $N_r=0$，无论 b 增大多少，p_u 的第一项均为零。

（2）基础埋深。当基础埋深 d 加大时，基础超载 $q=\gamma_0 d$ 增加，即极限荷载公式第三项增加，因而 p_u 也增大，地基承载力提高。

（3）基础刚度、基础底面倾斜程度越小，地基承载力越高。

9.5.4 荷载的作用方向

（1）荷载为倾斜方向。若荷载为倾斜方向，倾斜角 δ_0 越大，则相应的倾斜系数 i_r、i_c 与 i_q 就越小，因而极限荷载 p_u 也越小；反之则大。倾斜荷载为不利因素。

（2）荷载为竖直方向。如果荷载为竖直方向，即倾斜角 $\delta_0=0°$，倾斜系数 $i_r=i_c=i_q=1$，则极限荷载大。

所以荷载偏心和倾斜越小，地基承载力越高。

9.5.5 荷载作用时间

（1）荷载作用时间短暂。若荷载作用的时间很短，如地震荷载，则极限荷载可以提高。

（2）荷载长期作用。如地基为高塑性黏土，呈可塑或软塑状态，在长期荷载作用下，使土产生蠕变降低土的强度，即极限荷载降低。英国伦敦黏土有此特性。例如，伦敦附近威伯列铁路通过一座17m高的山坡，修筑9.5m高的挡土墙支挡山坡土体，正常通车13年后，土坡因伦敦黏土强度降低而滑动，将长达162m的挡土墙滑移达6.1m。

9.5.6 其他

影响地基承载力的因素还有地表超载和施工因素，如施工顺序、速率和防扰动措施等。地表超载越大，地基承载力越高；施工速率慢，地基土来得及固结，承载力越高；施工时地基土受到的扰动小，强度高，承载力大。

思　考　题

9.1　建筑物的地基为何会发生破坏？地基发生破坏的模式有哪几种？

9.2　何谓地基的临塑荷载？临塑荷载如何计算？根据临塑荷载设计是否需除以安全系数？否则是否安全？

9.3　什么是地基的极限荷载？常用的计算地基极限荷载的公式有哪些，各自的适用条件有何区别？地基的极限荷载是否可以作为地基承载力？

计　算　题

9.1　已知某住宅楼为砖混结构，条形基础，承受中心荷载。地基持力层土分三层：表层为人工填土，层厚 $h_1=1.6\text{m}$，天然容重 $\gamma_1=18.5\text{kN/m}^3$；第二层为粉质黏土，层厚 $h_2=5.6\text{m}$，天然容重 $\gamma_2=19.0\text{kN/m}^3$，内摩擦角 $\varphi_2=19°$，黏聚力 $c_2=20\text{kPa}$；第三层为黏土，层厚 $h_3=4.6\text{m}$，天然容重 $\gamma_3=19.8\text{kN/m}^3$，内摩擦角 $\varphi_3=16°$，黏聚力 $c_3=32\text{kPa}$。基础埋深 $d=1.60\text{m}$。计算地基的临塑荷载。

9.2　某宾馆设计采用框架结构独立基础。基础底面尺寸如下：$l=3.0\text{m}$，$b=2.4\text{m}$，承受偏心荷载。基础埋深 $d=1.00\text{m}$。地基土分三层：表层为素填土，天然容重 $\gamma_1=17.8\text{kN/m}^3$，层厚 $h_1=0.8\text{m}$；第二层为粉土，$\gamma_2=18.8\text{kN/m}^3$，内摩擦角 $\varphi_2=21°$，黏聚力 $c_2=12\text{kPa}$，层厚 $h_2=7.4\text{m}$；第三层为粉质黏土，$\gamma_3=19.2\text{kN/m}^3$，内摩擦角 $\varphi_3=18°$，黏聚力 $c_3=24\text{kPa}$，层厚 $h_3=4.8\text{m}$。计算宾馆地基的临界荷载。

9.3　在计算题 9.2 的宾馆旁设计一座烟囱。烟囱基础为圆形，直径 $R=3.0\text{m}$，埋深 $d=1.20\text{m}$。地基土质与宾馆相同。计算烟囱地基的临界荷载。若其他条件不变，计算烟囱基础埋深改为 $d'=2.00\text{m}$ 时的地基临界荷载。

9.4　某办公楼采用砖混结构，条形基础。设计基础宽度 $b=1.5\text{m}$，基础埋深 $d=1.40\text{m}$。地基为粉土，天然容重 $\gamma=18.0\text{kN/m}^3$，内摩擦角 $\varphi=30°$，黏聚力 $c=10\text{kPa}$。地下水位深 7.8m。计算此地基的极限荷载和地基承载力。

9.5　在计算题 9.4 的基础上，若地基土的内摩擦角变为 $\varphi=20°$，其余条件不变，计算地基的极限荷载与地基承载力。

9.6　某住宅采用砖混结构，设计条形基础。基底宽度 $b=2.4\text{m}$，基础埋深 $d=1.50\text{m}$。地基为软塑状态粉质黏土，内摩擦角 $\varphi=12°$，黏聚力 $c=24\text{kPa}$，天然容重 $\gamma=18.6\text{kN/m}^3$。计算此住宅地基的极限荷载与地基承载力。

9.7　某水塔设计为圆形基础，基础底面直径 $D=4.0\text{m}$，基础埋深 $d=3.0\text{m}$。地基土的天然容重 $\gamma=18.6\text{kN/m}^3$，内摩擦角 $\varphi=25°$，黏聚力 $c=8\text{kPa}$。计算此水塔地基的极限荷载与地基承载力。

第10章 土 工 试 验

【本章导读】 土的物理力学性质通过其物理力学性质指标反映。本章介绍土的基本物理性质指标和基本力学性质指标的试验测定方法。通过本章学习应掌握土含水率、密度、液塑限、颗粒的相对密度等物理性质指标的试验测定的方法，以及土的变水头渗透试验、固结试验、直接剪切试验。了解三轴剪切试验和击实试验的基本原理。

10.1 土的基本性质试验

土的基本性质试验主要包括土的含水率、土的天然密度以及土粒相对密度（比重）试验。土的含水率、土的天然密度和土粒相对密度（比重）是土的基本试验指标，且只能通过试验测定，也被称为土的直接试验指标，是确定土的其他物理性质指标的重要基础性试验指标。

10.1.1 土的含水率试验

10.1.1.1 土的含水率的定义

土的含水率是指土中水的质量与土粒质量的比值，常以百分数表示。

10.1.1.2 试验目的

测定土的含水率以了解土的干湿状态和软硬程度。含水率是计算土的干密度、孔隙比、饱和度、液性指数等不可缺少的指标，也是建筑物地基、路堤、土坝等施工质量控制的重要依据。

10.1.1.3 试验方法

含水率试验有多种试验方法，包括烘干法、乙醇燃烧法、比重法等。本试验采用的是烘干法，烘干法适用于粗粒土、细粒土、有机质土和冻土。

10.1.1.4 仪器设备

（1）电热烘箱：应能控制温度为105～110℃。

（2）天平：称量200g，最小分度值0.01g；称量1000g，最小分度值0.1g。

（3）其他：干燥器（玻璃干燥缸）、称量盒（铝盒）等。

10.1.1.5 试验步骤

（1）从土样中选取具有代表性的试样15～30g（有机质土、砂类土和整体状构造冻土为50g），放入称量盒内，立即盖上盒盖，称盒加湿土质量，准确至0.01g。

（2）打开盒盖，将盒放入烘箱内，在105～110℃恒温下烘至恒量。对于黏土、粉土烘干时间不得少于8h，对于砂土烘干时间不得少于6h，对含有机质超过干土质量10%的土，应将温度控制在65～70℃恒温下烘至恒重。

（3）将称量盒从烘箱中取出，盖上盒盖，放入干燥器内冷却至室温，称盒加干土质量，准确至0.01g。

10.1.1.6 成果整理

（1）含水率试验记录格式见表10.1。

（2）试样的含水率应按式（10.1）计算，准确至0.1%：

$$w=\frac{m-m_s}{m_s}\times 100\% \tag{10.1}$$

式中 w——含水率，%；

m——湿土质量，g；

m_s——干土质量，g。

表10.1 含水率试验记录表

工程名称________ 试验方法________ 试验日期________

计 算 者________ 试 验 者________ 校 核 者________

试样编号	盒号	盒质量/g	盒加湿土质量/g	盒加干土质量/g	水质量/g	干土质量/g	含水率/%	平均含水率/%
		(1)	(2)	(3)	(4)=(2)-(3)	(5)=(3)-(1)	(6)=(4)/(5)	(7)

本试验必须进行两次平行测定，取其算术平均值，并以百分数表示。两次试验测定的含水率数值允许平行差值应符合表10.2的规定。

表10.2 含水率测定的平行差值

含水率/%	<10	10～40	≥40
允许平行差值/%	0.5	1.0	2.0

10.1.2 土的密度试验

10.1.2.1 土的密度的定义

土的密度是指土单位体积的质量，通常以g/cm³为单位。

10.1.2.2 试验目的

测定土的密度，可了解土的疏密和干湿状态，供换算土其他物理指标和工程计算之用。

10.1.2.3 试验方法

土的密度测定有多种试验方法，包括环刀法、封蜡法、灌水法和灌砂法等。本试验仅介绍适用于细粒土的环刀法。

10.1.2.4 仪器设备

（1）环刀：内径61.8mm或79.8mm，高20mm。

（2）天平：称量500g，最小分度值0.1g；称量200g，最小分度值0.01g。

（3）其他：切土刀、钢丝锯、玻璃板、凡士林等。

10.1.2.5 试验步骤

(1) 按工程需要取原状土或人工制备扰动土样，其直径和高度应大于环刀的尺寸，整平两端放在玻璃板上。

(2) 将环刀的刃口向下放在土样上垂直下压，并用切土刀沿环刀外侧切削土样，边压边削至土样高出环刀，根据试样的软硬程度，采用钢丝锯或切土刀将环刀两端余土削去修平。取剩余的代表性土样测定含水率。

(3) 擦净环刀外壁，称环刀和土的总质量，精确至0.1g。

10.1.2.6 成果整理

(1) 土的密度试验的记录格式见表10.3。

表10.3 密度试验记录表（环刀法）

工程名称__________ 试验方法__________ 试验日期__________

计 算 者__________ 试 验 者__________ 校 核 者__________

试样编号	环刀号	湿土质量/g	体积/cm^3	天然密度/(g/cm^3)	含水率/%	干密度/(g/cm^3)	平均干密度/(g/cm^3)
		(1)	(2)	(3)=(1)/(2)	(4)	(5)=(3)/[1+0.01×(4)]	(6)

(2) 土的密度（土的天然密度），应按下式计算

$$\rho=\frac{m}{V} \tag{10.2}$$

式中 ρ——土的天然密度，g/cm^3，准确至$0.01g/cm^3$；

m——湿土质量，g；

V——环刀容积，cm^3。

(3) 土的干密度，应按下式计算

$$\rho_d=\frac{\rho}{1+0.01w} \tag{10.3}$$

式中 ρ_d——土的干密度，g/cm^3，计算至$0.01g/cm^3$；

ρ——试样的天然密度，g/cm^3；

w——含水率，%。

本试验应进行2次平行测定，其平行差值不得大于$0.03g/cm^3$，取其算术平均值。

10.1.3 土粒相对密度试验

10.1.3.1 土粒相对密度的定义

土粒相对密度是指土在105～110℃下烘至恒重时的质量与土粒同体积4℃蒸馏水质量之比，为无量纲量。

10.1.3.2 试验目的

测定土粒相对密度，为确定土的其他物理指标（孔隙比、饱和度等）以及土的其他物

理力学试验（如颗粒分析试验、压缩试验等）提供必需的数据。土粒相对密度是土粒固有的属性，与土体所处状态无关，且只能通过试验测定。

10.1.3.3 试验方法

测定土粒相对密度的试验方法有比重瓶法、浮称法和虹吸管法。比重瓶法适用于粒径小于5mm的各类土；浮称法和虹吸管法适用于粒径大于等于5mm的各类土，当其中粒径大于20mm土粒的质量小于总土粒质量的10%时采用浮称法，当其中粒径大于20mm土粒的质量大于等于总土粒质量的10%时采用虹吸管法。其中比重瓶法是常用的试验方法，这里仅介绍比重瓶法。

10.1.3.4 仪器设备

（1）比重瓶：容积100mL或50mL，分长颈和短颈两种。

（2）天平：称量200g，最小分度值0.001g。

（3）砂浴：应能调节温度。

（4）恒温水槽：准确度应为±1℃。

（5）温度计：刻度为0～50℃，最小分度值为0.5℃。

（6）其他：真空抽气设备、中性液体（煤油）、漏斗、烘箱等。

10.1.3.5 试验步骤

（1）将比重瓶烘干。称取粒径小于5mm的烘干试样15g装入100mL比重瓶内（当用50mL的比重瓶时，称烘干试样10g），盖上瓶盖，称试样和瓶的总质量，准确至0.001g。

（2）向比重瓶内注入半瓶纯水，摇动比重瓶，并放在砂浴上煮沸，煮沸时间自悬液沸腾起，砂土不应少于30min，黏土、粉质黏土不得少于1h。沸腾后应调节砂浴温度，比重瓶内悬液不得溢出。对砂土宜用真空抽气法；对含有可溶盐、有机质和亲水性胶体的土必须用中性液体（煤油）代替纯水，此时不能用煮沸法，宜采用真空抽气法排气，真空表读数宜接近当地一个大气负压值，抽气时间不得少于1h。

（3）将煮沸经冷却的纯水（或抽气后的中性液体）注入装有试样悬液的比重瓶。当用长颈比重瓶时注纯水至刻度处（以弯液面下缘为准）；当用短颈比重瓶时应将纯水注满，塞紧瓶塞，多余的水分自瓶塞毛细管中溢出。将比重瓶置于恒温水槽至温度稳定，且瓶内上部悬液澄清。取出比重瓶，擦干瓶外壁，称比重瓶、水、试样总质量，准确至0.001g。并应测定瓶内的水温，准确至0.5℃。

（4）确定试验温度下的瓶、水总质量。

10.1.3.6 成果整理

（1）比重瓶法的试验记录格式见表10.4。

（2）土粒相对密度，应按下式计算

$$d_s=\frac{m_d}{m_1+m_d-m_2}d_{wt} \tag{10.4}$$

式中 d_s——土粒相对密度；

m_d——试样（干土）质量，g；

m_1——比重瓶、水总质量，g；

m_2——比重瓶、水、试样总质量，g；

d_{wt}——t℃时纯水或中性液体的比重，水的比重可查物理手册，中性液体的比重应实测，称量应准确至0.001g。

表10.4 比重试验记录表（比重瓶法）

工程名称________ 试验编号________ 试验日期________
计 算 者________ 试 验 者________ 校 核 者________

试样编号	比重瓶号	温度/℃	液体比重	比重瓶质量/g	瓶加干土总质量/g	干土质量/g	瓶加液体总质量/g	瓶加液加干土总质量/g	与干土同体积的液体质量/g	比重	平均值
		(1)	(2)	(3)	(4)	(5)	(6)	(7)	(8)=(5)+(6)-(7)	(9)=(5)×(2)/(8)	

本试验须进行两次平行测定，其平行差值不得大于0.02，取两次测值的算术平均值。

10.2 土的液限、塑限测定

水对土的性质具有很大的影响，随着含水率的变化，土可能呈现固态、半固态、可塑态和流态，各种状态之间的分界含水率称为界限含水率。其中半固态与可塑态之间的界限含水率称为塑限，可塑态与流态之间的界限含水率称为液限，塑限和液限可以通过试验方法测定。

10.2.1 试验目的

测定土的塑限和液限，用以计算土的塑性指数和液性指数，作为细粒土的分类定名、判定黏性土的稠度状态以及计算地基土承载力的依据。

10.2.2 试验方法

界限含水率试验一般采用液限、塑限联合测定法，此外也可以采用碟式仪测定液限，配套采用搓条法测定塑限。本节仅介绍液塑限联合测定法。液塑限联合测定法适用于粒径小于0.5mm以及有机质含量不大于干土质量5%的土。

10.2.3 仪器设备

（1）液限、塑限联合测定仪：包括带标尺的圆锥仪、电磁铁、显示屏、控制开关和试样杯。圆锥仪质量为76g，锥角为30°；读数显示宜采用光电式、游标式和百分表式；试样杯内径为40mm，高度为30mm，图10.1所示为光电式液限、塑限联合测定仪示意图。

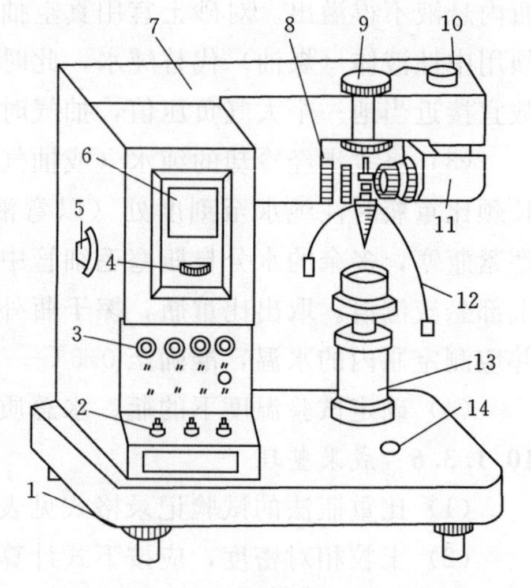

图10.1 光电式液塑限联合测定仪
1—水平调节螺丝；2—控制开关；3—指示灯；4—零线调节螺丝；5—反光镜调节螺丝；6—屏幕；7—机壳；8—物镜调节螺丝；9—电磁装置；10—光源调节螺丝；11—光源；12—圆锥仪；13—升降台；14—水平泡

（2）天平：称量200g，最小分度值0.01g。

（3）其他：烘箱、干燥缸、铝盒、调土刀、筛（孔径0.5mm）、凡士林等。

10.2.4 试验步骤

（1）本试验宜采用天然含水率的土样制备试样，当土样不均匀时，可采用风干试样，当试样中含有粒径大于0.5mm的土粒和杂物时，应过0.5mm筛。

（2）当采用天然含水率土样时，取代表性土样250g；采用风干试样时，取0.5mm筛下的代表性土样200g。将试样放在橡皮板上用纯水将土样调成均匀膏状，放入调土皿，浸润过夜。

（3）将制备的试样充分调拌均匀，密实地填入试样杯中，土样内不应留有空隙，对较干的试样应充分搓揉，填满后刮平表面，注意不能用刀在土面反复涂抹。

（4）取圆锥仪，在圆锥上抹一薄层凡士林，接通电源，使电磁铁吸住圆锥仪。

（5）调节零点，将屏幕上的标尺调在零位刻线处。

（6）将试样杯放在联合测定仪的升降座上，调整升降座螺母，当圆锥尖刚与土样表面接触时，计时指示灯亮，圆锥在自重下沉入试样，经5s后立即测读圆锥下沉深度。如果手动操作，可把开关扳向“手动”一侧。当锥尖与土面接触时，接触指示灯亮，而圆锥不下落，需按手动按钮，圆锥仪才自由落下。读数后，仪器要按复位按钮，以便下次再用。

（7）取出试样杯，挖去锥尖入土处的凡士林，取锥体附近的试样不少于10g，放入称量盒内，测定含水率。

（8）将全部试样再加水或吹干并调匀，重复步骤（3）～（7）分别测定第二点、第三点试样的圆锥下沉深度及相应的含水率。液塑限联合测定点应不少于3点。

注：圆锥入土深度宜为3～4mm、7～9mm、15～17mm。

10.2.5 成果整理

（1）液塑限联合测定法的试验记录格式见表10.5。

表10.5 界限含水率试验记录表（液塑限联合测定法）

工程名称_________　　试验编号_________　　试验日期_________

计 算 者_________　　试 验 者_________　　校 核 者_________

试样编号	圆锥下沉深度/mm	盒号	湿土质量/g	干土质量/g	含水率/%		液限/%	塑限/%	塑性指数 I_p	液性指数 I_L
			(1)	(2)	$(3)=\left[\frac{(1)}{(2)}-1\right]\times 100$		(4)	(5)	(6)=(4)−(5)	$(7)=\frac{(3)-(5)}{(6)}$

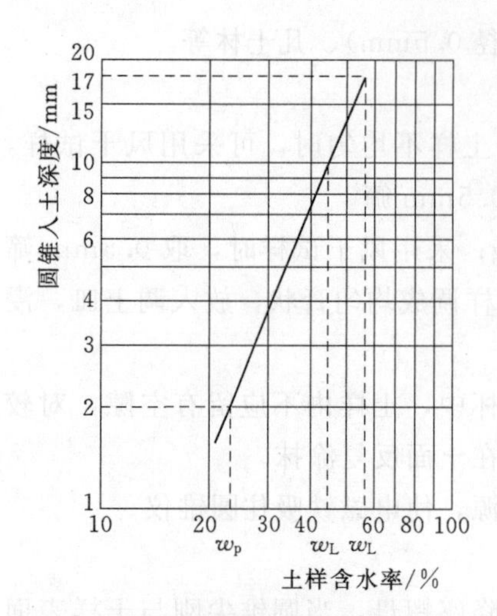

图 10.2　圆锥入土深度与含水率关系图

(2) 试样的含水率应按式 (10.1) 计算。

(3) 以含水率为横坐标，圆锥入土深度为纵坐标在双对数坐标纸上绘制关系曲线，如图 10.2 所示，三点应在一条直线上。当三点不在一条直线上时，通过高含水率的点和其余两点连成两条直线，在下沉为 2mm 处查得相应的两个含水率，当两个含水率的差值小于 2%时，应以两点含水率的平均值与高含水率的点连成直线，当两个含水率的差值大于等于 2%时，应补做试验。

(4) 在含水率与圆锥入土深度的关系图 (图 10.2) 上查得入土深度为 17mm 所对应的含水率为液限，查得入土深度为 10mm 所对应的含水率为 10mm 液限，查得入土深度为 2mm 所对应的含水率为塑限，取值以百分数表示，准确至 0.1%。

10.3　土的渗透试验

土具有被水透过的性质称为土的渗透性。渗透性是土体的重要工程性质，决定土体的强度、变形和固结性质。

(1) 试验目的：渗透试验主要是测定土的渗透系数，常以 cm/s 为单位。

(2) 试验方法：根据土粒的大小，渗透试验可以分为常水头渗透试验和变水头渗透试验，对于粗粒土常采用常水头渗透试验，细粒土常采用变水头渗透试验。

10.3.1　常水头渗透试验

10.3.1.1　仪器设备

(1) 常水头渗透仪 (70 型渗透仪)：由封底圆筒、金属孔板、滤网、测压管和供水瓶组成，如图 10.3 所示。圆筒内径为 10cm，高 40cm。当使用其他尺寸的圆筒时，圆筒内径应大于试样最大粒径的 10 倍。

(2) 天平：称量 5000g，分度值 1.0g。

(3) 温度计：分度值 0.5℃。

(4) 其他：木槌、秒表等。

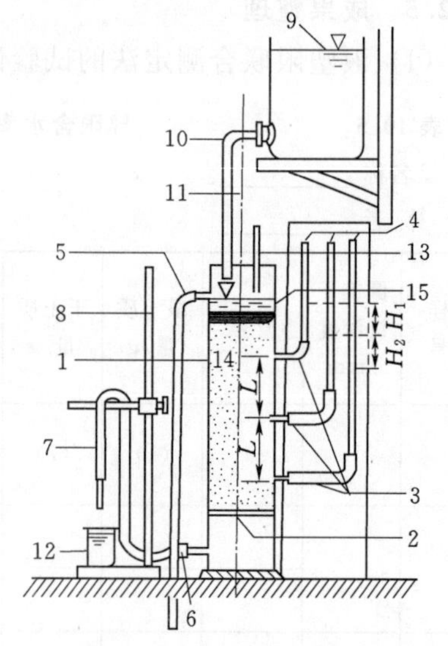

图 10.3　常水头渗透仪

1—封底金属圆筒；2—金属孔板；3—测压孔；4—玻璃测压管；5—溢水孔；6—渗水孔；7—调节管；8—滑动支架；9—供水瓶；10—供水管；11—止水夹；12—量筒；13—温度计；14—试样；15—砾石层

10.3.1.2　试验步骤

(1) 按图 10.3 装好仪器，量测滤网至筒顶的高度，将调节管和供水管相连。从渗水孔向圆筒充水至高出滤网顶面。

（2）取具有代表性的风干土样 3～4kg，测定其风干含水率。将风干土样分层装入圆筒内，每层厚度 2～3cm，根据要求的孔隙比，控制试样厚度。当试样中含黏粒时，应在滤网上铺 2cm 厚的粗砂作为过滤层，以防止细粒被水冲走，造成流失。

（3）每层试样装完后，从渗水孔向圆筒渗水至试样顶面，最后一层试样应高出测压管 3～4cm，并在试样顶面铺 2cm 砾石作为缓冲层。当水面高出试样顶面时，应继续充水至溢水孔有水溢出。

（4）量试样顶面至筒顶高度，计算试样高度，称剩余土样的质量，计算试样质量。

（5）检查测压管水位是否齐平，当测压管与溢水孔水位不平时，用吸球调整测压管水位，直至两者水位齐平。

（6）将调节管提高至溢水孔以上，将供水管放入圆筒内，开止水夹，使水由顶部注入圆筒，降低调节管至试样上部 1/3 高度处，形成水位差使水渗入试样，经过调节管流出。调节供水管止水夹，使进入圆筒的水量多于溢出的水量，溢水孔始终有水溢出，保持圆筒内水位不变，试样处于常水头下渗透。

（7）当测压管水位稳定后，测记水位。并计算各测压管之间的水位差。开动秒表，按规定时间记录渗出水量，接取渗出水量时，调节管口不得浸入水中，测量进水和出水处的水温，取平均值。

（8）降低调节管至试样的中部和下部 1/3 处，按步骤（6）、（7）重复测定渗出水量和水温，当不同水力坡降下测定的数据接近时，结束试验。

（9）根据工程需要改变试样的孔隙比，继续试验。

注意：本试验采用的为纯水，应在试验前用抽气法或煮沸法脱气。试验时的水温宜高于试验室温度 3～4℃。

10.3.1.3 成果整理

（1）常水头渗透试验的记录格式见表 10.6。

表 10.6　　常水头渗透试验记录表

工程编号________　试验者________　试样编号________　计算者________

试验日期________　校核者________　仪器编号________　孔隙比________

试验次数	经过时间 t/s	测压管水位/cm			水位差/cm			水力坡降 J	渗透水量 Q /cm³	渗透系数 k_T /(cm/s)	平均水温/℃	校正系数 $\frac{\eta_T}{\eta_{20}}$	水温 20℃ 深透系数 k_{20}/(cm/s)	平均渗透系数/(cm/s)
		Ⅰ	Ⅱ	Ⅲ	H_1	H_2	平均 H							
	(1)	(2)	(3)	(4)	(5)=(2)−(3)	(6)=(3)−(4)	(7)=[(5)+(6)]/2	(8)=(7)/L	(9)	(10)=$\frac{(9)}{A\times(8)\times(1)}$	(11)	(12)	(13)=(10)×(12)	(14)

(2) 试样的干密度 ρ_d 及孔隙比 e 按下列公式计算

$$m_d=\frac{m}{1+0.01w} \tag{10.5}$$

$$\rho_d=\frac{m_d}{Ah} \tag{10.6}$$

$$e=\frac{d_s\rho_w}{\rho_d}-1 \tag{10.7}$$

式中　m_d——试样干质量，g；

m——风干试样总质量，g；

w——风干含水率，%；

ρ_d——试样干密度，g/cm^3；

A——试样断面积，cm^2；

h——试样高度，cm；

e——试样孔隙比；

d_s——土粒相对密度。

(3) 常水头渗透系数应按下式计算

$$k_T=\frac{QL}{AHt} \tag{10.8}$$

$$k_{20}=k_T\frac{\eta_T}{\eta_{20}} \tag{10.9}$$

式中　k_T——水温 T℃时试样的渗透系数，cm/s；

Q——时间 t 内的渗透水量，cm^3；

L——两测压管中心间的距离，cm；

H——平均水位差，$(H_1+H_2)/2$，cm，H_1、H_2 如图 10.3 所示；

t——时间，s；

k_{20}——标准温度（本试验以水温 20℃为标准温度）时试样的渗透系数，cm/s；

η_T——T℃时水的动力黏滞系数，10^{-6}kPa·s；

η_{20}——20℃时水的动力黏滞系数，10^{-6}kPa·s。

黏滞系数比 η_T/η_{20} 查表 10.7。

(4) 在测得的试验结果中取 3～4 个在允许差值范围以内的数值，求其平均值，作为试样在该孔隙比 e 时的渗透系数（允许差值不大于 2×10^{-n} cm/s）。

(5) 如工程需要，可以在装样时控制不同孔隙比，测定不同孔隙比下的渗透系数，绘制孔隙比与渗透系数的关系曲线。

10.3.2　变水头渗透试验

10.3.2.1　仪器设备

(1) 渗透容器：由环刀、透水石、套环、上盖和下盖组成。环刀内径 61.8mm，高 40mm；透水石的渗透系数应大于 10^{-3} cm/s。

表 10.7　　水的动力黏滞系数、黏滞系数比、温度校正值

温度/℃	动力黏滞系数 $\eta/(10^{-6}\text{kPa}\cdot\text{s})$	η_T/η_{20}	温度校正系数 T_D	温度/℃	动力黏滞系数 $\eta/(10^{-6}\text{kPa}\cdot\text{s})$	η_T/η_{20}	温度校正系数 T_D
5.0	1.516	1.501	1.17	17.5	1.074	1.066	1.66
5.5	1.493	1.478	1.19	18.0	1.061	0.050	1.68
6.0	1.470	1.455	1.21	18.5	1.048	1.038	1.70
6.5	1.449	1.435	1.23	19.0	1.035	1.025	1.72
7.0	1.428	1.414	1.25	19.5	1.022	1.012	1.74
7.5	1.407	1.393	1.27	20.0	1.010	1.000	1.76
8.0	1.387	1.373	1.28	20.5	0.998	0.988	1.78
8.5	1.367	1.353	1.30	21.0	0.986	0.976	1.80
9.0	1.347	1.334	1.32	21.5	0.974	0.964	1.83
9.5	1.328	1.315	1.34	22.0	0.963	0.953	1.85
10.0	1.310	1.297	1.36	22.5	0.952	0.943	1.87
10.5	1.292	1.279	1.38	23.0	0.941	0.932	1.89
11.0	1.274	1.261	1.40	24.0	0.919	0.910	1.94
11.5	1.256	1.243	1.42	25.0	0.899	0.890	1.98
12.0	1.239	1.227	1.44	26.0	0.879	0.870	2.03
12.5	1.223	1.211	1.67	27.0	0.859	0.950	2.07
13.0	1.206	1.19	1.48	28.0	0.841	0.833	2.12
13.5	1.188	1.176	1.50	29.0	0.823	0.815	2.16
14.0	1.175	1.163	1.52	30.0	0.806	0.798	2.21
14.5	1.160	1.148	1.54	31.0	0.789	0.781	2.25
15.0	1.144	1.133	1.56	32.0	0.773	0.765	2.30
15.5	1.130	1.119	1.58	33.0	0.757	0.750	2.34
16.0	1.115	1.104	1.60	34.0	0.742	0.735	2.39
16.5	1.101	1.090	1.62	35.0	0.727	0.720	2.43
17.0	1.088	1.077	1.64				

(2) 变水头装置（图 10.4）；由渗透容器、变水头管、供水瓶、进水管等组成。变水头管的内径应均匀，管径不大于 1cm，管外壁应有最小分度为 1.0mm 的刻度，长度宜为 2m 左右。

(3) 其他：切土器、防水填料（如石蜡、油灰或沥青混合剂等）、100mL 量筒、秒表、温度计、修土刀、凡士林、钢丝锯等。

10.3.2.2　试验步骤

(1) 根据需要用环刀切取原状试样或扰动土，制备成给定密度的试样，并测定试样的含水率。切土时，应尽量避免结构扰动，并禁止用削土刀反复涂抹试样表面。

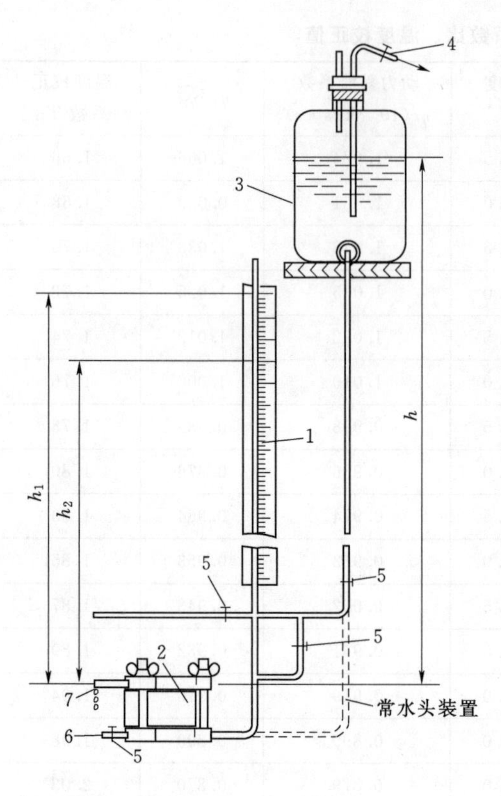

图10.4 变水头装置

1—变水头管；2—渗透容器；3—供水瓶；4—接水源管；5—进水管夹；6—排气管；7—出水管

（2）将装有试样的环刀装入渗透容器，用螺母旋紧，要求密封至不漏水、不透气。对不易透水的试样，需进行抽气饱和；对饱和试样和较易透水的试样，直接用变水头装置的水头进行试样饱和。

（3）将渗透容器的进水口与变水头管连接，利用供水瓶中的纯水向进水管注满水，并渗入渗透容器，开排气阀，排出渗透容器底部的空气，直至溢出水中无气泡，关排水阀，放平渗透容器，关进水管夹。

（4）向变水头管注入纯水。使水升至预定高度，水头高度根据试样结构的疏松程度确定，一般不应大于2m，待水位稳定后切断水源，开进水管夹，使水通过试样，当出水口有水溢出时，即认为试样已达饱和，开始测记变水头管中起始水头高度和起始时间，按预定时间间隔测记水头和时间的变化，并测记出水口的水温。

（5）将变水头管中的水位变换高度，待水位稳定再测记水头和时间变化，重复5～6次，当不同开始水头下测定的渗透系数在允许差值范围内时结束试验。

10.3.2.3 成果整理

（1）变水头渗透试验的记录格式见表10.8。

表10.8 变水头渗透试验记录表

工程名称________ 试样面积________ 试验者________

试样编号________ 试样高度________ 计算者________

仪器编号________ 测压管断面积________ 校核者________

起始时间 t_1/s	终止时间 t_2/s	经过时间 t/s	起始水头 h_1/cm	终止水头 h_2/cm	$2.3\frac{aL}{At}$	$\lg\frac{h_1}{h_2}$	水温T℃时的渗透系数/(cm/s)	水温/℃	校正系数 $\frac{\eta_T}{\eta_{20}}$	水温20℃时渗透系数/(cm/s)	平均渗透系数/(cm/s)
(1)	(2)	(3)=(2)−(1)	(4)	(5)	(6)	(7)	(8)=(6)×(7)	(9)	(10)	(11)=(8)×(10)	(12)

（2）变水头渗透系数应按下式计算

$$k_T = 2.3\frac{aL}{A(t_2-t_1)}\lg\frac{h_1}{h_2} \tag{10.10}$$

式中 2.3——ln 和 lg 的换算系数；

a——变水头管的截面积，cm^2；

L——渗径，等于试样高度，cm；

A——试样的断面积，cm^2；

t_1——测读水头的起始时间，s；

t_2——测读水头的终止时间，s；

h_1——起始水头，cm；

h_2——终止水头，cm。

（3）标准温度下的渗透系数按式（10.9）计算。

10.4 土的固结（压缩）试验

土的压缩是土在外荷载作用下孔隙中的水和空气逐渐被挤出，土的骨架颗粒相互挤紧，土体积缩小的现象。土的压缩量随时间而增长的过程称为土的固结。

10.4.1 试验目的

利用土的固结（压缩）试验结果，绘制孔隙比与压力之间的关系曲线，从而得到土的压缩系数与压缩模量，为估算建筑物的沉降量提供依据。

10.4.2 试验方法

常用试验方法有标准固结（压缩）试验和应变控制连续加荷固结试验。本试验仅介绍标准固结（压缩）试验方法。

10.4.3 仪器设备

（1）固结容器：由环刀、护环、透水板、水槽、加压上盖和量表架等组成，如图 10.5 所示。

（2）加压设备：可采用杠杆式加压设备，应能垂直地瞬间施加各级压力，且没有冲击力。

（3）变形量测设备：量程 10mm、最小分度值为 0.01mm 的百分表，或准确度为全量程 0.2%的位移传感器。

（4）其他：修土刀、钢丝锯、滤纸、天平、秒表、烘箱、凡士林、称量铝盒等。

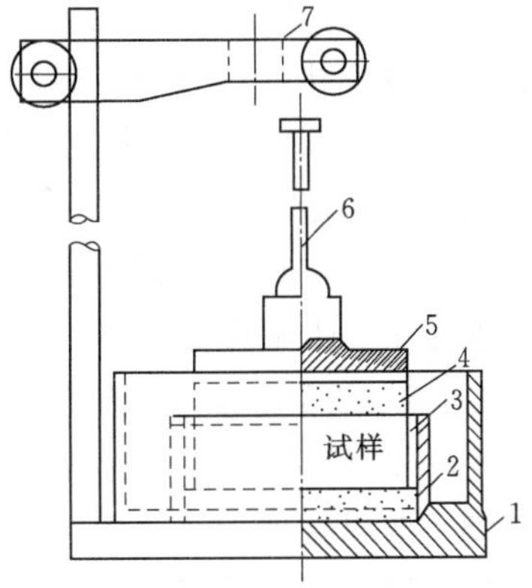

图 10.5 固结容器示意图
1—水槽；2—护环；3—环刀；4—透水板；5—加压上盖；6—量表导杆；7—量表架

10.4.4 试验步骤

（1）按工程需要，取原状土或制备所需状态的扰动土，整平土样两端。在环刀内壁抹一薄层凡士林，刃口向下，放在土样上。如系原状土样，切土的方向应使试样在试验时的受力情况与土的天然状态一致。用修土刀或钢丝锯将土样上部修成略大于环刀直径的土柱，然后垂直压下环刀，将一端余土修平，注意不能用修土刀往复涂抹土面。擦净环刀外壁，称环刀加土的质量，准确至0.1g。

（2）在固结容器内放置护环、透水板和薄型滤纸，将带有试样的环刀装入护环内，放上导环，试样上依次放上薄型滤纸、透水板和加压上盖，并将固结容器置于加压框架正中，使加压上盖与加压框架中心对准，安装百分表或位移传感器。

注意：滤纸和透水板的湿度应接近试样的湿度。

（3）施加1kPa的预压力使试样与仪器上下各部件之间接触，将百分表或位移传感器调整到零位或测读初始读数。

（4）确定需要施加的各级压力，压力等级宜为12.5kPa、25kPa、50kPa、100kPa、200kPa、400kPa、800kPa、1600kPa、3200kPa。第一级压力的大小应视土的软硬程度而定，宜用12.5kPa、25kPa或50kPa。最后一级压力应大于土的自重压力与附加压力之和。只需测定压缩系数时，最大压力不小于400kPa。

（5）需要确定原状土的先期固结压力时，初始段的荷重率应小于1，可采用0.5或0.25，施加的压力应使测得的$e-\lg p$曲线下端出现直线段。对超固结土，应进行卸压、再加压来评价其再压缩特性。

（6）对于饱和试样，施加第一级压力后应立即向水槽中注水浸没试样。非饱和试样进行压缩试验时，需用湿棉纱围住加压板周围。

（7）需要测定沉降速率、固结系数时，施加每一级压力后宜按下列时间顺序测记试样的高度变化：6s、15s、1min、2.25min、4min、6.25min、9min、12.25min、16min、20.25min、25min、30.25min、36min、42.25min、49min、64min、100min、200min、400min、23h、24h，直至稳定为止。不需要测定沉降速率时，则施加每级压力后24h测定试验高度变化，作为稳定标准；只需测定压缩系数的试样，施加每级压力后，每小时变形不大于0.005mm时，测定试样高度变化作为稳定标准。按此步骤逐级加压至试验结束。

注意：测定沉降速率仅适用于饱和土。

（8）需要进行回弹试验时，可在某级压力下固结稳定后退压，直至退到要求的压力，每次退压至24h后测定试样的回弹量。

（9）试验结束后，吸去容器中的水，迅速拆除仪器各部件，取出整块试样，取试样中部约40g土样，并将其分为两块测量压缩后土样的含水率。清洗并整理仪器。

10.4.5 成果整理

（1）固结试验的记录格式见表10.9。

（2）试样的初始孔隙比e_0，应按下式计算

$$e_0=\frac{\rho_w d_s(1+w_0)}{\rho_0}-1 \tag{10.11}$$

式中 e_0——试样的初始孔隙比；

d_s——土粒相对密度；

ρ_w——4℃时纯水的密度；

ρ_0——试样的初始密度；

w_0——试样的初始含水率。

表 10.9　　固结试验记录表

工程名称________　　土样编号________　　试验日期________

试 验 者________　　计 算 者________　　校 核 者________

压力 / 经过时间	____ kPa		____ kPa		____ kPa		____ kPa		____ kPa	
	时间	变形读数	时间	变形读数	时间	变形读数	时间	变形读数	时间	变形读数
0										
6s										
15s										
1min										
2.25min										
4min										
6.25min										
9min										
12.25min										
16min										
20.25min										
25min										
30.25min										
36min										
42.25min										
49min										
64min										
100min										
200 min										
400 min										
23h										
24h										
总变形量/mm										
仪器变形量/mm										
试样总变形量/mm										

（3）各级压力下试样固结稳定后的单位沉降量，应按下式计算

$$S_i = \frac{\sum \Delta h_i}{h_0} \times 10^{-3} \tag{10.12}$$

式中　S_i——某级压力下的单位沉降量，mm/m；

h_0——试样的初始高度；

$\sum \Delta h_i$——某级压力下试样固结稳定后的总变形量 mm，等于该级压力下固结稳定读数

减去仪器变形量。

（4）各级压力下试样固结稳定后的孔隙比 e_i，应按下式计算

$$e_i = e_0 - (1 + e_0)\frac{\sum \Delta h_i}{h_0} \tag{10.13}$$

式中 e_i——某级压力下试样固结稳定后的孔隙比。

（5）某一压力范围内的压缩系数，应按下式计算

$$a_v = \frac{e_i - e_{i+1}}{p_{i+1} - p_i} \tag{10.14}$$

式中 a_v——压缩系数，MPa^{-1}；

p_i——某级压力值，MPa。

（6）某一压力范围内的压缩模量，应按下式计算

$$E_s = \frac{1 + e_0}{a_v} \tag{10.15}$$

式中 E_s——压缩模量，MPa。

（7）某一压力范围内的体积压缩系数，应按下式计算

$$m_v = \frac{1}{E_s} = \frac{a_v}{1 + e_0} \tag{10.16}$$

式中 m_v——体积压缩系数，MPa^{-1}。

（8）以孔隙比 e 为纵坐标、压力 p 为横坐标，绘制孔隙比与压力的关系曲线。

10.5 土的直接剪切试验（快剪）

土的抗剪强度是土体抵抗剪切破坏的极限能力，用内摩擦角 φ 和黏聚力 c 两个强度指标表示。土的抗剪强度参数是土坝、土堤、路基、岸坡稳定性分析及地基承载力、土压力等计算中的重要指标。

10.5.1 试验目的

测定土的抗剪强度指标，即土的内摩擦角和黏聚力，为工程设计和稳定性分析提供土的强度参数。

10.5.2 试验方法

直接剪切试验分别适用于细粒土和砂类土。对于细粒土，一般可根据工程实际情况选用以下三种试验方法：

（1）快剪试验。在试样施加竖向应力后，快速施加水平剪应力使试样在较短时间内剪切破坏。一般适用于渗透系数小于 10^{-6}cm/s 的细粒土。

（2）固结快剪试验。先使试样在某荷重下固结，待固结稳定后再以较快速度施加水平剪应力，直至试样剪切破坏。一般适用于渗透系数小于 10^{-6}cm/s 的细粒土。

（3）慢剪试验。先使土样在某荷重下固结，待固结稳定后再以缓慢速度施加水平剪应力，直至试样剪切破坏。

10.5.3　仪器设备

（1）应变控制式直剪仪（图10.6）：由剪切盒（水槽、上剪切盒、下剪切盒）、垂直加压设备、剪切传动装置、测力计、位移量测系统等组成。

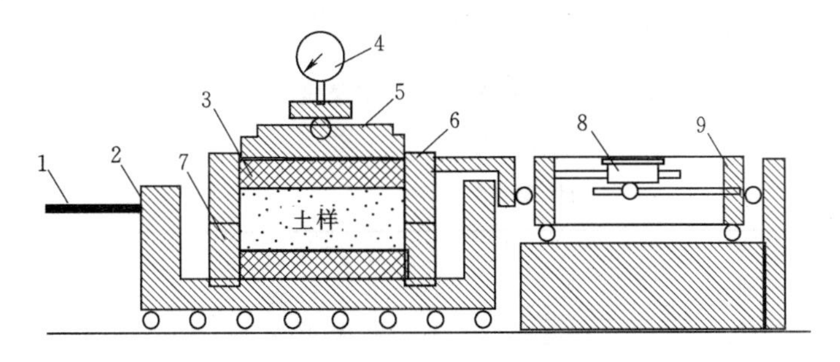

图10.6　应变控制式直剪仪

1—螺杆；2—底样；3—透水石；4—量表；5—传压板；6—上盒；7—下盒；8—量表；9—量力环

（2）环刀：内径61.8mm，高度20mm。

（3）位移量测设备：量程为10mm、分度值为0.01mm的百分表，或准确度为全量程0.02%的传感器。

（4）其他：饱和器、削土刀（或钢丝锯）、秒表、滤纸等。

10.5.4　试验步骤

（1）用环刀制备试样，每组试样不得少于4个。

（2）对准剪切容器上下盒插入固定销钉，在下盒内放透水石和滤纸（如果为快剪应以硬塑料膜代替滤纸），将带有试样的环刀刃口向上，对准剪切盒口，在试样上放滤纸（或硬塑料膜）和透水石，然后将试样徐徐压入剪切盒内。

（3）移动传动装置，使上盒前端钢球刚好与测力计接触，依次放上传压板、加压框架，安装垂直位移和水平位移量测装置，并调至零位或测记初始读数。

（4）根据工程实际和土的软硬程度施加各级垂直压力，一般可按50kPa、100kPa、200kPa和300kPa施加。对松软试样垂直压力应分级施加，以防土样挤出。对于饱和试样，在施加垂直压力后应向盒内注水；当为非饱和试样时，应在加压板周围包湿棉纱，以防止水分蒸发。

（5）施加垂直压力后，每1h测读垂直变形一次，直至试样固结变形稳定。变形稳定标准为每小时不大于0.005mm，试样压缩稳定时间一般为16h以上。若为快剪，则没有此步骤，施加垂直压力后立即进行剪切。

（6）拔去固定销，若为快剪或固结快剪试验，剪切速度为0.8mm/min（若为手动，则以约4r/min的均匀速度转动手轮），使试样在3～5min内剪损；若为慢剪试验，应以小于0.02mm/min的剪切速度进行剪切。

试样每产生剪切位移0.2～0.4mm测记测力计和位移读数，直至测力计读数出现峰值，应继续剪切至剪切位移为4mm时停机，并记下测力计最大读数——破坏值；当剪切过程中测力计读数无峰值时，应剪切至剪切位移为6mm时停机。

(7) 剪切结束，吸去盒内积水，退去剪切力和垂直压力，移动加压框架，取出试样，测定试样含水率，刷净剪切盒。

10.5.5　成果整理

(1) 直接剪切试验记录格式见表10.10。

表10.10　　直接剪切试验记录表

工程名称＿＿＿＿＿＿　　土样编号＿＿＿＿＿＿　　试验日期＿＿＿＿＿＿

试 验 者＿＿＿＿＿＿　　计 算 者＿＿＿＿＿＿　　校 核 者＿＿＿＿＿＿

仪 器 号＿＿＿＿＿＿　　应力环系数＿＿＿＿＿＿

土　　号＿＿＿＿＿＿　　手 轮 转 速＿＿＿＿＿＿

试验方法＿＿＿＿＿＿　　土 壤 类 别＿＿＿＿＿＿

手轮转数	量表读数				手轮转数	量表读数			
	100kPa	200kPa	300kPa	400kPa		100kPa	200kPa	300kPa	400kPa
抗剪强度									
剪切历时									
固结时间									
剪切前压缩量									

(2) 剪应力应按下式计算

$$\tau=\frac{CR}{A_0}\times 10 \tag{10.17}$$

式中　τ——试样所受的剪应力，kPa；

R——测力计量表读数，0.01mm；

C——测力计率定系数，N/0.01mm；

A_0——试样面积，cm^2；

10——单位换算系数。

(3) 以剪应力为纵坐标、剪切位移为横坐标，绘制剪应力与剪切位移关系曲线（图10.7），取曲线上剪应力的峰值为抗剪强度，无峰值时，取剪切位移4mm对应的剪应力为抗剪强度。

(4) 以抗剪强度为纵坐标、垂直压力为横坐标，绘制抗剪强度与垂直压力关系曲线（图10.8），直线的倾角为摩擦角，直线在纵坐标上的截距为黏聚力。

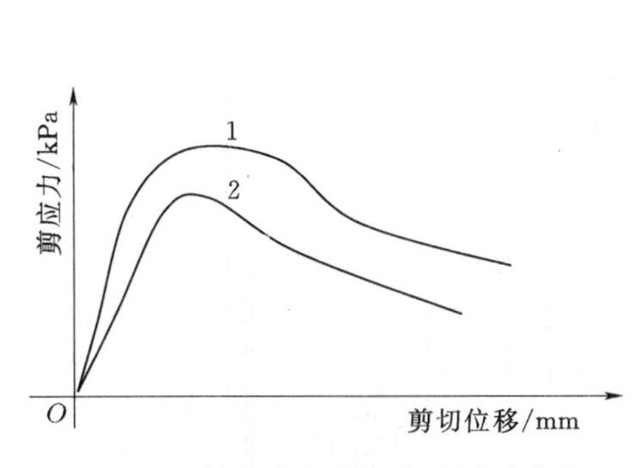

图 10.7 剪应力与剪切位移关系曲线

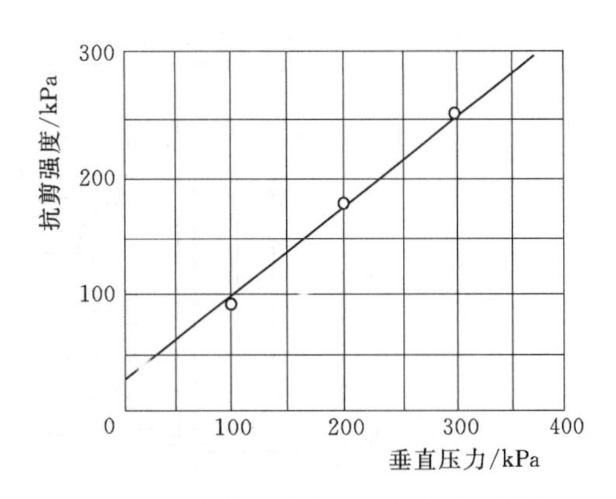

图 10.8 抗剪强度与垂直压力关系曲线

10.6 土的三轴剪切试验

三轴剪切试验（或称三轴压缩试验）是测定土的抗剪强度的室内试验方法之一。三轴剪切试验试样的应力状态比较明显，破裂面往往发生在试样最薄弱处，能够控制排水条件、量测试样的孔隙水压力，可以模拟土的实际受力情况。特殊的、重要的、大型的工程等都需要通过三轴剪切试验确定土的抗剪强度指标。

10.6.1 试验目的

测定土的抗剪强度指标、孔隙水压力系数及土体的应力应变关系，为获得土体强度参数、孔隙水压力系数，研究土体的本构模型及土体的三向变形特性提供依据。

10.6.2 试验方法

根据工程要求，有三种试验方法：不固结不排水剪切（UU）试验、固结不排水剪切（CU）试验和固结排水剪切（CD）试验。适用于细粒土和粒径小于 20mm 的粗粒土。

10.6.3 仪器设备

（1）应变控制式三轴仪：如图 10.9 所示，由压力室、反压力控制系统、周围压力控制系统、轴向加压设备、孔隙水压力量测系统、轴向变形和体积变化量测系统等组成。

（2）附属设备：包括击样器、饱和器、切土盘、切土器和切土架、承膜筒、对开圆膜、原状土分样器。

（3）天平：称量 200g，最小分度值 0.01g；称量 1000g，最小分度值 0.1g。

（4）量表：量程 30mm，分度值 0.01mm。

（5）橡皮膜：在使用前应对橡皮膜仔细检查，防止漏气。

（6）透水板：直径与试样直径相等，其渗透系数宜大于试样的渗透系数，使用前在水中煮沸并泡于水中。

10.6.4 试验步骤

（1）试样制备。本试验需要 3～4 个试样，分别在不同的周围压力下进行试验。试样最小直径为 39.1mm，最大直径为 101mm，试样的高度宜为试样直径的 2～2.5 倍。当试样直径小于 100mm 时，试验允许最大粒径为试样直径的 1/10；当试样直径大于 100mm

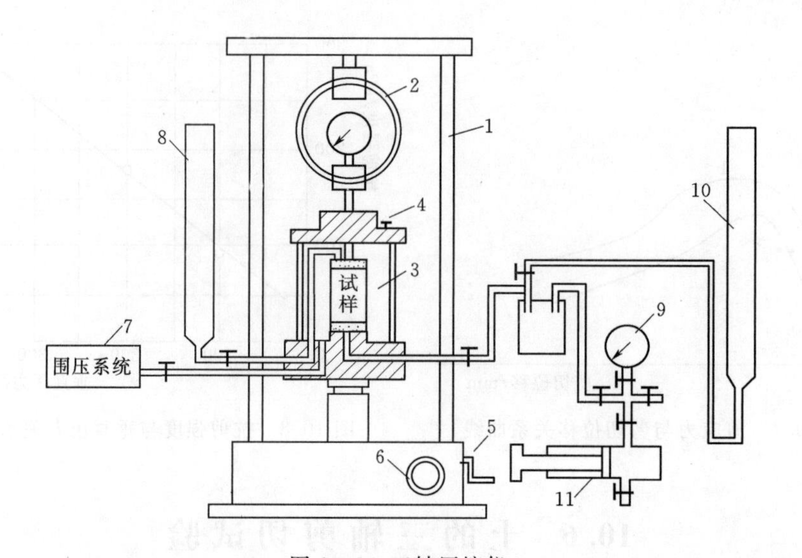

图 10.9 三轴压缩仪

1—轴向加压设备；2—量力环；3—压力室；4—排气孔；5—手轮；6—微调手轮；7—围压系统；8—排水管；9—孔隙水压力表；10—量管；11—调压筒

时，试验允许最大粒径为试样直径的1/5。对于有裂缝、软弱面和构造面的试样，试样直径宜大于60mm。

1）原状土试样制备。先用钢丝锯或切土刀切取一个稍大于规定尺寸的土柱，放在切土盘上、下圆盘之间，用钢丝锯或切土刀紧靠侧板，由上往下细心切削，边切削边转动圆盘，直至土样被削成规定的直径为止。然后按规定的高度将两试样端削平，称量。试样切削时应避免扰动，当试样表面遇有砾石或凹坑时，允许用削下的余土填补。取余土测定试样的含水率。

2）扰动土试样制备。选取一定数量的代表性土样（对直径39.1mm试样约取2kg；直径61.8mm和101mm试样分别取10kg和20kg），经风干、碾碎、过筛，测定风干含水率，按要求的含水率制备土样。根据要求的干密度称取所需土样质量。按试样高度分层击实，粉质土分3～5层，黏质土分5～8层击实，各层土料质量相等。每层击实至要求高度后，将表面刨毛，然后再加第2层土料。如此继续进行，直至击完最后一层。将击样筒中的试样两端整平，取出称其质量，一组试样的密度差值应小于0.02g/cm³。

对制备好的试样，应量测其直径和高度。试样的平均直径应按下式计算

$$D_0=\frac{D_1+2D_2+D_3}{4} \tag{10.18}$$

式中 D_0——试样平均直径，mm；

D_1、D_2、D_3——试样上、中、下部位的直径，mm。

(2) 试样饱和。试样饱和常采用抽气饱和。将装有试样的饱和器放入真空缸内，进行抽气饱和，当真空压力表读数接近当地一个大气压力值后应继续抽气，继续抽气时间对于粉质土应大于0.5h，黏质土应大于1h，密室的黏质土应大于2h。然后向真空缸徐徐注入清水，在注水过程中真空压力表读数宜保持不变。待水淹没饱和器后停止抽气，静置一段

时间，细粒土宜为10h。

(3) 试样安装（固结不排水剪）。

1) 开孔隙水压力阀和量管阀，待孔隙水压力系统及压力室底座充水排气后，关孔隙水压力阀和量管阀。压力室底座上依次放上透水板、湿滤纸、试样、湿滤纸、透水板，试样周围贴浸水的滤纸条7～9条。将橡皮膜用承膜筒套在试样外，并用橡皮圈将橡皮膜下端与底座扎紧。打开孔隙水压力阀和量管阀，使水缓慢地从试样底部流入，排出试样与橡皮膜之间的气泡，关闭孔隙水压力阀和量管阀。打开排水阀，使试样帽中充水，放在透水板上，用橡皮圈将橡皮膜上端与试样帽扎紧，降低排水管，使管内水面位于试样中心以下20～40cm，吸除试样与橡皮膜之间的余水，关排水阀。需要测定土的应力应变关系时，应在试样与透水板之间放置中间夹有硅脂的两层圆形橡皮膜，膜中间应留有直径为1cm的圆孔排水。

2) 将压力室罩顶部活塞提高，放下压力室罩。将活塞对准试样中心，并均匀地拧紧底座连接螺母。向压力室内注满纯水，待压力室顶部排气孔有水溢出时，拧紧排气孔，并将活塞对准测力计和试样顶部。

3) 将离合器调至粗位，转动粗调手轮，当试样帽与活塞及测力计接近时，将离合器调至细位，改用细调手轮，使试样帽与活塞及测力计接触，装上变形指示计，将测力计和变形指示计调至零位。

(4) 试样排水固结（固结不排水剪）。

1) 调节排水管，使管内水面与试样高度的中心齐平，测记排水管水面读数。

2) 开孔隙水压力阀，使孔隙水压力等于大气压力，关孔隙水压力阀，记下初始读数。

3) 将孔隙水压力调至接近周围压力值，施加周围压力后，再打开孔隙水压力阀，待孔隙水压力稳定测定孔隙水压力。

4) 打开排水阀。当需要测定排水过程时，应测记排水管水面及孔隙水压力读数，直至孔隙水压力消散95%以上。固结完成后，关排水阀，测记孔隙水压力和排水管水面读数。

5) 微调压力机升降台，使活塞与试样接触，此时轴向变形指示计的变化值为试样固结时的高度变化。

(5) 剪切试样（固结不排水剪）。

1) 剪切应变速率，黏土宜为每分钟应变0.05%～0.1%，粉土宜为每分钟应变0.1%～0.5%。

2) 将测力计、轴向变形指示计及孔隙水压力读数均调整至零。

3) 启动电动机，合上离合器，开始剪切。试样每产生0.3%～0.4%的轴向应变（或0.2mm变形值），测记一次测力计读数和轴向变形值。当轴向应变大于3%时，试样每产生0.7%～0.8%的轴向应变（或0.5mm变形值）测记一次。

4) 当测力计读数出现峰值时，剪切应继续进行直至轴向应变为15%～20%。

5) 试验结束，关电动机，关各阀门，脱开离合器，将离合器调至粗位，转动粗调手轮，将压力室降下，打开排气孔，排出压力室内的水，拆卸压力室罩，拆除试样，描述试样的破坏形状，称试样质量，并测定试样的含水率。

10.6.5 成果整理

（1）固结不排水剪试验的记录格式见表10.11。

表10.11　　三轴试验（固结不排水剪）记录表

工程名称＿＿＿＿＿　　土样编号＿＿＿＿＿　　试验日期＿＿＿＿＿

试 验 者＿＿＿＿＿　　计 算 者＿＿＿＿＿　　校 核 者＿＿＿＿＿

①固结排水

周围压力＿＿＿＿＿kPa　反压力＿＿＿＿＿kPa　孔隙水压力＿＿＿＿＿kPa

经过时间（h-min-s）	孔隙水压力/kPa	量管读数/mL	排出水量/mL

②不排水剪切

钢环系数＿＿＿＿＿N/0.01mm　剪切速率＿＿＿＿＿mm/min　温度＿＿＿＿＿℃

周围压力＿＿＿＿＿kPa　反压力＿＿＿＿＿kPa　初始孔隙压力＿＿＿＿＿kPa

轴向变形/0.01mm	轴向应变/%	校正面积/cm²	钢环读数/0.01mm	主应力差/kPa	孔隙压力/kPa

（2）试样固结后的高度，应按下式计算

$$h_c = h_0\left(1-\frac{\Delta V}{V_0}\right)^{\frac{1}{3}} \tag{10.19}$$

式中　h_c——试样固结后的高度，cm；

ΔV——试样固结后与固结前的体积变化，cm^3；

V_0——试样固结前的体积，cm^3。

（3）试样固结后的断面积，应按下式计算

$$A_c = A_0\left(1-\frac{\Delta V}{V_0}\right)^{\frac{2}{3}} \tag{10.20}$$

式中　A_c——试样固结后的断面积，cm^2；

A_0——试样固结前的断面积，cm^2。

（4）轴向应变计算公式

$$\varepsilon_1 = \frac{\Delta h}{h_c} \tag{10.21}$$

式中　ε_1——轴向应变，%；

Δh——试样剪切时高度变化，由轴向位移计测得，cm；

h_c——试样固结后的高度，cm。

（5）试样断面积的校正，应按下式计算

$$A_a=\frac{A_c}{1-\varepsilon_1} \tag{10.22}$$

式中 A_a——试样固结后的断面积，cm^2。

（6）主应力差应按下式计算

$$\sigma_1-\sigma_3=\frac{CR}{A_a}\times 10 \tag{10.23}$$

式中 σ_1——最大主应力，kPa；

σ_3——最小主应力，kPa；

C——测力计率定系数，N/0.01mm；

R——测力计读数，0.01mm。

（7）以主应力差为纵坐标，轴向应变为横坐标、绘制主应力差（$\sigma_1-\sigma_3$）与轴向应变 ε_1 的关系曲线，如图 10.10 所示。取曲线上主应力差的峰值作为破坏点，无峰值时，取 15%轴向应变时的主应力差值作为破坏点。

（8）以剪应力 τ 为纵坐标、法向应力 σ 为横坐标，在横坐标轴以破坏时的 $(\sigma_{1f}+\sigma_{3f})/2$ 为圆心，以 $(\sigma_{1f}-\sigma_{3f})/2$ 为半径，绘制破坏总应力圆，并绘制不同周围压力下破坏应力圆的包线，包线的倾角为内摩擦角 φ_{cu}，包线在纵轴上的截距为黏聚力 c_{cu}，如图 10.11 所示。

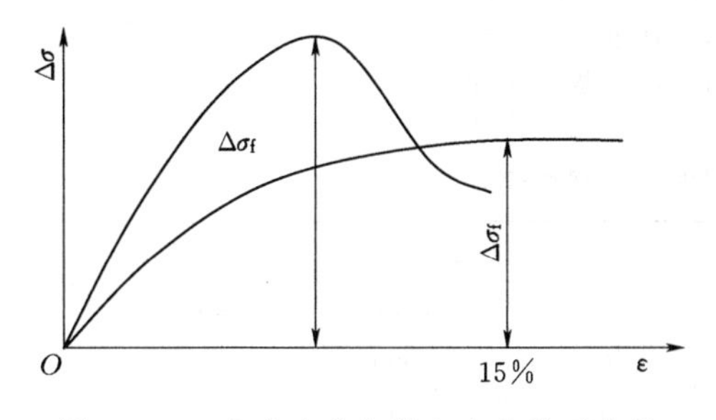

图 10.10 主应力差与轴向应变关系曲线

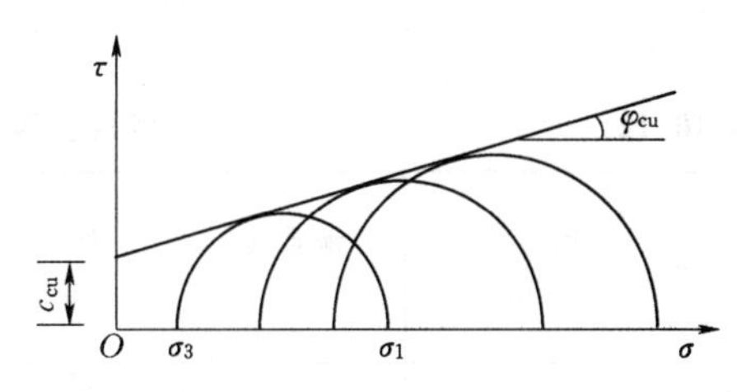

图 10.11 抗剪强度包线

10.7 土的击实试验

土的压实性与含水率、压实功能和压实方法有着密切的关系。当压实功能和压实方法不变时，土的干密度随含水率的变化而变化。模拟工程实际，用标准击实方法，测定在某种压实功能下土的含水率和干密度的关系，确定土的最优含水率和相应的最大干密度，以求用最小的压实功能得到符合工程要求的密实度。

10.7.1 试验目的

研究影响土压实特性的主要因素——含水率，确定干密度与含水率的变化关系，从而确定最大干密度和最优含水率，为进行现场密实度施工控制提供依据。

10.7.2　试验方法

击实试验根据土粒的大小采用不同的击实功，分为轻型击实试验和重型击实试验。其中粒径小于 5mm 的黏性土采用轻型击实试验；粒径不大于 20mm 的土采用重型击实试验。轻型击实试验的单位体积击实功约 592.2kJ/m^3，重型击实试验的单位体积击实功约 2684.9kJ/m^3。

10.7.3　仪器设备

（1）击实仪的击实筒（图 10.12）和击锤尺寸应符合表 10.12 的规定。

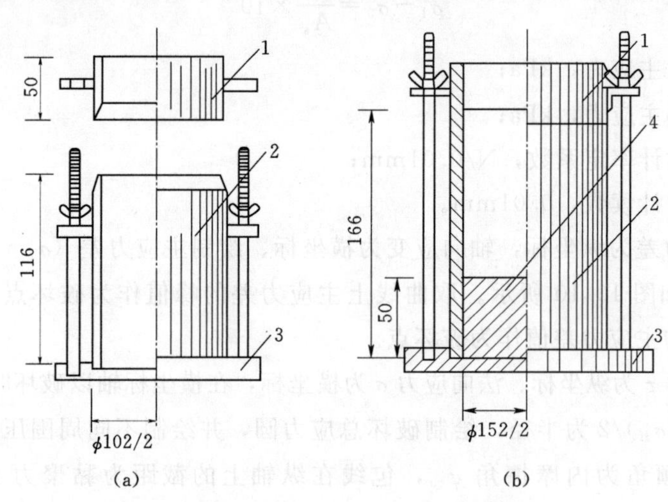

图 10.12　击实筒（单位：mm）

（a）轻型击实筒；（b）重型击实筒

1—套筒；2—击实筒；3—底板；4—垫块

表 10.12　击实仪主要部件尺寸规格表

试验方法	锤底直径 /mm	锤质量 /kg	落高 /mm	击实筒			护筒高度 /mm
				内径 /mm	筒高 /mm	容积 /cm^3	
轻型	51	2.5	305	102	116	947.4	≥50
重型	51	4.5	457	152	166	2103.9	≥50

（2）烘箱和干燥器。

（3）天平：称量 200g，最小分度值 0.01g。

（4）台秤：称量 10kg，最小分度值 5g。

（5）标准筛：孔径为 20mm、40mm 和 5mm。

（6）试样推出器：宜用螺旋式千斤顶或液压千斤顶，如无此类装置，亦可用刮刀和修土刀从击实筒中取出试样。

（7）其他：喷雾器、盛土容器、修土刀等。

10.7.4　试验步骤

（1）土样的制备。

1）干法制备试样应按下列步骤进行：取代表性土样 20kg（重型为 50kg），风干碾碎，过 5mm（重型过 20mm 或 40mm）筛，将筛下土样拌匀，并测定土样的风干含水率。根据土的塑限预估最优含水率，按依次相差约 2%的含水率制备 5 个（一组试验不少于 5 个）试样，其中应有 2 个含水率大于塑限，2 个含水率小于塑限，1 个含水率接近塑限，具体的加水量按式（10.24）计算。然后用喷雾器将计算所得的水量均匀喷洒于 5 份平铺于搪瓷盘内的风干土样上，充分拌匀后装入盛土容器内盖紧，润湿 1 昼夜，砂土的润湿时间可酌减。测定润湿土样不同位置处的含水率，不应少于 2 点，含水率差值不得大于±1%。

$$m_w=\frac{m}{1+0.01w_0}\times 0.01(w-w_0) \tag{10.24}$$

式中 m_w——土样所需加水质量，g；

m——风干含水率时的土样质量，g；

w_0——风干含水率，%；

w——土样所要求的含水率，%。

2）湿法制备试样应按下列步骤进行：取天然含水率的代表性土样 20kg（重型为 50kg），碾碎，过 5mm 筛（重型过 20mm 或 40mm），将筛下土样拌匀，并测定土样的天然含水率。根据土样的塑限预估最优含水率，制备 5 个不同含水率的一组试样，相邻 2 个含水率的差值宜为 2%，其中应有 2 个大于塑限，2 个小于塑限，1 个接近塑限。这 5 个土样分别为将天然含水率的土样风干或加水进行制备的，应使制备好的土样水分均匀分布。

（2）将击实仪平稳置于刚性基础上，击实筒与底座连接好，安装好护筒，在击实筒内壁均匀涂一薄层润滑油。称取一定量试样，倒入击实筒内，分层击实，轻型击实试样为 2～5kg，分 3 层，每层 25 击；重型击实试样为 4～10kg，分 5 层，每层 56 击，若分 3 层，每层 94 击。每层试样高度宜相等，两层交界处的土面应刨毛，击实完成时，超出击实筒顶的试样高度应小于 6mm。

（3）卸下护筒，注意勿使筒内试样带出，用直刮刀修平击实筒顶部的试样，拆除底板，若试样底面高出筒外或有孔洞，也应小心修平或填补，擦净筒外壁，称筒与试样的总质量，准确至 1g，并计算试样的湿密度。

（4）用推出器将试样从击实筒中推出，取两个代表性试样（每个试样约 30g）测定含水率，2 个含水率的差值应不大于 1%。

（5）对不同含水率的试样依次击实，一般不重复使用土样。

10.7.5 成果整理

（1）击实试验的记录格式见表 10.13。

（2）击实后试样的含水率按下式计算

$$w=(m/m_d-1)\times 100 \tag{10.25}$$

式中 w——含水率，%；

m——湿土质量，g；

m_d——干土质量，g。

（3）击实后试样的干密度按下式计算

$$\rho_d = \frac{\rho}{1+0.01w} \tag{10.26}$$

式中　ρ_d——试样的干密度，计算至0.01g/cm³；

ρ——试样的湿密度，g/cm³。

(4) 以干密度为纵坐标、含水率为横坐标，在直角坐标纸上绘制干密度和含水率的关系曲线（图10.13）。取曲线峰值点相应的纵坐标为击实试样的最大干密度，相应的横坐标为击实试样的最优含水率。当关系曲线不能绘出峰值点时应进行补点，土样不宜重复使用。

表10.13　　**击实试验记录表**

工程名称________　试验编号________　试验日期________

计 算 者________　试 验 者________　校 核 者________

试验序号	干密度					含水率							
	筒加土质量/g	筒质量/g	湿土质量/g	湿密度/(g/cm³)	干密度/(g/cm³)	盒号	盒加湿土质量/g	盒加干土质量/g	盒质量/g	湿土质量/g	干土质量/g	含水率/%	平均含水率/%
	(1)	(2)	(3)=(1)−(2)	(4)	(5)=(4)/[(1)+0.01×(12)]		(6)	(7)	(8)	(9)=(6)−(8)	(10)=(7)−(9)	(11)=[(9)/(10)−1]×100	(12)

最大干密度：　g/cm³	最优含水率：　%	饱和度：　%
大于5mm颗粒质量：　%	校正后最大干密度：　g/cm³	校正后最优含水率：　%

(5) 试样的饱和含水率应按下式计算，并应将计算值绘于图10.13上。

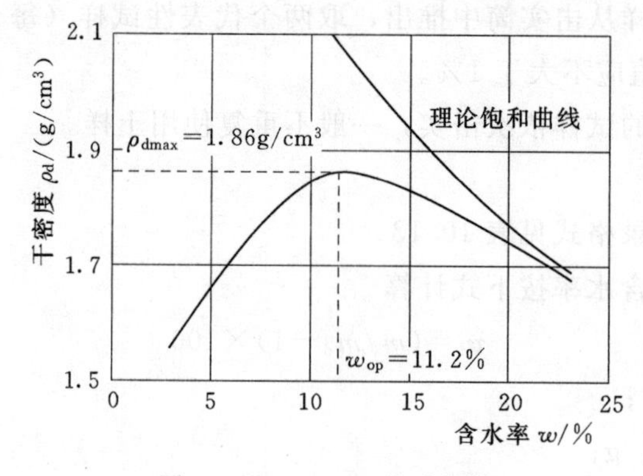

图10.13　ρ_d-w关系曲线

$$w_{sat}=\left(\frac{\rho_w}{\rho_d}-\frac{1}{d_s}\right)\times 100 \tag{10.27}$$

式中　w_{sat}——试样的饱和含水率，%；

ρ_w——4℃时纯水的密度，g/cm³；

ρ_d——试样的干密度，g/cm³；

d_s——土粒相对密度。

思　考　题

10.1　含水率为什么能反映土的干湿程度？

10.2　土的密实程度为何可以用干密度表示？

10.3　土粒相对密度有何作用？

10.4　什么是黏性土的液限含水率？其具有什么物理含义？

10.5　什么是黏性土的塑限含水率？其具有什么物理含义？

10.6　变水头渗透试验的适用范围有哪些？

10.7　渗透系数的测定方法有哪些？

10.8　达西定律的表达式是什么？适用范围有哪些？

10.9　土的压缩性都与哪些因素有关？在工程实践中体现在哪些方面？

10.10　直接剪切试验的目的是什么？其优缺点有哪些？

10.11　库仑定律中各参数的含义是什么？

10.12　三轴剪切试验中，如何确定是否要采用 UU、CD、CU 试验方法？

10.13　UU、CD、CU 试验过程中的周围压力大小怎么确定？

10.14　三轴剪切试验破坏取值标准如何确定？

10.15　击实试验中，随着含水率的增加，击实过程中有何现象？为什么？

10.16　结合击实试验过程，分析击实试验在工程实际中有什么作用。

参 考 文 献

[1] 陈希哲，叶菁．土力学地基基础［M］．5版．北京：清华大学出版社，2013.
[2] 东南大学，浙江大学，湖南大学，等．土力学［M］．4版．北京：中国建筑工业出版社，2016.
[3] 郭莹．土力学［M］．北京：中国建筑工业出版社，2014.
[4] 杨进良．土力学［M］．4版．北京：中国水利水电出版社，2009.
[5] 廖红建，柳厚祥．土力学［M］．北京：高等教育出版社，2013.
[6] 高向阳．土力学［M］．北京：北京大学出版社，2010.
[7] 李镜培，赵春风．土力学［M］．北京：高等教育出版社，2004.
[8] 赵成刚，白冰，王运霞．土力学原理［M］．2版．北京：清华大学出版社，北京交通大学出版社，2017.
[9] 高大钊．土力学与基础工程［M］．北京：中国建筑工业出版社，1998.
[10] 杨小平，潘健，刘叔灼．土力学及地基基础习题题解［M］．武昌：武汉大学出版社，2001.
[11] 赵明华，李刚，曹喜仁．土力学地基与基础疑难释义［M］．2版．北京：中国建筑工业出版社，2003.
[12] 董建国，沈锡英，钟才根．土力学与地基基础［M］．上海：同济大学出版社，2005.
[13] 陈仲颐，周景星，王洪瑾．土力学［M］．北京：清华大学出版社，1994.
[14] 钱家欢，殷宗泽．土工原理与计算［M］．2版．北京：中国水利水电出版社，2000.
[15] 高大钊．土力学与岩土工程师［M］．北京：人民交通出版社，2008.
[16] 钱家欢．土力学［M］．2版．南京：河海大学出版社，2001.
[17] 龚晓南．土力学［M］．北京：中国建筑工业出版社，2002.
[18] 赵树德，廖红建．土力学［M］．2版．北京：高等教育出版社，2010.
[19] 刘福臣，成自明，崔自治．土力学［M］．北京：中国水利水电出版社，2005.
[20] 陈国兴，樊良本，陈甦，等．土质学与土力学［M］．2版．北京：中国水利水电出版社，2006.
[21] 陈晓平，傅旭东．土力学与基础工程［M］．2版．北京：中国水利水电出版社，2016.
[22] 陈祖煜．土质边坡稳定分析：原理、方法、程序［M］．北京：中国水利水电出版社，2003.
[23] 大根義男．实用土力学［M］．卢有杰，等译．北京：机械工业出版社，2012.
[24] 高大钊，袁聚云．土质学与土力学［M］．3版．北京：人民交通出版社，2001.
[25] 龚文惠．土力学［M］．武汉：华中科技大学出版社，2007.
[26] 龚晓南．土力学［M］．北京：中国建筑工业出版社，2014.
[27] 顾宝和．岩土工程典型案例述评［M］．北京：中国建筑工业出版社，2015.
[28] 郭莹．土力学［M］．大连：大连理工大学出版社，2003.
[29] 韩雪．土力学［M］．北京：科学出版社，2012.
[30] 何思为．土力学［M］．广州：中山大学出版社，2003.
[31] 黄金林，余长洪．土力学实验指导［M］．北京：科学出版社，2018
[32] 靳晓燕．土力学与地基基础［M］．北京：人民交通出版社，2009.
[33] 靳雪梅，赵瑞兰．土力学［M］．北京：清华大学出版社，2013.
[34] 孔军，高翔．土力学与地基基础［M］．3版．北京：中国电力出版社，2015.
[35] 李驰．土力学地基基础问题精解［M］．天津：天津大学出版社，2008.

［36］ 李广信．高等土力学［M］．2版．北京：清华大学出版社，2016.
［37］ 刘大鹏，尤晓暐．土力学［M］．3版．北京：北京交通大学出版社，2005.
［38］ 刘俊芳．土力学［M］．重庆：西南交通大学出版社，2017.
［39］ 刘熙媛，徐东强．土力学［M］．北京：清华大学出版社，2017.
［40］ 刘增容．土力学［M］．上海：同济大学出版社，2005.
［41］ 李广信．岩土工程50讲：岩坛漫话［M］．2版．北京：人民交通出版社，2010.
［42］ 刘振京．土力学与地基基础［M］．北京：中国水利水电出版社，2007.
［43］ 苗国航．岩土工程纵横谈［M］．北京：人民交通出版社，2010.
［44］ 李相然．土力学与地基基础［M］．北京：中国电力出版社，2009.
［45］ 钱德玲．土力学［M］．3版．北京：中国建筑工业出版社，2009.
［46］ 璩继立．土力学［M］．北京：中国电力出版社，2013.
［47］ 李广信，张丙印，于玉贞．土力学［M］．2版．北京：清华大学出版社，2013.
［48］ 钱建国，袁聚云，张陈蓉．土力学复习与习题［M］．北京：人民交通出版社，2016.
［49］ 任文杰．土力学及基础工程习题集［M］．北京：中国建材工业出版社，2004.
［50］ 沈杨．土力学原理十计［M］．北京：中国建筑工业出版社，2015.
［51］ 盛海洋．土力学与地基基础［M］．北京：人民交通出版社，2015.
［52］ 舒志乐，刘保县．土力学［M］．重庆：重庆大学出版社，2015.
［53］ 松岗元．土力学［M］．罗汀，姚仰平，编译．北京：中国水利水电出版社，2001.
［54］ 苏栋．土力学［M］．北京：清华大学出版社，2015.
［55］ 王成华．土力学原理［M］．天津：天津大学出版社，2002.
［56］ 王建华，张璐璐，陈锦剑．土力学与地基基础［M］．北京：中国建筑工业出版社，2011.
［57］ 务新超，魏明．土力学与基础工程［M］．北京：机械工业出版社，2007.
［58］ 夏琼，贾桂云，张延杰．土力学［M］．北京：科学出版社，2017.
［59］ 肖昭然．土力学［M］．郑州：郑州大学出版社，2007.
［60］ 杨有莲，负慧星．土力学［M］．上海：上海交通大学出版社，2016.
［61］ 姚仰平．土力学［M］．北京：高等教育出版社，2004.
［62］ 俞茂宏，李建春．新土力学研究［M］．武汉：武汉大学出版社．2017.
［63］ 张军红，闵志华．土力学［M］．郑州：黄河水利出版社，2016.
［64］ 张力霆．土力学［M］．北京：人民交通出版社，2013.
［65］ 赵明华．土力学与基础工程——土力学部分［M］．武汉：武汉大学出版社，2017.
［66］ 赵明阶．土力学与地基基础［M］．北京：人民交通出版社，2010.
［67］ 朱建群，李明东．土力学与地基基础［M］．3版．北京：中国建筑工业出版社，2017.
［68］ 邹新军．土力学与地基基础［M］．3版．长沙：湖南大学出版社，2016.
［69］ 务新超．土力学［M］．北京：中国水利水电出版社，2005.
［70］ 朱韶茹，潘桔橼．土力学与地基基础［M］．南京：东南大学出版社，2017.
［71］ 白顺果，崔自治，党进谦．土力学［M］．2版．北京：中国水利水电出版社，2009.
［72］ 邵龙潭，郭莹．新编土力学教程［M］．北京：冶金工业出版社，2013.
［73］ 工程地质手册编委会．工程地质手册［M］．4版．北京：中国建筑工业出版社，2007.
［74］ 中华人民共和国国家标准．岩土工程勘察规范：GB 50021—2001［S］．2版．北京：中国建筑工业出版社，2009.
［75］ 中华人民共和国国家标准．土的工程分类标准（GB/T 50145—2007）［S］．北京：中国计划出版社，2008.

[76] 中华人民共和国国家标准．建筑地基基础设计规范：GB 50007—2011 [S]. 北京：中国建筑工业出版社，2011.

[77] 中华人民共和国国家标准．土工试验方法标准：GB/T 50123—1999 [S]. 北京：中国计划出版社，1999.

[78] 中华人民共和国行业标准．土工试验规程：SL 237—1999 [S]. 北京：中国水利水电出版社，1999.

[79] 中华人民共和国行业标准．高层建筑岩土工程勘察标准：JGJ/T 72—2017 [S]. 北京：中国建筑工业出版社，2017.